U0287129

"十三五"国家重点出版物出版规划项目

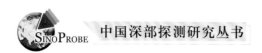

中国深部探测研究丛书

"地壳一号"万米大陆科学钻探装备及自动化机具

孙友宏　王清岩　于　萍　沙永柏　等／编著

科学出版社
北京

内 容 简 介

本书全面总结了"地壳一号"万米大陆科学钻探钻机及自动化机具，体现了我国在深部大陆科学钻探装备领域的最新技术和成果。全书共八章，包括钻机起升系统数字化仿真、全液压顶部驱动系统、自动送钻系统、自动摆排管柱系统、自动拧卸钻具系统、自动输送钻具系统、钻机整机集成与配套、"松科二井"钻机应用等内容。通过本书可以全面了解和学习深部大陆科学钻探装备的最新技术、理论和方法；系统了解和学习深部大陆科学钻探装备的主要组成、整机集成及配套装置；深入了解和学习"松科二井"的施工过程、钻探工艺和钻机使用情况。

本书为深部大陆科学钻探钻机及自动化机具的研究和设计提供了理论基础及实践经验，亦为从事深部油气钻探、地热钻探和地质岩心钻探等工程技术人员及高等院校相关专业的师生提供借鉴和参考。

图书在版编目（CIP）数据

"地壳一号"万米大陆科学钻探装备及自动化机具/孙友宏等编著.
—北京：科学出版社，2021.8
（中国深部探测研究丛书）
ISBN 978-7-03-067501-9

Ⅰ.①地… Ⅱ.①孙… Ⅲ.①地质勘探–钻探机械–中国 Ⅳ.①P634.3

中国版本图书馆 CIP 数据核字（2020）第 263060 号

责任编辑：焦 健 韩 鹏 李 静 / 责任校对：张小霞
责任印制：肖 兴 / 封面设计：黄华斌

科学出版社 出版
北京东黄城根北街 16 号
邮政编码：100717
http://www.sciencep.com

北京九天鸿程印刷有限责任公司 印刷
科学出版社发行 各地新华书店经销
*
2021 年 8 月第 一 版 开本：787×1092 1/16
2021 年 8 月第一次印刷 印张：31
字数：750 000
定价：418.00 元
（如有印装质量问题，我社负责调换）

丛书编辑委员会

主　编　董树文　李廷栋

编　委　(以姓氏汉语拼音为序)

白星碧　常印佛　陈群策　陈毓川　董树文

高　平　高　锐　黄大年　姜建军　李廷栋

李　勇　廖椿庭　刘嘉麒　龙长兴　吕庆田

石耀霖　汤中立　滕吉文　王学求　魏文博

吴珍汉　谢学锦　许志琴　杨经绥　杨文采

张本仁

丛　书　序

地球深部探测关系到地球认知、资源开发利用、自然灾害防治、国土安全和地球科学创新的诸多方面，是一项有利于国计民生和国土资源环境可持续发展的系统科学工程，是实现我国从地质大国向地质强国跨越的重大战略举措。"空间、海洋和地球深部，是人类远远没有进行有效开发利用的巨大资源宝库，是关系可持续发展和国家安全的战略领域。""国务院关于加强地质工作的决定"（国发〔2006〕4号文）明确提出，"实施地壳探测工程，提高地球认知、资源勘查和灾害预警水平"。

世界各国近百年地球科学实践表明，要想揭开大陆地壳演化奥秘，更加有效的寻找资源、保护环境、减轻灾害，必须进行深部探测。自20世纪70年代以来，很多发达国家陆续启动了深部探测和超深钻探计划，通过"揭开"地表覆盖层，把视线延伸到地壳深部，获得了重大成果：相继揭示了板块碰撞带的双莫霍结构，发现造山带山根，提出岩石圈拆沉模式和大陆深俯冲理论；美国在造山带下找到了大型油田，澳大利亚在覆盖层下发现奥林匹克坝超大型矿床；苏联在超深钻中发现了极端条件下的生物、深部油气和矿化显示，突破了传统油气成藏理论，拓展了人类获取资源的空间，加深了对生命演化的认识。目前，世界主要发达国家都已经将深部探测作为实现可持续发展的国家科技发展战略。

我国地处世界上三大构造-成矿域交汇带，成矿条件优越，现今金属矿床勘探深度平均不足500m，油气勘探不足4000m，深部资源潜力巨大。我国也是世界上最活动的大陆地块，具有现今最活动的青藏高原和大陆边缘海域，地震较为频繁，地质灾害众多。我国能源、矿产资源短缺、自然灾害频发成为阻碍经济、社会发展的首要瓶颈，对我国工业化、城镇化建设，甚至人类基本生存条件构成严峻挑战。

2008年，在财政部、科技部支持下，国土资源部联合教育部、中国科学院、中国地震局和国家自然科学基金委员会组织实施了我国"地壳探测工程"培育性启动计划——"深部探测技术与实验研究专项（SinoProbe）"。在科学发展观指导下，专项引领地球深部探测，服务于资源环境领域。围绕深部探测实验和示范，专项在全国部署"两网、两区、四带、多点"的深部探测技术与实验研究工作，旨在：自主研发深部探测关键仪器装备，全面提升国产化水平；为实现能源与重要矿产资源重大突破提供全新科学背景和基础信息；揭示成藏成矿控制因素，突破深层找矿瓶颈，开辟找矿"新空间"；把握地壳活动脉博，提升地质灾害监测预警能力；深化认识岩石圈结构与组成，全面提升地球科学发展水平；为国防安全的需要了解地壳深部物性参数；为地壳探测工程的全面实施进行关键技术与实验准备。国土资源部、教育部、中国科学院和中国地震局，以及中国石化、中国石油等企业和地方约2000名科学家和技术人员参与了深部探测实验研究。

经过多年来的实验研究，深部探测技术与实验研究专项取得重要进展：①完成了总长度超过 6000km 的深反射地震剖面，使得我国跻身世界深部探测大国行列；②自主研制和引进了关键仪器装备，我国深部探测能力大幅度提升；③建立了适应我国大陆复杂岩石圈、地壳的探测技术体系；④首次建立了覆盖全国大陆的地球化学基准网（160km×160km）和地球电磁物性（4°×4°）标准网；⑤在我国东部建立了大型矿集区立体探测技术方法体系和示范区；⑥探索并实验了地壳现今活动性监测技术并取得重要进展；⑦大陆科学钻探和深部异常查证发现了一批战略性找矿突破线索；⑧深部探测取得了一批重大科学发现，将推动我国地球科学理论创新与发展；⑨探索并实践了"大科学计划"的管理运行模式；⑩专项在国际地球科学界产生巨大的反响，中国入地计划得到全球地学界的关注。

为了较为全面、系统地反映深部探测技术与实验研究专项（SinoProbe）的成果，专项各项目组在各课题探测研究工作的基础上进行了综合集成，形成了《中国深部探测研究丛书》。

我们期望，《中国深部探测研究丛书》的出版，能够推动我国地球深部探测事业的迅速发展，开创地学研究向深部进军的新时代。

2015 年 4 月 10 日

前　　言

　　科学钻探是获取地球深部物质、了解地球内部信息最直接、最有效和最可靠的方法，是地球科学发展不可或缺的重要支撑，也是解决人类社会发展面临的资源、能源、环境等重大科学问题不可缺少的重要技术手段，被誉为人类的"入地望远镜"。

　　人们常说"上天容易，入地难"，而实践证明"上天不易，入地更难"。人类探索地球内部奥秘的步伐几乎与探索外太空是同步的，早在 20 世纪 60 年代，苏联就制订了庞大的超深科学钻探计划，计划实施 3 口 15000m 的超深钻井，但到苏联解体前最终只完成了一口，即位于科拉半岛的 SG-3 井，其最深深度为 12300m，完钻深度为 12262m，也是目前地球上入地最深的钻井。实施一口 10～15km 超深科学钻井的技术难度不亚于发射一艘载人航天飞机，超深科学钻探工程和载人航天工程一样，是一个国家综合国力和科学技术水平的标志。

　　2008 年，在财政部和科技部的支持下，由国土资源部牵头，联合教育部、中国科学院、中国地震局和国家自然科学基金委员会，组织启动了我国历史上在深部探测研究领域实施的规模最大的地学计划，即国家"深部探测技术与实验研究专项"（简称 SinoProbe，2008～2012 年），作为国家"地壳探测工程"的培育性启动计划。该专项部署了全国"两网、两区、四带、多点"探测实验，同时也设置了"13000m 超深科学钻探孔技术"的预研课题。2009 年，由吉林大学与中国科学院地质与地球物理研究所联合建议，将"深部探测关键仪器装备研制与实验"列入国家"深部探测技术与实验研究专项"第九项目，主要目的是为国家"地壳探测工程"所用仪器和装备提供技术支撑。2010 年第九项目得到批准并启动，编号为 SinoProbe-09，项目下设 6 个课题，其中"深部大陆科学钻探装备研制"为第五课题，编号为 SinoProbe-09-05。SinoProbe 专项共 9 个项目 49 个课题，来自国内不同部门 1500 多名科学家、工程师及研究生参加了研究工作。

　　"深部大陆科学钻探装备研制"（SinoProbe-09-05）课题研究的主要目标是研制万米大陆科学钻探工程装备关键技术及关键钻探技术，并进行整机集成配套及钻探现场试验，满足我国地壳探测工程深部钻探取心的需要，同时兼顾深部石油天然气钻探和深部地热钻探的需要。具体目标有四个：一是在深部钻探液压顶驱钻机整机设计理论、装备制造等方面取得长足进展；二是在数字化设计、智能化与自动化钻进装备领域有所突破，抢占国际钻探装备的制高点；三是在深部科学钻探关键技术研究方面，全面提升科学钻探技术水平；四是最终形成我国自主知识产权的科学钻探技术和理论体系，为我国超万米大陆科学钻探工程提供技术储备。

　　SinoProbe-09-05 课题由吉林大学负责，课题负责人为孙友宏教授。课题下设 6 个研究专题：第一专题为深部大陆科学钻探液压顶驱钻机研制，负责单位为吉林大学，协作单位为四川宏华石油设备有限公司，负责人为孙友宏教授；第二专题为深部大陆科学钻探钻具系统及取心技术研究，负责单位为中国地质科学院勘探技术研究所，参加单位为吉林大学，负责人为谢文卫研究员；第三专题为耐高温钻井液体系研究，负责单位为北京探矿工程研究所，负责人为陶士先研究员；第四专题为深部大陆科学钻探用耐高温电磁随钻测量系统研究，负责单位为中国地质大学（武汉），负责人为蒋国盛教授；第五专题为深孔井壁稳定研究，负责单位为中国地质大学（北京），负责人为王成彪教授；第六专题为耐高温固井材料研究，负责单位为长春工程学院，负责人为吴景华教授。

第一专题"深部大陆科学钻探液压顶驱钻机研制"是 SinoProbe-09-05 课题的核心部分，其主要研究内容分为五个方面：①高转速全液压顶部驱动装置和悬挂式钻杆自动摆排管装置由王清岩教授负责；②全液压自动猫道由于萍教授和王清岩教授负责；③智能化自动拧卸装置由沙永柏教授和王清岩教授负责；④高精度自动送钻系统由于萍教授负责；⑤钻机整机集成与实验由孙友宏教授和高科教授负责。课题组采用自主研发装备关键技术与系统集成先进成熟装备技术相结合的技术路线，通过与四川宏华石油设备有限公司产学研用相结合，经过 4 年的联合攻关，成功研制了我国首台"地壳一号"万米大陆科学钻探钻机。

本书全面总结了"地壳一号"万米钻机装备的关键技术及应用，除绪论外，共分八章内容。前言和绪论由孙友宏教授负责编写；第一章钻机起升系统数字化仿真由于萍教授、孙友宏教授和郑少鹏博士后负责编写；第二章全液压顶部驱动系统由于萍教授、王清岩教授和孙友宏教授负责编写；第三章自动送钻系统由于萍教授和吕兰高工负责编写；第四章自动摆排管柱系统和第五章自动拧卸钻具系统由沙永柏教授和王清岩教授负责编写；第六章自动输送钻具系统由于萍教授和王清岩教授负责编写；第七章钻机整机集成与配套由孙友宏教授、高科教授、吕兰高工和任杰高工负责编写；第八章"松科二井"钻机应用由孙友宏教授和高科教授负责编写。参加编写的人员还有赵研和王继新等。吉林大学博士研究生和硕士研究生王四一、时元玲、张飞宇、李小洋、岳文斌、李贺岩、耿长伟、吕红权、房昕、林苇、王晓彬、张春鹏、张鹏、高建强、王红伟、李艳娇、谭志松、康思杰、靳恩朝、王耀华、效志辉、刘丽娜、万晓鹏、朱吉良、朴冲、占自涛、刘晓利、欧阳天成、徐满、隗延龙、程锦华、吴金昊、庞昭、王澎涛、杨虎伟、宋杰、穆特、周子业、李权等对本课题的完成和本书的编写也作出了重要贡献。

在此，我们要感谢原国土资源部（现自然资源部）科技司对本课题的指导、中国地质调查局给予钻机在"松科二井"应用的资助、中国地质科学院勘探技术研究所对钻机在"松科二井"应用给予的支持和配合；感谢 SinoProbe 专项负责人董树文教授和专项管理办公室工作人员给予的指导和关心；感谢第九项目办公室和其他课题组同事给予的帮助和支持；感谢赵大军教授为本课题所做的贡献；最后，要特别感谢项目总负责人黄大年教授，虽然他已离开了我们，但他对本课题的指导和贡献，让课题组每个人都铭记在心，我们永远怀念他。

孙友宏

2020 年 7 月 31 日于北京

目　　录

绪　　论

自 20 世纪 70 年代以来，苏联、美国和德国等发达国家相继启动了超深或深部科学钻探计划，通过"揭开"地表覆盖层，把视线延伸到地壳深部，获得了一系列重大成果，如相继揭示了板块碰撞带的双莫霍结构，发现了造山带山根，提出了岩石圈拆沉模式和大陆深俯冲理论。此外，美国在造山带下找到了大型油田，澳大利亚在覆盖层下发现奥林匹克坝超大型矿床，苏联还在超深钻中发现了极端条件下的生物、深部油气和矿化显示，突破了传统油气成藏理论，拓展了人类获取资源的空间，加深了对生命演化的认识。

科学钻探是为地学研究目的而实施的钻探，它通过先进的钻探技术手段，钻取地下岩石、岩屑和流体，并通过地球物理测井和安放仪器进行长期观测，来获取地球内部的各种地学信息，校正地球物理探测结果。通过科学钻探可建立天然、动态和长期的地下观测试验站及地壳深部物质研究基地，研究地壳深部物质组成、结构、壳–幔作用，以及有关的成矿与流体作用，探索新的成矿理论和预报地震。

根据钻探的地理位置不同，科学钻探分为大陆科学钻探、大洋科学钻探和极地科学钻探三类。大陆科学钻探根据钻孔的深度分为四级：浅层科学钻探（深度小于 2000m）、中深科学钻探（深度为 2000～5000m）、深部科学钻探（深度为 5000～8000m）、超深科学钻探（深度大于 8000m）。

在国家"深部探测技术与实验研究"专项的资助下，2010 年由吉林大学牵头负责的"深部大陆科学钻探装备研制"课题正式启动，该课题共分 6 个专题，分别由 6 个单位负责。2011 年 12 月，第一专题"深部大陆科学钻探用钻机研制"研制的"地壳一号"万米大陆科学钻探专用钻机在广汉顺利通过竣工验收，该钻机将石油钻井装备和先进的地质钻探技术有机结合，其研制过程采用了"改造成熟技术—自主研发核心技术—集成关键技术"的创新思想和科学理念。钻机名义钻深可达 10000m，最大钩载 700t，总功率 4610kW。2013 年 12 月 29 日，受国家"深部探测技术与实验研究"专项办公室委托，吉林大学在北京组织召开专题成果验收会，6 个专题都顺利通过了验收。2014 年 4 月 13 日，"地壳一号"万米钻机在"松辽盆地国际大陆科学钻探工程"（简称"松科二井"）现场开钻。2015 年 8 月 22～23 日，中国地质调查局组织有关专家，在黑龙江省大庆"松科二井"井场对"深部大陆科学钻探装备研制"课题进行了现场验收。2018 年 5 月 16 日，"松科二井"成功完钻，设计井深 6400m，完钻井深 7018m，创造了亚洲国家深部大陆科学钻探的井深纪录。

一、"地壳一号"万米钻机主要研制任务

根据专题一任务书要求，本专题通过自主研发核心技术装备与系统集成先进成熟技术装备相结合，研发具备万米大陆科学钻探能力，具有国际领先水平的专业钻机及关键设备、配套钻具等。钻机研制主要有如下五项任务。

1. 任务一：高转速大扭矩全液压顶驱系统研制

本研究的主要目的是为满足深部大陆科学钻探钻进坚硬岩石的需要，提高对坚硬岩石的破碎速度，改善钻头（尤指孕镶金刚石钻头）和钻具的工作环境。深部坚硬岩石的破碎需要顶部驱动系统（top driving system，TDS）具有较宽的转速范围、过载保护、可靠性高、扭矩大等功能，提高破碎坚硬岩石的速度需要 TDS 具有较高的转速、无冲击和小的运动惯量特性，改善孕镶金刚石钻头和钻具的工作环境需要 TDS 具有高速旋转运行平稳的特性。全液压 TDS 主要由液压马达驱动系统、液压动作辅助系统和冷却循环系统三部分组成。液压马达驱动系统为液压 TDS 马达提供动力，其主要部件有主泵电动机、主轴向变量柱塞泵、蓄能器组、冷却器、过滤器、阀组管件等。液压动作辅助系统包括平衡系统、倾斜系统、背钳系统、锁紧系统、刹车系统、IBOP 系统和回转系统。冷却循环系统以定量螺杆泵为动力源，回路系统采用带旁通阀的过滤器，冷却包括风冷和水冷的双冷却备份方式。

2. 任务二：高精度自动送钻系统研究

为满足深部大陆科学钻探金刚石钻进工艺的需要，需对钻头给进压力进行精确控制，同时，对给进行程和钻速自动调节，需研制高精度的自动送钻系统。该系统的硬件系统由信号检测变送单元、PLC 控制单元、执行机构单元和上位机监控单元等构成。自动送钻系统软件程序主要包括：主程序、显示子程序、定时中断服务子程序、速度控制子程序、模糊化子程序、模糊规则子程序、模糊决策子程序、报警及紧急制动子程序等。

3. 任务三：高精度自动拧卸和摆排管装置研究

为了减轻提下钻过程中工人的劳动强度和提高钻工的安全性，需研制自动拧卸钻杆和摆排管装置。钻杆夹持拧卸装置由底座、立柱、机械臂和工作机构等部分组成。钻杆摆排放装置主要由行走平移机构、行走控制机构、回转支承机构、夹持和提升机构等组成。

4. 任务四：钻机数字化样机研发

为了使钻机的整个方案更具可靠性和精确性，在前三项研究方案确定的同时，需对万米钻机样机进行整体的数字化设计、优化和改进。数字化样机的研制分三个阶段：数字化物理样机设计阶段，根据万米钻机提出的多种设计方案设想，进行物理样机的创建，在物理样机的基础上进行可装配性分析、可使用性分析、可制造性分析和可维护性分析，通过多方案的对比分析，尽早发现产品设计的缺陷与不足，确定最终的设计方案；数字化功能样机设计阶段，进行整机的机-电-液联合虚拟装配，虚拟试验，性能预测（运动、动力、振动、耐久、安全、工效等）；万米样机数字化设计平台阶段，设计后期，借助数据库管理系统，创建数字化设计平台，形成整机系统的设计理论与方法，全面提升钻机的设计能力和水平。

5. 任务五：钻机的整机系统集成与实验研究

对钻机钻塔、司钻房、发电机组、泥浆泵和控制仪表等进行选型和集成，并将它们与全液压 TDS、高精度自动送钻系统、钻具自动拧卸与摆排管装置进行组合；同时与大钩、转盘、井口装置和泥浆处理装置等进行配套、模块化设计、系统集成调试和试验钻孔施工等。

二、研制指导思想与技术路线

1. 指导思想

课题以国家"深部探测技术与实验研究专项"的任务目标和管理制度为指导，围绕国土资源部下达的"深部大陆科学钻探装备研制"公益性行业基金课题研究任务，研制具有我国自主知识产权的万米大陆科学钻探钻机及关键设备和配套钻具等，为我国深部探测计划提供设备保障和技术支撑，并使我国深部钻探装备技术水平部分达到国际领先。

2. 技术路线

（1）将先进的石油钻探装备技术与先进的地质钻探取心技术相结合，从而解决深部大陆科学钻探复杂地层钻进和取心的技术难题，即采用石油钻探装备的大钻深能力和高可靠性的优势来满足万米科学钻探钻机的钻深能力，采用地质钻探的取心技术来满足万米科学钻探连续取心需要。

（2）自主研发核心技术与集成先进成熟技术结合，从而保证研发人员集中精力攻克核心技术难题，加快专题研发速度，即任务书中的全液压顶驱系统、自动化摆排管装置、自动拧卸装置和自动猫道等核心技术完全自主研发，而有关钻机的井架、大钩、转盘、泥浆泵、动力机和泥浆净化系统等采用现有成熟技术，由项目组提出要求，并进行改造设计和配套集成。

（3）原有技术设计方案与不断调整技术方案相结合，在项目的实施过程中，随着项目的进展，发现原有设计方案不能满足万米科学钻探要求，通过不断调研和召开专家论证会，进行技术方案调整，从而达到项目的最终目标任务。

（4）现代机械设计技术与传统钻机装备设计结合，充分利用现代计算机设计工具，对钻机的主要部件进行数字化模拟设计，结合国内外的先进钻机技术和设备研发经验，进行对比测试方案研究，为钻机的研制提供理论依据。

具体技术路线见图 1。

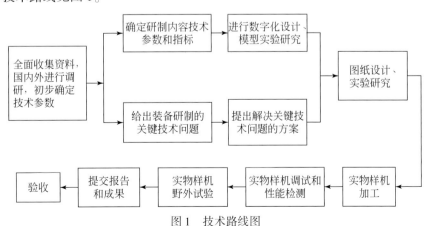

图 1　技术路线图

三、"地壳一号"万米钻机特点

（1）交流变频调速：钻机转盘、绞车和泥浆泵全部采用交流变频无级调速。

（2）控制数字化：钻机司钻房内配有司钻控制台和集成化控制系统。集电控、气控、液控为一体，结合控制模块，可进行司钻的数字化钻井操作，实现钻井参数监控和主要设备的工况监控。

（3）操作自动化：钻机将配有自动排管机、一键式铁钻工、智能化自动猫道，全为液压控制，可大幅度提高作业效率，减小钻工劳动强度。

（4）大功率绞车：绞车配备液压盘式刹车，数控变频自动送钻系统，能耗制动可定量定位控制制动力矩，并实现无级调速。

（5）高速大扭矩液压 TDS，可满足金刚石绳索取心钻进工艺要求，并可实现交流变频转盘驱动与液压 TDS 之间进行快速切换，便于处理孔内事故。

第一章 钻机起升系统数字化仿真

"地壳一号"万米大陆科学钻探钻机（简称"地壳一号"钻机）是集机、电、液、控等多种学科知识于一体的大型综合勘探装备，其使用工况、装备组成、设计技术及制造过程极其复杂。本章在介绍数字仿真技术的三维软件建模、有限元法和虚拟样机技术基础上，应用有限元法和虚拟样机技术对"地壳一号"万米钻机起升系统和井架结构进行了数字仿真分析，降低钻机起升系统的研发和使用风险，提高钻机的安全性，也为实现快速设计、优化设计、智能化设计钻机起升系统奠定基础。

近年来，数字仿真技术发展很广，应用面很广，尤其出现的仿真计算软件种类较多，这里主要介绍"地壳一号"钻机研制所用的相关仿真分析软件。

第一节 数字仿真技术概述

一、数字化仿真分类及特点

近年来，随着计算机技术的飞速发展，数字仿真技术发展很快，应用也越来越广。仿真用的计算软件种类繁多，本章主要介绍"地壳一号"钻机研制用的相关仿真分析软件。

（一）概念

1. 模型

在进行产品或系统设计时，为了研究产品或系统的性能，一般需要进行试验。通常有两种方法，一种是实物实验，即直接使用实际产品进行试验；另一种是构建模型，通过对模型的试验，分析产品的性能。

与实物试验相比，随着产品复杂性的提高，基于模型的试验优势更大，应用更为广泛。建立系统模型是开展模型试验的前提条件。模型是对设计或实际产品某种形式的抽象、简化与描述，通过模型可以分析系统的结构、状态及运动行为。

系统模型一般分为物理模型、数学模型和物理–数学模型（苏春，2009）。

2. 仿真

仿真是通过对系统模型的试验，研究设计中的系统性能，再现系统的动态、行为及性能特征。主要用于分析系统配置是否合理，性能是否满足要求，预测系统可能存在的缺陷，为系统设计提供决策支持的科学依据。

数字化仿真是以产品的数字化模型为基础，以力学、运动学、动力学、材料学、流体力学等相关理论为依据，利用计算机将描述实际系统的几何、数字模型转化成仿真模型，对产品的性能进行模拟、评估、预测和优化的技术。

（二）分类

根据模型类型，可以分为物理仿真、数学仿真和物理-数学仿真。物理仿真是通过对系统物理模型的试验，研究系统的性能，如汽车研发中的碰撞实验、钻机的钻塔风载试验、大型建筑物的抗震试验、飞机的风洞试验和轮船的拖曳试验等（苏春，2009）。

数学仿真是利用产品的数学模型代替实际产品进行试验研究，以得到现实产品的性能及特征，如有限元分析、钻进过程仿真、机构的运动仿真、加工过程仿真、基于数字化的汽车碰撞试验等数学仿真，又可理解为在计算机上对系统的数学模型进行试验的技术，又称计算机仿真。针对各种不同类型系统的数学模型一般分为两大类：一类是用各种数学方程，如代数方程、微分方程、偏微分方程、差分方程等表示的模型，对这类模型的试验称为连续系统仿真；另一类是用描述系统中各种实体之间的数量关系和逻辑关系的流程图表示的模型，它的特点是系统的状态变化是由一些在离散时刻发生的事件引起的，所以对这类模型的试验称为离散事件系统仿真。连续系统仿真使用模拟计算机、数字计算机或混合计算机，而离散事件系统仿真则主要使用数字计算机。系统（产品）、模型与仿真之间有密切的联系，产品是研究的对象，模型是产品某种程度和层次的抽象表达，仿真是通过对模型的试验来分析、评价和优化系统，三者关系见图1.1所示。

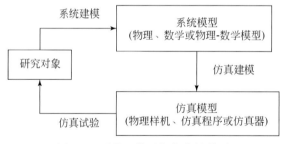

图1.1 系统、模型与仿真的关系

（三）特点

1. 系统组成

数字仿真，是将系统网络和负载元件建立数学模型，用数学模型在数字计算机上进行实验和研究的过程。仿真系统一般由四个系统组成。

（1）系统硬件，包含计算机、连接电缆、信号产生与激励设备、数据采集与记录显示设备、系统测试设备及各类辅助设备。

（2）系统软件，包含模型软件，如系统数学模型、仿真算法和系统运行流程等；通用软件，如操作系统、调试运行环境、图形界面开发程序、通用接口程序、数据采集与显示等程序；专用软件，包含专用算法和专用接口通信程序及数据库。

（3）评估系统。

（4）校验验证和最终确认系统。

2. 优点

作为新兴的技术方法，与传统的物理实验相比较，数字仿真有很多无可替代的优点。

（1）模拟时间的可伸缩性。计算仿真的过程受到人为的控制，整个过程的可操控性比较强，仿真的时间可以进行人为设定，因此时间上有很强的伸缩性，也可以节约实验时间，提高实验效率。

（2）模拟运行的可控性。由于数字仿真以计算机为载体，整个实验过程由计算机指令控制进程，所以可以进行人为的设定和修改，这个实验模拟过程有比较强的可操控性。

（3）模拟实验的优化性。数字仿真技术可以重复进行无数次模拟实验，因此可以得出不同的结果，将各种结果相互比较，就可以找出更理想的解决方案。

（四）步骤

数字化仿真的一般流程为：首先，根据实际系统设计分析方案，忽略次要因素并建立相关的几何模型，在分析几何模型的基础上利用力学及数学等方法建立数学模型，进而构建起系统的仿真模型；针对系统的仿真模型编写仿真程序并进行相关仿真实验，观察程序运行结果是否合理，若结果合理则继续分析实验结果，若不合理则须考虑仿真程序编译是否出现错误，并对相应的程序段进行修改，若问题仍然存在，则须考虑几何模型、数学模型及仿真模型是否构建合理，并对相应的模型进行修改；最后，根据仿真结果和实际系统进行对比研究，并对结果进行后处理（丁文政，2016）。

数字化仿真基本步骤如图1.2所示。

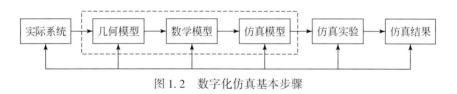

图1.2 数字化仿真基本步骤

二、有限元分析法

（一）有限单元法

有限单元法也简称有限元法，是结构分析的一种数值计算方法，其基本思想是在力学模型上将一个原来连续的物体离散成有限个具有一定大小的单元，这些单元仅在有限个节点上相连接，并在节点上引进等效力代替实际作用于单元上的外力。有限单元法的另一重要步骤是利用在每一个单元内假设的近似函数来表示全求解域上待求的未知场函数。单元内的近似函数通常由未知场变量函数在各个单元结点上的数值及插值函数表达。这样未知场函数的结点值就成为新的未知量，从而使一个连续的无限个自由度问题变成离散的有限个自由度问题，即把一个无限个自由度的连续体理想化为只有有限个自由度的单元集合体。所以，有限单元法分析的已不是原有的物体或求解域，而是一个由相同物理性质的用有限个单元按一定方式连接而成的与原求解域相近的离散域。如果求出了结点处的未知量，就可以用插值函数确定单元组合体上的场函数。显然随着单元数目的增加，亦即单元尺寸的缩小，解的近似程度将不断改进，如果单元是满足收敛要求的，近似解最后将收敛于精确解。然后，以单元各节点的位移作为描述结构变形的广义坐标。这样，整个连续体结构的位移曲线就可以用这些广义坐标和插值函数表示出，再由变分原理直接法或伽辽金法列出以节点位移为广义坐标的离散体结构的有限元运动方程。一旦各节点的位移确定，则可通过单元位移模式求解出单元内部的位移值，进而求得应变和应力。因此，从实质上讲，有限元法是变分直接法或加权残值法中的一种特殊形式。

1. 主要优点

（1）因为同类单元位移模式相同，故计算程序十分简单。

（2）每个节点位移仅影响其邻近的单元，所得的方程大部分是非耦合的，因此，易于计算数值求解。

（3）广义坐标具有明确的物理意义，这是不同于一般广义坐标的地方，直接给出了节点的位移或力。

（4）解的精度可以通过在结构离散化时增加有限单元的数目来提高。

（5）分片多项式插值式函数的收敛性有保证。

上面是完全从数学上阐述了有限元法的实质，但实际上有限元法最初是从物理近似上提出来的。在杆系结构的静力分析中，我们十分自然地把一个杆件看作离散后的一个单元。连续体力学有限元法与杆系结构力学有限元法的解题思想方法是一致的。它们都是将原有结构分成有限个单元结构，这些单元的集合就近似代表原来的结构。如果能合理地求得各单元的物理特性，也就可以近似地求出这个组合结构的物理特性。因此，有限元法的关键是对单元力学特性的分析。一旦单元力学特性确定，就可以根据各单元在节点处的变形连续和受力平衡条件，列出原有结构的近似运动方程。利用变分直接法或伽辽金法推导有限元公式仅是一种数学解释。如钻机井架，井架杆件众多，结构相对复杂，采用传统的力学方法进行求解是不可能的，对井架等高耸的钢架结构的静动态特性的研究通常采用有限单元法。

2. 采用有限元法建立体系运动方程的基本步骤

（1）采用有限元法将结构离散化，即将结构理想化为有限单元的集合。有限元模型中，不同单元之间的连接点称为有限元的节点，不同单元通过节点相连接，而节点的位移（可以包括转角）定义为体系的自由度。

（2）对于每个单元，可以建立单元刚度矩阵 $\overline{K}_e$、质量矩阵 $\overline{M}_e$ 和单元的外力向量 $\{\overline{P}(t)\}_e$（相应于单元自由度的外力向量），其中"—"代表的是在单元局部坐标系下的刚度矩阵、质量矩阵和外力向量。

（3）将局部坐标系中的 $\overline{K}_e$、$\overline{M}_e$ 和 $\{\overline{P}(t)\}_e$ 通过单元局部坐标和体系整体坐标之间的

坐标转换矩阵 T_e，转换成整体坐标系下的单元刚度矩阵 K_e、质量矩阵 M_e 和外力向量 $\{P(t)\}_e$。

$$K_e = T_e^{\mathrm{T}} \overline{K}_e T_e$$
$$M_e = T_e^{\mathrm{T}} \overline{M}_e T_e \tag{1.1}$$
$$\{P(t)\}_e = T_e^{\mathrm{T}} \{\overline{P}(t)\}_e T_e$$

（4）将总体坐标下的单元刚度矩阵、质量矩阵和外力向量进行总装，集成结构体系的总刚度矩阵 K、质量矩阵 M 和外力载荷向量 $\{P(t)\}$。

$$K = \sum_{e=1}^{N_e} A_e K_e$$
$$M = \sum_{e=1}^{N_e} A_e M_e \tag{1.2}$$
$$\{P(t)\} = \sum_{e=1}^{N_e} A_e \{P(t)\}_e$$

式中，N_e 为单元总数；A_e 为单元矩阵向总体矩阵总装的集成关系矩阵。

（5）形成总体结构有限元模型的运动方程：

$$M\{\ddot{u}\} + C\{\dot{u}\} + K\{u\} = \{P(t)\} \tag{1.3}$$

式中，$\{u\}$ 为单元节点系位移向量。而阻尼矩阵 C 可以按 Rayleigh 阻尼假设形成。针对结构动力学方程式（1.3）的求解，可利用振型叠加法、时域逐步积分法等进行分析。

（二）ANSYS 软件介绍

有限元软件是和有限单元法同时诞生的，并且随着有限元方法和计算机技术的发展而迅速发展，其中具有代表性的是 ANSYS。ANSYS 软件是美国 ANSYS 公司研制的大型通用有限元分析（FEA）软件，是世界范围内增长最快的计算机辅助工程（CAE）软件，能与多数计算机辅助设计（computer aided design，CAD）软件接口，实现数据的共享和交换，如 Creo、NASTRAN、Algor、I-DEAS、AutoCAD 等。

ANSYS 有限元软件包是一个多用途的有限元法计算机设计程序，可以用来求解结构、流体、电力、电磁场及碰撞等问题。因此，它可应用于以下工业领域：航空航天、汽车工业、生物医学、桥梁、建筑、电子产品、重型机械、微机电系统、运动器械等。软件主要包括三个部分：前处理模块、分析计算模块和后处理模块。前处理模块提供了一个强大的实体建模及网格划分工具，用户可以方便地构造有限元模型；分析计算模块包括结构分析（可进行线性分析、非线性分析和高度非线性分析）、流体动力学分析、电磁场分析、声场分析、压电分析，以及多物理场的耦合分析，可模拟多种物理介质的相互作用，具有灵敏度分析及优化分析能力；后处理模块可将计算结果以彩色等值线显示、梯度显示、矢量显示、粒子流迹显示、立体切片显示、透明及半透明显示（可看到结构内部）等图形方式显示出来，也可将计算结果以图表、曲线形式显示或输出。软件提供了 100 种以上的单元类型，用来模拟工程中的各种结构和材料。该软件有多种不同版本，可以运行在从个人机到大型机的多种计算机设备上，如 PC、SGI、HP、SUN、DEC、IBM、CRAY 等。

软件由以下三个模块组成。

1. 前处理模块

1）实体建模

ANSYS 程序提供了两种实体建模方法：自顶向下与自底向上。自顶向下进行实体建模时，用户定义一个模型的最高级图元称为基元，如球和棱柱，程序则自动定义相关的面、线及关键点。用户利用这些高级图元直接构造几何模型，如二维的圆和矩形，以及三维的块、球、锥和柱。无论使用自顶向下还是自底向上方法建模，用户均能使用布尔运算来组合数据集，从而"雕塑出"一个实体模型。ANSYS 程序提供了完整的布尔运算，如相加、相减、相交、分割、粘结和重叠。在创建复杂实体模型时，对线、面、体、基元的布尔操作能减少相当可观的建模工作量。ANSYS 程序还提供了拖拉、延伸、旋转、移动和拷贝实体模型图元的功能。附加的功能还包括圆弧构造，切线构造，通过拖拉与旋转生成面和体，线与面的自动相交运算，自动倒角生成，用于网格划分的硬点的建立、移动、拷贝和删除。自底向上进行实体建模时，用户从最低级的图元向上构造模型，即用户首先定义关键点，然后依次是相关的线、面、体。

2）网格划分

ANSYS 程序提供了使用便捷、高质量的对 CAD 模型进行网格划分的功能。包括四种网格划分方法：延伸网格划分、映像网格划分、自由网格划分和自适应网格划分。延伸网格划分可将一个二维网格延伸成一个三维网格。映像网格划分允许用户将几何模型分解成简单的几部分，然后选择合适的单元属性和网格控制，生成映像网格。ANSYS 程序的自由网格划分器功能十分强大，可对复杂模型直接划分，避免了用户对各个部分分别划分然后进行组装时各部分网格不匹配带来的麻烦。自适应网格划分是在生成具有边界条件的实体模型以后，用户指示程序自动地生成有限元网格，分析、估计网格的离散误差，然后重新定义网格大小，再次分析计算、估计网格的离散误差，直至误差低于用户定义的值或达到用户定义的求解次数。

3）施加载荷

在 ANSYS 中，载荷包括边界条件和外部或内部作用力函数，在不同的分析领域中有不同的表征，但基本上可以分为六大类：自由度约束（DOF constraints）、力（集中载荷）（force）、面载荷（surface load）、体载荷（body load）、惯性载荷（inertia loads）及耦合场载荷（coupled-field loads）。

自由度约束：将给定的自由度用已知量表示，如在结构分析中约束是指位移和对称边界条件，而在热力学分析中则指的是温度和热通量平行的边界条件。

力（集中载荷）：是指施加于模型节点上的集中载荷或者施加于实体模型边界上的载荷，如结构分析中的力和力矩，热力分析中的热流速度，磁场分析中的电流。

面载荷：是指施加于某个面上的分布载荷，如结构分析中的压力，热力学分析中的对流和热通量。

体载荷：是指体积上或场上载荷，如需要考虑的重力，热力分析中的热生成速度。

惯性载荷：是指由物体的惯性而引起的载荷，如重力加速度、角速度、角加速度引起的惯性力。

耦合场载荷：是一种特殊的载荷，是考虑到一种分析的结果，并将该结果作为另外一个分析的载荷，如将磁场分析中计算得到的磁力作为结构分析中的力载荷。

2. 分析计算模块

1）结构静力分析

结构静力分析用来求解外载荷引起的位移、应力和力。静力分析很适合求解惯性和阻尼对结构的影响并不显著的问题。ANSYS 程序中的静力分析不仅可以进行线性分析，而且也可以进行非线性分析，如塑性、蠕变、膨胀、大变形、大应变及接触分析。

2）结构动力学分析

结构动力学分析用来求解随时间变化的载荷对结构或部件的影响。与静力分析不同，动力分析要考虑随时间变化的力载荷，以及它对阻尼和惯性的影响。ANSYS 可进行的结构动力学分析类型包括：瞬态动力学分析、模态分析、谐波响应分析及随机振动响应分析。

3）结构非线性分析

结构非线性导致结构或部件的响应随外载荷不成比例变化。ANSYS 程序可求解静态和瞬态非线性问题，包括材料非线性、几何非线性和单元非线性三种。

4）动力学分析

ANSYS 程序可以分析大型三维柔体运动。当运动的积累影响起主要作用时，可使用这些功能分析复杂结构在空间中的运动特性，并确定结构中由此产生的应力、应变和变形。

除上述四种分析模块外还包括热分析、电磁场分析、流体动力学分析、声场分析、压电分析等。

3. 后处理器

1）通用后处理器（简称 POST1），用于分析处理整个模型在某个载荷步的某个子步，或者某个结果序列，或者某特定时间或频率下的结果，如结构静力求解中载荷步 2 的最后一个子步的压力，或者瞬态动力学求解中时间等于 6s 时的位移、速度与加速度等。

2）时间历程后处理器（简称 PosT26），用于分析处理指定时间范围内模型指定节点上的某结果项随时间或频率的变化情况，如在瞬态动力学分析中结构某节点上的位移、速度和加速度从 0 ~ 10s 的变化规律。

后处理器可以处理的数据类型有两种：一是基本数据，是指每个节点求解所得自由度解，对于结构求解为位移张量，其他类型求解还有热求解的温度、磁场求解的磁势等，这些结果项称为节点解；二是派生数据，是指根据基本数据导出的结果数据，通常是计算每个单元的所有节点、所有积分点或质心上的派生数据，所以也称为单元解。不同分析类型有不同的单元解，对于结构求解有应力和应变等，其他如热求解的热梯度和热流量、磁场求解的磁通量等。

三、虚拟仿真技术

（一）虚拟仿真技术

虚拟仿真技术是以相似原理、信息技术、系统技术及其应用领域中有关专业技术为基础,以计算机和各种物理效应设备为工具,利用系统模型对实际的或设想的系统进行试验研究的一门综合性技术,它综合集成了计算机技术、网络技术、图形图像技术、多媒体技术、软件工程技术、信息处理技术、自动控制技术等多个高新技术领域的知识。严格地来说,虚拟仿真技术最初发展,是伴随着第一台电子计算机诞生而问世的。虚拟技术是在仿真技术发展较昌盛的时期而衍生出来的。总体来说,虚拟仿真技术经历了以下四个阶段(李静华和刘令容,2000)。

1. 物理仿真阶段

20世纪20~30年代,虚拟仿真技术是采用实物仿真和物理效应仿真方法。仿真技术在航天领域中得到了很好的应用,一般是以航天飞行器运行情况为研究对象,面向复杂系统的仿真,并取得了一定的效益,如1930年左右,美国陆、海军航空队采用了林克仪表飞行模拟训练器。据说当时其经济效益相当于每年节约1.3亿美元,而且少牺牲了524名飞行员。以后,固定基座及三自由度飞行模拟座舱陆续投入使用。

2. 模拟仿真阶段

20世纪40~50年代,虚拟仿真技术采用模拟计算机仿真技术,到50年代末期采用模拟/数字混合仿真方法。模拟计算机仿真是根据仿真对象的数字模型将一系列运算器(如放大器、加法器、乘法器、积分器和函数发生器等)及无源器件(如电阻器件、电容器、电位器等)相互连接而形成仿真电路。通过调节输入端的信号来观察输出端的响应结果,进行分析和把握仿真对象的性能。模拟计算机仿真对分析和研究飞行器制导系统及星上设备的性能起着重要的作用。1950~1953年美国首先利用计算机来模拟战争,防空兵力或地空作战被认为是具有最大训练潜力的应用范畴。

3. 数字仿真阶段

20世纪60~80年代,虚拟仿真技术大踏步地向前进了一步。进入60年代,数字计算机的迅速发展和广泛应用使仿真技术由模拟计算机仿真转向数字计算机仿真。数字计算机仿真也首先在航天航空中得到了应用。

4. 虚拟仿真阶段

20世纪80年代到今天,虚拟仿真技术得到了质的飞跃,诞生了虚拟技术。虚拟技术的出现并没有意味着仿真技术趋向淘汰,而恰恰有力地说明仿真和虚拟技术都随着计算机图形技术而迅速发展,在系统仿真、方法论和计算机仿真软件设计技术,以及交互性、生动性、直观性等方面都取得了比较大的进步。先后出现了动画仿真、可视交互仿真、多媒体仿真和虚拟环境仿真、虚拟现实仿真等一系列新的仿真思想、仿真理论、仿真技术和虚拟技术。

(二) 软件 ADAMS 介绍

多体动力学仿真分析软件(automatic dynamic analysis of mechanical systems,ADAMS)是对机械系统的运动学与动力学进行仿真计算的商用软件,原来是由美国 MDI(Mechanical Dynamic Inc.)开发的虚拟样机分析软件,在经历了12个版本后,被美国 MSC 公司收购。目前,ADAMS 已经被全世界各行各业的数百家主要制造商采用。

ADAMS 软件使用交互式图形环境和零件库、约束库、力库，创建完全参数化的机械系统几何模型，其求解器采用多刚体系统动力学理论中的拉格朗日方程方法，建立系统动力学方程，对虚拟机械系统进行静力学、运动学和动力学分析，输出位移、速度、加速度和反作用力曲线。ADAMS 软件的仿真可用于预测机械系统的性能、运动范围、碰撞检测、峰值载荷，以及计算有限元的输入载荷等。ADAMS 一方面是虚拟样机分析的应用软件，用户可以运用该软件非常方便地对虚拟机械系统进行静力学、运动学和动力学分析；另一方面，又是虚拟样机分析开发工具，其开放性的程序结构和多种接口，可以成为特殊行业用户进行特殊类型虚拟样机分析的二次开发工具平台。

1. 前期建模

ADAMS 中的构件包括刚性构件和柔性构件，刚性构件是指在受到力的作用后，构件上的任意两点之间的距离不发生改变的构件，柔性构件在受到力的作用后会产生变形。刚性构件是一种理想的构件，在现实中不存在这样的情况，任何物体在受到力的作用后都会或多或少地产生一定的变形，不过物体的变形一般都很小。在多数情况下，将构件认为是刚性后，在误差的范围内，计算结果是完全可以接受的，在一些要求精度比较高或者需要考虑变形的情况下，就要使用柔性构件来替代刚性构件。在 ADAMS/View 中创建刚性构件，一种方法是利用 ADAMS/View 提供的建模工具，直接创建刚性构件；另一种方法是通过 ADAMS 与其他 CAD 软件的数据接口，直接导入 CAD 几何模型，通过适当的编辑后就可以转变成 ADAMS 中的刚性构件。ADAMS/View 中还包括定义运动副、添加驱动及施加载荷等。

2. 仿真计算

（1）装配计算。如果在建立构件时，构件之间的位置并不是实际的装配位置，可以利用运动副的约束关系，将两个构件的位置放置到正确的位置。

（2）运动学计算。由于运动副和驱动是约束系统的自由度，当添加运动副和驱动后，相应的系统自由度数就会减少，如系统的自由度数减少到零，则系统各个构件的位置和姿态在任意时刻都可以由约束关系来确定，在进行仿真计算时，系统就会进行运动学计算。

（3）动力学计算。在动力学计算中，将会考虑构件的惯性力，求解动力学方程，可以计算运动副的相对位移、速度、加速度、约束力和约束载荷，以及任意点的位移、速度和加速度等数据。

（4）静平衡计算。静平衡计算是指系统的构件在载荷作用下受力平衡。一个系统可以有多个静平衡位置，可以进行一定时间的运动学计算和动力学计算后，让系统到达某一位置，再进行一次静平衡计算，这样就可以找到该位置附近的静平衡位置。如果只受重力作用，在静平衡位置处开始动力学计算，则系统会始终不动。

（5）线性化计算。线性化计算可以将系统的非线性动力学方程线性化，这样可以得到系统的共振频率和振型（模态）。

3. 后处理模块

ADAMS/PostProcessor 是 ADAMS 软件的后处理模块，在整个设计周期中都发挥着重要的作用，其用途主要包括如下四个方面。

（1）模型调试。在 ADAMS/PostProcessor 中，用户可选择最佳的视角来观察模型的运动，也可向前、向后播放动画，从而有助于对模型进行调试。也可从模型中分离出单独的柔性部件，以确定模型的变形。

（2）试验验证。如果需要验证模型的有效性，可输入测试数据并以坐标曲线的形式表达出来，然后将其与 ADAMS 仿真结果绘于同一坐标曲线图中进行对比，并可以在曲线图上进行教学操作与统计分析。

（3）设计方案改进。在 ADAMS/PostProcessor 中，可在图标上比较两种以上的仿真结果，从中选择出合理的设计方案。另外，可通过鼠标操作，更新绘图结果。如果要加速仿真结果的可视化过程，可对模型进行多种变化。也可以进行干涉检验，并生成一份关于每帧动画中构件之间最短距离的报告，帮助改进设计。

（4）结果显示。ADAMS/PostProcessor 可显示运用 ADAMS 进行仿真计算和分析研究的结果。为增强结果图形的可读性，可以改变坐标曲线的表达方式，或者在图中增加标题和附注，或者以图表的形式来表达结果。为增强动画的逼真性，可将 CAD 几何模型输入到动画中，也可将动画制作成小电影的形式。最终可在曲线图基础上得到与之同步的三维仿真动画。

（三）软件 MATLAB 介绍

MATLAB 是 Matrix&Laboratory 两个词的组合，意为矩阵工厂（矩阵实验室）。是由美国 Mathworks 公司发布的主要面对科学计算、可视化及交互式程序设计的高科技计算环境。它将数值分析、矩阵计算、科学数据可视化，以及非线性动态系统的建模和仿真等诸多强大功能集成在一个易于使用的视窗环境中，为科学研究、工程设计及必须进行有效数值计算的众多科学领域提供一种全面的解决方案，并在很大程度上摆脱了传统非交互式程序设计语言（如 C、Fortran）的编辑模式，代表了当今国际科学计算软件的先进水平。MATLAB 具有以下七个优点。

1. 编程环境

MATLAB 由一系列工具组成，这些工具方便用户使用 MATLAB 的函数和文件，其中许多工具采用的是图形用户界面，包括 MATLAB 桌面和命令窗口、历史命令窗口、编辑器和调试器、路径搜索和用户浏览帮助、工作空间、文件浏览器。随着 MATLAB 的商业化，以及软件本身的不断升级，MATLAB 的用户界面也越来越精致，更加接近 Windows 的标准界面，人机交互性更强，操作更简单。新版本的 MATLAB 提供了完整的联机查询和帮助系统，极大地方便了用户的使用。简单的编程环境提供了比较完备的调试系统，程序不必经过编译就可以直接运行，而且能够及时报告出现的错误及进行出错原因分析。

2. 简单易用

MATLAB 是一个高级的矩阵/阵列语言，它包含控制语句、函数、数据结构、输入和输出，以及面向对象编程特点。用户可以在命令窗口中将输入语句与执行命令同步，也可以先编写好一个较大的复杂应用程序（M 文件）后再一起运行。新版本的 MATLAB 语言是基于最为流行的 C++语言，因此，语法特征与 C++语言极为相似，而且更加简单，更加符合科技人员对数学表达式的书写格式，使之更利于非计算机专业的科技人员使用。这种语言可移植性好、可拓展性极强，这也是 MATLAB 能够深入到科学研究及工程计算各个领域的重要原因。

3. 强大处理

MATLAB 是一个包含大量计算算法的集合，拥有 600 多个工程中要用到的数学运算函数，可以方便地实现用户所需的各种计算功能。函数中所使用的算法都是科研和工程计算中的最新研究成果，而且经过了各种优化和容错处理。通常可以用它来代替底层编程语言，如 C 和 C++。在计算要求相同的情况下，使用 MATLAB 的编程工作量会大大减少。MATLAB 的这些函数集包括从最简单最基本的函数到诸如矩阵、特征向量、快速傅里叶变换的复杂函数。函数所能解决的问题大致包括矩阵运算和线性方程组的求解、微分方程及偏微分方程的组的求解、符号运算、傅里叶变换和数据的统计分析、工程中的优化问题、稀疏矩阵运算、复数的各种运算、三角函数和其他初等数学运算、多维数组操作，以及建模动态仿真等。

4. 图形处理

MATLAB 自产生之日起就具有方便的数据可视化功能，以将向量和矩阵用图形表现出来，并且可以对图形进行标注和打印。高层次的作图包括二维和三维的可视化、图象处理、动画和表达式作图，可用于科学计算和工程绘图。新版本的 MATLAB 对整个图形处理功能作了很大的改进和完善，使它不仅在一般数据可视化软件都具有的功能（如二维曲线和三维曲面的绘制和处理等）方面更加完善，而且对于一些其他软件所没有的功能（如图形的光照处理、色度处理，以及四维数据的表现等），MATLAB 同样表现了出色的处理能力。同时对一些特殊的可视化要求，如图形对话等，MATLAB 也有相应的功能函数，保证了用户不同层次的要求。另外新版本的 MATLAB 还着重在图形用户界面（GUI）的制作上作了很大的改善，对这方面有特殊要求的用户也可以得到满足。

5. 模块工具

MATLAB 对许多专门的领域都开发了功能强大的模块集和工具箱。一般来说，它们都是由特定领域专家开发的，用户可以直接使用工具箱学习、应用和评估不同的方法，而不需要自己编写代码。领域包括数据采集、数据库接口、概率统计、样条拟合、优化算法、偏微分方程求解、神经网络、小波分析、信号处理、图像处理、系统辨识、控制系统设计、LMI 控制、鲁棒控制、模型预测、模糊逻辑、金融分析、地图工具、非线性控制设计、实时快速原型及半物理仿真、嵌入式系统开发、定点仿真、DSP 与通信、电力系统仿真等，都在工具箱（Toolbox）家族中有了自己的一席之地。

6. 程序接口

新版本的 MATLAB 可以利用 MATLAB 编译器和 C/C++ 数学库和图形库，将自己的 MATLAB 程序自动转换为独立于 MATLAB 运行的 C 和 C++ 代码。允许用户编写可以和 MATLAB 进行交互的 C 或 C++ 语言程序。另外，MATLAB 网页服务程序还容许在 Web 应用中使用自己的 MATLAB 数学和图形程序。MATLAB 的一个重要特色就是具有一套程序扩展系统和一组称之为工具箱的特殊应用子程序。工具箱是 MATLAB 函数的子程序库，每一个工具箱都是为某一类学科专业和应用而定制的，主要包括信号处理、控制系统、神经网络、模糊逻辑、小波分析和系统仿真等方面的应用。

7. 软件开发

在开发环境中，使用户更方便地控制多个文件和图形窗口；在编程方面支持了函数嵌套，有条件中断等；在图形化方面，有了更强大的图形标注和处理功能；在输入输出方面，可以直接向 Excel 和 HDF5 进行连接。

（四）软件 Autodesk Inventor 介绍

Autodesk Inventor 软件是美国 AutoDesk 公司于 1999 年年底推出的三维可视化实体模拟软件，它包含三维建模、信息管理、协同工作和技术支持等各种特征。使用 Autodesk Inventor 可以创建三维模型和二维制造工程图，创建自适应的特征、零件和子部件，还可以管理上千个零件和大型部件。相比于其他 CAD 软件，Autodesk Inventor 具有如下两个优势。

1. 运动仿真

借助 Autodesk Inventor Professional 的运动仿真功能，能够了解机器在真实条件下如何运转，能节省花费在构建物理样机上的成本、时间和高额的咨询费用，并且根据实际工况添加载荷、摩擦特性和运动约束，然后通过运行仿真功能验证设计。通过与应力分析模块的无缝集成，可将工况传递到某一个零件上，来优化零部件设计。

2. 增强功能仿真

通过仿真机械装置和电动部件的运转来确保设计有效，同时减少制造物理样机的成本。可以计算设计模型在其整个运转周期内的动态运行条件，并精确调整电动机和传动器的尺寸，以便承受实际的运转载荷。可以分析机械装置中每个零部件的位置、速度、加速度，以及承受的载荷。

（五）软件 Solid Works 介绍

Solid Works 软件是美国 Solid Works 公司推出的基于 Windows 的机械设计软件。Solid Works 是一家专业化的信息高速技术服务公司，在信息和技术方面一直保持与国际 CAD/CAE/CAM/PDM 市场同步。Solid Works 是基于 Windows 平台的全参数化特征造型软件，它可以十分方便地实现复杂的三维零件实体造型、复杂装配和生成工程图。Solid Works 仿真分析模块包括结构分析解决方案 Solid Works Simulation（FEA）、流体和热分析解决方案 Solid Works Flow Simulation（CFD）、动态运动仿真解决方案 Solid Works Motion、模流分析解决方案 Solid Works Plastics、环境影响分析解决方案 Solid Works Sustainability。通过这些仿真分析功能能够建立虚拟真实环境来测试产品设计，在整个设计过程中对广泛的参数如耐久性、动态响应、热和压力甚至流体力学等进行测试，以评估设计性能并作出改进，来提高产品的质量和安全。Solid Works 仿真分析的优势在于其所有仿真工具都完全内置在 Solid Works 设计环境中，实现设计仿真一体化的产品研发。这些仿真分析功能互相之间也可以完全集成，共享熟悉的工作流程、命名约定和命令，可以根据需要进行功能组合实现多学科协同仿真，如可以在结构仿真中使用来自 Solid Works Flow Simulation 的压力和温度值，或在结构仿真中使用运动仿真的反作用力。

1. Solid Works Simulation

Solid Works Simulation 可用于分析零件和装配体之间的结构问题，如评估相互接触零件之间的作用力、应力和摩擦力，产品在应用环境中承受的载荷、力及扭矩，根据结构或者几何来进行产品的优化设计。使用接头或虚拟扣件仿真螺栓、销钉、弹簧和轴承，通过平面应力、平面变形和轴对称线性静态分析，在产品设计周期的早期评估复杂的结构问题。为了了解零件和装配体温度变化产生的影响，可以通过 Solid Works Simulation 研究传导、对流及辐射热传递，确定温度分布和材料变化产生的热应力。在非线性条件下 Solid Works Simulation 也能分析产品设计，如检查过载、接触和柔性材料导致的大变形，确定材料制成后金属的残余应力和永久变形，进行弹塑性分析以研究塑料变形和屈曲等一系列的非线性问题。此外，Solid Works Simulation 还能进行复合材料的结构仿真。

2. Solid Works Motion

Solid Works Motion 可以通过基于事件和任务工作流程的运动仿真来创建复杂的机械原型，评估虚拟运动系统（包括运动传感器、促动器、伺服马达、运动副等）在整个工作流程中的运动特性进而优化机械原型。产品在周期性载荷下会累计损坏，振动或者其他不稳定模式也会缩短设备寿命导致意外故障。这时可以在 Solid Works Motion 中为产品定义指定数量循环的周期载荷，导入从真实物理测试获得的载荷历史数据，来预测产品寿命，研究载荷如何对产品寿命产生影响并进行优化。在对零件和装配体的动态分析中，Solid Works Motion 通过仿真时间历史记录载荷、稳态谐波输入、响应频谱和随机振动激励，在随机振动分析中输入力的激励曲线，研究单位时间内的应力、位移、速度和加速度，使用非线性动态功能执行影响分析。

3. Solid Works Flow Simulation

Solid Works Flow Simulation 是实用的 CFD 工具，可以仿真流体流动、热传递和流体作用力，检查和优化复杂的流动，包括模型内部和外部的流动。将流动与热力分析相结合，模拟对流、传导和辐射效果，分析显示和了解产品内部和周围的温度分布，查找符合设计目标（如热交换效率）的最佳尺寸，降低设计中的热风险。

4. Solid Works Plastics

Solid Works Plastics 是专门用来优化塑料零件和注塑模具的仿真软件包，通过模拟分析塑料零件在注塑模具中的整个成型过程，来对相关产品参数和模具进行优化。产品参数包括塑料材质、零件尺寸（壁厚）等，而影响最终注塑质量的重要模具工艺参数包括浇口类型、尺寸和位置，流道布局、尺寸和横截面形状，注塑循环时间、锁模力和压射体积等。在虚拟环境下模拟注塑过程，分析产品缺陷的形成原因，进而改变模具设计和注塑工艺参数，在产品设计的最初阶段预测和避免制造缺陷，消除成本高昂的返工，提高塑料产品质量。

5. Solid Works Sustainability

现阶段评估产品设计对环境的影响主要考虑四大指标：碳排放、总能耗、空气影响和水影响，可持续设计的理念要求在设计的整个生命周期（从原材料和生产到使用和报废）内评估产品对环境的这些影响。与仿真软件类似，通过 Solid Works Sustainability 可以为不同的材料建模和设计解决方案，在设计过程中提出"假设"问题，然后比较效果，在 Solid Works 环境下分析不同的材料、资源采购、运输要求和制造方法产生的环境影响，最终选择符合可持续设计的方案。

第二节　钻机起升系统设计

科学钻探用钻机和石油钻机一样，起升系统是钻机重要的组成部分，是实现起下钻和自动送钻任务的执行机构，贯穿于整个钻进工作过程。起升系统作为钻机的核心部件之一，安装设备时，用于起升井架；钻进时，用于提放钻具，平衡部分钻具自重并保证钻压，顺利完成钻进作业；固井作业时，用于下套管；整个钻探结束后，还需要用于起放井架。

一、起下钻操作

根据起下钻操作程序，起下钻周期时间图（图 1.3），可以看出在起一立根或下一立根周期中，柴油机、绞车、滚筒和大钩的运转情况，同时也能看出起下钻操作过程和各项操作消耗的大致时间。

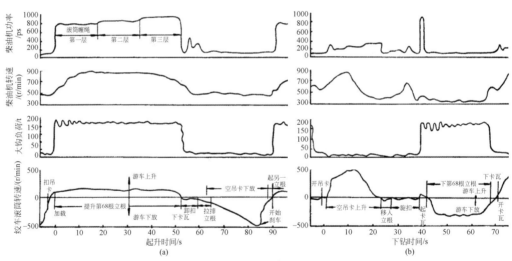

图 1.3　起下钻操作与时间图（华东石油学院矿机教研室，1980）

1 马力（ps）= 735W

（一）起钻操作

科学钻探取心或更换钻头时，需将井中的全部钻柱取出，称为起钻作业。

起钻包括以下操作：

（1）上提钻柱全露方钻杆，用卡瓦将钻柱坐在转盘上；

（2）旋下方钻杆，将方钻杆–水龙头置于大鼠洞中；

（3）用吊环扣住钻杆接头；

（4）挂合绞车滚筒，带动钻柱起升，提出卡瓦，将井中整个钻柱起升一个立根高度，然后摘开离合器，刹车；

（5）稍松刹车，下放钻柱，用卡瓦将钻柱卡在转盘上，或扣牢下卡瓦坐在转盘上；

（6）用大钳和猫头或上卸扣气缸，拉大钳崩松顶部立根接头丝扣；

（7）用转盘带动钻柱旋转或用旋绳器卸扣；

（8）移立根入钻杆盒并靠在二层台指梁中，摘开吊卡；

（9）下放空吊卡至转盘上方刹住。

起另一根立根时又重复上述操作，每起一立根构成一个起钻循环，一直将井中钻柱全部起出为止。

（二）下钻操作

将钻头、取心管、钻铤、方钻杆组成的钻杆柱下入井中，称为下钻作业。包含以下操作：

（1）挂吊卡、以高速挡提升至一立根高度；

（2）二层台处扣吊卡，稍提立根，移至井眼中心，对扣；

（3）拉猫头旋绳或用旋绳器上扣；

（4）用猫头和大钳紧扣；

（5）稍提钻柱，移出或提出卡瓦；

（6）用刹车控制下放速度，将钻柱下放一立根的距离；

（7）借助吊卡或卡瓦，将钻柱坐在转盘上，从吊卡上将吊环脱开。

下另一立根，重复上述操作。

从上述过程可知，起下一立根时间为

$$t = t_{起} + t_{吊} + t_{下} + t_{手} \tag{1.4}$$

式中，$t_{吊}$为起下钻中起下空吊卡的时间，s；$t_{起}$为起升一个立根所用的机动时间，取决于起升速度；$t_{下}$为下放钻柱一立根距离所用的时间，取决于下放速度；$t_{手}$为手动时间，包括上卸扣、提放卡瓦、摘挂吊卡等所用时间。

以上起下钻操作，是单纯用机械或人力的方法进行的，据统计，每旋接或卸开一个接头时间定额为 2min，而机动起升时间为 30~90s，下放时间只有 20~70s，起下空吊卡时间只有 30s，所以手动时间所占比例很大，可采用机械化缩短这一时间。可以用自动拧卸装置、自动排管机代替大钳和猫头操作，也可以用顶驱进行起下钻，步骤要简化得多。

二、起升系统结构设计

（一）万米科学钻探钻机对起升系统的要求

（1）万米科学钻探井随井深增加，常需要下重型套管，另外，处理恶性钻井事故也要有超强的破阻能力,要求钻机有更大的提升能力。

(2)万米科学钻探井裸眼深度长,地层易坍塌卡钻,钻机须配备顶驱,以便钻井时尤其在起下钻过程中能循环和正、倒划眼,顺利解除事故。

(3)万米科学钻探井由于起下钻次数特别多,要提高能效就应采用交流变频电动钻机,这种钻机具有恒功率无级调速,功率利用率 $\psi = 1$。

(4)地层温度≥150℃,井下钻具要及时充分冷却,否则单螺杆钻具的橡胶衬套容易脱胶,LWD等仪器及传感器要耐温,返流钻井液要充分冷却和脱气。

(5)为了控制地层高压,井控装置要达到105~140MPa,BOP组合高度>10m,钻机底座>12m。

(6)保证提升系统构件的强度、可靠性和安全性是技术关键。按照 API Spec 8A 的规定,对于最大钩载 $W_{max} \geq 4450kN$ 的构件,其许用安全系数 $n_{\sigma b} = 3$,同时,对于 $\sigma_s / \sigma_b = 0.75$ 的高强度钢,其屈服许用安全系数 $n_{\sigma s} = 2.25$,选用相当于 AISI4140 的合金钢,一般情况下,能用锻件不用铸件,且要经过无损探伤。

(7)游车、大钩、水龙头及顶驱的提环、主轴及壳体等承载构件都要经过2倍 Q_{max} 的载荷试验,承压件如钻井泵的阀箱、顶驱主轴、水龙带及高压管汇都要经过1.5倍 p_{max} 的试压,钻机控制系统要设限制超载(超转矩)、超压的安全装置。

(8)对于钻机中最重的部件——井架和底座,废除以吨论价,在保证强度、刚度、稳定性和抗振性的约束条件下,用先进的设计计算方法和试验方法达到减轻质量和优化设计的目的。

(二)起升系统参数计算

起升系统参数包括最大起重量、游动系统最大绳数、滚筒钢绳最大拉力、钢绳直径、大钩起升速度和挡数、绞车额定功率等。

1. 最大起重量计算

最大起重量(W_{max})是指钻机大钩允许加的最大静载。在钻井完井过程中可能遇到的最大载荷有几种情况:

(1)当 L(额定井深)<2500m 时,进行解除卡钻作业,大钩上提的载荷最大;

(2)当 L>2500m 时,进行下套管作业遇阻,当上提下放套管柱时,大钩的载荷会超过套管柱的重量,它比解卡的载荷还要大,此时,大钩的上提载荷以套管柱断裂载荷的80%为极限。

对于万米钻机,以第二种情况为主,在规定最大起重量时,应与最重套管柱接箍滑扣载荷的80%一致,此处,接箍滑扣载荷可以认为是套管柱的断裂载荷。

最大起重量是核算起升系统各部件的最大静强度的依据,如绞车滚筒低速离合器等的性能应满足最大起重量的要求。它也是核算转盘、水龙头等主轴承静载荷的依据,同时又是选择游动系统最大绳数和钢丝绳尺寸的依据。

在进行井口套管柱抗拉强度设计时,令额定井深中最重套管柱重量×安全系数(1.6)=套管柱断裂载荷。故

$$W_{max} = 0.8 \times 1.6 W_套 L \approx 1.25 W_套 L \tag{1.5}$$

式中，$W_套$ 为单位长度套管重量，kN；L 为额定井深，m。该式说明 W_{max} 比额定井深中最重套管柱的重量还要大 25%，可以满足上提下放套管柱操作的需要。

2. 额定钻柱重量

额定钻柱重量（$W_柱$）是指在钻井过程中大钩从额定井深匀速提升的静载。此静载即全部额定尺寸钻柱在空气中的重量。

$$W_柱 = W_杆 L \tag{1.6}$$

式中，$W_杆$ 为额定钻柱单位长度重量，额定钻柱采用我国最常用的 5″对焊钻杆（外径 127mm，壁厚 9mm，相当于 API 5″×19.5 磅①/英尺②对焊钻杆），$W_杆 = 29\text{kg/m}$，配 100m 长 7″（178mm）钻铤，故万米钻柱的 $W_柱$ 取 3000kN。

起重量储备系数：
$$k = W_{max}/W_柱 \tag{1.7}$$

3. 游动系统最大绳数、绞车滚筒钢丝绳最大拉力和钢丝绳直径

按经验及统计，游动系统部件重量 $G_0 \approx （3\% \sim 4\%）W_{max}$（陈如恒，1979）。

绞车滚筒钢丝绳（快绳）最大拉力：

$$F_{max} = \frac{W_{max} + G_0}{Z\eta_游} = \frac{W_{max} + G_0}{Z\eta^{\frac{z+1}{2}}} \tag{1.8}$$

式中，Z 为游动系统最大钢丝绳数；η 为传动效率，单一滑轮的效率。

由式（1.8）可见，对于一定的井深，Z 与 F_{max} 成反比关系。如果 Z 过少，则 F_{max} 过大，据此选定的钢丝绳直径必过粗，导致起升系统各部件尺寸过大。但如果 Z 过多，则效率下降，同时，在一定起升速度下，滚筒转速也将过高。

由于最大拉力、钢绳类型、结构及强度的不同，可根据钢绳的破断载荷，按一定的安全系数决定钢绳直径。

4. 井架高度

井架高度 H 是指钻台平面至天车台底平面的垂直高度，它主要取决于立根长度 l、游动系统各部件高度和缓冲高度。一般用经验公式确定：

$$H = 1.7l \tag{1.9}$$

根据上式，对于两单根组成的立根，一般用 33～41m 井架，对于由三单根组成的立根，则用 46～53m 高的井架，这里取 48m。

5. 起升速度和挡数

为了缩短起升时间，根据经验，一般起升钻柱的最低速度为 $V_L = 0.45 \sim 0.5\text{m/s}$。最高起升速度 V_h 不能选得过高，它受立根长度、快绳速度和操作安全的限制，一般按经验公式选定。

$$V_h = \frac{a}{Z}\sqrt{l} \tag{1.10}$$

式中，a 为系数，取 3 或 4，在起下钻机械化水平高的条件下选 4；Z 为有效绳数；l 为立

---

① 1 磅 ≈ 0.45kg。

② 1 英尺（ft）= 0.3048m。

根长度，m。

为了保证绞车滚筒上排绳整齐，游动系统起下钻操作安全，在快绳速度小于20m/s的限制下，起升钻柱的最高速度为 $V_h = 2 \sim 2.4\text{m/s}$。

增设起升挡数，充分利用绞车功率，可降低起升时间。但当挡数过多时，使变速结构复杂化，节省时间不明显。所以，起升挡数采用2挡，由交流变频电机实现无级调速。

6. 绞车额定功率 $N_{绞}$

绞车额定功率是指绞车输入轴应配备的功率。

$$N_{绞} = \frac{WV_L}{\eta_{绞}\,\eta_{游}} \tag{1.11}$$

式中，$W = W_{柱} + G_0$；$\eta_{绞}$ 为绞车效率；$\eta_{游}$ 为游车效率。

（三）工作原理及结构分析

起升系统结构按照提升方式不同，分为绞车式起升系统和液压油缸式起升系统两大类，两类起升系统的结构与原理均不相同。

绞车式起升系统主要应用于传统的石油钻机结构形式中，该系统主要由井架、游动系统、绞车等组成，并且出现了单绞车和双绞车起升之分。本钻机采用单绞车起升系统，结构形式见图1.4。

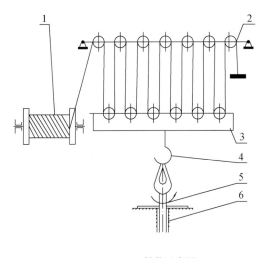

(a) 结构示意图   (b) 系统模型

图 1.4　单绞车起升系统

1. 绞车；2. 天车；3. 游车；4. 大钩；5. 钻杆；6. 钻孔

单绞车系统工作原理如下：游车天车系统采用 $n \times m$ 的滑轮组合，天车系统固定在井架的顶端，绞车系统固定在基座上。钢丝绳一端固定于绞车，缠绕滚筒后，依次穿过天车上的定滑轮与游车上的动滑轮（共穿过 n 个动滑轮和 m 个定滑轮），末端绕出后经过死绳固定器固定住。天车系统与游车系统通过钢丝绳连接在一起，从而使游车系统悬挂在井架中央。

由于钢丝绳的两端一端固定在绞车上，另一端固定在死绳固定器上，中间部分绕在滚筒和滑轮上，悬挂负载，而且钢丝绳的长度一定，因此可以通过交流变频电机带动滚筒旋转控制游车系统的升降，将电动机的旋转运动转化为钻具负载竖直方向上的升降运动。

起升系统中天车的定滑轮起到改变力传递方向的作用，动滑轮起到平均分配负载的作用。n 个动滑轮将钢丝绳的拉力增大了 $2n$ 倍，即钢丝绳承载负载的 $1/2n$，大大提升了系统的起升能力，降低了动力系统的输出功率。

双绞车提升系统是将单绞车提升系统的死绳端也变为一台绞车，两台绞车同时提升，结构形式见图 1.5。

使用双绞车提升模式，可解决主卷扬机已展开的钢丝绳无法收绳问题，在载荷较小或出现故障时，单侧绞车可继续工作，机构简单、安全可靠、节约能源。

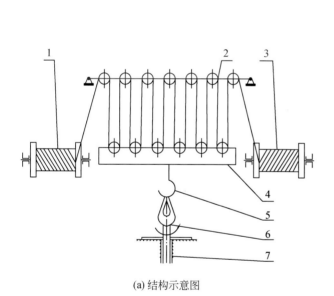

(a) 结构示意图

(b) 系统模型

图 1.5 双绞车提升系统

1. 绞车（1）；2. 天车；3. 绞车（2）；4. 游车；5. 大钩；6. 钻杆；7. 钻孔

三、"地壳一号" 万米钻机起升系统

（一）起升系统参数

为了满足万米井深大陆科学钻探井的钻进能力，"地壳一号" 万米钻机是在 9000m 石油钻机平台的基础上优化设计而成的，其绞车起升系统的基本参数如表 1.1 所示。

表 1.1　起升系统基本参数列表

型号	地壳一号	钢丝绳弹性模量	150GPa
最大钩载	6750kN	滚筒初始直径	980mm
额定钻柱重量	3000kN	滚筒第二层缠绳直径	1106mm
井架有效高度	48m	每层排绳数	40
游动系统绳系	7×8	滚筒质量	7297kg
电机台数×额定功率	2×1600kW	滚筒转动惯量	876kg·m²
名义最大快绳拉力	643kN	钻杆外径	127mm
钢丝绳公称直径	45mm	立根长度	28m
滚筒尺寸宽度	1840mm	钢丝绳抗拉强度	1960MPa
最大钻柱重量快绳拉力	262.73kN	最大钩载快绳拉力	567.23kN
游动系统重量	200kN	游动系统效率	0.85

（二）起升系统结构

"地壳一号"万米钻机起升系统结构如图1.6所示，采用传统的单绞车式起升方式，主要由绞车、井架、天车、游车、水龙头、大钩、底座，以及钢丝绳、吊环、吊卡、吊钳、卡瓦等各种工具组成。

图 1.6　"地壳一号"万米钻机起升系统组成

1. 绞车；2. 井架；3. 天车；4. 游车；5. 水龙头；6. 大钩；7. 底座；8. 钻柱

其中，绞车由两台1600kW交流变频电机分别通过齿轮减速器同步驱动滚筒轴，实现两挡无级调速。

井架采用"K"形结构，井架主体结构为前开口"π"形井架，井架共分为六段十二大件。背扇刚架为"K"形结构，各段间采用面接触，加耳板、销子连接。井架上配有立管台、二层台、液压套管扶正台，同时配有通往二层台、天车台的梯子、登梯助力机构和防坠落装置，还配有死绳扶绳器，大钳平衡重。

配套天车为TC675-1天车，配套底座DZ675/12-S2底座。

第三节　钻机起升系统数字仿真

一、起升系统动力学分析

起升系统在正常工作时，受电机输出转矩波动、钢丝绳抖动和各系统转动惯量的影响，绞车在起升负载时会产生较大的振动和噪声，尤其是在突然高速启动和紧急制动过程中都将产生剧烈的抖动和噪声，严重时将影响到整个起升系统的稳定性和可靠性，因此，有必要对整个起升系统进行动态特性分析，以保证起升系统的正常安全运行。

（一）起升系统力学模型的建立

1. 系统假设

对上述起升系统结构模型进行简化得到其力学模型如图1.7所示。在简化过程中，对系统作如下假设：

（1）假设钢丝绳与滑轮间不产生相对滑动，忽略钢丝绳上能量的损耗；

（2）整个起升系统只考虑在竖直方向上的振动，忽略水平振动；

（3）由于井架的刚度远远高于钻杆及钢丝绳的刚度，所以将井架近似认为是刚性的；

（4）假设游车、天车、大钩均为刚性，忽略其弹性。

根据上述假设，对整个绞车起升系统采用集中参数法将各部件结构的质量集中到离散点上进行折算，整个起升系统物理模型将转变为三个质量块的力学模型，通过惯性系统、阻尼系统和弹性系统连接在一起。根据绞车起升系统的特点，简化系统的自由度。

图1.7中各符号含义如下：m_1为绞车滚筒轴被动部分总成折算于第二层缠绳半径上的滚筒质量；m_2为游动系统的折算质

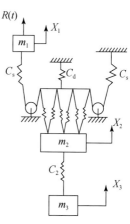

图1.7　绞车起升系统的力学模型

量；m_3 为钻柱的折算质量；$R(t)$ 为起升时折算于绞车滚筒第二层缠绳半径上的剩余拉力；C_d 为井架刚度；C_s 为钢丝绳刚度；C_2 为钻柱刚度。

采用集中参数法集中质量如下：

（1）将绞车滚筒轴被动部分总成的质量向其第二层缠绳半径上简化，折算为第一质量 m_1；

（2）将游车、大钩、吊环和钢丝绳的质量向提环大钩处集中简化，折算为第二质量 m_2；

（3）将钻柱的质量向钻柱质心处简化，折算为第三质量 m_3；

（4）按照能量守恒的原则对集中质量后的刚度进行折算。

在图 1.7 的简化模型上，假设弹簧系统的净伸长已经平衡了质量块的重量，设各质量块的平衡稳定点为其坐标原点。

2. 系统动力学方程

系统动能：
$$T = \frac{1}{2} \sum_1^3 m_i \dot{x}^2 \tag{1.12}$$

弹簧弹性变形势能：
$$U = \frac{1}{2} C_n (x_1 - kx_2)^2 + \frac{1}{2} C_2 (x_2 - x_3)^2 \tag{1.13}$$

忽略系统能量损耗，由能量守恒定律得：
$$T + U = R(t) \cdot x_i \tag{1.14}$$

将式（1.12）和式（1.13）分别代入式（1.14），并将其两边分别对 x_i（$i = 1, 2, 3$）求偏导，则得到系统的动力学方程：

$$\begin{cases} m_1 \cdot \dfrac{\mathrm{d}^2 x_1}{\mathrm{d}t^2} = R(t) - (x_1 - kx_2) C_n \\[2mm] m_2 \cdot \dfrac{\mathrm{d}^2 x_2}{\mathrm{d}t^2} = (x_1 - kx_2) C_n \cdot k - (x_2 - x_3) \cdot C_2 \\[2mm] m_3 \cdot \dfrac{\mathrm{d}^2 x_3}{\mathrm{d}t^2} = (x_2 - x_3) \cdot C_2 \end{cases} \tag{1.15}$$

其中 $C_n = \dfrac{C_1}{k^2 \eta_2}$；$C_1 = \dfrac{(2C_s + C_d) \cdot kC_s}{(2C_s + C_d) + kC_s}$；$C_n$ 为折算于滚筒第二层缠绳半径上的井架钢丝绳组合体刚度；C_1 为井架、钢丝绳组合体的刚度。

整理简化上式后，可得：

$$\begin{cases} m_1 \cdot \dfrac{\mathrm{d}^2 x_1}{\mathrm{d}t^2} + C_n x_1 - kC_n x_2 = R(t) \\[2mm] m_2 \cdot \dfrac{\mathrm{d}^2 x_2}{\mathrm{d}t^2} - kC_n x_1 + (k^2 C_n + C_2) x_2 - C_2 x_3 = 0 \\[2mm] m_3 \cdot \dfrac{\mathrm{d}^2 x_3}{\mathrm{d}t^2} - C_2 x_2 + C_2 x_3 = 0 \end{cases} \tag{1.16}$$

将上式写成矩阵形式
$$\boldsymbol{M}\{\ddot{X}\} + \boldsymbol{K}\{X\} = \{F\} \tag{1.17}$$

式中，$\{X\} = \{x_1 \quad x_2 \quad x_3\}^{\mathrm{T}}$，$\{F\} = \{R(t) \quad 0 \quad 0\}^{\mathrm{T}}$

$$\boldsymbol{M} = \begin{bmatrix} m_1 & & 0 \\ & m_2 & \\ 0 & & m_3 \end{bmatrix}$$

$$\boldsymbol{K} = \begin{bmatrix} C_n & -kC_n & 0 \\ -kC_n & k^2C_n + C_2 & -C_2 \\ 0 & -C_2 & C_2 \end{bmatrix}$$

即得到系统动力学微分方程的矩阵形式为

$$\begin{bmatrix} \ddot{x}_1 \\ \ddot{x}_2 \\ \ddot{x}_3 \end{bmatrix} + \begin{bmatrix} C_n/m_1 & -kC_n/m_1 & 0 \\ -kC_n/m_2 & (k^2C_n + C_2)/m_2 & -C_2/m_2 \\ 0 & -C_2/m_3 & C_2/m_3 \end{bmatrix} \begin{bmatrix} x_1 \\ x_2 \\ x_3 \end{bmatrix} = \begin{bmatrix} R(t)/m_1 \\ 0 \\ 0 \end{bmatrix} \tag{1.18}$$

式中，$R(t)$、m_1、m_2、m_3、C_2 含义如图 1.7 所示。

(二) 方程中各变量参数确定

起升系统的相关参数如表 1.1 所示。

(1) 绞车滚筒轴被动部分总成质量折算或第二层缠绳半径上的滚筒质量 m_1 的确定：

$$m_1 = \frac{4I_{滚}}{D_2^2} = \frac{4 \times 876}{1.106^2} = 2864.5\text{kg}$$

式中，$I_{滚}$ 为滚筒的转动惯量，876m/s^2；D_2 为滚筒第二层缠绳直径，1106mm。

(2) 钻柱的折算质量 m_3：

$$m_3 = \frac{1}{3}m_{柱} = \frac{1}{3} \times 300000 = 1 \times 10^5\text{kg}$$

(3) 起升时折算于滚筒第二层缠绳半径上的剩余拉升力 $R(t)$：

$$R(t) = 2(M_{电} - M_{静})/D_2$$

式中，$M_{电}$ 为电动机转矩，$\text{kN} \cdot \text{m}$；$M_{静}$ 为滚筒上的静力矩，$\text{kN} \cdot \text{m}$。

$$M_{静} = \frac{D_2 P}{2} = \frac{1.106 \times 262.73}{2} = 145.29\text{kN} \cdot \text{m}$$

式中，P 为最大钻柱重量快绳拉力，N。

(4) 钢丝绳刚度 C_s 的确定：

$$C_s = \frac{E_s A_s}{L} = \frac{E_s \cdot \pi r_s^2}{L} = \frac{1.5 \times 10^{11} \times \pi \times (0.045/2)^2}{36} = 6.625 \times 10^6\text{N/m}$$

式中，E_s 为钢丝绳弹性模量，N/m^2；A_s 为钢丝绳初始横截面积，m^2；r_s 为钢丝绳初始半径，m。

(5) 钻柱刚度 C_2 的确定：

$$C_2 = \frac{2E_c A_c}{L_c} = \frac{2 \times 2.1 \times 10^{11} \times \pi \times (0.127/2)^2}{10000} = 5.3 \times 10^5\text{N/m}$$

式中，E_c 为钢的弹性模数，取 $2.1 \times 10^{11}\text{N/m}^2$；$A_c$ 为钻柱横截面积，m^2；r_c 为钻柱半径，m；L_c 为钻柱长度，m。

（6）井架、钢丝绳组合体刚度 C_1：

$$C_1 = \frac{(2C_s + C_d) \cdot kC_s}{(2C_s + C_d) + kC_s}$$

（7）折算于滚筒第二层缠绳半径上的井架钢丝绳组合体刚度 C_n：

$$C_n = \frac{C_1}{k\eta_{游}} = \frac{(2C_s + C_d) \cdot C_s}{[(2C_s + C_d) + kC_s]k\eta_{游}} = \frac{3.975 \times 10^7 \times 6.625 \times 10^6}{(3.975 \times 10^7 + 6.625 \times 10^6) \times 14 \times 0.85}$$

$$= 1.67 \times 10^5 \, \text{N/m}$$

式中，k 为钢丝绳有效绳数，14；$\eta_{游}$ 为游动系统效率，取 0.85。

（三）基于 MATLAB 数值求解仿真结果

前文推导出的动力学方程式（1.18）属于二阶常微分方程，采用一般的计算方法难以给出解析解，所以采用数值方法近似求解。MATLAB 作为一种智能化高级语言，具有较高的数值计算能力，而且具有出色的图形输出和处理功能，使计算结果更清晰准确。这里采用 MATLAB 函数 ode45（4，5）阶的龙格-库塔-芬尔格法对微分方程进行求解。

1. 将动力学方程化解为一阶微分方程的形式

令 $y_1 = \dot{x}_1$；$y_2 = \dot{x}_2$；$y_3 = \dot{x}_3$；$y_4 = x_1$；$y_5 = x_2$；$y_6 = x_3$

则动力学运动方程可以转化为一阶常微分方程：

$$\begin{bmatrix} \dot{y}_1 \\ \dot{y}_2 \\ \dot{y}_3 \\ \dot{y}_4 \\ \dot{y}_5 \\ \dot{y}_6 \end{bmatrix} + \begin{bmatrix} 0 & 0 & 0 & C_n/m_1 & -kC_n/m_1 & 0 \\ 0 & 0 & 0 & -kC_n/m_2 & (k^2C_n + C_2)/m_2 & -C_2/m_2 \\ 0 & 0 & 0 & 0 & -C_2/m_3 & C_2/m_3 \\ 1 & 0 & 0 & 0 & 0 & 0 \\ 0 & 1 & 0 & 0 & 0 & 0 \\ 0 & 0 & 1 & 0 & 0 & 0 \end{bmatrix} \begin{bmatrix} y_1 \\ y_2 \\ y_3 \\ y_4 \\ y_5 \\ y_6 \end{bmatrix} = \begin{bmatrix} R(t)/m_1 \\ 0 \\ 0 \\ 0 \\ 0 \\ 0 \end{bmatrix} \quad (1.19)$$

将各参数代入进行简化可得

$$\begin{bmatrix} \dot{y}_1 \\ \dot{y}_2 \\ \dot{y}_3 \\ \dot{y}_4 \\ \dot{y}_5 \\ \dot{y}_6 \end{bmatrix} = \begin{bmatrix} 0 & 0 & 0 & -58.3 & 816.2 & 0 \\ 0 & 0 & 0 & 116.9 & -1663.1 & 26.5 \\ 0 & 0 & 0 & 0 & 5.3 & -5.3 \\ 1 & 0 & 0 & 0 & 0 & 0 \\ 0 & 1 & 0 & 0 & 0 & 0 \\ 0 & 0 & 1 & 0 & 0 & 0 \end{bmatrix} \begin{bmatrix} y_1 \\ y_2 \\ y_3 \\ y_4 \\ y_5 \\ y_6 \end{bmatrix} + \begin{bmatrix} R(t)/2864.5 \\ 0 \\ 0 \\ 0 \\ 0 \\ 0 \end{bmatrix} \quad (1.20)$$

2. 用 MATLAB 编制程序进行求解（程序略）

3. 基于 MATLAB 数值求解仿真结果

仿真结果可以得到经过折算后的各质量块的速度与位移曲线，具体分析如下。

1）初速度为零时的起升特性曲线

图 1.8～图 1.10 分别给出了初速度为零时三个质量块的速度和位移曲线。图 1.8 表示初速度为零时绞车滚筒的折算速度与折算位移，从图中可以看出，绞车滚筒转动比较平稳，速度波动不大，起升时，绞车滚筒经过 5s 的加速过程达到稳态值 3.9m/s 的速度，并在稳态值附近不断波动，但波动量不大，最大速度为 4.2m/s，最小速度为 3.5m/s；位移曲线近似于线性增加，仿真时间 30s 内，绞车滚筒转过的位移为 114m。

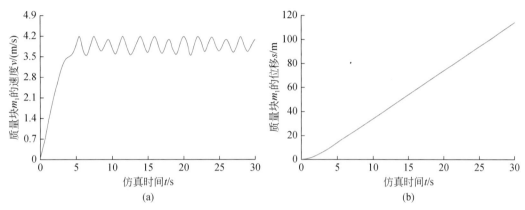

(a)　　　　　　　　　　　　　　(b)

图 1.8　初速度为零时质量块 m_1 的速度 ν 和位移 s 起升特性曲线

图 1.9 表示大钩的运动速度和位移特性，从图中可以看出大钩在前 3s 加速过程中加速度比较恒定，在 3～5s 时加速度有所减小，在 5s 后速度达到稳态值 0.75m/s，由于钢丝绳柔性体等非线性因素的影响，使其波动有所增加，波动为 $k_v=0.86/0.75=1.15$；位移曲线近似于线性增加，在 30s 内大钩在竖直方向共上升了 21.5m。

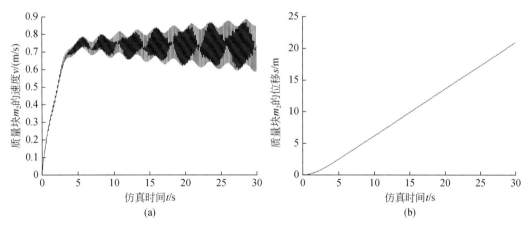

(a)　　　　　　　　　　　　　　(b)

图 1.9　初速度为零时质量块 m_2 的速度 ν 和位移 s 起升特性曲线

图 1.10 表示负载钻杆的运动速度和位移特性，从图中可以看出，在 0～2s 的过程中，钻杆以一个恒定的加速度上升，在 2～3s 的过程中出现速度短时间下降，再经过 2s 后才达到稳态值 0.76m/s，最大速度达到 0.85m/s，最小波动速度达到 0.62m/s，波动量不大，

起升过程比较平稳；位移曲线也近似于线性增加，在 30s 内钻柱在竖直方向共上升了 21.5m。

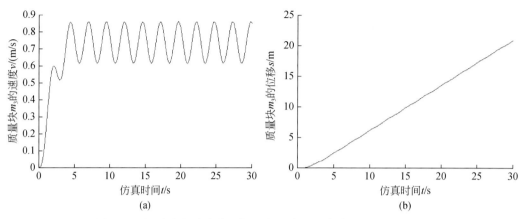

(a)   (b)

图 1.10 初速度为零时质量块 m_3 的速度 ν 和位移 s 起升特性曲线

2）初速度为 0.5m/s 时的起升特性曲线

图 1.11 ~ 图 1.13 分别给出了初速度为 0.5m/s 时三个质量块的速度和位移曲线。

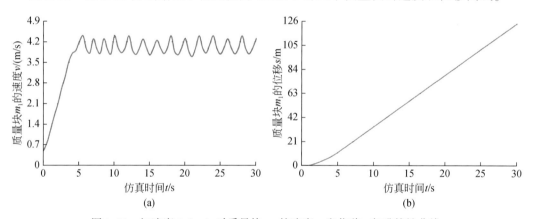

(a)   (b)

图 1.11 初速度 0.5m/s 时质量块 m_1 的速度 ν 和位移 s 起升特性曲线

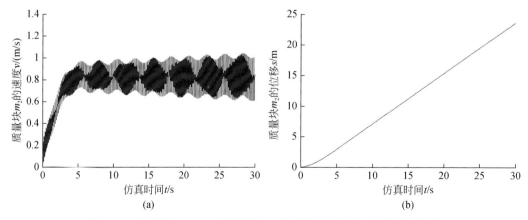

(a)   (b)

图 1.12 初速度 0.5m/s 时质量块 m_2 的速度 ν 和位移 s 起升特性曲线

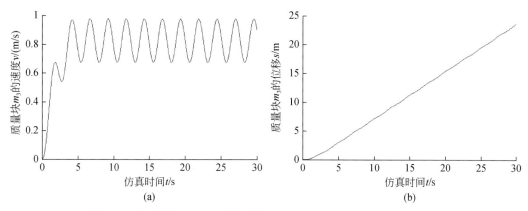

图 1.13 初速度 0.5m/s 时质量块 m_3 的速度 v 和位移 s 起升特性曲线

图 1.11 表示初速度为 0.5m/s 时绞车滚筒的折算速度与折算位移特性曲线,从图中可以看出,绞车滚筒转动比较平稳,速度波动不大,起升时,滚筒从 0.5m/s 的初速度开始起升,经过 5s 的加速过程就可以达到稳态值 4.1m/s 的速度,并在稳态值附近不断波动,但波动量不大,最大速度为 4.4m/s,最小速度为 3.8m/s;位移曲线近似于线性增加,仿真时间 30s 内,滚筒转过的位移为 124m。

图 1.12 表示大钩的运动速度和位移特性曲线,从图中可以看出,大钩在前 3s 就达到稳态值 0.8m/s,加速过程中加速度比较恒定,由于钢丝绳柔性体等非线性因素的影响,使其波动有所增加,其波动为: $k_v = \dfrac{1.04}{0.8} = 1.3$;位移曲线近似于线性增加,在 30s 内大钩在竖直方向共上升了 23.6m。

图 1.13 表示负载钻杆运动速度和位移特性曲线,可以看出,在 $0 \sim 2s$ 的过程中,钻杆以一个恒定的加速度上升,在 $2 \sim 3s$ 的过程中出现速度短时间下降,在经过 2s 后才达到稳态值 0.81m/s,最大速度达到 0.97m/s,最小速度为 0.65m/s,其波动为: $k_v = \dfrac{0.97}{0.81} = 1.197$,起升过程相对平稳;位移曲线也近似于线性增加,在 30s 内钻柱在竖直方向共上升了 23.6m。

通过对比初速度为零与初速度不为零的情况下起升系统仿真结果可以发现:初速度不为零时,波动较为剧烈(波动 k_v 变大),因为初速度不同,所以位移有所增加。通过分析不难发现,实际绞车起升过程中由于初始时起升系统各环节处于松弛状态,尤其是钢丝绳没有拉紧力,在突然添加初速度时,在绞车滚筒初速度的带动下,将各部件突然拉紧,使各部件获得一个突变的加速度,而钢丝绳属于柔性体,加速需要一个过程,因此与初速度不为零时相比会产生一个较大的冲击和波动。

二、起升系统仿真分析

(一) 仿真模型建立

由于整个系统存在钢丝绳等柔性体,采用常用的 Adams 建模较为困难,所以采用目前较为流行的 AMESim 软件对系统进行建模仿真分析。绞车起升系统的力学模型图如图 1.7 所示,对此进行简化,简化过程如下。

(1) 交流变频电机简化:实际变频电机建模较为复杂,故只将电机的特性曲线和转动惯量添加到模型中即可达到想要的效果。因为电机通过减速箱直接驱动滚筒,所以,可以间接地将电机的转动惯量折算到绞车滚筒上,与滚筒的转动惯量进行叠加即可。

(2) 绞车的简化:选用 AMESim 中的绞车即可建立绞车模型,只需定义绞车的直径和转动惯量,缠绳容量即可。

(3) 天车游车系统简化:选用滑轮组进行搭配即可达到想要的结果,建模过程中需要对滑轮的半径及转动惯量进行定义。

(4) 钢丝绳建模:钢丝绳属于柔性体,AMESim 中恰好定义了钢丝绳模型,对其进行刚度、阻尼及长度的相关定义即可。

(5) 钻杆建模:钻杆系统为大钩起升负载,将其简化为质量块模型,由于实际起升过程中,不可避免地会受到孔壁的摩擦力作用,所以,简化模型后需要附加一个摩擦约束力。

(6) 盘刹系统及离合器简化:均采用 AMESim 中摩擦力矩发生器来代替,当设定的摩擦扭矩大于输入和输出扭矩时,在完全闭合的情况下,就可以同步两端的力矩。

钻机起升系统的起升过程是一个先加速,然后保持匀速,最后减速的过程。在起升时只需起升大于一个立根的长度即可,立根长度 27m,所以,设定起升的高度要大于 27m,不能超过 28m。建模时,在大钩下方安装一个位移传感器,当负载位移达到 27m 时,通过一个 ASCII 文件函数的输出信号来进行反馈,并与电机输入信号进行叠加,直至 28m 时,保证负载速度降为 0,同时,位移反馈信号通过比较函数来控制液压盘刹进行刹车,保证整个系统的协调与稳定。当负载被刹住后,再给定离合器信号,松开离合器,使电机处于空载状态,完成整个起升过程。最后将模型中 7×8 天车游车系统折算成 1×2 的滑轮配合,得到仿真模型,如图 1.14 所示。

建模过程做了如下假设:

(1) 假设钢丝绳与滑轮间不产生相对滑动,忽略钢丝绳上能量的损耗;

(2) 整个起升系统只考虑在竖直方向上的振动,忽略水平振动;

(3) 由于井架的刚度远远高于钻柱及钢丝绳的刚度,所以在仿真过程中将井架近似为刚体,忽略井架的影响因素;

(4) 假设游车、天车、大钩均为刚性,忽略其弹性;

(5) 假设起升过程中天车游车系统上的滑轮受力均匀,对其进行等效简化;

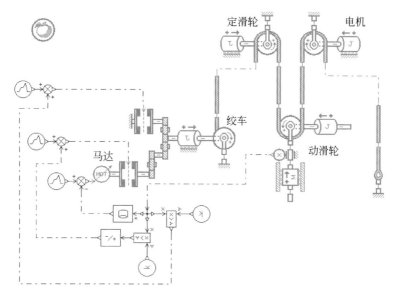

图 1.14　绞车起升系统仿真模型

（6）仿真过程中忽略了钻柱的弹性，只将其看作一般重物负载。

（二）模型中仿真参数的确定

仿真参数按照表 1.1 给定的起升系统参数，将 7×8 天车游车系统折算成 1×2 的滑轮配合，对部分参数进行折算。

最大钻杆重量进行折算：$G_{柱}=\dfrac{3000}{7}=428.5$kN，取 $G_{柱}=430$kN。

游动系统重量折算：$G_{游}=\dfrac{200}{7}=28.6$kN，取 $G_{游}=30$kN。

最终负载折算：$G=G_{柱}+G_{游}=430+30=460$kN。

（三）起升系统仿真分析

系统在初始起升时，由于钢丝绳等零件都处于松弛状态，所以仿真过程先将盘刹闭合 2s，使系统处于稳定状态，然后闭合离合器使电机带动绞车滚筒进行起升。当起升到 27m 时，由位移传感器感知位移信号，控制变频电机减速；当位移达到 28m 时，闭合刹车；稳定后松开电机离合器，使电机空载，仿真过程结束。

1. 静平衡求解

在实际工作中，绞车起升系统钢丝绳大部分时间处于紧绷状态，对超深井钻探常采用减压钻进，即使静止时，有时也把钻具提离孔底，采用盘刹刹住绞车来悬挂钻杆的自重。在建模仿真时，由于初始状态各个模型部件之间有间隙，且钢丝绳也处于松弛状态，如果直接提升会造成较大的冲击和动载,所以,为了模拟实际起升的真实情况,需要进行静平衡求解。静平衡过程中钻杆速度曲线和位移曲线仿真分别如图 1.15 和图 1.16 所示。

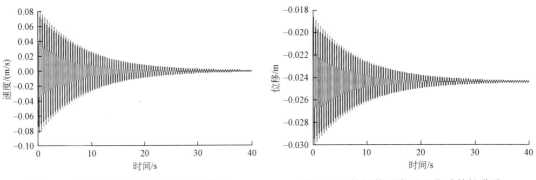

图 1.15　钻杆静平衡过程速度特性曲线　　图 1.16　钻杆静平衡过程位移特性曲线

从图 1.15 可以看出,仿真刚开始阶段速度波动较大,波动范围在 $-0.08 \sim 0.08 \mathrm{m/s}$,随着仿真时间的进行,波动逐渐衰减,30s 后基本稳定,最终稳定值为 0m/s。

从图 1.16 可以看出,钻杆的位移也处于不断的波动中,最大波动位移为 0.029m,30s 后波动较平稳,稳定在 $-0.0243 \mathrm{m}$ 处。

图 1.17 表示静平衡过程中钢丝绳受力曲线,变化趋势开始时波动较大,随着时间的增加,波动逐渐平稳,最大瞬时拉力达到 263kN,最终稳定值为 231kN。

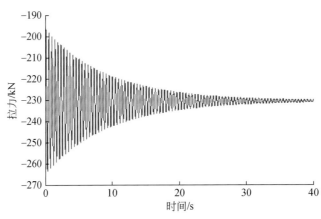

图 1.17　静平衡过程钢丝绳拉力曲线

在考虑游动系统效率时,最大钻柱重量快绳拉力可以由下式计算:

$$P_{杆1} = P_{杆} \cdot \eta_{游1} = 262.73 \times 0.85 = 223.32 \mathrm{kN}$$

式中,$P_{杆}$ 为最大钻柱重量快绳拉力,见表 1.1。

计算结果与仿真结果基本吻合,但存在偏差,原因是在进行负载折算时,四舍五入导致。

从仿真结果中不难得出,起始时,钢丝绳完全处于松弛状态,在重物瞬间重力的作用下,钢丝绳发生弹性变形,产生较大的冲击和振动,经过 30s 后基本稳定,重物的位移可近似认为是钢丝绳的伸长量。最终静平衡时速度为 0，位移为 -0.024m，拉力为 231kN。

2. 起升过程仿真分析

仿真过程：开始时松开变频电机离合器，闭合刹车 2s 后，启动电机特性曲线，闭合离合器，松开刹车，负载在电机的作用下开始起升，当位移达到一定值时，通过位移传感器进行反馈减速刹车，直至仿真结束。

设置仿真时间为 40s，采样时间间隔为 0.005s，如图 1.18 所示，开始仿真。

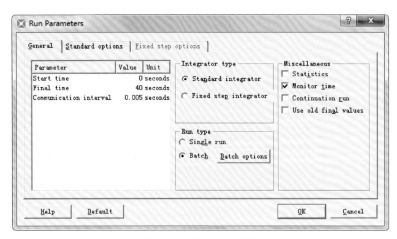

图 1.18　仿真参数设置

得到仿真曲线如下：

1）绞车滚筒输入转速曲线及盘刹工作曲线

由图 1.19 可以看出绞车滚筒在 0~2s 处于静止状态，初速度为零，在 2~3s 绞车滚筒速度呈线性增加，在 3s 时达到最高转速 30.8r/min，并且一直保持速度到 36s，在 36~38s 时，速度呈线性降低，直至 38s 末滚筒停止。从图 1.20 可以看出，在 0~2s 时盘刹处于闭合状态，在 2s 末直至 45s 过程中，盘刹处于松开状态，即不起任何刹车作用，在 45s 之后盘刹完全闭合。从上述仿真结果可以看出，开始时，绞车滚筒在盘刹的作用下处于静止状

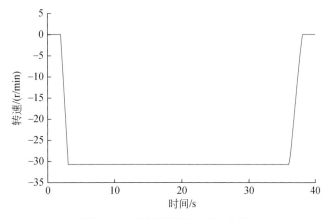

图 1.19　绞车滚筒输入转速曲线

态，这个阶段，离合器处于松开状态，盘刹闭合，盘刹起到主要的作用；从 2s 末开始离合器闭合，变频电机在恒扭矩情况下变频调节电机转速，直到达到稳定值后保持不变，到 38s 附近的时候，由于位移传感器的负反馈，变频电机速度逐渐降低，直至滚筒速度为零。到达 45s 后，松开离合器，闭合液压盘刹，仿真过程结束。

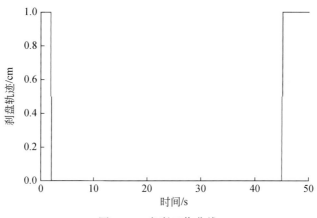

图 1.20　盘刹工作曲线

2）钻杆负载特性曲线

图 1.21 给出钻杆起升动载速度曲线，从图中我们可以看出，仿真开始后，前 2s 钻杆处于静止状态，从 2s 后速度呈线性增加，在 3s 时速度达到最大值 1.2m/s，此后速度不断波动，最小值为 0.42m/s，随着时间的增加，震荡幅度不断降低趋于稳定，最终稳定值为 0.8m/s。由前面图 1.10 钻杆起升动力学分析计算得到稳态值为 0.76m/s，仿真结果与理论计算结果基本吻合，证明了仿真的可靠性。在 36.5s 时，速度开始下降，最终在 0m/s 附近不断波动，在刚下降到稳态值附近时波动较为剧烈，波动范围为 -0.26 ~ 0.29m/s，随着仿真时间的不断积累，系统逐步处于平稳，仿真结束。

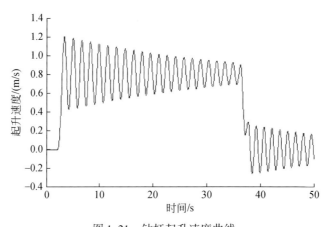

图 1.21　钻杆起升速度曲线

通过仿真结果可以看出，在钻杆刚起升时，系统钢丝绳等柔性体的存在使得系统仿真结果为非线性。在速度开始增加的过程中，系统弹性体的存在，使得负载波动较大；随后在系统阻尼的作用下，波动逐渐减弱，稳态值近似为 0.8m/s。在 36.5s 附近，由于系统反馈的作用速度逐渐降低，直至速度为零。从图 1.19 绞车滚筒输入转速可知，滚筒在 36s 时已经开始减速，说明了系统出现了 0.5s 的滞后性。在刚减速时，即将趋于平稳的速度又出现了剧烈的波动，直至仿真结束。

图 1.22 为钻杆起升位移曲线，从图中可以看出，在前 2s 时，重物处于静止状态，由于静平衡求解时得到仿真位移初始值为−0.0243m，所以，仿真曲线并没有从原点开始起升，而是在原点下方开始，与静平衡求解结果吻合；在 2~36.8s，负载的位移处于近似线性增加，在 36.8s 内负载的起升位移为 27.5m；在 36.8s 之后，负载不再上升，达到稳定值，出现较小的波动量。从仿真结果可以看出，位移传感器在负载起升 27m 时开始降低电机转速，但是速度还是在增加过程，在减速阶段，负载共起升了 0.5m，此后绞车滚筒转速趋于 0m/s，符合仿真过程，与实际起升位移基本吻合。

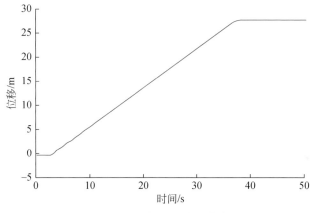

图 1.22 钻杆起升位移曲线

图 1.23 为钻杆加速度曲线，从图中可以看出，在前 2s 内，加速度近似为零，在 2~2.95s，虽然加速度出现了剧烈的波动，但是加速度都为正值，加速度波动范围为：0.17~1.5m/s²；随后加速度出现了较大的波动范围，在 5.3s 时达到了负方向的最大值：−1.20m/s²。随着仿真时间的积累，加速波动逐渐平缓，在 36s 时波动范围最小：−0.06~0.09m/s²；在 36~38s 时，加速度处于负值，可知负载开始减速，减速过程波动较为剧烈，在 38s 后减速完成，负载位移基本稳定，加速度波动较为平缓，直至为零。

3）大钩受力分析

图 1.24 为简化后大钩受力曲线，它的曲线形式基本与加速度曲线变化一致，只是方向相反。仿真曲线在前 2s 时，受到大钩拉力为 −460.8kN［折算实际大钩拉力为−3225.6kN（460.8×7）］；起升过程中，所受最大拉力为−531.11kN（折算实际大钩拉力为−3717.77kN），最小拉力为−404kN（实际为−2828kN），开始时出现了较大的波动，随着系统阻尼的作用，波动逐渐减弱；在 36~38s 时，受到大钩拉力明显减小，由于系统惯性作用的影响产生了较大波动，波动范围为：−459~−423kN；在 38s 后受力基本稳定在−460kN 附近波动，且波动不断减弱，直至停止。从仿真结果可以看出，在前 2s 负载主要

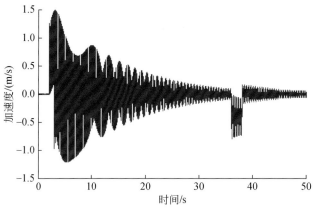

图 1.23 钻杆加速度曲线

受到静载荷的作用，所受到的拉力近似等于自身的重力；在 2s 后开始，起升过程中负载出现较大的波动，说明出现了较大的动载，随着起升过程速度的稳定，起升动载逐渐降低。在减速段时同样也出现了较为剧烈的波动，动载明显增加。

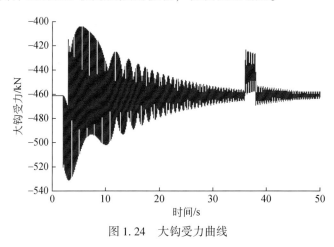

图 1.24 大钩受力曲线

一般来说，起升系统动载的存在是相当有害的，但又不可避免，通常用起升动载系数来反映起升动载。

绞车起升系统动载系数 Kq

$$Kq = \frac{Q_{max}}{Q_{wen}} = \frac{-531.11}{-460.8} = 1.153$$

式中，Q_{max} 为大钩最大拉力；Q_{wen} 为大钩稳定时的拉力。

钩载重量储备系数为 2.25，所以系统满足要求。

4）钢丝绳特性曲线

从图 1.25 可以看出，开始时钢丝绳伸长量为 0.175m，在仿真过程中，钢丝绳也是不断处于伸缩状态，在起升开始时，由于拉力的突然变大出现了钢丝绳的最大伸长量，达到了 0.23m，最小伸长量也达到 0.124m，波动较为剧烈；此后随着系统的阻尼作用，振动逐渐减弱。

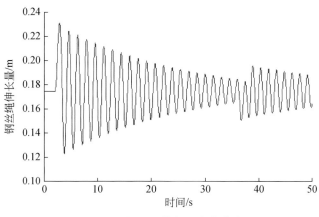

图1.25　钢丝绳伸长量变化曲线

5）绞车滚筒起升特性分析

图1.26为起升过程中绞车滚筒的受力曲线，在前2s时，重物处于静止状态，所以绞车滚筒受到静拉力作用，拉力大小为230.4kN；在2～36.8s，拉力产生了较大的波动，且波动逐渐减弱，是因为开始时处于加速阶段，产生了较大动载，在匀速段拉力逐渐平稳；在36s之后，负载处于减速阶段，由于起升系统惯性作用又产生了较大波动。拉力最大波动出现在加速阶段，拉力波动范围为-268～-196kN。

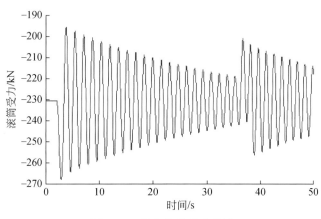

图1.26　绞车滚筒受力曲线

3. 绞车起升系统急刹急停过程仿真分析

绞车在起升过程中，可能会因为某些特殊情况需要急刹急停操作，这种急停急刹必定会造成输入的突变，从而造成更大的动载与振动，对起升系统各部件造成严重的损耗，因此非常有必要对这一特殊工况进行仿真分析。

仿真过程如下：绞车起升系统的相关参数基本保持不变，改变盘刹的输入信号参数，在20s时给盘刹一个急刹车信号。由于在20s时，位移还没有达到27m，所以反馈环节不起作用，不需改变反馈环节的参数。

1）在匀速起升阶段急刹急停

在仿真20s时给予急刹信号，设置参数开始仿真，得到系统负载仿真曲线如图1.27~图1.30所示。

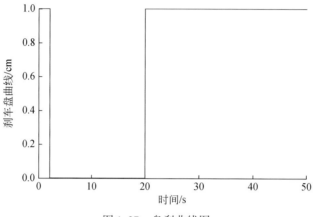

图1.27 盘刹曲线图

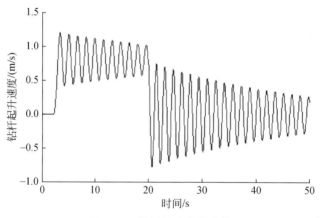

图1.28 钻杆起升速度曲线

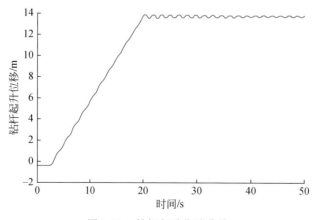

图1.29 钻杆起升位移曲线

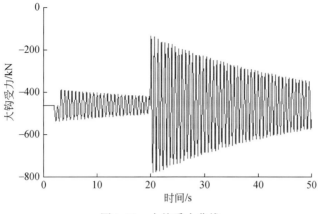

图 1.30 大钩受力曲线

由图 1.27 可知，盘刹在仿真时间为 20s 时进行了紧急刹车，一直保持刹车到仿真结束。从图 1.28 可以看出，前 20s 仿真过程与绞车起升系统正常起升钻杆一样，在 20s 后速度发生了非常剧烈的振动，最后逐渐稳定，在盘刹急刹时，由于受到突然的盘刹力作用，要求负载马上停止，但是系统在惯性下需要继续保持原速度，因此，在二者的相互作用下发生剧烈的振动，速度最大波动范围为 -0.77～0.73m/s。从图 1.29 可以看出，在仿真时间 2～20s，负载位移近似于线性增加，共上升到 14m，20s 之后由于急刹急停作用，位移较为平稳，波动量较小。在图 1.30 中，在 20s 后大钩的受力发生了剧烈的变化，从原来稳定在 460.8kN 附近波动，直接跳跃到一个更大的波动范围：-773.8～-132.6kN，产生了非常大的动载，产生了非常大的振动。此时的绞车起升系统动载系数 Kq 为

$$Kq = \frac{Q_{max}}{Q_{wen}} = \frac{-773.8}{-460.8} = 1.679$$

动载系数由原来的 1.153 急剧跳到了 1.679，对系统各部件产生了强大的振动与损害。

2）刚起升段急停急刹

在仿真 2.9s 时，即加速阶段给予急刹信号，设置参数开始仿真，得到系统负载仿真曲线如图 1.31～图 1.34 所示。

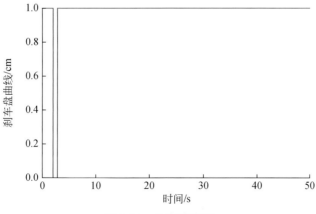

图 1.31 盘刹曲线图

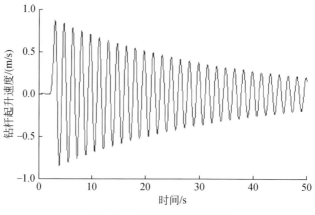

图 1.32 钻杆起升速度曲线

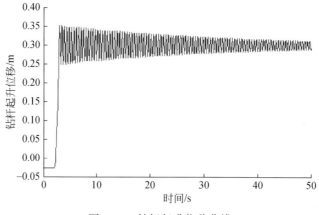

图 1.33 钻杆起升位移曲线

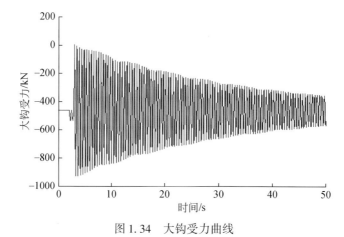

图 1.34 大钩受力曲线

同理，得到了起升加速段急刹车的钻杆速度曲线、位移曲线和大钩受力仿真曲线，由这些曲线可知，它们都发生了剧烈的振动，直到 50s 后才达到稳定。由图 1.34 还可得到，

此时的绞车起升系统动载系数 Kq 为

$$Kq = \frac{Q_{max}}{Q_{wen}} = \frac{-929.28}{-460.8} = 2.017$$

由于起升系统最大钩载为 6750kN，钩载重量储备系数为 2.25，通过仿真可知，在起升加速阶段急刹，最大钩载将达到 929.28×7 = 6504.9kN，动载系数达到了 2.017，都与理论给定较为接近，说明系统基本达到了极限，各部件的受力及转矩都达到了瞬间极限，对各部件的刚度和强度提出了强大的挑战。

通过比较正常起升系统与急停急刹系统，我们可以得出，在负载起升过程中，如果遇到紧急情况需要停止，在时间允许的情况下尽量采用变频电机减速后再用盘刹制动；如果时间确实不允许的情况下，尽量在起升匀速段进行紧急制动，一定要避免在起升加速段制动，因为在起升加速阶段负载已经产生了较大的波动，如果此时进行紧急制动，必定会加大负载的动载，产生更加强烈的振动，此时系统极其不稳定，可靠性很差，很可能会产生危险。因此，要求在绞车起升过程中开始加速段不允许紧急制动，这就要求工作人员在进行起升前对设备各部分认真仔细检查，避免突发情况的产生，使起升过程顺利进行。

三、起升系统动态特性因素分析

起升系统起升过程中不可避免地存在起升动载，起升动载的增加对起升系统极为有害，首先，使各个元件的受力远远超过理论计算时的静力值，它们将承受更大的载荷，产生更大的振动；其次，起升动载的增加必将造成绞车起升过程中负载不平稳，使得控制精度降低，对控制系统提出了严格的要求；最后，许多设计人员在设计和集成系统时，仅仅凭靠各结构的静力学特性和经验来进行考虑，而整个系统的动态特性往往不能达到理想的结果，所以有必要研究影响起升系统动态特性的因素。

在研究影响因素时，保证其他参数不变，通过 AMESim 中的批处理进行仿真分析对比，以得到最佳的参数。以下从钢丝绳刚度、绞车滚筒转动惯量、电机特性等方面加以分析讨论。

（一）钢丝绳刚度的影响

仿真时，保证系统其他参数不变，仅改变钢丝绳的刚度，通过批处理设置钢丝绳的刚度参数，分别为 $K = 6.625 \times 10^6 \text{N/m}$，$K = 9 \times 10^6 \text{N/m}$，$K = 4 \times 10^7 \text{N/m}$ 进行仿真，仿真结果如下。

1. 钻柱起升仿真曲线

图 1.35 和图 1.36 表示不同钢丝绳刚度下钻柱起升特性曲线；图 1.35 表示起升速度变化曲线，仿真曲线 1、仿真曲线 2 和 3 分别表示不同钢丝绳刚度的钻柱起升速度曲线，从图中可以看出，随着钢丝绳刚度的增加，钻柱起升速度响应时间有所提高，超调量明显降低，稳定性增强，振动减弱；速度最大波动范围由原来的 0.42~1.2m/s 降低到 0.65~

0.97m/s，由此可见，钢丝绳刚度的增加有利于降低负载起升的振动，提高系统的稳定性与可靠性。图1.36表示不同钢丝绳刚度下负载起升位移变化曲线，在仿真时间内，不同刚度下钻柱负载的起升位移差别不大，曲线变化规律基本一致。

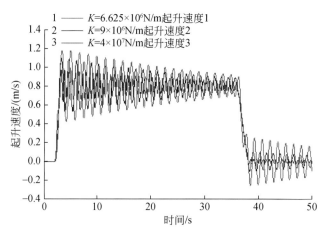

图1.35 不同钢丝绳刚度下钻柱起升速度仿真曲线

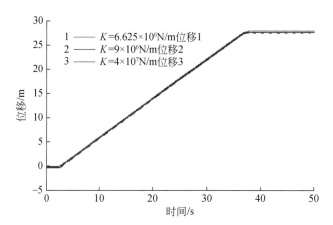

图1.36 不同钢丝绳刚度下钻柱起升位移曲线

2. 大钩起升过程受力曲线

从图1.37可以看出随着钢丝绳刚度的增加，大钩受到的拉力波动明显降低，最大拉力的绝对值由原来的531.11kN减小到519.7kN，稳态值不变。此时三个不同刚度下起升动载系数分别为

$$Kq_1 = \frac{Q_{max}}{Q_{wen}} = \frac{-531.11}{-460.8} = 1.153$$

$$Kq_2 = \frac{Q_{max}}{Q_{wen}} = \frac{-526.2}{-460.8} = 1.142$$

$$Kq_3 = \frac{Q_{max}}{Q_{wen}} = \frac{-519.7}{-460.8} = 1.128$$

可见,随着钢丝绳刚度的增加,起升动载系数降低,即增加钢丝绳刚度,可以降低起升动载。

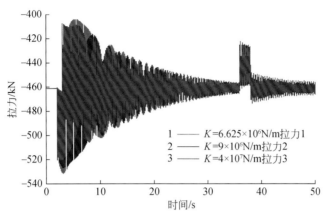

图 1.37 不同钢丝绳刚度大钩受力曲线图

3. 钢丝绳的伸长变化曲线

从图 1.38 可以看出,不同刚度下钢丝绳的伸长量相差很大,波动情况相差也很大,钢丝绳的净伸长量分别为 0.175m、0.127m、0.029m,由此可见钢丝绳的刚度对钢丝绳的伸长量影响相当大,刚度与伸长量成反比,与此同时波动量也明显降低。通过分析可知,刚度的增加可以明显改善钢丝绳自身的稳定性。

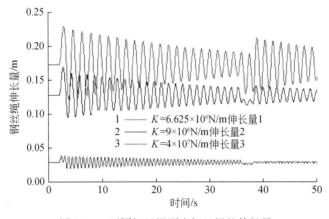

图 1.38 不同钢丝绳刚度钢丝绳的伸长量

总之,钢丝绳刚度的增加可以明显降低起升动载,减小系统的受力负荷,减少钢丝绳伸长量,增加系统的使用寿命,提高系统的可靠性与稳定性。

(二) 绞车滚筒转动惯量的影响

仿真时,系统各参数不变,改变绞车滚筒的转动惯量,通过批处理设置绞车滚筒转动

惯量参数分别为 $I = 876\mathrm{kg} \cdot \mathrm{m}^2$；$I = 1200\mathrm{kg} \cdot \mathrm{m}^2$；$I = 2000\mathrm{kg} \cdot \mathrm{m}^2$。得到仿真结果如下：

从图1.39和图1.40可以看出，提高绞车滚筒转动惯量，系统调整时间基本保持不变，超调量有所下降，相对稳定性有所提高；同时可以看出，尽管是大范围地改变滚筒转动惯量，但是得到的结果却相差不大。因此，可以近似认为小范围改变滚筒转动惯量对系统的影响不大；如果要大范围增大滚筒转动惯量，势必会增加滚筒的直径或者滚筒重量，这样给运输和加工带来较大的困难，因此，通过改变滚筒转动惯量来降低系统动载，提高稳定性的可能性不大。

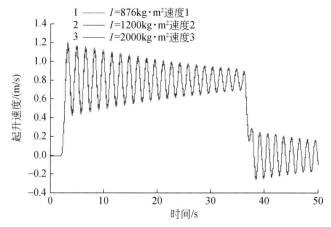

图1.39　不同转动惯量钻柱起升速度曲线图

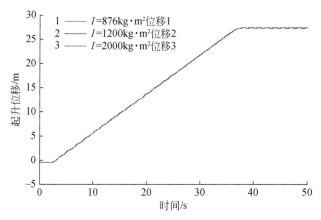

图1.40　不同转动惯量钻柱起升位移曲线

（三）电机特性的影响

电机作为动力输入系统，它的输出与控制必将对整个钻柱起升产生很大的影响。通常情况下，为克服起升动载，一般需要增加电机的功率，但电机功率的增加又会加大起升动载荷。在电机起升过程中，应用电机的恒扭矩特性，通过变频调速来提升负载。大量的实验与理论证明，控制电机的扭矩特性与电机输出特性叠加，将会得到更好的起升特性。图 1.41 为异步电动机变频调速控制特性曲线。

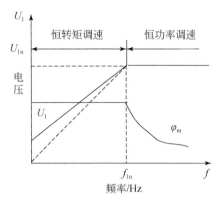

图 1.41　异步电动机变频调速控制特性曲线

　　这里暂不对控制进行研究与讨论，只通过改变电机加速段的运行时间，来说明电机控制对系统的影响。

　　通过批处理分别增加起升段加速时间对系统进行仿真，结果如下：

1. 钻柱起升特性

　　图 1.42 和图 1.43 表示钻柱起升特性曲线，从图 1.42 可以看出，改变电机输出特性后（改变频率，降低转速），起升速度响应时间延迟 2.8s，波动频率不变；但是超调量明显降低，钻柱起升速度最大波动幅度由 0.8m/s（1.2-0.4）降低至 0.35m/s（1.0-0.65），振动降低，稳定性增强；从图 1.43 可以看出，负载起升位移变化不大，由于速度响应有延迟，所以起升位移曲线稍微滞后一点，起升位移变化不明显。

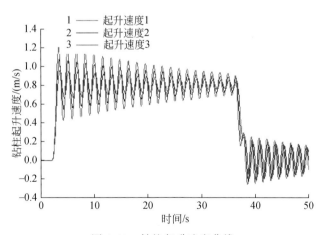

图 1.42　钻柱起升速度曲线

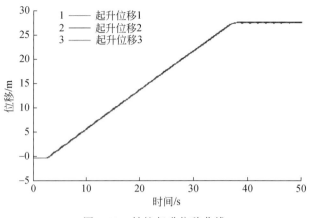

图 1.43　钻柱起升位移曲线

2. 大钩受力变化曲线和钢丝伸长量变化曲线

从图 1.44 可以看出，降低电机转速，能够明显降低大钩受力，大钩拉力波动范围由 117N（532~415）减至 80N，能够有效降低钻柱的起升动载，在减速段，受力变化不明显；最大受力明显降低（由 532N 降至 512N）。从图 1.45 可以看出改变电机转速，并没有改变钢丝绳的稳态值，最终伸长量仍保持在 0.175m，但钢丝绳伸长量的变化范围明显缩小，振动降低；同理，在减速段，由于变频电机减速作用，绞车滚筒转速降低，而负载由于惯性作用还要保持原来的上升速度，所以钢丝绳先缩短后伸长，波动量又开始增加。

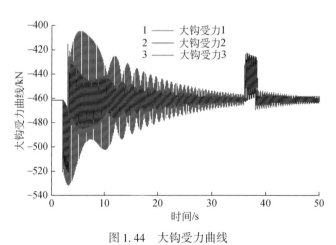

图 1.44　大钩受力曲线

通过仿真可以看出，变频电机的输出特性对系统的影响很大，改善变频电机的控制特性能够明显降低起升动载。

总之，通过增加钢丝绳的刚度和改善变频电机的输入控制可以有效地降低起升动载，明显改善起升系统的起升特性；小范围内改变滚筒的转动惯量对起升系统的影响不大。

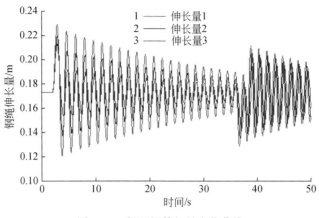

图 1.45　钢丝绳伸长量变化曲线

第四节　井架结构数字化仿真分析

井架是整个"地壳一号"万米钻机中最庞大、由众多杆件焊接而成的复杂结构，同时也是对钻机安全性要求很高的重要部件。井架主要用于安放天车、游车、大钩、二层台等设备和工具，承受起下钻、下套管的大钩载荷和顶驱对其的扭矩作用等工作载荷。

井架是万米科学钻探钻机的主要承载部件，在钻井作业中既要承受静、动载荷，又要满足相关钻井设备的安装与连接要求，在追求钻机综合效益最大化的情况下，井架、底座技术方案的优劣很大程度上影响和决定钻机总体方案的优劣，也影响着钻井综合效益的高低。井架起升过程是井架受力最为恶劣的工况之一，为保证钻机安装作业的安全进行，进行井架起升过程的动态特性仿真分析，并对现场操作给出安全评价，对"地壳一号"万米钻机的研制和使用具有重要意义。

一、钻机井架结构简化

从结构特点来看，钻机井架是由众多细长杆体所构成的空间钢架结构，这些细长杆的截面尺寸远小于其长度。钻机井架按结构可分为：A 形井架、塔形井架、K 形井架（前开口形井架）和桅形井架。由于 K 形井架结构稳定性和可靠性更好，在实际作业中被广泛使用。"地壳一号"万米钻机井架结构即采用 K 形井架和旋升式底座，并采用低位安装。主体结构为前扇敞开，整体高度 60m，井架主体是 Π 形空间桁架结构，两侧以分片或者焊接的形式连接成若干段，以人字架为主要起升方式。

由于钻机实际尺寸较大，结构较为复杂，对其进行有限元分析时计算量大。为使钻机井架结构有限元分析结果高效可靠，建立井架结构有限元模型时，在保证计算精度的前提下对模型做合理性简化。

（1）从井架主体实际结构来看，井架正面及侧面斜撑铰接处结构较为复杂，网格划分难度大，计算比较费时，不仅会降低井架整体的网格质量，也使得有限元分析结果不够准确，并影响井架整体结构有限元分析效率。根据以往井架结构有限元分析经验，斜撑铰接处的应力与应变不大，从整体上来说并不是井架结构危险点。因此，这里在对井架结构进行分析时，将斜撑铰接处简化，忽略其几何特征，并连同井架各杆件间的焊接一道，视为刚性连接。

（2）井架在直立后，限制其四个大腿支点处的六方向自由度，将其等同于固定端对井架进行约束。

（3）以井架的主体钢结构为研究对象，在对井架结构进行三维建模时，对于井架上的天车、二层台、游动系统等井架附属部件未考虑进去。为了使仿真结果更接近实际情况，在对井架结构进行力学分析时，充分考虑各相关附属部件的重量，并随井架本体重量一起以一定方式加载到井架结构上。

据此建立的井架结构三维模型如图1.46所示。井架主体结构由底部四根大腿、四根立梁，以及若干横、斜腹杆组成。井架按空间结构主要分为Ⅰ段、Ⅱ段、Ⅲ段和Ⅳ段，各段之间用高强度螺栓连接。

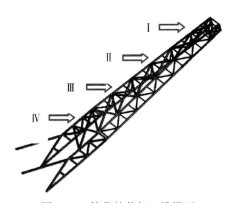

图1.46　简化的井架三维模型

二、井架荷载计算

钻机在工作过程中承受的载荷主要包括恒定载荷、工作载荷、自然载荷等。

1. 恒定载荷

恒定载荷指的是作用在井架上不随时间变化而变化的稳定载荷，井架的恒定载荷主要包括井架本体、天车、游车、大钩、钢丝绳等自重。在力学分析时将这些载荷简化为集中力平均加载到井架节点上。

井架结构总恒定荷载表达式为

$$Q_{总} = Q_T + Q_r + G_j + G_E \tag{1.21}$$

式中，$Q_{总}$为井架总恒定荷载，kN；Q_T为天车重量，58.47kN；Q_r为游车、大钩、钢丝绳总重量，55.4kN；G_j为井架本体重量，480.5kN；G_E为二层台重量，34.26kN。

则$Q_{总} = 58.47 + 55.4 + 480.5 + 34.26 = 628.63$kN。

2. 工作载荷

1）大钩荷载

大钩荷载依据实际工况可分为静荷载和动荷载，此处考虑的是大钩静载荷。大钩静荷载指的是由游车大钩匀速提升钻具而施加在大钩上的载荷。由于不同钻井深度下，泥浆对钻具的浮力，以及井壁与钻具的摩擦阻力不一样，大钩静荷载是随着钻井深度的变化而变化的。一般来说，钻井深度越大，大钩载荷越大，此时井壁与钻具之间的摩擦阻力也会越大。大钩静荷载往往是钻机钻进至最大井深时达到的钻柱重量。

大钩静荷载 Q_z 的计算公式为

$$Q_z = qL_{max} \tag{1.22}$$

式中，q 为钻杆单位长度重量，kN/m；L 为立根长度，m。

使用 127mm 钻杆：$Q = qL = 0.3 \times 10000kN = 3000kN$。

2）立根荷载

钻机立根荷载不仅包括立根自重，同时也包括立根所承受的风载。它通过二层台指梁以水平方向作用在井架上，立根载荷的水平方向作用力表达式为

$$P_1 = \frac{1}{2}qLctg\theta \tag{1.23}$$

式中，θ 为立根的面倾角，立根与钻台面的夹角，$\theta = 86° \sim 88°kN$，取 $87°$；$P_1 = \frac{1}{2} \times 0.3 \times 10000 \times ctg87°kN = 78.61kN$。

3. 自然载荷

自然载荷包含风载荷、地震载荷及温度载荷等，其中，风载荷是井架所受载荷中随机性最大、对井架结构造成破坏最为严重的自然载荷之一，是最容易引起井架结构破坏的载荷类型，因此，自然载荷是以风载荷为主。结合钻机作业区域实际气候条件，分别对清风（8.33m/s）、大风（19.44m/s）、飓风（33.33m/s）三种风速下井架正面和侧面风载进行计算。

风载的计算公式为

$$F = P \times A \tag{1.24}$$

式中，F 为风载，N；P 为风压，Pa；A 为结构在风向垂直平面上的投影面积，m^2；三种风速下的风压值如表 1.2 所示。

表 1.2　三种风速下的风压值

名称	风速/(m/s)	风压/Pa
清风	8.33	40.67
大风	19.44	190.51
飓风	33.33	663.46

将井架分为四部分，各部分投影面积如表 1.3 所示。

表 1.3　井架各段投影面积

井架结构	井架外廓垂直于风向的投影面积/m²				井架的实际投影面积/m²			
	Ⅰ段	Ⅱ段	Ⅲ段	Ⅳ段	Ⅰ段	Ⅱ段	Ⅲ段	Ⅳ段
正面	25.65	35.5	48.85	54.45	15.38	18.65	20.26	22.62
侧面	19.62	23.61	28.97	49.62	12.34	14.61	15.94	16.56

1）清风工况（8.33m/s）

此处考虑清风工况，即风速为 8.33m/s 时，井架正面及侧面各部分所受的风载。

A. 井架正面

井架正面计算风压公式为

$$W_i = k_{zi}k_{pi}W_0 \tag{1.25}$$

式中，k_{zi} 为井架高度变化系数，取 $k_{z1}=1.64$，$k_{z2}=1.5$，$k_{z3}=1.2$，$k_{z4}=0.8$；k_{pi} 为结构体型系数，取 $k_{p1}=0.758$，$k_{p2}=0.607$，$k_{p3}=0.493$，$k_{p4}=0.347$；W_0 为风速为 8.33m/s 时的风压，为 40.67Pa。

各段在该工况下所受的风载

$$P_i = W_i F_i \tag{1.26}$$

式中，F_i 为表 1.3 中所列的井架外廓垂直于风向的投影面积。

B. 井架侧面

由于井架结构左右对称，因此只取井架的一个侧面进行风压计算。井架侧面各部分的计算风压过程同上，井架高度系数 k_{zi} 和基本风压 W_0 不变，结构体型系数 k_{pi} 略有变化，此时，$k_{p1}=0.797$，$k_{p2}=0.744$，$k_{p3}=0.676$，$k_{p4}=0.334$。

现将清风工况（8.33m/s）下，井架正面和侧面的风载计算结果列于表 1.4 中。

表 1.4　清风工况（8.33m/s）下井架风载计算值

井架结构	计算风压/Pa				风载荷/kN			
	Ⅰ段	Ⅱ段	Ⅲ段	Ⅳ段	Ⅰ段	Ⅱ段	Ⅲ段	Ⅳ段
正面	50.56	37.03	24.06	11.29	1.3	1.27	1.18	0.62
侧面	53.16	45.39	32.99	10.87	1.04	1.07	0.96	0.54

2）大风工况（19.44m/s）

考虑风速为 19.44m/s，基本风压为 190.51Pa 的大风作用下，井架结构正面和侧面四部分的风压和风载，方法同上，计算结果见表 1.5。

表 1.5　大风工况（19.44m/s）下井架风载计算值

井架结构	计算风压/Pa				风载荷/kN			
	Ⅰ段	Ⅱ段	Ⅲ段	Ⅳ段	Ⅰ段	Ⅱ段	Ⅲ段	Ⅳ段
正面	236.83	173.46	112.71	52.89	6.07	6.16	5.51	2.88
侧面	249.01	212.61	154.55	50.9	4.89	5.02	4.48	2.53

3）飓风工况（33.33m/s）

考虑风速为 33.33m/s，基本风压为 663.46Pa 的飓风作用下，井架结构正面和侧面四部分的风压和风载，计算结果如表 1.6 所示。

表 1.6 飓风工况（33.33m/s）下井架风载计算值

井架结构	计算风压/Pa				风载荷/kN			
	I 段	II 段	III 段	IV 段	I 段	II 段	III 段	IV 段
正面	824.76	604.08	392.5	184.18	21.16	21.44	19.17	10.03
侧面	867.2	740.42	538.2	177.28	17.01	17.48	15.59	8.8

三、井架结构有限元分析

在钻进过程中，由于钻进工况复杂，会出现个别部位强度弱、振动过大等问题，故万米钻机井架必须有足够的强度、刚度和稳定性，特别当钻到 10000m 时，对井架的静、动力特性和安全承载能力要求更高。这里主要通过有限元分析方法对其进行静态强度分析、模态分析和稳定性分析得到合理的计算结果，预测井架在深部钻进时的受力状况，对井架的设计和使用提供理论指导，防范安全隐患的发生。

1. 井架结构有限元模型建立

从井架结构分析看，该井架结构特点为梁和杆构件为主组成的空间钢架结构。针对这种梁杆为主的井架结构建模，可通过 ANSYS 的概念建模方法，在 ANSYS 界面直接创建井架线体模型，即首先根据井架设计图纸画出草图，然后生成线体模型，最后对线体模型赋予井架横截面参数。梁单元需要定义一个横截面，在界面中横截面是作为一种属性赋给线体模型的。

在 ANSYS 中对井架的三维几何模型进行如下操作，并根据井架实体结构模型建立井架有限元结构模型。

（1）定义井架模型材料属性，井架结构材料全部采用 Q345 型钢，其材料属性如表 1.7 所示。井架结构的宽和高分别为 10m 和 57m。

表 1.7 Q345 材料属性

弹性模量/MPa	泊松比	密度/（kg/m³）	屈服极限/MPa	强度极限/MPa
2.1×10^5	0.3	7.85×10^3	345	470~630

（2）对井架进行网格划分，对于梁结构的有限元分析，ANSYS 里一般用梁单元进行，将井架各杆件离散为具有 6 个自由度的非线性空间梁单元 BEAM188 的有限元模型，井架结构有限元模型如图 1.47（b）所示。BEAM188 梁单元非常适合于线性、大角度转动和（或）非线性大应变和应力问题。计算时井架每根杆件划分一个单元，单元与单元之间的公共点称为节点，共划分 2120 个节点，12720 个自由度。

(a) 实体结构模型　　　　　　　　　(b) 有限元结构模型

图 1.47　井架结构有限元模型

2. 井架静态强度分析

根据井架的结构特点和受力方式，选取最大钩载荷为 6750kN 时变形及应力云图(图 1.48)。

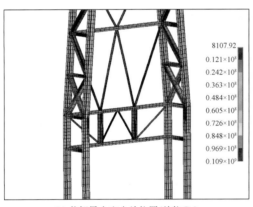
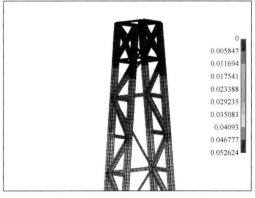

(a) 井架最大应力处位置(单位:Pa)　　　　　　(b) 局部变形最大位置(单位:m)

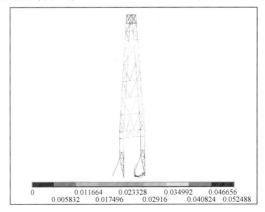

(c) 井架整体变形图(单位:m)

图 1.48　井架有限元分析结果

图 1.48 为井架有限元分析结果，从图中可以看出，井架最大变形发生在顶部，最大位移达到 52mm。通过对变形云图放大处理，可以发现井架顶端四根横梁有下凹趋势，整体变形由上至下逐渐变小。从井架的应力云图来看，由于最大大钩的静载荷直接加载在 K 形井架结构的顶端，当力传递至井架主体结构的第一段与第二段连接位置时，由于竖直的四根主梁在此处会产生较为明显的倾斜角度，因此极易出现应力集中现象，并且由于井架结构除最上端为四边形封闭结构，其余各段均为前开口的 π 形结构，所以最大的应力会出现在位于第一段与第二段连接位置的前开口部位，最大可达到 109MPa。根据表 1.7 可知，Q345 材料的屈服极限为 345MPa，大于最大钩载工况下井架的最大应变值 109MPa，因此，该工况下井架是安全可靠的。

3. 井架自然状态下的模态分析

井架在作业过程中会受到来自多种振源的激励作用，不可避免地要发生振动，严重时会发生共振现象，导致钻机不能正常工作。模态分析是一切动力学分析的基础，它的主要作用是确定结构物的固有频率及振型，分析结果可以作为谐响应分析、瞬态分析及谱分析等动力学分析的基础数据。每个结构均有其固有的频率和振型，这些均是结构自身的固有属性，模态分析的作用便是通过对结构振动特性方程中特征值和特征向量的计算，来确定既定存在的数据。对于多自由度的系统通常将结构的运动近似成自振模态的相互叠加整合，所以对于系统的模态分析便是通过模型的建立并求解其固有频率及模态振型的过程，这个过程的实质是对某一运动方程相关参数的求解。被求解的方程需要满足自由度数量为有限个的要求，结构自身振幅无衰减并且不含外部载荷作用。除此之外，在分析时可以排除结构阻尼对系统的影响，因为固有频率及模态振型受结构阻尼的影响微乎其微。

在对井架模型进行模态分析时，可以将其视为一个整体，该整体实际情况为一个具有无限自由度的振动系统，但是通过有限元法离散后，可以将结构转化为一组具有有限个自由度的振动系统，该系统的结构动力学运动方程如下所示：

$$\boldsymbol{F}_\mathrm{i} + \boldsymbol{F}_\mathrm{d} + \boldsymbol{F}_\mathrm{e} = \boldsymbol{P}(t) \tag{1.27}$$

式中，$\boldsymbol{F}_\mathrm{i}$ 为惯性力；$\boldsymbol{F}_\mathrm{d}$ 为阻尼力；$\boldsymbol{F}_\mathrm{e}$ 为弹性力；$\boldsymbol{P}(t)$ 为外部动载荷。其中 $\boldsymbol{F}_\mathrm{e}$ 可表示为

$$\boldsymbol{F}_\mathrm{e} = \boldsymbol{KX} \tag{1.28}$$

式中，$\boldsymbol{K}$ 为刚度阵；$\boldsymbol{X}$ 为节点位移。根据达朗伯理论惯性力的表达式为

$$\boldsymbol{F}_\mathrm{i} = \boldsymbol{M}\frac{\partial^2 \boldsymbol{X}}{\partial t^2} \tag{1.29}$$

式中，$\boldsymbol{M}$ 为质量阵；$\ddot{\boldsymbol{X}} = \frac{\partial^2 \boldsymbol{X}}{\partial t^2}$ 为节点加速度。当结构中含有阻尼时，则

$$\boldsymbol{F}_\mathrm{d} = \boldsymbol{C}\frac{\partial \boldsymbol{X}}{\partial t} \tag{1.30}$$

式中，$\boldsymbol{C}$ 为阻尼阵；$\dot{\boldsymbol{X}} = \frac{\partial \boldsymbol{X}}{\partial t}$ 为节点速度。将式（1.28）~式（1.30）代入式（1.27）中可得到结构的运动方程如下：

$$\boldsymbol{M}\ddot{\boldsymbol{X}} + \boldsymbol{C}\dot{\boldsymbol{X}} + \boldsymbol{KX} = \boldsymbol{P}(t) \tag{1.31}$$

式中，K、M、C 中的元素 K_{ij}、M_{ij}、C_{ij} 分别为节点 j 上的位移、单位加速度、单位速度在节点 i 上引起的弹性力、惯性力及阻尼力。

在式（1.31）中，令 $P(t)=0$ 得到井架结构的无阻尼自由振动的运动方程：

$$M\ddot{X} + KX = 0 \tag{1.32}$$

当结构运动为简谐运动时，即 $X = \boldsymbol{\Phi}\cos\omega t$，并将其代入式（1.31），可得齐次方程：

$$K\boldsymbol{\Phi} = \omega^2 M\boldsymbol{\Phi} \tag{1.33}$$

式中，质量阵 M 和刚度阵 K 均为 n 阶矩阵，n 为节点的自由度数量，该方程的 n 个特征解即为结构的固有频率，表示为

$$\omega_1 \leqslant \omega_2 \leqslant \cdots \leqslant \omega_n \tag{1.34}$$

通常式（1.33）也可写成如下的形式：

$$K\boldsymbol{\Phi} = M\boldsymbol{\Phi}\Lambda \tag{1.35}$$

式中，$\Lambda = \mathrm{diag}(\lambda_1, \lambda_2, \cdots, \lambda_n)$，$\lambda_i = \omega_i^2$，并且把 Λ 称为特征值矩阵；$\boldsymbol{\Phi} = [\varphi_1, \varphi_2, \cdots, \varphi_n]$ 称为特征向量矩阵（即 φ_i 固有振型）。

获得模型固有频率及振型是模态分析的主要作用，通过对式（1.35）的计算，可以知道对于结构的 n 个自振频率来说，每个自振频率都能确定一组相对应的节点振幅值 $\boldsymbol{\Phi}_i = [\varphi_{i1}, \varphi_{i2}, \cdots, \varphi_{in}]^{\mathrm{T}}$，这些振幅值是根据它们之间的一个固定比值而排列成的，绝不是随意进行组合的，但是它们的绝对值可以任意改变。这些幅值组合而成的向量便是特征向量，也就是人们常说的振型。

在系统动力学分析中，研究结构自身的频率和振型等固有特性是十分必要的，在此基础上还可以对结构在外部动载荷作用下的动力响应特性进行研究，以此来了解结构的承载能力和动力学特性。总之，系统动力学分析的实质便是对结构振动规律和振动特性的研究计算。而模态分析是一切动力学分析的基础，在模态计算中的主要问题便是特征值的求解问题。目前，对动态特征值问题的数值研究方法层出不穷，常规的方法大致可以归为以下几类：变换法、矢量迭代法，以及采用特征多项式的 Sturm 序列分解法。并且随着科技的进步，对于大中型结构特征值问题的计算也取得了新的进展，ANSYS 软件中所使用的行列式搜索法、子空间迭代法、Block Lanczos 法等均为近年来的研究成果。

本书应用带有移轴的子空间迭代法对"地壳一号"万米钻机井架模型进行整体模态分析，用以计算井架结构自身的固有频率及振型，为后续的动力学相关分析做准备。分析时井架底部节点采用全约束的条件，最终获得的井架结构前 10 阶频率结果及模态振型如表 1.8 及图 1.49 所示。

表 1.8　井架结构前 10 阶固有频率　　　　　　　　（单位：Hz）

SET	1	2	3	4	5
频率	0.60686	0.74785	1.5612	2.2859	3.2940
SET	6	7	8	9	10
频率	4.9808	6.4356	7.1013	7.9555	8.3925

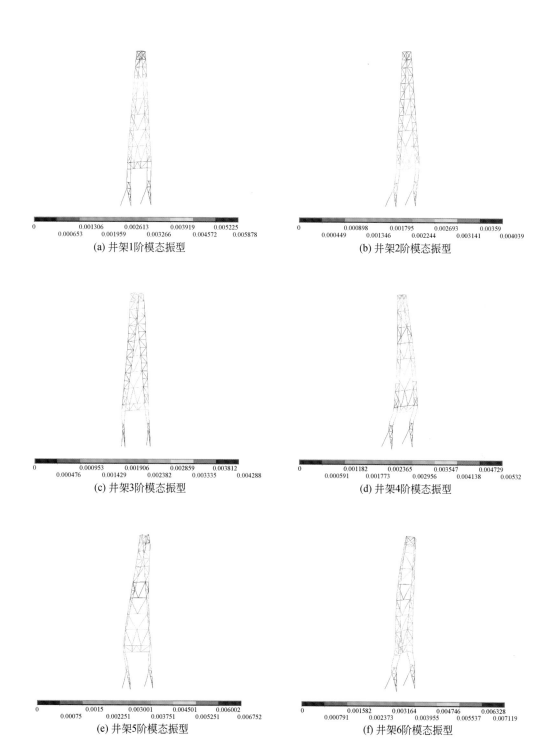

(a) 井架1阶模态振型　　　　　　　　(b) 井架2阶模态振型

(c) 井架3阶模态振型　　　　　　　　(d) 井架4阶模态振型

(e) 井架5阶模态振型　　　　　　　　(f) 井架6阶模态振型

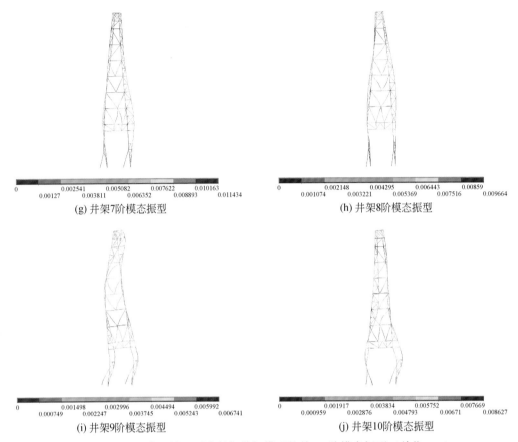

(g) 井架7阶模态振型 (h) 井架8阶模态振型

(i) 井架9阶模态振型 (j) 井架10阶模态振型

图1.49 "地壳一号" 万米钻机井架模型的前10阶模态振型 (单位: m)

1. 绞车；2. 人字支架；3. 人字架滑轮；4. 快绳；5. 起升大绳；6. 死绳稳定器；7. 导向轮；8. 游车大钩；
9. 井架；10. 游动系统钢丝绳；11. 天车

由图1.49及表1.9可知，井架结构的前10阶固有频率主要分布于0.607～8.39Hz，而井架的固有振型在前4阶频率中，最大位移主要分布于井架的中上部结构，而对于第5、6阶固有频率，最大位移主要分布于井架结构的顶部。对于井架结构的第7、8阶固有频率，最大位移主要分布于井架中部后梁位置。最后，相对应该结构的第9、10阶固有频率，最大位移分布在井架结构的下斜梁位置。

四、井架起升动力学仿真分析

1. 井架起升系统结构及原理

井架起升系统如图1.50所示，由井架、人字支架、绞车系统、天车系统、游车系统、游动系统钢丝绳、死绳稳定器和起升大绳等部分组成。

井架起升的初始位置接近地面，其整体在靠近地面处水平组装，通过绞车起升系统提供动力，进而利用人字架机构将井架整体从水平位置起升到竖直的工作位置。图1.51为井架整体起升示意图。起升大绳一端固定在装有起升大绳固定装置的一侧井架主梁上，另

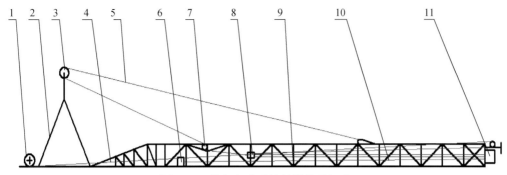

图 1.50　井架起升系统的结构及组成

1. 绞车；2. 人字支架；3. 人字架滑轮；4. 快绳；5. 起升大绳；6. 死绳固定端；7. 导向轮；8. 游车大钩；9. 井架；
10. 游动系统钢丝绳；11. 天车

一端通过分别安装在人字架和井架下部的导向定滑轮，再通过安装在游车大钩下部的三脚架，之后绕过安装在另一侧的井架与人字架上的导向定滑轮，最后固定在安装有起升大绳固定装置的另一侧井架主梁上。绞车起升系统带动游车大钩缓慢上升，进而带动连接在大钩下部的三脚架上升，最后使得起升大绳朝向井架顶端方向收绳，从而使井架在起升大绳的拉力作用下，逐渐从水平组装位置爬升起来，完成井架起升安装作业。

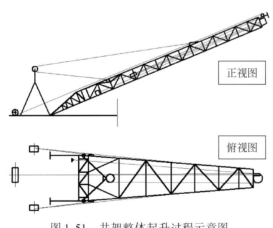

图 1.51　井架整体起升过程示意图

2. 井架起升系统动力学模型的建立

在起升过程中钻机井架运动情况比较特殊，钢丝绳的受力、井架最大受力处的位置、起停及突然刹车时振动对起升装置的影响难以用理论计算方式精确获知，必须借助计算机和相关软件来进行求解、仿真和分析。

根据对井架起升系统运动过程的描述可以看出，井架主体和钢丝绳–滑轮组游动系统是动力学建模的重点内容。首先对井架起升装置进行动力学模型简化；然后利用虚拟样机技术，使用 ADAMS 软件对其进行动力学建模，其难点在于钢丝绳–滑轮系统建模；之后，待井架到达预定位置（竖直位置），对绞车起升系统进行模型简化。简化后的动力学模型如图 1.52 所示。

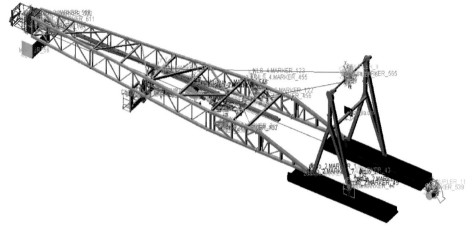

图 1.52　井架起升装置动力学仿真模型

3. 井架起升过程的动力学特性分析

通过井架起动力学仿真，可以得到井架起升力与起升角度之间的变化曲线，井架起升动力学仿真模型典型分析结果如图 1.53 所示。

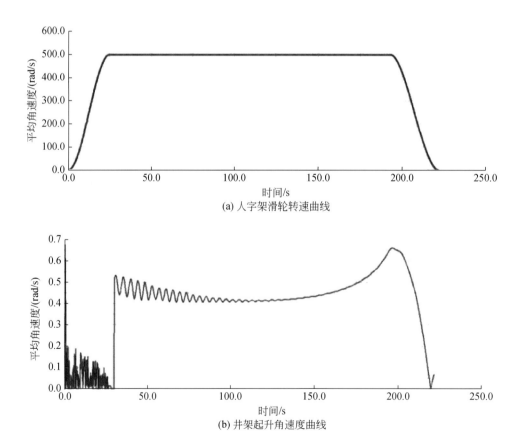

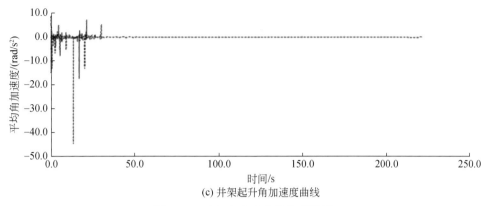

(c) 井架起升角加速度曲线

图 1.53 井架起升动力学仿真结果

从图 1.53 可以看出, 井架起升时, 在前 25s 内, 人字架〔图 1.53 (a)〕很快升到最大速度, 在 200s 时间内保持定值; 而起升角速度与角加速度变化较大, 起升角速度〔图1.53 (b)〕由 0 很快升到 0.54rad/s, 经过一段时间的波动后, 在近 200s 时达到最大值; 起升角加速度〔图 1.53 (c)〕在经短时间波动后, 保持定值。由此可以看出, 井架起升时前 25s 最为关键。

通过仿真求解来获知系统的动态特性, 对系统本质进行深入研究, 如绞车在急停、急刹工况下的冲击响应, 以及在不同起升转速下的起升振动等。在保证模型合理性和仿真结果准确性的前提下, 仿真分析结果能够给设计者提供理论指导, 改进实际井架起升装置中不合理的因素。

4. 井架起升过程中的受力分析

井架起升是一个动态的过程, 但整个起升过程比较缓慢, 因此, 可以认为起升时井架在每个位置都处于受力平衡状态。这样, 可以选择井架与地面不同的夹角, 即起升角, 完成每一个角度下井架的静力分析, 进而将不同起升角井架静力分析的结果进行比较, 做出井架起升过程的总体评价。

井架起升力计算框图如图 1.54 所示。

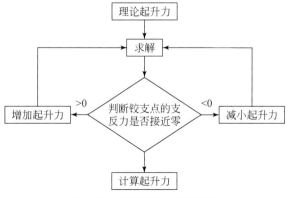

图 1.54 井架起升力计算框图

取井架在起升过程中的三个位置进行有限元分析，得到的应力和位移云图如下。

1）起升角度0°时

井架应力和位移云图如图1.55所示。

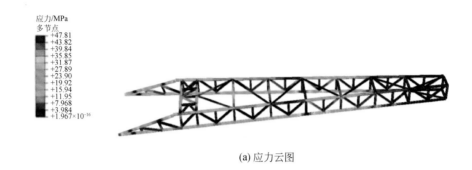

(a) 应力云图

(b) 位移云图

图1.55　起升角度0°时井架应力及位移云图

起升角为0°时，在起升大绳与井架铰接处，即井架所受起升拉力处，其附近应力产生最大值47.8MPa。靠近井架顶部位移最大，最大值48.7mm。

2）起升角度30°时

井架应力和位移云图如图1.56所示。

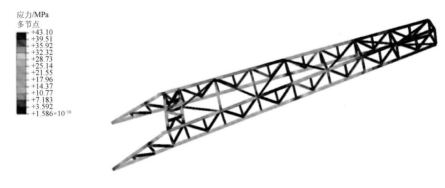

(a) 应力云图

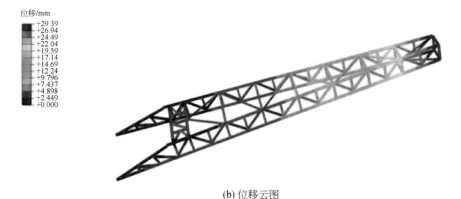

(b) 位移云图

图 1.56　起升角度 30°时井架应力及位移云图

　　起升角为 30°时，在起升大绳与井架铰接处，即井架所受起升拉力处，其附近应力产生最大值为 43.1MPa。靠近井架顶部位移最大，最大值为 29.3mm。

　　3）起升角度 60°时

　　井架最大应力位置处局部应力云图及最大位移位置处局部位移云图如图 1.57 所示。

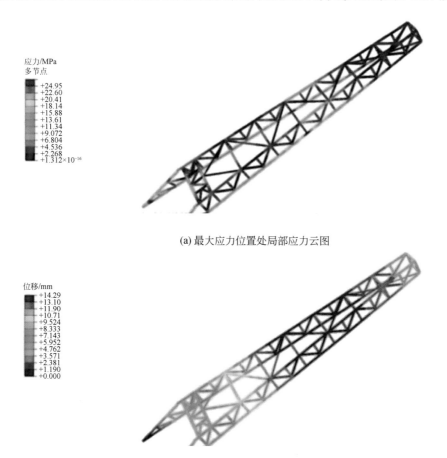

(a) 最大应力位置处局部应力云图

(b) 最大位移位置处局部位移云图

图 1.57　起升角度 60°时井架应力及位移云图

起升角为60°时,在起升大绳与井架铰接处,即井架所受起升拉力处,其附近应力产生最大值27.7MPa。在井架的中上段位移最大,最大值14.2mm。

在井架起升过程中,最大应力出现在靠近钢丝绳施力点的位置,最大位移出现在靠近井架顶部的位置。相对起升角度0°时,随着起升角的增大,计算应力最大值和位移最大值均不断减小。

参 考 文 献

陈如恒.1979.石油钻机基本参数的计算原理.石油钻采机械通讯,4:2~22

丁文政.2016.数字化设计与制造实训教程.南京:东南大学出版社

华东石油学院矿机教研室.1980.石油钻采机械.上册.北京:石油工业出版社

李静华,刘令容.2000.虚拟技术与仿真技术的现状和发展趋势.电子测量与仪器,(增刊):594~597

林苇.2013.超深井钻机绞车起升系统研究.吉林大学硕士学位论文

庞昭.2015.基于LBM的钻机井架流场模拟与动态响应仿真分析.吉林大学硕士学位论文

任永良,贾光政,高胜等.2015.石油钻采机械虚拟仿真建设.实验科学与技术,12(6):223~225

苏春.2009.数字化设计与制造.北京:机械工业出版社

Kverneland H. 2009. Electrical cranes and winches for improved safety and better operational performance for use in extreme weather conditions. Society of Petroleum Engineers,1(5):137~149

第二章　全液压顶部驱动系统

本章结合深部大陆科学钻探硬岩取心需采用孕镶金刚石钻头的钻探工艺要求，研制了高转速大扭矩的全液压顶驱系统，采用现代机电液一体化技术，具有良好的调速性能和节能特性，并与自动化和智能化钻杆上卸装置配合使用，从而实现自动化提下钻具，可大幅度降低工人劳动强度，同时有效避免常见孔内事故的发生。本章详细介绍了全液压顶驱装置的机械结构、液压系统、电控系统；重点对关键零部件的力学性能进行分析及优化、对液压系统的动态特性进行仿真分析、研究全液压顶驱齿轮箱热平衡状态，并基于 MATLAB 软件对全液压顶驱齿轮箱热平衡进行仿真分析。

第一节　概　　述

顶部驱动钻井系统（top drive drilling system，简称 TDS 或顶驱），是一种可替代转盘驱动钻柱回转的移动式回转器，且具有多项必要的辅助功能，无需主动钻杆即可实现接单根、接立根、上卸扣和倒划眼等多种钻井操作。

TDS 可直接驱动钻柱旋转，并沿专门安装在井架上的导轨上下移动。向下送进，可完成钻杆柱旋转钻井；向上提升，可完成起钻或倒划眼等作业。此外，TDS 配有水龙头，可实现钻井液循环；配置有背钳，可实现钻柱与主轴间的快速拧卸；配置有平衡装置，在钻柱拧卸过程中起到浮动作用，可有效保护钻杆锁接头螺纹；配备有吊环及液压吊卡，用以快速提升、下放钻具；配置有回转头可使液压吊环分别对准孔口和鼠洞（Brouse，1996）。

顶驱自 1982 年问世以来，在美国、挪威、法国、加拿大、中国、英国等各国不断发展。国外主要顶驱生产厂商有美国 National Oilwell Varco（简称 Varco 公司）公司、加拿大 Tesco 公司和 CANRIG 公司、挪威 Maritime Hydraulic 公司、法国 ACB-Bretbr 公司和 TRITEN 公司等生产厂商（张连山，1998）。近年来，国外全液压顶驱发展较快，已形成系列产品，如加拿大 Tesco 公司生产了 150HMI 型、500HC/HCI 型、650HC/HCI 型等 3 种规格，其额定载荷分别达到 1500kN、5000kN、6500kN（秋丽，1999）；其他如意大利 VERTICAL 和德国 BENTEC 也纷纷推出新型全液压 TDS 产品。

我国从 1989 年开始顶部驱动钻井装置的研发工作，1995 年 DQ-60D 型电动顶驱钻井系统样机设计制造工作完成，标志着国产第一台顶部驱动钻井装置样机诞生；1999 年，国内首台 DQ30Y 钻修两用全液压 TDS 装置在大港油田问世；2004 年，我国首台 DQ70BS 交流变频顶驱钻井装置研制成功，代表了国内顶驱最新的技术成果和发展方向；2009 年，中国首台直驱顶部驱动钻井装置 DQ-30LHTY-Z 完成装配和各项调试试验工作。目前,我国顶驱生产研发厂商主要有:宝鸡石油机械有限责任公司、北京石油机械厂、盘锦辽河油田天意石油装备有限公司、大庆景宏钻采技术开发有限公司、四川宏华石油设备有限公司等(邓桐,2014)。

作为石油钻井的前沿技术与装备,顶部驱动钻井装置在陆地和海洋等多种类型钻机上得到广泛的推广和应用,可适用于 2000~9000m 的井深。从世界钻井机械的发展趋势上看,它符合 21 世纪钻井自动化的历史潮流。TDS 作为近代钻井装备的三大技术成果(其他两项为交直流变频电驱系统和井下钻头增压系统)之一,自 20 世纪末至今,经过不断的发展完善,已形成较为成熟的产品系列,逐步成为石油行业必备的工具。

深部大陆科学钻探连续取心钻进施工,对钻进转速、钻进工艺、取心钻探效率和成本提出了更高的要求。传统的转盘采用单根钻杆钻进,效率低,操作劳动强度大,并且容易发生井下事故。顶部驱动装置采用立根钻进,相比于转盘单根钻进大幅度缩短了钻杆上卸扣的辅助作业时间,极大地提高了钻进效率,并且可在任意高度上驱动钻柱,保证钻井液连续循环,有效防止卡钻、蹩钻等井下事故的发生,即便井下出现异常,也可及时处理,钻井安全性及钻机自动化进程取得了阶段性跨越(陈国明和黄东升,1990)。

根据顶驱主轴动力源的不同,现有 TDS 产品可分为电顶驱和液压顶驱两大类。电顶驱起步早、应用广泛、技术日趋成熟,较为先进的电顶驱通常由 AC 感应电动机或永磁电动机提供动力,并由 VFD(variable frequency drive)控制系统实现转速和扭矩的精确控制(冯琦等,2013)。液压顶驱采用液压动力源和液压执行器构建完整的传动系统,其功率重量比大,过载保护功能可靠。全液压顶驱相比于电顶驱而言,产品种类及数量尚少,且未推广应用,其技术优势未被发掘,发展空间大,商业价值高,液压顶驱有望替代电顶驱成为新一代先进钻井装备的典型设备。

第二节　全液压顶驱系统结构设计

一、技术要求和总体方案

(一)技术要求及参数

全液压顶驱系统主要用于"地壳一号"万米钻机集成配套,来替代转盘实现长行程高转速钻进,满足深部大陆科学钻探硬岩金刚石取心钻探工艺要求,具有良好的调速性能和节能特性。还可与自动化钻杆上卸装置配合使用,大幅度降低工人劳动强度,并有效避免常见孔内事故的发生。全液压顶驱系统设计技术参数如表 2.1 所示。

表 2.1　全液压顶驱系统设计参数

组件	项目	数值	项目	数值
技术参数	额定载荷/kN	4500	动力机	ZF08A×1
	功率/kW	600～800		CumminsQSX15×2
	最大扭矩/(N·m)	58500	最大扭矩下转速/(r/min)	75
	最大转速/(r/min)	300	最高转速下扭矩/(N·m)	12000
管子操作机械手	驱动方式	液压驱动	泥浆压力/MPa	35
	最大直径/mm	168	泥浆流量/(L/min)	1600
	最小直径/mm	89	内防喷器设置	液压控制
	承载力/kN	100		手动控制
平衡装置	浮动行程/mm	200	平衡重量/kg	6000～8000
钻压补偿	补偿范围/kg	500～5000	补偿精度/kg	100

（二）总体方案

全液压顶部驱动装置的主传动结构秉承了由变量高速柱塞马达作为输入动力，依次经多片盘式制动器、行星齿轮减速机、小齿轮、大齿轮、主传动轴、花键套、输出轴至钻杆的传扭结构。大钩载荷主要由主轴上推力调心滚子轴承所承受，轴承安装段轴径为 $\phi400mm$，轴承的选择充分考虑到 TDS 的转速高，穿越复杂地层时载荷波动大，尤其是倒划眼操作时该轴承几乎承受全部大钩载荷的工况。

全液压顶部驱动钻井装置采用液压源作为动力，液压系统泵站安放于钻台面或地表，具有转速无级调速范围宽、扭矩大、运动平稳、无冲击、运动惯量小、易于防止过载和操纵性好等优点。总体方案如下：①采用高速液压马达、行星减速器、多片盘式制动器实现顶驱回转与制动；②主液压系统配备独立液压动力站；③副液压系统采用 LUDV 开式系统；④自动拧卸连接在主轴上的钻杆；⑤具有手动和遥控内防喷器；⑥实现容积调速；⑦主轴输出扭矩具有自适应性；⑧配置液压吊卡。

二、结构及工作原理

如图 2.1 所示，全液压顶部驱动钻井装置主要由提升及平衡装置、主传动系统、背钳总成、旋转头总成、遥控内防喷器、冲管–水龙头总成、可开合滑车、吊环倾斜装置等部件组成。此外，液压顶驱可配备常规手动吊卡或液压自动吊卡，具有完整的电液控制系统和润滑冷却系统。全液压顶驱采用变量高速小扭矩斜轴式轴向柱塞液压马达驱动，通过行星减速机和主传动箱降速增扭，从而实现驱动钻柱回转的合理扭矩和转速范围；由独立的柴电混合驱动液压动力站作为液压油源，液压系统主要动力元件为变量斜盘式轴向柱塞液压泵，辅助动力元件为负载敏感轴向柱塞液压泵。其中，主液压系统采用闭式容积调速回路，辅助功能采用负载敏感多路阀构建的各开式回路。

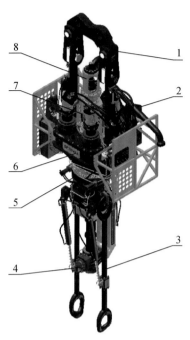

图 2.1　高速大扭矩全液压顶驱

1. 提升及平衡装置；2. 可开合滑车；3. 吊环倾斜装置；4. 背钳总成；5. 旋转头总成；6. 主传动系统；
7. 遥控防喷器；8. 冲管–水龙头总成

图 2.2 为全液压顶驱系统组成框图。图中，顶驱主体主要由液压马达驱动减速机，进而通过最终传动实现主轴回转驱动的主传动箱组成。液压系统则包含了顶驱本体中的液压执行元件和综合液压站，以及先导液控装置。顶驱电控系统采用 PLC 控制，主要用于操纵液压泵、液压马达变量，用于控制替代盘刹的多片盘式制动器开合，以及必要的检测功能，如主轴转速、回转驱动运行角度、润滑油温、液压系统和润滑系统工作压力等。

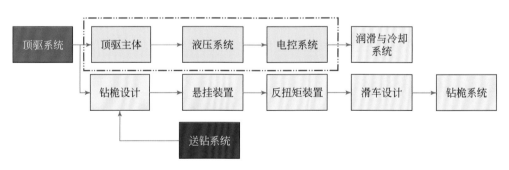

图 2.2　全液压顶驱系统组成

全液压顶驱系统要完成复杂的工作要求，需要相互之间的紧密配合，其工作原理如下：

1）接取钻具

接取由猫道运送到钻井平台上的钻具或接取二层台上的钻具主要通过旋转头和吊环倾

斜装置配合完成。首先控制绞车，将顶驱沿导轨移动到合适位置，接着旋转头液压马达动作，将吊环倾斜装置对准钻具位置，然后吊环倾斜装置液压缸动作，伸出吊环，将吊卡送至钻具接头处。

2）上卸扣立根

立根上接头连接主要通过背钳夹紧机构和主传动系统配合完成。上扣或者卸扣时，首先背钳夹紧机构夹持钻杆，接着顶驱主轴正转，夹紧机构弹簧被压缩，夹紧机构整体向上移动，完成上扣；主轴反转，夹紧机构碟簧被压缩，夹紧机构整体向下移动，完成卸扣。立根下端接头上卸扣主要通过液压大钳或铁钻工与平衡装置配合完成。液压大钳或铁钻工上扣时，顶驱和立根整体向下移动；卸扣时，顶驱和立根整体向上移动，当丝扣脱离后，启动平衡装置弹跳功能，实现顶驱和立根整体快速移动（王德玉，1995）。

3）正常钻进

泵给主传动系统液压马达提供油液，马达经减速装置驱动主轴回转。改变泵和马达的排量实现转速控制。泥浆通过冲管总成进入钻具内腔。

4）事故处理

当发生井涌或井喷时，遥控防喷器液压缸动作，将内防喷器球阀关闭，即切断主轴内部通道。顶驱紧急制动靠主传动箱的制动器完成（宋路江等，2010）。

三、主要工作机构设计

全液压顶驱装置主要包括主传动系统及辅助功能系统两大部分。主传动系统是顶驱的核心，主要包括驱动主轴回转的完整机电液传动及控制体系，采用变量高速小扭矩斜轴式轴向柱塞液压马达驱动，通过行星减速机和主传动箱降速增扭，从而实现驱动钻柱回转的合理扭矩和转速范围。辅助功能系统主要包括：①遥控防喷器启闭，主要通过两个对称布置在主轴两侧顶驱遥控防喷器支架上的液压缸驱动来实现；②顶驱平衡与弹跳功能，主要用于上卸扣过程中平衡顶驱重量，防止钻杆接头螺纹损伤，卸扣过程中，通过在平衡油路中增加平衡阀回油背压的方式增大提升力，并利用液压油源与蓄能器的联合作用实现顶驱本体快速脱离钻柱；③回转头旋转定位，采用两台摆线液压马达驱动回转驱动，可在360°范围内旋转，也可将吊卡准确定位于大小鼠洞；④吊环倾斜与复位，吊环倾斜机构采用双液压缸控制，可以前倾50°，后摆36°，可在先导控制压力作用下快速复位置中；⑤背钳升降，通过一个油缸的控制来实现。辅助功能的这五个动作均通过一组 LS 电液比例阀 PVG32 控制，背钳开合动作通过操作可开合滑车来实现，还可实现拧卸过渡接头和手动内防喷器。扩展的辅助功能还包括润滑泵驱动、润滑系统冷却器风扇马达驱动及液压吊卡操纵等。

（一）主传动系统

1. 结构方案

根据全液压顶驱设计参数要求，主传动系统方案如图 2.3 所示。采用 4 个液压马达，沿主轴轴向均匀分布。液压马达经制动器、行星减速器、一级斜齿轮传动,将动力传送到主轴上。其中液压马达采用高速小扭矩变量柱塞马达;制动器采用多片盘式结构,安装在高速轴上,故制动力矩较小。大齿轮与主轴采用胀套连接,相比于键连接,过载情况下打滑的特性有利于防止钻具失效或顶驱传动结构受损,可有效实现过载保护。

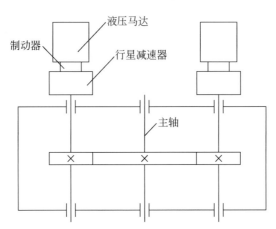

图2.3　全液压顶驱主传动系统结构示意图

2. 工作原理

图2.4为主传动系统结构图,主要由动力传输装置、集中润滑装置和提升承载装置三大部分组成。

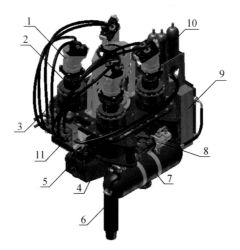

图2.4　主传动系统结构

1. 液压马达;2. 制动器;3. 行星齿轮减速器;4. 齿轮箱体;5. 提升座总成;6. 顶驱主轴;7. 油罐;
8. 润滑泵和马达;9. 风冷却器;10. 蓄能器;11. 油路块

　　动力传输装置主要由液压马达、制动器、行星齿轮减速器、一级斜齿轮减速装置(图2.5)和顶驱主轴组成。四个液压马达的进回油路分别并联,马达与制动器通过花键连接,而小齿轮轴与行星减速器同样为花键连接。泵给马达供油,经制动器,行星减速器，一级斜齿轮传动，将动力传送到主轴上。一级斜齿轮减速装置位于齿轮箱体内部，如图2.5所示，主要由大齿轮、小齿轮、小齿轮轴和小齿轮轴承组成。

图2.5　一级斜齿轮减速装置

1. 小齿轮轴；2. 小齿轮轴承；3. 小齿轮；4. 大齿轮

集中润滑装置主要由油罐、润滑泵和马达和风冷却器组成。双向润滑泵的主泵从油罐内吸油，通过流量分配器分别向行星齿轮减速器和轴承供油；副泵从齿轮箱体内吸油，经风冷却器后流回油罐。斜齿轮副采用喷溅润滑，由安装在一齿轮轴上的双向润滑泵供油。

提升承载装置的主要构件为提升座。提环与提升座组件通过销轴连接，主轴承安装在提升座组件内，故全部钩载由提升座组件承受，而箱体并不承载。

3. 参数计算

全液压顶驱主传动系统采用由变量泵和变量马达构成闭式容积调速回路，有关泵与马达的参数计算参见第三节液压系统设计，本节主要介绍减速器、制动器、斜齿轮副和轴承的参数确定。

1）行星齿轮减速器和制动器的参数确定

选用布雷维尼行星齿轮减速器，多种扭矩等级可选，输出扭矩范围广，结构紧凑，适合大扭矩同时保证最小外形尺寸的应用场合（赵岑，2011），相比传统齿轮箱，能节省40%～60%的空间和重量。同时有许多不同的输出轴型式，不仅可实现轴的同心，而且可提高使用的灵活性，它不需加工即可安装在机架上，并且可接制动器，结构如图2.6所示。

根据主传动箱的结构和设计参数，最终选择减速器的型号为EM1250，减速比为$i_1 = 4.04$，其基本参数见表2.2。

图2.6　布雷维尼减速器和制动器

表 2.2 减速器基本参数

减速比	最大扭矩/(N·m)	热功率/kW
4.04	35000	45

制动器采用多片盘式结构，不工作时处于弹簧夹紧状态，通液压油时处于松开状态，液压油的控制压力一般为 2MPa 左右，该制动器结构紧凑，制动可靠。因安装在液压马达输出的高速轴上，故制动力矩较小。已知单个马达输出最大扭矩为 1544N·m，制动器的制动扭矩必须大于该值。最终选择制动器的型号为 FL960.14C，其基本参数见表 2.3。

表 2.3 制动器基本参数

型号	扭矩/(N·m)	制动压力/MPa	最大压力/MPa
FL960.14C	1783	2.20	3.15

2）斜齿轮副参数确定

一般情况下，当软齿面的一对齿轮啮合时，由于小齿轮受载次数比大齿轮多，并且其齿根弯曲强度较低，故在大小齿轮材料和热处理选择时，通常使小齿轮的齿面硬度比大齿轮高 30～50HBS。然而，对于一个大齿轮和四个小齿轮啮合的情况下，传动比小于 4 时，大齿轮受载次数较多，故小齿轮和大齿轮可选用相同材料，均选择 40CrNiMoA（李新城等，2004），采用调质处理，硬度为 320～340HBS。按 MQ 级质量要求，小齿轮和大齿轮的试验齿轮的接触疲劳极限 $\sigma_{Hlim} = 800MPa$，弯曲疲劳极限 $\sigma_{Flim} = 320MPa$。

按齿面接触强度确定中心距 a，其计算公式为（成大先等，2005）：

$$a \geqslant A_a(u+1)\sqrt[3]{\frac{KT_1}{\psi_a u \sigma_{HP}^2}} \tag{2.1}$$

式中，A_a 为常值系数；u 为齿数比，$u = i_2 = 2.4$；K 为载荷系数，常用值 $K = 1.2～2$；T_1 为小齿轮的额定转矩，N·m；ψ_a 为齿宽系数；σ_{HP} 为许用接触应力，$\sigma_{HP} \approx 0.9\sigma_{Hlim}$（N/mm²），$\sigma_{Hlim}$ 为试验齿轮的接触疲劳极限。

已知减速装置的总传动比 $i = 9.7$，则传动比：

$$i_2 = \frac{i}{i_1} = \frac{9.7}{4.04} = 2.4$$

查《机械设计手册》，取 $A_a = 476$，$\psi_a = 0.3$，按齿轮对称布置，速度中等，冲击载荷较大，取载荷系数 $K = 1.8$。代入式（2.1），计算得 $a = 499.4mm$，经圆整取 $a = 500mm$。

对软齿面（HB ≤ 350）外啮合闭式传动，可按下式初选法向模数 m_n：

$$m_n = (0.007～0.02) \cdot a$$

其值的选取，要考虑中心距的大小、受载情况和转速的高低。此处取系数为 0.018，计算得 $m_n = 9.3$。根据第一系列模数，取 $m_n = 10$。

由公式：

$$\frac{z_1}{\cos\beta} = \frac{2a}{m_n(1+u)} = \frac{2 \times 500}{10 \times (1+2.4)} = 29.4$$

斜齿轮螺旋角的大小和旋向直接影响齿轮轴向力和径向力的大小和方向，故选择时要考虑齿轮轴及箱体的强度和刚度设计，以及轴承的选型。斜齿轮螺旋角通常取 $\beta = 8° \sim 15°$，根据顶驱齿轮箱的结构要求，取螺旋角 $\beta = 12°$。

代入上式求得 $z_1 = 28.8$，取小齿轮齿数 $z_1 = 29$，则大齿轮齿数 $z_2 = z_1 \cdot i_2 = 69.6$，经圆整 $z_2 = 70$。

齿宽 $b = \psi_a \cdot a = 0.3 \times 500 = 150\text{mm}$，考虑到一个大齿轮和四个小齿轮啮合的情况，为了啮合时，更好的受载，取大齿轮的齿宽比小齿轮的齿宽大一些，故小齿轮的齿宽 $b_1 = 155\text{mm}$，大齿轮的齿宽 $b_2 = 160\text{mm}$。

标准中心距为：　$a = \dfrac{m_n \cdot (z_1 + z_2)}{2 \cdot \cos\beta} = \dfrac{10 \times (29 + 70)}{2 \times \cos12°} = 506\text{mm}$

闭式齿轮传动中，对于润滑良好软齿面，在循环应力的作用下，齿面易产生的齿轮失效形式是点蚀破坏。通过增大啮合节点处的当量曲率半径，可以有效地减少齿面的接触应力，进而提高齿面的接触强度。为此，齿轮变位形式采用正变位，其变位量应选择尽可能大，这样啮合角 α' 也会相应的增大。根据结构要求，实际中心距 $a' = 516$。因 $a < a'$，应采用正传动。

啮合角计算公式：

$$\alpha' = \arccos\left(\frac{a}{a} \cdot \cos\alpha\right) = \arccos\left(\frac{506}{516} \times \cos20°\right) = 22.8406°$$

总变位系数：

$$x_{\Sigma} = \frac{z_{\Sigma} \cdot (\text{inv}\alpha' - \text{inv}\alpha)}{2 \cdot \tan\alpha} = \frac{(29 + 70) \times (\text{inv}22.8406° - \text{inv}20°)}{2 \times \tan20°} = 1.0604$$

按等滑动率分配变位系数（王知行，1978）：$x_1 = 0.475$，$x_2 = 0.5854$。

3）轴承的参数确定

实际钻进过程中，轴承在变动载荷和变动转速下工作，在确定轴承寿命时，应用平均当量动载荷和平均转速，工况按表 2.4 所示。

表 2.4　两种工况下，转速和扭矩情况

工况	工作时间比例/%	输入转速/(r/min)	输入扭矩/(N·m)
低速重载	30	181	6059
高速轻载	70	724	1243

平均当量动载荷计算公式：

$$P_m = \sqrt[3]{\frac{N_1 P_1{}^3 + N_2 P_2{}^3 + N_3 P_3{}^3 + \cdots}{N}}, \qquad N_1 + N_2 + N_3 + \cdots = N \qquad (2.2)$$

式中，P_n 为 N_n 转速时的当量动载荷（$n = 1, 2, 3, \cdots$），N。

根据工作条件，决定选用两个单列圆锥滚子轴承相对安装，工作中有中等冲击，两轴承如图 2.7 所示安装。左边轴承选用 33124 型轴承，右边轴承选用 31326 型轴承。根据轴承和轴的实际尺寸计算得 $a = 105.4$，$L = 228.6$。

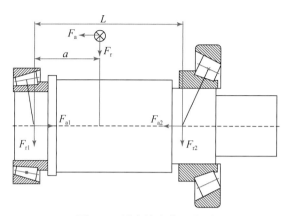

图 2.7　斜齿轮安装示意图

图 2.8 为斜齿轮受力分析图，齿轮受力计算公式如下。

圆周力：

$$F_t = \frac{2000T_1}{d_1} \tag{2.3}$$

径向力：

$$F_r = \frac{F_t \tan a_n}{\cos\beta} \tag{2.4}$$

轴向力：

$$F_a = F_t \tan\beta \tag{2.5}$$

式中，T_1 为齿轮的额定转矩；d_1 为齿轮分度圆直径；a_n 为法面分度圆压力角；β 为分度圆螺旋角。

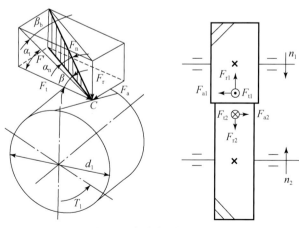

图 2.8　斜齿轮受力分析

轴承径向力计算公式为

$$F_{r1} = \frac{1}{L} \sqrt{\left[F_t (L - a) \right]^2 + \left[F_r (L - a) - \frac{F_a d}{2} \right]^2} \tag{2.6}$$

$$F_{r2} = \frac{1}{L} \sqrt{(F_t a)^2 + \left(F_r a + \frac{F_a d}{2} \right)^2} \tag{2.7}$$

查《机械设计手册》得到轴承的基本参数如表 2.5 所示。

表 2.5　轴承参数

型号	C_r	C_{0r}	e	Y	Y_0
33124	448kN	778kN	0.40	1.5	0.8
31326	592kN	805kN	0.83	0.7	0.4

附加轴向力计算公式：

$$S_1 = \frac{F_{r1}}{2Y_1} \tag{2.8}$$

$$S_2 = \frac{F_{r2}}{2Y_2} \tag{2.9}$$

A. 低速重载时

根据式（2.3）~ 式（2.7）计算得：

$$F_{r1} = 21914\text{N}, \quad F_{r2} = 18628\text{N}$$

左边轴承轴向力：　　$F_{a1} = S_1 + F_a = 7305 + 8521 = 15826\text{N}$

因此：

$$\frac{F_{a1}}{F_{r1}} = \frac{15826}{21914} = 0.72 > e_1$$

当量动载荷：

$$P_{r1} = 0.4 F_{r1} + Y_1 F_{a1} = 0.4 \times 21914 + 1.5 \times 15826 = 32504.6\text{N}$$

右边轴承轴向力：　　$F_{a2} = S_2 = 7305\text{N}$

因此：

$$\frac{F_{a2}}{F_{r2}} = \frac{7305}{18628} = 0.39 < e_2$$

当量动载荷：　　　$P_{r2} = F_{r2} = 18628\text{N}$

B. 高速低载时

按照同上的计算方法得

当量动载荷：　　　$P'_{r1} = 6671\text{N}, \quad P'_{r2} = 4706.5\text{N}$

平均转速：

$$n_m = n_1 \times 30\% + n_2 \times 70\% = 181 \times 0.3 + 724 \times 0.7 = 561.1\text{r/min}$$

代入式（2.2），求得平均当量动载荷：

$$P_{m1} = \sqrt[3]{\frac{181 \times P_{r1}^3 + 724 \times (P'_{r1})^3}{561.1}} = 22546.5\text{N}$$

$$P_{m2} = \sqrt[3]{\frac{181 \times P_{r2}^3 + 724 \times (P'_{r2})^3}{561.1}} = 13044.6\text{N}$$

寿命因数计算公式：

$$f_{h} = \frac{f_n f_T}{f_m f_d} \times \frac{C_r}{P_m} \qquad (2.10)$$

式中，f_n 为速度因数；f_T 为温度因数；f_m 为力矩载荷因数；f_d 为冲击载荷因数。

查《机械设计手册》得：$f_n = 0.429$，$f_T = 1$，$f_m = 1$，$f_d = 2$，代入式（2.10），计算得 $f_{h1} = 4.26$，$f_{h2} = 9.73$。查《机械设计手册》得轴承的基本额定寿命：$L_{h1} = 62500h$，$L_{h2} > 100000h$。

（二）背钳总成

1. 结构原理

如图 2.9 所示，背钳总成由背钳夹紧机构、背钳立柱、背钳吊座、导杆、压缩弹簧、蝶形弹簧和背钳升降油缸等部分组成。背钳吊座固定在旋转头上，背钳立柱通过两键与背钳吊座相连，并可通过背钳升降油缸驱动，沿背钳吊座上下移动。由于在上卸扣过程中，对背钳装置的整体浮动性有很高的要求，因此需要保证背钳浮动机构的浮动精度，图 2.9 中的背钳升降油缸、压缩弹簧、蝶形弹簧及导杆等部分构成了背钳浮动机构，液压缸驱动作为背钳浮动的动力，配置的弹簧在背钳浮动时有着非常重要的作用，其一是能够限位，其二是可以缓解液压缸因急剧运动产生的惯性。

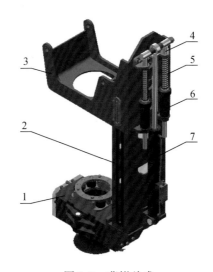

图 2.9　背钳总成

1. 背钳夹紧机构；2. 背钳立柱；3. 背钳吊座；4. 导杆；5. 压缩弹簧；6. 蝶形弹簧；7. 背钳升降油缸

如图 2.10 所示，背钳夹紧机构主要由导正轮、钳牙、钳牙座、左钳体、右钳体、活塞、导向环等部分组成。夹紧机构外壳体采用左钳体和右钳体的"分体式"结构，左、右钳体之间通过两个销轴连接，现场作业中需要经常更换钳牙，分体式结构设计便于拆卸，减少现场查修和设备保养的辅助时间，提高工作效率。两个钳体内部有相同的夹紧液压腔、夹紧活塞、钳牙座及钳牙；钳牙座与活塞端部通过螺栓连接，钳牙嵌入钳牙座的槽内，通过对液压系统的控制，经由活塞推动钳牙座运动，实现夹紧及松开动作。导正轮位于背钳夹紧机构的上部，导正轮与钻杆滚动接触，用于扶正、导向钻杆。导向环通过螺栓固定在钳体下方，用于钻杆导向、扶正。

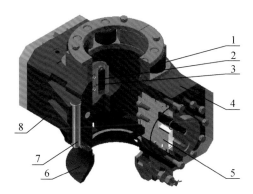

图 2.10　背钳夹紧机构

1. 导正轮；2. 钳牙；3. 钳牙座；4. 右钳体；5. 活塞；6. 导向环；7. 销轴；8. 左钳体

2. 参数分析与设计计算

结合顶驱主要技术指标，并且充分考虑背钳现场的使用要求和作业情况（刘广华，2010），选取直径为 127mm 的钻杆作为研究对象，其钻杆接头直径 140mm，由于在工作过程中背钳只承受钻杆立根重量，所以背钳工作负载为钻具自重与钻机转矩的复合。在忽略次要因素降低复杂程度的前提下，将受力模型进行适当简化处理，对主要受力结构进行参数分析与设计计算。

1）以钻杆为研究对象进行受力分析

A. 仅考虑重力作用时（凡东等，2006）

受力如图 2.11 所示，受力平衡方程如下：

$$f_1 = F_g = q \times l \times g \tag{2.11}$$

式中，f_1 为抵抗钻杆重力作用需要的摩擦力，N；F_g 为钻杆重力，N；q 为钻杆单位长度质量，$q = 29\text{kg/m}$；l 为钻杆立根长度，$l = 27\text{m}$。

将上述参数代入式（2.11），得：

$$f_1 = F_g = 7.673\text{kN}$$

$$F_{n1} = \frac{f_1 \times \sin\phi}{2\mu} \tag{2.12}$$

式中，F_{n1} 为抵抗钻杆重力作用需要的夹持力，N；μ 为钻杆与钳牙之间的接触摩擦系数，取 $\mu = 0.3$；ϕ 为钻孔倾角，取 $\phi = \pm 90°$。

将上述参数代入式（2.12），得：

$$F_{n1} = 12.723\text{kN}$$

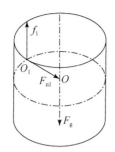   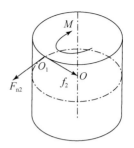

图2.11 重力下钻杆受力图   图2.12 扭矩下钻杆受力图

B. 仅考虑钻杆承受扭矩作用时

受力如图2.12所示。

扭矩为

$$M = f_2 \times \frac{d}{2} = \mu \times F_{n2} \times \frac{d}{2} \tag{2.13}$$

式中，F_{n2} 为抵抗顶驱输出转矩需要的夹持力，N；M 为顶驱上卸扣输出扭矩，$M = 58\text{kN} \cdot \text{m}$；$d$ 为钻杆接头直径，$d = 140\text{mm}$。

代入式（2.13），可求得：

$$f_2 = \frac{M}{d/2} = 828.571\text{kN}, \qquad F_{n2} = \frac{M}{\mu \times d/2} = 2380.952\text{kN}$$

C. 自重与扭矩复合作用力

$$F_H = \sqrt{F_{n1}^2 + F_{n2}^2} \tag{2.14}$$

将相关数据代入式（2.14）公式得：

$$F_H = \sqrt{12.723^2 + 2380.952^2} = 2380.986\text{kN}$$

式中，F_H 为抵抗钻杆自重与转矩复合作用需要的夹持合力。

2）以背钳钳牙为研究对象进行受力分析

受力如图2.13所示。

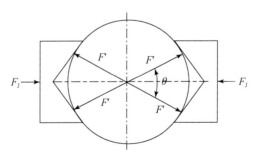

图2.13 钳牙座受力分析

钳牙座两侧分别施加大小相等方向相反的液压驱动夹紧力 F_J，钳牙与钻杆接头的接触主要在四个接触点上，由上述对钻杆的分析得出，钳牙在四个接触点处受到的接触力 $F' = F$。

$$F_{\mathrm{H}} = 2F_{\mathrm{J}} \tag{2.15}$$

$$F_{\mathrm{J}} = 2F'\cos\frac{\theta}{2} = 2F\cos\frac{\theta}{2} \tag{2.16}$$

式中，F_{J} 为背钳液压缸夹紧力，N；F' 为接触点处钳牙受到的作用力，N；F 为接触点处钻杆受到的作用力，N；θ 为钳牙座的两个牙板的中心连线的角度，$\theta = 40°$。

代入相应数据，得：

$$F_{\mathrm{J}} = \frac{F_{\mathrm{H}}}{2} = 1190.493\mathrm{kN}$$

$$F = F' = \frac{F_{\mathrm{J}}}{2\cos\dfrac{\theta}{2}} = 633.448\mathrm{kN}$$

（三）其他辅助功能系统

1. 提升装置及平衡装置

全液压顶驱的提升及平衡装置用于承受钩载，图 2.14 为其结构图。提升横梁用于实现顶驱与钻机游车之间的联接；提升臂对称布置在液压顶驱主传动箱两侧，用于传递钩载，其上端以销轴（4）与提升过渡座联接，下端与箱体提升座以销轴联接；提升过渡座与提升横梁以销轴（2）联接，其中销轴（2）和销轴（4）在空间上垂直布置，由于顶驱滑车沿固定在钻塔上的顶驱导轨滑动时，会引起液压顶驱主轴和游车提升力作用线之间的不同轴误差，为避免液压顶驱的提升部件因承受重载后发生弯曲和扭转变形，这种传力结构是必要的，于是提升过渡座处的连接为十字铰接，提升臂则在合适的角度范围内保留了前后摆动的自由度。两平衡液压缸实现了液压顶驱主轴接卸钻柱过程中的整体浮动，通过特殊设计的液压集成控制实现上卸扣时的平衡和卸扣时的弹跳功能。平衡液压缸两端耳环内安装有关节轴承，使其在吊臂存在装配误差或因外部载荷变化引起的前后左右振摆过程中保持良好的受力状态。

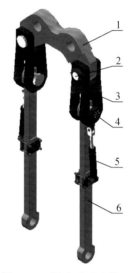

图 2.14　提升及平衡装置
1. 提升横梁；2、4. 销轴；
3. 提升过渡座；
5. 平衡液压缸；6. 提升臂

2. 旋转头及吊环倾斜装置

图 2.15 为旋转头及吊环倾斜装置的结构图，其中：旋转头主要包括配流轴、回转驱动、回转头支座、液压马达等部分；吊环倾斜装置由吊耳、吊环、吊环倾斜油缸几部分组成。

旋转头采用回转驱动作为动力元件，该回转驱动采用蜗轮蜗杆传动型式，通过低速大扭矩液压马达驱动，液压马达数量为两台。借助于蜗轮蜗杆传动的大传动比获得不低于 120kN·m 的输出扭矩，且具有自锁性。回转头支座连接在回转驱动下方，其外壳为高强度铸钢件，内置配流槽、密封槽，采用旋转格莱圈组成多通道回转密封结构。配流轴与回转驱动采用高强度螺栓组联接，并安装传力销承受上卸扣扭矩。旋转头整体采用另一组高

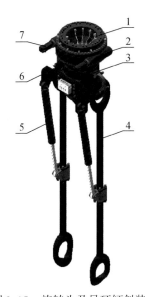

图 2.15　旋转头及吊环倾斜装置

1. 配流轴；2. 回转驱动；3. 回转头支座；4. 吊环；5. 吊环倾斜油缸；6. 吊耳；7. 液压马达

强度螺栓连接于齿轮箱体提升座，其极限承载能力约为钩载的 1.2～1.5 倍。回转头支座与配流轴通过内置的液压管线实现旋转配流功能，通过配流轴外部径向接头接硬管方式实现配流通道与电液比例负载敏感多路阀连接。旋转头整体能进行 360°回转，在卡钻、整钻状态下，可短时间利用其低速大扭矩工作特性辅助驱动钻柱解卡。回转驱动非马达侧端盖上安装有编码器，用于检测转角，并通过电液比例闭环控制实现在任意角度上的精确定位。回转头支座壳体设计有背钳吊座连接孔，用以安装背钳，外部设计有吊环、吊耳及吊环倾斜油缸，可承受与钩载相当的重力荷载，吊环由吊环倾斜驱动，可实现吊环前后伸出。

3. 遥控防喷器

如图 2.16 所示，遥控防喷器总成由遥控防喷器及遥控防喷器驱动两部分组成。遥控防喷器通过螺纹联接于主传动轴上端，主要用于控制泥浆通断。遥控防喷器驱动为双液压缸导板滑块及旋转座套驱动，由防喷器支架、防喷器导向架（即冲管支架）、关断油缸等部分组成。左右两关断油缸缸筒通过销轴固定于防喷器导向架下部，关断油缸活塞所连滑块可在防喷器导向架槽内滑动，滑块通过上下两滚轮与防喷器支架相连，关断油缸与防喷器支架通过滚轮接触，可保证防喷器支架随顶驱主轴转动时，防喷器支架与油缸活塞杆上的滚轮为滚动运动；左右两遥控防喷器导向架分别通过螺栓固定于主传动箱体上。关断油缸活塞杆伸出或缩回，可推动防喷器支架沿防喷器轴向上下运动，从而带动防喷器摇杆推动防喷器球阀转动，打开或关闭遥控放喷器。

遥控防喷器置于主传动箱上部，其优点是遥控防喷器不承受钩载和主轴输出扭矩，仅承受泥浆压力和很小的摩擦阻力矩；双液压缸导板滑块及旋转座套驱动形式，采用隔膜式蓄能器通过梭阀实现双向缓冲，其寿命得以大幅度提高；防喷器关断油缸液压油无需经旋转头组件配流，液压油路简化。

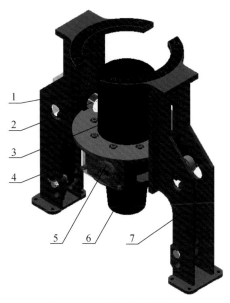

图 2.16　遥控防喷器总成

1. 滑块；2. 滚轮；3. 遥控防喷器；4. 关断油缸；5. 摇杆；6. 防喷器支架；7. 防喷器导向架

4. 可开合滑车

如图 2.17 所示，可开合滑车由滑车支架、承载滚轮、导向滚轮等部分组成。滑车支架上设置四个承载滚轮，支架两侧面设置四组导向滚轮，滑车支架背侧设置两纵向的平行长销轴，用以联接至主传动箱体。利用销轴实现的可开合滑车，使顶驱结构简单、安装拆卸方便。钻井过程中，可打开拆除其中一个销轴，将顶驱主体翻转到侧面让出孔口，更换为转盘驱动或进行绳索取心作业，适用于科学钻探顶部驱动、转盘驱动切换及取心工艺要求。承载滚轮位于滑车支架上，其作用是将顶部驱动钻井装置在钻井作业时的反扭矩传递到导轨上。四组导向滚轮位于滑车支架两侧面的上下位置，每组导向滚轮由四个滚轮组成，嵌于顶驱导轨的导板上，使滑车的滑动方向始终沿导轨方向，避免滑车在导轨上滑动时出现遇卡的现象，保证顶部驱动钻井装置在井架内上下移动时顶驱主轴始终与钻井井口对正。

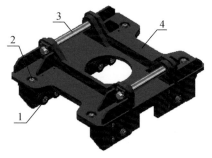

图 2.17　全液压顶驱可开合滑车

1. 导向滚轮；2. 承载滚轮；

3. 销轴；4. 滑车支架

5. 冲管-水龙头总成

如图 2.18 所示，冲管-水龙头总成由顶驱上轴、标准冲管组件、冲管座、鹅颈管等部件组成。顶驱上轴下端设计有标准钻杆锁接头螺纹与遥控防喷器联接，上端通过梯形螺纹与下盘根盒盖相连，上述螺纹均为左旋，防止钻井过程中冲管-水龙头总成脱落。顶驱上轴采用两排推力调心滚子轴承承受泥浆压力引起的轴向载荷，调心滚子轴承安放于顶驱上轴外端。标准冲管组件上部与鹅颈管相连；鹅颈管用螺栓固定于冲管座上；冲管座采用螺栓安装在遥控防喷器总成的冲管支架（即防喷器导向架）之上；于是冲管摩擦力矩由冲管支架传递至主传动箱体，限制了鹅颈管等非旋转零部件的转动自由度。通过冲管总成下部的动密封与上部的静密封，可保证钻井液正常循环，且不产生泄漏。

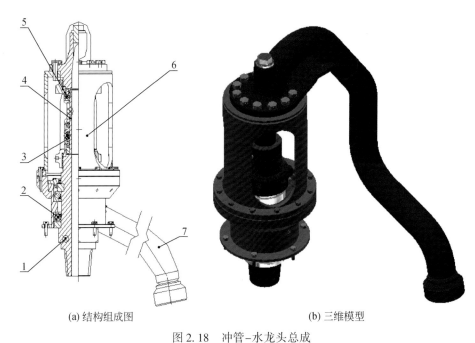

(a) 结构组成图   (b) 三维模型

图 2.18   冲管–水龙头总成

1. 顶驱上轴；2. 推力调心滚子轴承；3. 下盘根盒盖；4. 标准冲管组件；5. 上盘根盒；

6. 冲管座；7. 鹅颈管

四、关键零部件的强度分析

顶驱工作环境恶劣、承载力大，必须确保其强度的可靠性。其中，顶驱主轴、顶驱提升装置都属于关键的承载件，因此以它们为例进行强度有限元分析。

（一）顶驱主轴有限元分析

1. 顶驱主轴模型的建立

通过 Inventor 软件建立全液压顶驱主轴模型，如图 2.19（a）所示，为简化分析且不影响分析结果，将主轴上部内螺纹段及台阶略去，仿真分析时上端面固定，下部略去接头螺纹段，仿真分析时轴向拉力施加于下端面，简化模型如图 2.19（b）所示。

(a) 主轴结构　　(b) 主轴简化模型

图 2.19　顶驱主轴三维模型

图 2.20　主轴网格划分

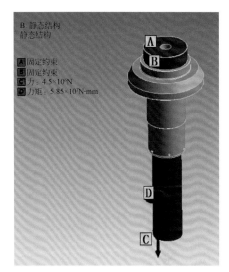

图 2.21　主轴载荷施加

2. 设置材料特性

主轴材料选择 35CrMo，密度为 7870kg/m^3，弹性模量为 $2.13 \times 10^{11} \text{N/m}^2$，泊松比 0.286，抗拉强度 985MPa，屈服强度 835MPa。

3. 划分网格

考虑到计算精度与计算量的平衡，由 ANSYS Workbench 实现网格的自适应划分，并在承受载荷的大台阶面局部细化网格。图 2.20 为划分好网格的主轴模型。

4. 施加载荷和约束

顶驱主轴通过胀套与大齿轮相联，故胀套安装部位设置固定约束，同时由于顶驱主轴不可相对顶驱齿轮箱发生轴向移动，故在其上端面设置固定约束。

主轴是 TDS 中的主要受力零件，工作过程中主要承受钻杆拉力与扭矩。分析过程中，在顶驱主轴施加 4500kN 的拉力及 58500N·m 的扭矩，其中拉力施加于顶驱主轴端面，扭矩施加于顶驱圆柱表面。顶驱载荷施加情况如图 2.21 所示。图中 A、B 处为所施加的固定约束，C 处为所施加的轴向拉力，D 处为所施加的扭矩。

5. 仿真结果分析

完成上述步骤后，设定需要查看的结果，运行仿真求解，得到图 2.22 的仿真结果。

从图 2.22（a）的应力云图可以看出，主轴应力最大值出现在顶驱主轴最大端面与其下部台阶的过渡部位，达到 293.48MPa，此最大值为端面面积改变而引起的应力集中。

许用应力计算：
$$[\sigma] = \sigma_s/k$$

式中，σ_s 为屈服强度；k 为安全系数。

35CrMo 的屈服强度为 835MPa，安全系数取 2（根据 API 标准），则许用应力为
$$[\sigma] = 835/2 = 417.5\text{MPa}$$

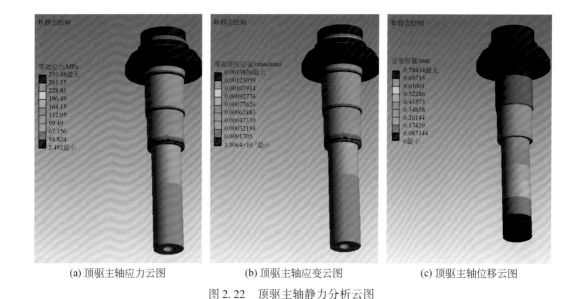

| (a) 顶驱主轴应力云图 | (b) 顶驱主轴应变云图 | (c) 顶驱主轴位移云图 |

图2.22 顶驱主轴静力分析云图

最大应力没有超过材料的许用应力；最大等效弹性应变为0.00138，如图2.22（b）所示，发生在最大应力出现的部位，此应变不足以引起塑性变形；最大总变形点位移为0.784mm，发生在主轴最下端，如图2.22（c）所示，相对于长度2395mm，这个变形在可以接受的范围之内。综上，通过对主轴施加最大扭转载荷和最大拉压载荷，得出设计的主轴满足强度要求。

（二）顶驱提升装置有限元分析

顶驱装置悬挂于钻井井架之上，工作过程中，顶驱装置驱动钻杆柱回转，承受钻杆柱的重量。顶驱提升装置是联接顶驱与钻井游车的枢纽，其上通过销轴与游车相连，其下通过销轴联接至顶驱主传动结构提升座上。作为顶驱装置的主要承载部件，不仅要承受顶驱自重，还需承受钻杆柱的重量。随着钻井的不断加深，钻杆柱重量不断加大，顶驱提升装置所承受载荷不断增大。

顶驱提升装置由提升横梁、提升过渡座、提升吊臂几部分组成，现对各零部件进行静力学分析。提升装置材料选择为40CrMo，其性能参数如表2.6所示。计算过程中材料各强度均选择最小值。

表2.6 40CrMo材料力学性能表

弹性模量 /GPa	泊松比	抗拉强度 σ_b/MPa	屈服强度 σ_s/MPa	伸长率 δ/%	断面收缩率 ψ/%
206	0.3	≥1080	≥930	≥12	≥45

1. 提升横梁有限元分析

1）有限元模型建立

通过 Inventor 软件建立顶驱提升横梁三维模型，为简化计算，有限元分析时忽略提升横梁表面倒角、圆角。模型导入 ANSYS Workbench 环境中，如图 2.23 所示。

2）网格划分

综合考虑仿真分析计算精度与计算量，提升横梁采用六面体单元，由 ANSYS Workbench 实现网格的自适应划分。图 2.24 为提升横梁网格划分情况。

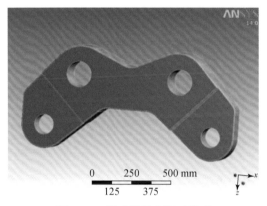
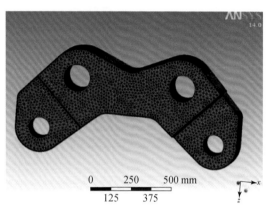

图 2.23 提升横梁有限元模型   图 2.24 提升横梁网格划分

3）添加约束及载荷

提升横梁上部通过销轴与游车相连，下部通过销轴与提升过渡座相连，施加约束及载荷时，上部固定，固定类型为 compression only support；下部施加轴承载荷，每个销轴孔的载荷大小为 2250000N。载荷施加如图 2.25 所示。

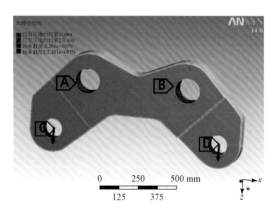

图 2.25 提升横梁约束条件

4）仿真分析结果

提升横梁有限元分析结果如图 2.26～图 2.28 所示，由提升横梁应力分布可知，提升横梁最大应力为 446.8MPa，约为材料屈服强度的 1/2，发生在销轴孔位置。提升横梁应变分布与应力分布相同，最大应变发生在销轴孔位置。提升横梁位移最大值为 1.22mm，发生在销轴孔下部，其值相对于提升横梁尺寸来讲，可忽略不计。综上可知，提升横梁在大钩载荷情况下安全。

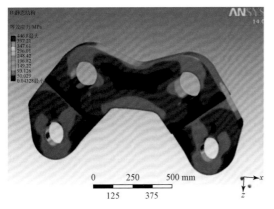

图 2.26　提升横梁应力分布

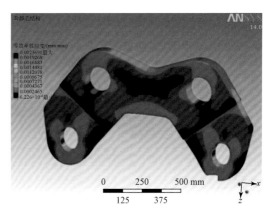

图 2.27　提升横梁应变分布

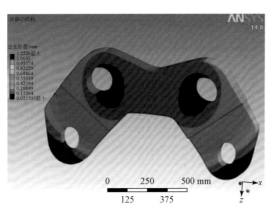

图 2.28　提升横梁位移分布

2. 提升过渡座有限元分析

1）有限元模型建立

通过 Inventor 软件建立顶驱提升过渡座三维模型，为简化计算，有限元分析时忽略提升横梁表面倒角、圆角。模型导入 ANSYS Workbench 环境中如图 2.29 所示。

2）网格划分

综合考虑仿真分析计算精度与计算量，提升过渡座采用六面体单元，由 ANSYS Workbench 实现网格的自适应划分。图 2.30 为提升过渡座网格划分情况。

3）添加约束及载荷

提升过渡座上部通过销轴与提升横梁相连，下部通过销轴与提升吊臂相连，施加约束及载荷时，上部固定，固定类型为 compression only support；下部施加轴向载荷，每处的载荷大小为 1125kN，共两处加载。载荷施加如图 2.31 所示。

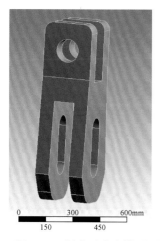 

图 2.29　提升过渡座模型　图 2.30　提升过渡座网格划分　图 2.31　提升过渡座约束条件

4）仿真分析结果

提升过渡座有限元分析结果如图 2.32、图 2.33 所示。

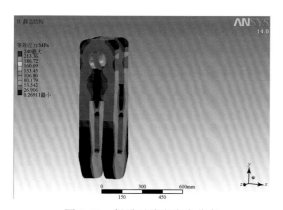 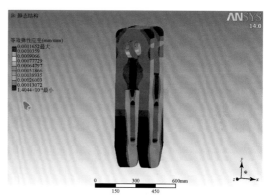

图 2.32　提升过渡座应力分布　　　　　　　图 2.33　提升过渡座应变分布

图 2.32 为提升过渡座应力分布，最大应力为 240MPa，发生在销轴孔位置，安全系数为 3.875，结构安全。提升过渡座应变分布与应力分布相同，最大应变发生在销轴孔位置（图 2.33），最大应变为 0.0012。综上可知，提升横梁在大钩载荷情况下安全。

3. 提升吊臂有限元分析

1）有限元模型建立

通过 Inventor 软件建立顶驱提升吊臂三维模型，为简化计算，有限元分析时忽略提升吊臂表面倒角、圆角。模型导入 ANSYS Workbench 环境中，如图 2.34 所示。

2）网格划分

综合考虑仿真分析计算精度与计算量，提升横梁采用六面体单元，由 ANSYS Workbench 实现网格的自适应划分。图 2.35 为提升吊臂网格划分情况。

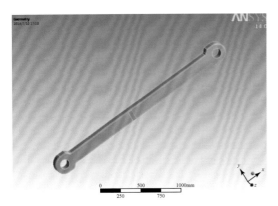

图 2.34 提升吊臂有限元模型

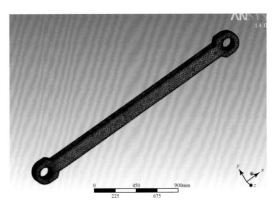

图 2.35 提升吊臂网格划分

3) 添加约束及载荷

提升吊臂上部通过销轴与提升过渡座相连，下部通过销轴与顶驱主传动提升座相连，施加约束及载荷时，上部固定，固定类型为 compression only support；下部施加轴承载荷，每个销轴孔的载荷大小为 2250kN。提升吊臂载荷施加情况如图 2.36 所示。

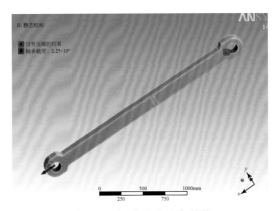

图 2.36 提升吊臂约束条件

4) 仿真分析结果

提升吊臂有限元分析结果如图 2.37~图 2.39 所示。由提升吊臂应力分布可知，提升吊臂最大应力为 720.03MPa，发生在销轴孔位置，安全系数为 1.28，结构安全。提升吊臂应变分布与应力分布相同，最大应变为 0.0035，发生在销轴孔位置。提升吊臂位移最大值为 2.14mm，发生在销轴孔下部，其值相对于提升吊臂尺寸来讲，可忽略不计。综上可知，提升吊臂在大钩载荷情况下安全。

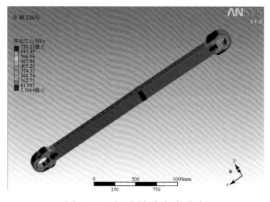

图 2.37　提升吊臂应力分布

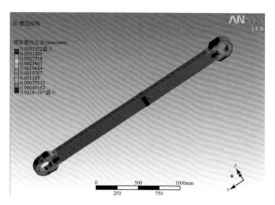

图 2.38　提升吊臂应变分布

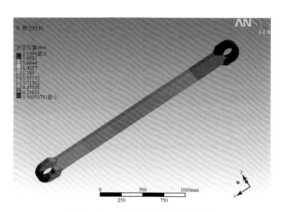

图 2.39　提升吊臂位移分布

第三节　液压系统设计

一、总体方案

全液压顶驱作为一种典型的机电液一体化装置，充分利用先进的电液比例负载敏感控制技术以达到良好的节能特性，利用变量马达直联行星减速机–制动器的输入装置简化了机械结构。顶驱的功能设置充分考虑了现场施工过程中的各种需求及其与钻杆自动上卸装置的协同动作，顶驱的液压系统、电控系统设计则参考了成熟可靠的行走机械电液比例控制技术。

全液压顶驱主轴驱动液压系统也称为主传动液压系统，如图 2.40 所示，采用了变量泵–变量马达构成的闭式容积调速系统，采用先进的电液转换复合控制实现变量。变量泵集成有补油回路，变量马达集成有换油回路。液压马达处于最大排量时可以获得大的输出扭矩，此时转速较低。降低马达排量，可以获得高转速，此时顶驱主轴输出扭矩将随之下降。

顶驱辅助液压系统采用基于高速可编程控制器的全电控电液比例负载敏感控制技术，解决了传动与控制过程中的大功率传递、节能减排，以及对控制精度和动作准确性、逻辑性的更高要求。

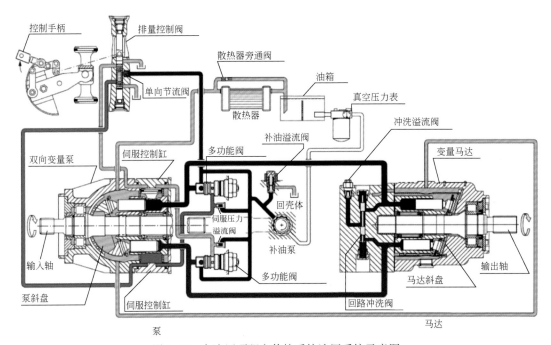

图 2.40 全液压顶驱主传统系统液压系统示意图

图 2.41 为全液压顶驱液压系统原理图，主传动液压系统为电液比例先导式减压控制变量的容积调速回路，系统由两台斜盘式轴向柱塞变量泵、四台斜轴式轴向柱塞变量液压马达、补油回路、冲洗回路、过载保护和先导控制阀组等几部分组成。集成于系统主泵的补油泵用于对顶驱闭式容积调速系统的低压侧补油；集成在液压马达的冲洗阀两端分别与液压马达进出口相连，并在马达进口和出口压力作用下，将系统低压侧的液压油置换出来。液压泵进口和出口均连接有高压溢流阀对系统进行过载保护，无论液压马达正转还是反转，均可防止系统压力过大，避免顶驱在钻进和上卸扣时因系统超载造成危险。

全液压顶驱的主油路液压油源采用一台 HT01B 防爆交流电机驱动，该电机额定电压600V，通过"地壳一号"万米钻机 VFD 房中集成的在顶驱-转盘间可切换的逆变器进行控制，实际上顶驱闭式容积调速系统采用定速电机驱动，驱动转速为 1500rpm（1rpm＝1r/min）。液压泵和液压马达排量控制均为电液比例远程控制，液压泵和液压马达排量控制的先导压力信号来源于一台限压变量泵，并通过电磁比例减压阀将输入电流信号转换为相应的先导控制压力。一组电磁比例减压阀连接于限压变量泵和变量泵、变量马达排量控制装置之间，将输入系统的电流信号转化为液压泵和液压马达排量控制模块所需的先导压力，实现变量泵和变量马达排量改变。

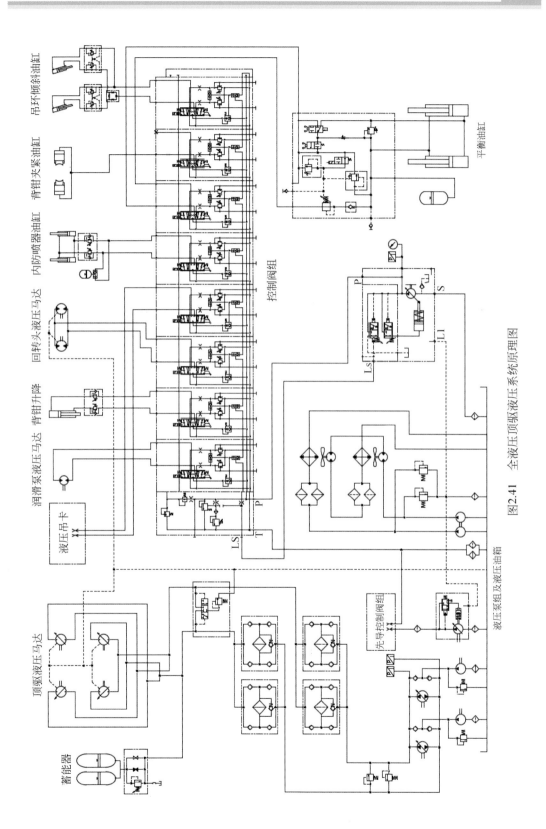

吊环倾斜油缸

背钳夹紧油缸

内防喷器油缸

回转头液压马达

背钳升降

润滑泵液压马达

液压吊卡

控制阀组

平衡油缸

液压泵组及液压油箱

先导控制阀组

顶驱液压马达

蓄能器

图2.41　全液压顶驱液压系统原理图

顶驱辅助液压系统采用负载敏感轴向柱塞泵作为动力元件,辅助功能采用负载敏感多路阀构建的各开式回路实现。辅助液压系统用于实现遥控防喷器启闭、顶驱平衡与弹跳、回转头旋转定位、吊环倾斜与复位及背钳升降等功能。其中,两个吊环倾斜油缸、两个背钳夹紧油缸、两个内防喷器油缸、两个回转头液压马达,以及两个平衡油缸分别要求同步动作,因此分别采用一片阀控制;而背钳升降油缸和润滑泵液压马达各自采用单片阀控制。负载敏感系统的应用保证了各动作的有序进行。

二、液压系统主要元件参数的确定

(一)主传动系统马达和泵参数的确定

全液压顶驱主传动液压闭式容积调速回路,在泵侧集成了补油回路,阀侧集成了换油回路,从而构成完整的闭式系统。根据高转速大扭矩性能参数要求,设定系统额定工作压力 35MPa,最高压力 40MPa。液压泵排量选择 250mL/rev,两台并联。液压马达排量选择 250mL/rev,四台并联。据此选用的产品为萨奥-丹佛斯(SAUER-DANFOSS)(张国贤,2012)的 90 系列闭式柱塞泵和 51 系列液压马达。

1. 马达参数计算

萨奥-丹佛斯 51 系列马达基于闭式传动系统工作要求设计,与系统中其他元件一起完成液压能量的传递及控制。该系列马达具有较大的最大/最小排量比(5:1)及较高的速度输出能力,可提供完整系统的控制方式及调节器以满足具体不同应用要求。

马达的输出扭矩:

$$M_e = \frac{V_g \cdot \Delta p \cdot \eta_{mh}}{20 \cdot \pi} \tag{2.17}$$

式中,V_g 为马达每转排量,mL/r;Δp 为马达进出口压力差,bar(1bar=10^5Pa);η_{mh} 为马达机械效率。

从式(2.17)可以看出,马达进出口压力差和机械效率一定的情况下,马达的输出扭矩随排量的增大而增大。实际工作中,马达的输出扭矩经过减速装置增扭后传送给主轴。在主轴输出最大扭矩一定的情况下,选用大排量的马达,能够减小减速装置的传动比,从而使主传动系统结构更加紧凑。而 51 系列马达提供 5 种排量可供选择,分别为 60mL/r、80mL/r、110mL/r、160mL/r、250mL/r。故马达选用最大排量 250mL/r,其最小排量限制器设置范围为 50~168mL/r。为了限制转速过高,设置最小排量为 50mL/r。实际钻井过程中,高转速使用的频率很低,故可以把最小排量设置的高一些,以限制最高转速。表 2.7 为顶驱主传动液压系统所选用的 51R250-1-AC8N 型斜轴式变量轴向柱塞马达性能参数。

表 2.7 51R250-1-AC8N 型斜轴式变量轴向柱塞马达性能参数

	旋向	排量	控制方式	压力范围	额定转速	输出扭矩
代码	L	$250\mathrm{cm}^3/\mathrm{rev}$	TH	—	—	—
描述	双向	最大: $250.0\mathrm{cm}^3/\mathrm{rev}$; 最小: $50.0\mathrm{cm}^3/\mathrm{rev}$	液压双位控制	最大绝对压力: 510bar; 最小绝对压力: 10bar	最大排量: 2200rpm; 最小排量: 3400rpm	最大排量: 3.98 (N·m)/bar; 最小排量: 0.8 (N·m)/bar

2. 泵参数计算

丹佛斯 90L250HS2 型变量轴向柱塞泵为紧凑、高功率密度液压元件,采用平行布置轴向柱塞及滑靴,并通过一可倾斜式斜盘改变柱塞冲程进而实现泵排量改变。泵出口油液方向随斜盘方向变化而改变,从而实现马达输出轴正/反转向切换。该系列泵主要应用于闭式系统,其上的集成补油泵为系统提供补充液压油,冷却油液及控制所需压力油,且具有多种控制方式可选,以满足不同系统的特定控制要求(手动控制,电控及液控)。

根据顶驱设计参数的要求,选用电机功率为 700kW,电机额定输出转速为 1452r/min。

最高压力下,单个马达输出最大扭矩:

$$M_e = \frac{V_g \cdot \Delta p \cdot \eta_{mh}}{20 \cdot \pi} = \frac{250 \times 400 \times 0.97}{20 \cdot \pi} = 1544\mathrm{N} \cdot \mathrm{m}$$

其中,η_{mh} 为马达机械效率,取 0.97。

减速装置的总传动比为

$$i = \frac{T_{max}}{m \cdot M_e \cdot \eta_m} = \frac{58500}{4 \times 1544 \times 0.98} = 9.7$$

式中,T_{max} 为主轴输出最大扭矩,N·m;m 为马达数量;η_m 为减速装置机械效率,取 0.98。

主轴最高转速下,泵输出流量:

$$Q_p = \frac{m \cdot n_{max} \cdot i \cdot V_{gm}}{1000 \cdot \eta_{vm}} = \frac{4 \times 300 \times 9.7 \times 50}{1000 \times 0.92} = 633\mathrm{L/min}$$

式中,n_{max} 为主轴输出最高转速,r/min;V_{gm} 为马达最小排量限制器设置值,mL/r;η_{vm} 为马达容积效率。

泵的最大排量:

$$V_p = \frac{1000 \cdot Q_p}{n \cdot \eta_{vp}} = \frac{1000 \times 633}{1452 \times 0.94} = 464\mathrm{mL/r}$$

式中,n 为电机额定转速,r/min;η_{vp} 为泵容积效率,取 0.94。

90 系列泵提供多种排量可供选择,分别为 42mL/r、55mL/r、75mL/r、100mL/r、130mL/r、180mL/r、250mL/r。故选择泵的最大排量 250mL/r,并采用两台并联方式。

表 2.8 所示为顶驱主液压系统所使用的 90L250HS2 泵性能参数。

表 2.8　　90L250HS2 型变量轴向柱塞泵性能参数

	旋向	排量	控制方式	压力调节	过滤方式	补油泵排量	补油压力设定	高压溢流阀
代码	L	250cm³/rev	HS	2	S	E	18	A&B42&42
描述	逆时针	250.0cm³/rev	液压排量控制,控制范围为6~18bar	多功能阀仅带高压溢流功能	吸油过滤	20cm³/rev	18bar	42bar

(二) 背钳液压缸参数的确定

液压缸的设计主要以系统的动力输出与工作压力为依据,通过必要的数据运算得到液压缸的理论参数,对比液压缸标准选取合适的规格。

1. 夹紧机构液压缸内径计算

按照设计要求背钳夹紧机构采用无杆双活塞液压缸,依据液压缸所受载荷计算夹紧机构液压缸筒内径,由式 $F_J = pA = \dfrac{1}{4}\pi D^2 \cdot p$,得:

$$D = \sqrt{\frac{4F_J}{\pi p}} \tag{2.18}$$

式中,p 为液压缸的供油工作压力,取 $p = 20\text{MPa}$;F_J 为液压缸推力,$F_J = 1190.493\text{kN}$;D 为液压缸筒内径。

代入式 (2.18),得 $D = 275.2\text{mm}$,液压缸的推力必须满足夹持要求,液压缸强度需满足受载要求,结合标准系列值,对夹紧机构缸筒内径圆整取值 $D = 280\text{mm}$。

2. 浮动机构液压缸设计

根据实际工作要求,浮动液压缸采用单活塞杆双作用 HSG 式工程液压缸,它的优点是结构简单,连接方式多样。浮动机构工作时承受背钳自重和立根重量,由三维模型模拟测量浮动液压缸承重 1276.16kg,则工作载荷 F_1 为 12506N,依据上述参数对浮动液压缸内径、活塞杆直径、外径、行程进行计算 (张文汉,2008)。

1) 液压缸内径计算

$$D = \sqrt{\frac{4F_1}{\pi p}} \tag{2.19}$$

式中,p 为液压缸供油工作压力,$p = 20\text{MPa}$;F_1 为液压缸上浮拉力,$F_1 = 12506\text{N}$;D 为液压缸筒内径。

根据式 (2.19) 计算得 $D = 28.2\text{mm}$,查询液压缸内径系列,并结合实际工程要求,浮动液压缸内径圆整取值 $D = 40\text{mm}$。

2) 液压缸活塞杆直径计算

活塞杆用于载荷的传递,因此活塞杆需要足够的强度和刚度才能满足工作要求,根据工作压力参照表 2.9 选取 φ,计算活塞杆直径值。

表 2.9　液压缸往复运动速比 φ 表

额定压力/MPa	$\leqslant 10$	$12.5 \sim 20$	$\geqslant 20$
φ	1.33	1.46、2	2

依照速比表达公式 $\varphi = \dfrac{D^2}{D^2 - d^2}$，推出液压缸活塞杆直径公式：

$$d = D\sqrt{\varphi - 1/\varphi} \tag{2.20}$$

式中，D 为液压缸筒内径，$D = 40\text{mm}$；φ 为速比，也就是工程油缸两油腔的面积比，此处 φ 取 2。

通过式（2.20）计算，浮动液压缸活塞杆直径 $d = 40\sqrt{\dfrac{2-1}{2}} = 28.3\text{mm}$，查询活塞杆直径系列后圆整取 $d = 28\text{mm}$。

3）液压缸外径与行程选取

根据液压系统额定压力与液压缸内径，查询工程液压缸外径节选表，确定液压缸外径 $D_1 = 50\text{mm}$。

背钳通过浮动液压缸活塞杆伸缩实现浮动，采用缸筒固定的安装方式，上浮可达 200mm，下移可达 60mm，按照浮动要求，参照活塞行程系列，确定浮动液压缸活塞杆行程为 320mm。

（三）液压系统控制方式

为获得高达 300rpm 的最高转速和不低于 60kN·m 的输出扭矩，所研制的全液压顶驱可由 4 台高速小扭矩变量轴向柱塞液压马达作为执行元件，在液压马达与行星减速机之间串接多片盘式制动器，为满足顶驱主轴转速扭矩设计范围的要求，行星减速机可为一级或多级。根据实际钻进工艺的要求，在接立根钻进的情况下，转速限定不超过 240rpm。顶驱输入轴部件中的多片盘式制动器替代了现有顶驱中的盘刹。

全液压顶驱辅助功能的控制是由具有防爆认证的电液比例负载敏感多路换向阀实现的，该阀通常为 7~8 联工作阀片，各片阀可单独设定最大流量和各阀口工作压力，以及电液比例电磁铁的控制精度。负载敏感控制可实现顶驱辅助功能多执行器互不干扰动作，如可满足背钳夹紧保压状态下，同时对遥控内防喷器和平衡油缸进行控制，以及旋转头旋转定位的同时向前向后伸展吊环等。全液压顶驱辅助功能液压控制回路也可采用 LUDV 电液比例多路阀实现，以避免 LS 控制的流量饱和特性。

三、液压系统仿真分析

顶驱系统工作过程中对于运动的稳定性及精度均有着较高的要求，而其液压系统的压力、流量均较大，工作条件恶劣、干扰因素较多，为保证系统的动态特性，有必要对液压系统的动态特性进行仿真分析，根据仿真结果一方面可以验证液压系统的性能，另一方面可以进一步完善系统或改善控制策略。这里主要针对顶驱主传动液压回路进行仿真分析。

（一）主传动液压回路仿真模型建立

全液压顶驱闭式容积调速回路系统额定工作压力35MPa，最高压力40MPa。液压泵排量选择250mL/rev，两台并联。液压马达排量选择250mL/rev，四台并联。由两台液压泵并联、四台液压马达并联的闭式容积调速回路复杂，仿真分析建模困难，为使仿真分析建模过程简化，仿真分析模型与顶驱实际闭式容积调速回路存在如下等效替代：

（1）模型中将两个排量250mL/rev变量液压泵合并为一个排量500mL/rev的变量液压泵。

（2）将四个250mL/rev变量液压马达合并成一个排量1000mL/rev的变量液压马达。

（3）将传动比为4.04的行星减速机和传动比为2.26的齿轮箱的传动结构用一个传动比为4.04×2.26的齿轮变速环节替代。

图2.42为基于SimulationX软件建立的顶驱主液压回路模型。

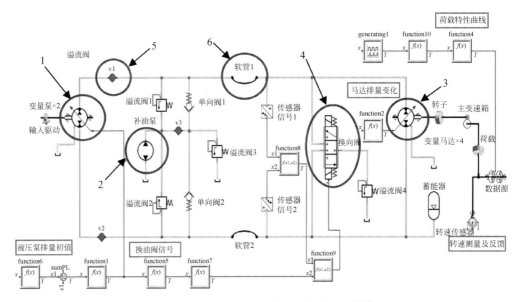

图2.42 基于SimulationX的顶驱主液压系统模型
1. 变量泵；2. 补油泵；3. 变量马达；4. 换油阀；5. 管路容积；6. 软管

据图2.42可知，变量泵（1）与变量马达（3）相连构成闭式回路，闭式回路的管路容积由图示（5）表示，变量泵与变量马达之间所连软管由（6）模拟。补油泵（2）为定量泵，与变量泵（1）并联，补油压力为10bar，补油泵与闭式回路连线之间设置减压阀，可根据泵及马达正反转情况向管路低压侧供油。换油阀（4）为三位三通电磁换向阀，通过传感器测定回路马达入口侧及马达出口侧压力并由所设定的函数控制，将低压管路中液压油排至油箱进行冷却。

变量泵（1）、变量马达（3）的排量均可通过不同的函数控制，从而实现变量泵-定量马达、定量泵–变量马达、变量泵–变量马达容积调速控制。同时，可根据钻井过程中的载荷变化情况，通过不同的函数将载荷施加于齿轮端，对全液压顶驱闭式容积调速回路动态特性进行仿真分析。

（二）常规工况下主传动液压回路调速特性仿真分析

在常规钻进过程中，主轴大多情况下在低转速状态下运转，由于井内钻具受力状态复杂，而使得作用在顶驱主轴上的载荷存在随机的波动。而对于确定的钻井工况，保持转速稳定，既可以提高钻进效率，又可以减小钻具和钻头的磨损。因此，分析顶驱在常规工况下的调速特性很有必要。

1. 仿真参数设置

全液压顶驱主传动液压系统仿真分析采用时域瞬态分析（黎文勇等，2010），仿真分析参数设置如图 2.43 所示。

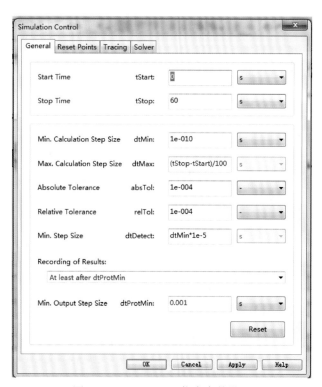

图 2.43　SimulationX 仿真参数设置

图 2.43 中为时域瞬态分析基本参数设置，设置计算时间 60s，最小计算步长 $1×10^{-10}$ s，最大计算步长（$tStop-tStart$）$/100=0.6$s，绝对容差 $1×10^{-4}$，相对容差 $1×10^{-4}$，最小步长为 $1×10^{-5}$ s，最小输出步长 0.001。

2. 仿真结果分析

变量泵–变量马达容积调速回路分为低速和高速两段进行。在低速段，使变量马达的排量最大，通过变量泵的排量由小到大调节，使马达的转速逐渐升高，这一速度段具有变量泵–定量马达式容积调速回路工作特性；在高速段，将变量泵的排量调至最大后保持不变，通过变量液压马达的排量由大到小调节，使马达转速进一步升高，这一速度段具有定量泵–变量马达式容积调速回路的工作特性。全液压顶驱闭式容积调速回路在不同调速方式、不同载荷作用下的仿真结果如下。

1）定量泵–定量马达调速回路分析

设置泵的排量为0.8×500mL/rev，马达排量为0.75×1000mL/rev，施加载荷25kN·m。图2.44为所施加于系统的载荷曲线。仿真结果如图2.45～图2.49所示。

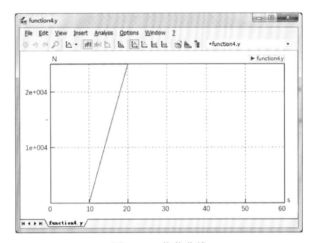

图2.44　载荷曲线

图2.45为泵的工作压力仿真曲线，由图可知，系统开始工作的前2s，由于需克服系统的摩擦及液压系统中阀的开闭造成的阻力而引起波动，波动幅度较小，范围在30bar以内；10s开始，施加载荷，20s之后向系统施加的载荷恒定，泵工作压力稳定在250bar附近。

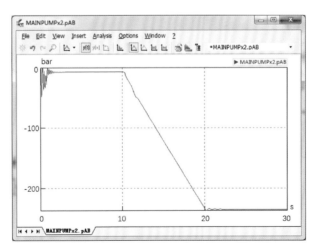

图2.45　泵工作压力曲线

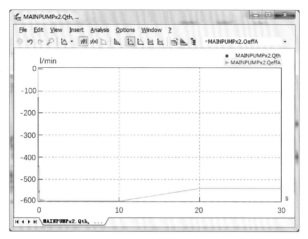

图 2.46　泵流量曲线

图 2.46 为泵流量曲线，其中红色曲线为泵的理论流量，绿色曲线代表泵的实际流量。据图可知，由于泵的排量初始设置为定值，故其理论流量为定值；泵实际流量随载荷的变化而变化，10s 之前向系统所施加的载荷为 0，前 2s 由于系统启动需克服摩擦及阀启闭造成的阻力而存在波动，之后实际流量与理论流量相同；10s 之后泵流量变化与载荷变化趋势相同，25s 后趋于稳定，但小于理论流量，这是由于负载会引起泵的泄漏。

补油泵压力及溢流量变化如图 2.47 所示，图 2.47（a）为补油泵压力，系统开启瞬间补油泵压力达到 16bar，由于前 10s 向系统施加的载荷为 0，在系统开启的前 2s 补油泵压力出现小的波动，之后比较稳定；10s 开始加载荷，补油泵压力出现第二次波动，15s 之后补油泵压力逐渐稳定在 16bar。图 2.47（b）为补油泵溢流量，系统开启瞬间补油泵溢流量达到 70L/min，随之泵溢流量处于波动状态；25s 后泵溢流量基本稳定在 40L/min 附近。

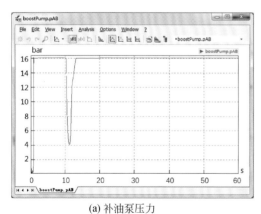

(a) 补油泵压力

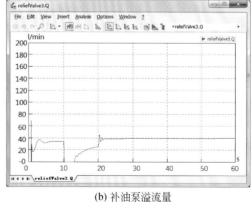

(b) 补油泵溢流量

图 2.47　补油泵压力及溢流量变化

马达仿真结果如图 2.48 所示，图 2.48（a）为马达流量变化曲线，前 10s 施加于系统的载荷为 0，马达流量处于 600L/min 附近，但前 2s 存在波动；10s 后施加于系统的载荷逐渐增大，马达流量波动较大；25s后马达流量基本稳定在540L/min附近。图2.48（b）为马达进出口压力差，其变化趋势与施加于系统的载荷变化相同，在系统开启阶段存在小的波动，20s后马达进出口压力差基本稳定在230bar附近。图2.48（c）为马达转速变化，前10s马达转速处于800rpm附近，但前2s存在波动；10s后施加于系统的载荷逐渐增大，马达转速波动较大；25s后马达转速基本稳定在450rpm附近。图2.48（d）为马达扭矩变化，其变化趋势与施加于系统的载荷变化情况相同，但在系统开启初始阶段存在小的波动，20s后基本稳定在2800N·m。

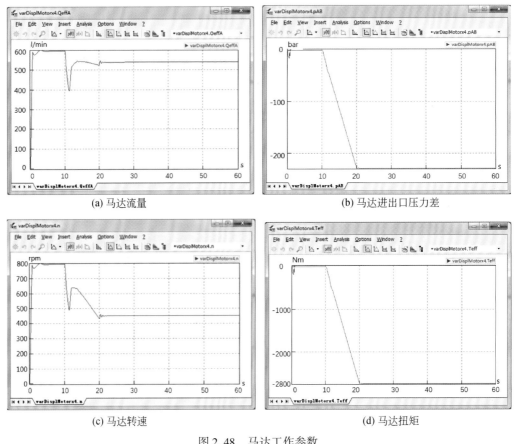

(a) 马达流量　　　　　　　　　　　　　(b) 马达进出口压力差

(c) 马达转速　　　　　　　　　　　　　(d) 马达扭矩

图 2.48　马达工作参数

图2.49为全液压顶驱主轴输出转速及扭矩，由图2.49（a）可知，前10s主轴转速基本在90rpm附近，但系统开启时存在微小波动；10~20s阶段逐渐施加载荷，主轴转速存在波动；20s之后载荷恒定，主轴转速稳定在50rpm附近。由图图2.49（b）可知，系统输出扭矩变化趋势及大小与所施加载荷相同，表明全液压顶驱主轴输出扭矩可满足负载变化要求。

2）变量泵–定量马达调速回路

施加于系统的载荷线性变化，设置马达排量为0.6×1000mL/rev，图2.50为施加于系统的载荷及泵的排量变化，仿真结果如图2.51~图2.55所示。

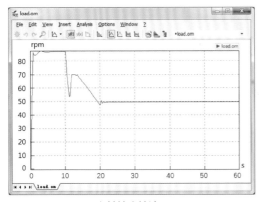
(a) 主轴输出转速

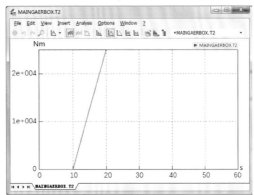
(b) 主轴输出扭矩

图 2.49　主轴输出转速及扭矩

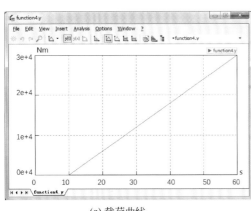
(a) 载荷曲线

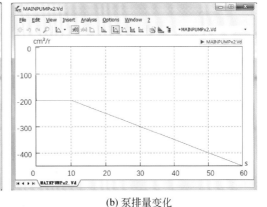
(b) 泵排量变化

图 2.50　载荷曲线及泵排量变化

图 2.51 为泵的工作压力曲线，根据曲线可知，系统开始工作的前 2s，由于需克服系统的摩擦及液压系统中阀的开闭造成的阻力而引起波动，波动幅度较小，波动范围在 30bar 以内；10s 开始，向系统施加载荷，由于载荷线性增加，泵工作压力呈线性变化，60s 时达到最大值 360bar。

图 2.52 为泵的流量曲线，其中红色曲线为泵的理论流量，绿色曲线代表泵的实际流量。由图可知，由于泵前 10s 的排量初始设置为定值，故其理论流量为定值 300L/min，10s 之后泵排量线性增加，故泵的理论流量线性增加；泵实际流量与理论流量变化趋势相同，10s 前稳定在 300L/min 附近，10s 之后泵流量线性增加，但小于理论流量，这是由于负载会引起泵的泄漏，60s 泵实际流量达到最大值 590L/min。

补油泵压力及溢流量如图 2.53 所示，图 2.53（a）为补油泵压力，系统开启瞬间补油泵压力达到 16bar，在系统开启的前 2s 补油泵压力出现小的波动，之后比较稳定；10s 开始施加载荷，补油泵压力出现第二次波动，波动幅度小于第一次波动，15s 之后补油泵压力逐渐稳定在 16bar 附近。图 2.53（b）为补油泵溢流量，由图可知，系统开启瞬间补油

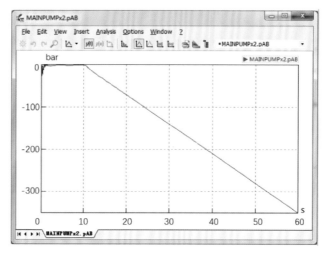

图 2.51　泵工作压力曲线

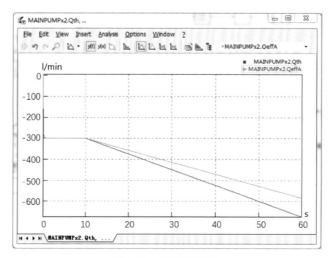

图 2.52　泵流量曲线

泵溢流量达到 80L/min，随之泵溢流量处于波动状态；25s 后泵溢流量基本稳定在 40L/min 附近。

　　图 2.54 为马达仿真结果，图 2.54（a）为马达流量变化曲线，前 10s 施加于系统的载荷为 0，马达流量在 300L/min 附近波动；10s 后施加于系统的载荷线性增大，20s 之内马达流量波动较大；25s 后马达流量线性增加，60s 达到最大值 550L/min 附近。图 2.54（b）为马达进出口压力差，其变化趋势与施加于系统的载荷变化相同，在系统开启阶段存在小的波动。图 2.54（c）为马达转速曲线，前 20s 转速波动较大，20s 后基本稳定在 490rpm 附近。图 2.54（d）为马达扭矩变化曲线，其变化趋势与施加于系统的载荷变化情况相同，但在系统开启前 2s 存在小的波动。

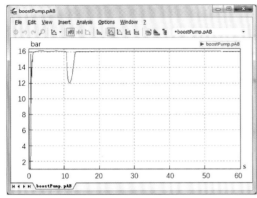

(a) 补油泵压力

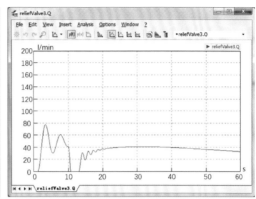

(b) 补油泵溢流量

图 2.53　补油泵压力及溢流量变化

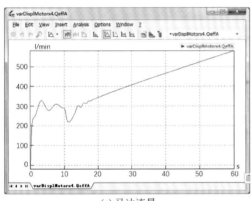

(a) 马达流量

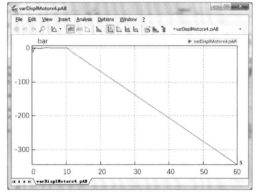

(b) 马达进出口压力差

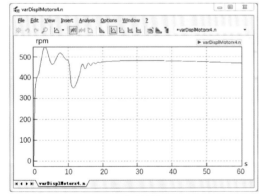

(c) 马达转速

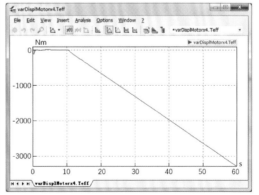

(d) 马达扭矩

图 2.54　马达仿真结果

图 2.55 为全液压顶驱主轴输出转速及扭矩仿真曲线，据图 2.55（a）主轴输出转速可知，前 20s 主轴转速处于波动状态，20s 之后载荷恒定，主轴转速稳定在 475rpm 附近。据图 2.55（b）主轴输出扭矩可知，系统输出扭矩变化趋势及大小与所施加载荷相同，表明全液压顶驱主轴输出扭矩可满足线性载荷变化要求。

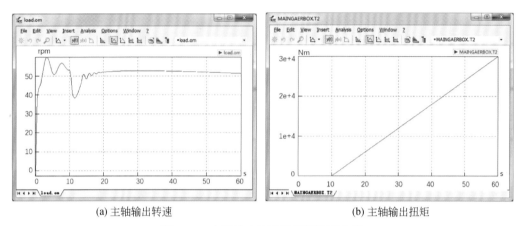

(a) 主轴输出转速　　　　　　　　　　　　　(b) 主轴输出扭矩

图 2.55　主轴输出转速及扭矩仿真曲线

（三）全液压顶驱高速和低速工作区连续调节特性分析

为全面分析全液压顶驱变量泵-变量马达闭式容积调速系统的输出特性，先设定液压马达排量处于其最大值，调节液压泵排量由最小增加至最大，此阶段液压顶驱处于低速大扭矩工作区；当顶驱液压泵排量达到最大之后，使其保持在最大值状态，调节液压马达排量由最大减小至最小，此阶段液压顶驱处于高速小扭矩工作区。仿真分析初始条件设置如下：电机转速 1452rpm，高压溢流阀开启压力 40MPa，补油溢流阀开启压力 1.6MPa。

图 2.56 为顶驱主轴转速输出曲线，其中曲线 1 为液压泵排量控制电流信号，曲线 2 为液压马达排量控制电流信号，曲线 3 为顶驱主轴转速。在仿真过程中，0～15s，液压马达控制电流信号对应于马达排量最大（为防止仿真开始阶段马达倒吸，0～2s，设定无液压马达排量控制信号输入，液压马达排量处于其常态位，即最大排量），0～10s，液压泵排量控制电流信号对应于泵排量由 0 增加至最大排量，此阶段顶驱主轴转速线性增加，10～15s 液压泵排量也保持最大值，此阶段顶驱主轴转速保持不变；15～25s，液压泵排量保持在最大不变，液压马达排量控制电流信号对应于马达排量由最大减小至最小排量，顶驱主轴转速呈双曲线继续增加；25～30s，液压泵处于最大排量、液压马达处于最小排量，均保持不变，顶驱主轴输出最大转速为 323rpm。

如图 2.57 所示为全液压顶驱单台液压泵最大排量 250mL/rev、单台液压马达最大排量 250mL/rev、系统最大压力 400bar 时，全液压顶驱扭矩-转速输出特性曲线。低速大扭矩工作区，液压马达排量设定为最大值，液压泵排量从 0 增加至最大，此时系统可获得最大输出扭矩，且整体趋势为恒扭矩状态，扭矩平均值约为 59200N·m，顶驱主轴转速随液压泵排

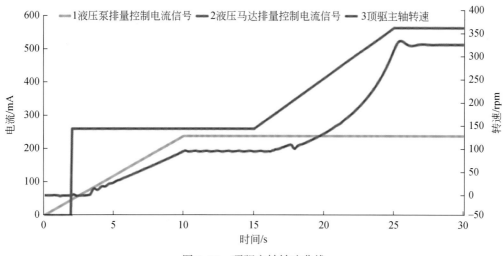

图 2.56　顶驱主轴转速曲线

量线性增大；液压泵排量达到最大时，液压顶驱进入高速小扭矩工作区，液压泵排量保持在最大值，液压马达从最大减小至最小排量（最小排量为 50mL/r），此阶段顶驱主轴转速继续增大，而输出扭矩逐渐减小。根据仿真分析结果可知，全液压顶驱可输出最大转速 323rpm，最大扭矩 59200N·m，满足最大转速 300rpm、最大扭矩 58500N·m 的设计要求。

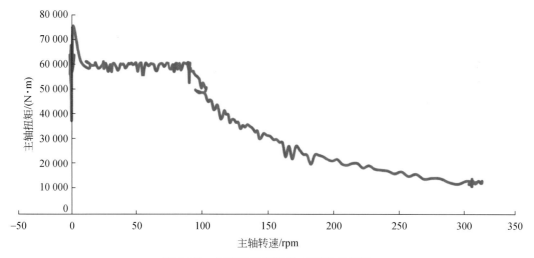

图 2.57　全液压顶驱转速-扭矩输出特性

第四节　关键部件动力学分析

全液压顶驱负载大，工作环境恶劣，通过动力学仿真分析，可以在建立物理样机之前掌握实际产品的动力学特性。本节针对顶驱几个关键部件进行动力学分析。

一、主传动系统斜齿轮动态接触瞬态动力学分析

全液压顶驱主传动系统中，齿轮传动为核心部件，是顶驱系统中最重要的组成部分。由于斜齿轮传动是一个相对较为复杂的空间机构形式，受力也较为复杂（Forte et al.，2015），尤其"地壳一号"万米钻机属于大功率、变载荷重载机构，齿轮传动的安全性和平稳性极其重要。即使斜齿轮传递平稳载荷，每一时刻每一齿间受力也存在差异，通过对斜齿轮进行动态接触瞬态动力学分析，有助于改进齿轮传动的结构参数，保证齿轮传动性能（Deng et al.，2013）。

（一）瞬态动力学分析前处理

将建立的三维模型导入 ANSYS Workbench 的瞬态结构分析（transient structural）模块中，如图 2.58 所示。

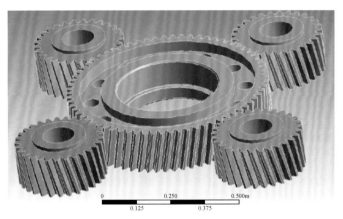

图 2.58　ANSYS Workbench 中齿轮副模型

五个齿轮均采用经过调质热处理的合金钢 40CrNiMoA，设置好材料属性。四个小齿轮和一个大齿轮啮合，存在四组齿轮啮合副，定义接触面时如果按照常规的单选方法，每个齿都有 4 个接触面，共计接触面 744 面，显然需要简化方法，减少接触面数量。因此采用建立名称选择（create named selection）的方法，定义时将其他四个齿轮隐藏，选择整个几何体后单击删除非接触面，从而得出 5 组接触面，将小齿轮接触面分别定义为 ta1、ta2、ta3、ta4，大齿轮接触面定义为 ca。由于顶驱主传动箱为封闭减速箱，采用喷溅润滑，润滑性能良好，故选择接触类型为无摩擦。

图 2.59 为齿轮副网格划分结果。进一步定义齿轮转动副类型，设置仿真时间为 0.5s，根据实际工况设置极限转速及载荷，如图 2.60 所示。

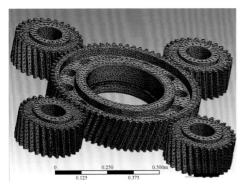

图 2.59　齿轮副网络划分

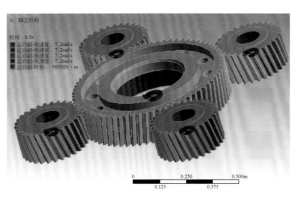

图 2.60　齿轮副模拟极限载荷

（二）瞬态动力学分析后处理

　　由于齿轮瞬态动力学分析较为复杂，且分析中涉及 4 对齿轮啮合面，接触面较多，节点数与单元数很多，占用内存大，计算时间长。所以，考虑到计算精度与时间的平衡性，在求解过程中，查看受力收敛（force convergence）曲线（图 2.61）和位移收敛（displacement convergence）曲线（图 2.62），当目标曲线在标准曲线以下时，即为收敛点。当出现两次以上收敛时，结果已经趋于精确，终止求解。

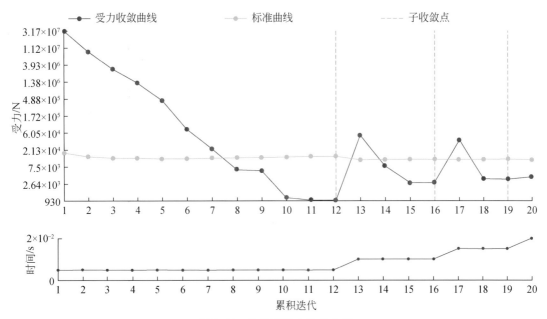

图 2.61　齿轮副受力收敛曲线

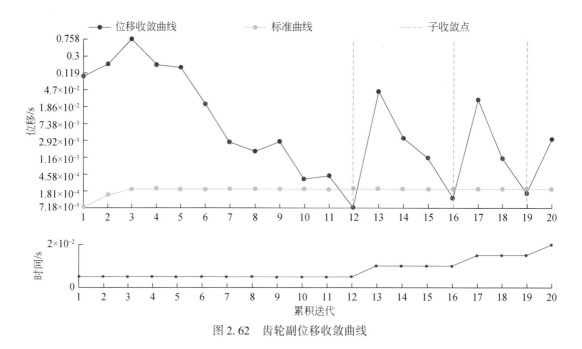

图 2.62　齿轮副位移收敛曲线

在分析结果中插入想要得到的结果，总形变（total deformation）如图 2.63 所示，当量应力（equivalent stress）如图 2.64 所示。

图 2.63　齿轮副形变云图

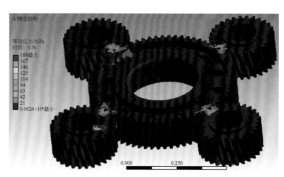

图 2.64　齿轮副主应力云图

由图 2.63、图 2.64 可知，齿轮瞬态分析中总变形最大值发生在齿轮齿顶处，变形量为 0.02mm，相对于直径 300mm 的小齿轮变形量可以忽略。最大主应力发生在齿轮啮合处，最大值为 188MPa，而齿轮材料 40Cr Ni Mo A 的屈服极限为 835MPa，抗拉强度极限980MPa，显然满足设计条件。

当齿轮连续长时间运转，润滑油温度较高，或齿轮箱体发生泄漏等润滑情况不良时，需将齿轮摩擦影响加入，设置摩擦系数 0.1，重新计算齿面摩擦应力，结果如图 2.65 所示，最大摩擦应力为 95MPa，远小于齿轮屈服极限，因此设计是安全的。

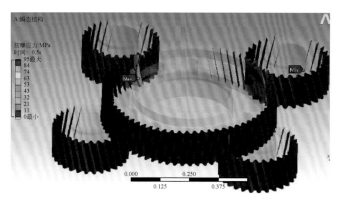

图 2.65 齿轮副摩擦应力云图

二、背钳装置动力学仿真分析

背钳装置的结构和参数直接影响着钻杆上卸扣过程的稳定性、可靠性、安全性，也影响顶驱各部件之间的匹配性、协调性，为获得背钳在实际工作中相关运动参数与受力状态，根据背钳的具体工作过程，对背钳的虚拟样机模型设置相关仿真参数，使用 ADAMS 软件对背钳夹紧钻杆的过程进行动力学仿真。

（一）背钳装置动力学模型建立

背钳装置由夹紧机构与浮动机构构成，但由于在钻杆上卸扣时，是通过背钳夹紧机构夹持钻杆接头起到夹紧作用，所以本书重点关注夹紧机构的各项性能参数，在不改变仿真效果的前提下对背钳模型采取适当简化并合理添加约束，建立 ADAMS 环境下初步的夹紧机构仿真模型。

钳牙材料设置为 20CrMnTi，为仿真模型添加构件的材料属性。设定钳牙与钻杆接头之间的接触作用力参数。图 2.66 为运动夹紧过程示意图，背钳夹紧机构的 4 个钳牙被固定在左右钳牙座上，活塞推动钳牙座运动，使钳牙与钻杆接头逐渐接触并产生夹紧力。

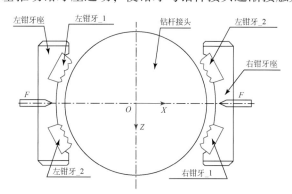

图 2.66 钳牙与钻杆接头的夹紧作用示意图

根据现场实际情况，钳牙与钻杆之间经过反复接触摩擦和挤压后，钳牙的齿尖会出现部分磨合的现象，此种情况下钻杆和钳牙之间的接触关系可以等效为圆柱体表面和凹圆柱体面之间的接触，如图 2.67 所示。图 2.68 为钻杆接头与钳牙之间添加的相应接触副约束信息情况。

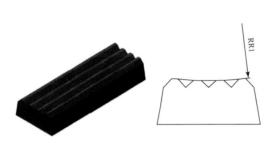

图 2.67　与钻杆接头接触的钳牙的处理模型　　　　图 2.68　钻杆接头与钳牙之间接触副设置

为了校验夹紧力仿真结果，给左右活塞施加驱动力来模拟液压缸推力，图 2.69 表示左右活塞随时间变化输出推力大小曲线，逐步均匀地达到理论载荷数值，模拟活塞实际运动情况。同时为了校验因施加推力而产生的夹紧力能否使钻杆保持可靠的夹紧性，并且查看钳牙牙齿的变形与受力情况，需要对钻杆施加驱动力矩，用以模拟顶驱对钻杆上扣时提供的夹持扭矩，图 2.70 表示对钻杆施加的扭矩随着时间变化曲线。

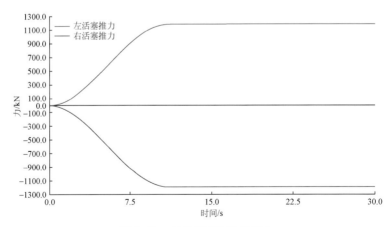

图 2.69　左右活塞的输出推力

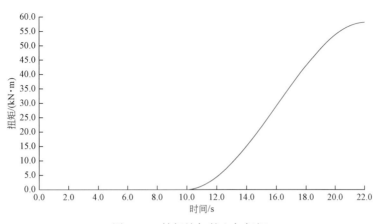

图 2.70　钻杆施加的上扣扭矩

图 2.71 为最终创建的背钳夹紧机构的仿真模型，通过模型检验工具对仿真模型进行最终检验，显示该模型自由度正常无冗余约束，因此可以开展下一步动力学仿真分析工作。

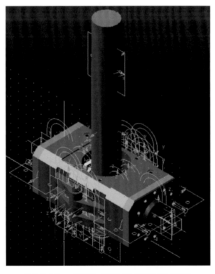

图 2.71　背钳夹紧机构仿真模型

（二）仿真数据输出与分析

为了能够模拟液压缸推力均匀添加在四个对称分布的钳牙上，并有效的夹紧钻杆的过程，设置仿真时间为 110s，仿真步数为 11000 步，在 ADAMS/solver 中设置最大迭代次数为 6，积分多项式阶数设置为 2，这样可以有效提高计算接触碰撞力的速度与精确度。因为四个钳牙组是完全对称布置在圆周，四组钳牙在夹紧钻杆接头的过程中受力状况与变形状况是完全相同的，所以只对一组钳牙进行分析，以下选取左钳牙 1 为研究对象。

1. 钳牙与钻杆之间接触力分析

图2.72是左钳牙1与钻杆接头之间的接触力变化曲线。结合驱动函数输出曲线（图2.69、图2.70）可以得到，在0~8s内左钳牙1与钻杆接头的表面之间的接触力F_{NL1}（合力）、F_{NL1X}（X轴方向作用力）、F_{NL1Z}（Z轴方向作用力）随着活塞推力的逐步递增均匀稳步的增大，由此可以说明四个钳牙能够平稳且同步的执行夹持操作。在8~10s内活塞推力递增到最大数值并维持不变，F_{NL1}、F_{NL1X}、F_{NL1Z}随着活塞推力逐步的递增趋于平稳进入稳定阶段。此时钳牙与钻杆接头之间受力情况为合力F_{NL1} = 667.32kN，F_{NL1X} = 595kN，F_{NL1Z} = 302.15kN，作用力数值大概维持2s不变化，作用力符合设计要求。在10~22s时间段内，F_{NL1}、F_{NL1X}、F_{NL1Z}的曲线变化趋势是因为钻杆在扭矩作用下，钳牙与钻杆接头之间的摩擦力F_{dL1}与接触力F_{NL1}之间关系导致的。

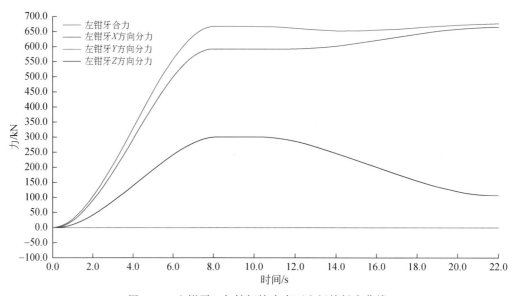

图2.72　左钳牙1与钻杆接头表面之间接触力曲线

2. 钳牙牙齿的受力分析

图2.73为左钳牙1上四个牙齿与钻杆的接触压力状态示意图，图2.74为左钳牙1上四个牙齿接触压力仿真曲线。从图2.74可以看出左钳牙上四个牙齿并不是同时与钻杆接头表面接触而产生接触力的，存在着先后接触次序，这点和实际情况相符。在8~10s区间段每个牙齿的接触力均到达各自峰值，F_{NL1-1} = 125.31kN，F_{NL1-2} = 228.48kN，F_{NL1-3} = 264.56kN，F_{NL1-4} = 50.964kN。结合接触压力状态示意图（图2.73），离中心水平线相对最远的牙齿受到的接触压力最大，而离水平线最近的牙齿受到的接触压力最小，这样利于增大夹持范围，符合设计需求。

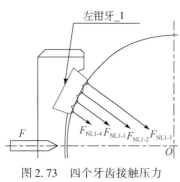

图2.73　四个牙齿接触压力状态示意图

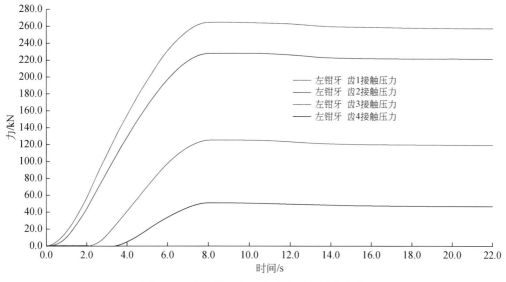

图 2.74 左钳牙 1 上四个牙齿接触压力曲线

在钳牙与钻杆接头结构模型中，钳牙对钻杆接头的接触作用力转换为钻杆轴向转动的阻力，这个力是接触切向力也就是摩擦力。左钳牙 1 四个牙齿的摩擦力曲线如图 2.75 所示，从图中可以看出在钻杆上卸扣过程中左钳牙 1 的四个牙齿受到的摩擦力载荷，在 0 ~ 10s 只有左右活塞施加推力，并没有对钻杆的扭矩驱动，在钳牙夹紧钻杆接头过程中由于碰撞力因素导致钻杆产生微小转动，但随着夹紧力的持续增大钻杆也趋于稳固；在 10 ~ 22s 钳牙对钻杆夹紧力维持不变，顶驱对钻杆施加上扣扭矩，从图中可以看到钳牙牙齿产生的摩擦力随着时间的推移逐步均匀的增大，在上扣扭矩增加到最大数值时，每个牙齿承受的摩擦力达到最大，分别为 $f_{dL1-1} = 38.34 \text{kN}$，$f_{dL1-2} = 71.33 \text{kN}$，$f_{dL1-3} = 82.7 \text{kN}$，$f_{dL1-4} = 15.17 \text{kN}$。整个钳牙受到的摩擦合力为 $f_{dL1} = f_{dL1-1} + f_{dL1-2} + f_{dL1-3} + f_{dL1-4} = 207.54 \text{kN}$，符合设计要求。

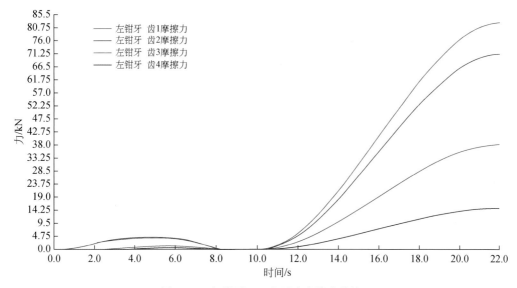

图 2.75 左钳牙 1 四个牙齿摩擦力曲线

钻杆绕中心轴线转动角速度曲线如图2.76所示，从钻杆承受扭矩作用开始，随着扭矩的增大钻杆转动角速度均匀增大，但是数值相对非常小，从轴向转动的角度可以认为钻杆近似处于静止状态，进一步验证所设计的夹紧机构能够满足钻杆可靠平稳上卸扣的要求。

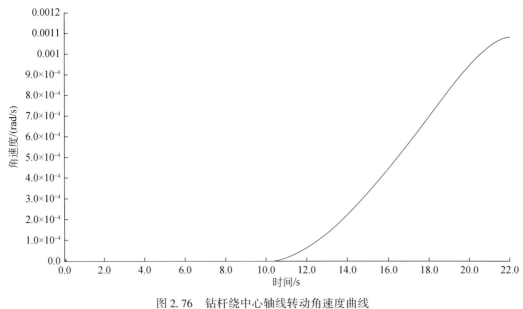

图2.76　钻杆绕中心轴线转动角速度曲线

三、遥控防喷器动力学仿真分析

（一）遥控防喷器动力学仿真模型的建立

如图2.77所示，将遥控防喷器模型导入Virtual LAB Motion中，为使仿真过程简洁明了，对防喷器模型进行适当的简化处理，简化内容如下：

（1）去除防喷器遥控机构套筒螺纹连接件，并将套筒各个零件视作同步运动的单一部件；

（2）固定液压缸缸筒，去除导向架，并通过合理添加约束的形式保持导轮仅能够沿主轴回转轴线方向运动，且两侧导轮须同步；

（3）左右两处曲柄仅对其一添加驱动条件，而另一个曲柄为随动。

于是，简化的遥控防喷器模型主要包括如下元件：驱动油缸缸筒、活塞杆、导轮组件、遥控防喷器套筒、防喷器球阀、摇柄组件等（图2.77）。为使仿真过程得以简化，进一步将活塞杆与导轮整合在一起，这是由于在实际工作过程中，导轮是在活塞杆的驱动下与活塞杆同步运动的，且两侧的活塞杆与导轮在其与遥控防喷器套筒的高副作用下也是同步运动的。

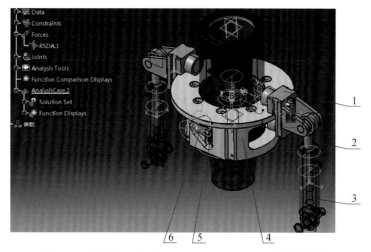

图 2.77 遥控防喷器在 Virtual LAB Motion 中的简化模型

1. 导轮组件；2. 驱动油缸活塞杆；3. 驱动油缸缸筒；4. 遥控防喷器套筒；5. 防喷器球阀；6. 摇柄组件

进一步对遥控防喷器机构添加必要的约束和运动副，如图 2.78 所示。

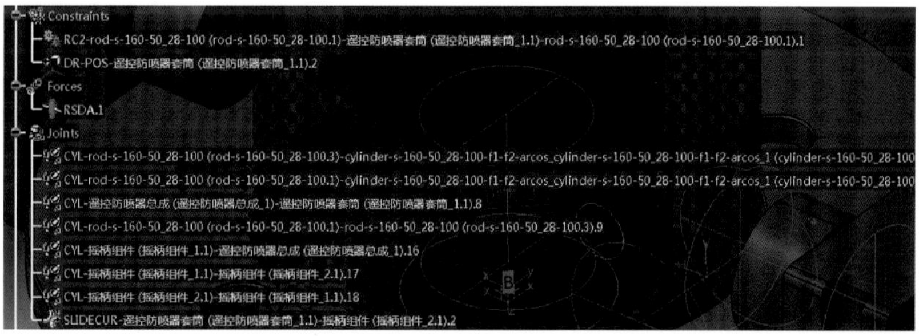

图 2.78 遥控防喷器控制机构在 VL Motion 中的约束添加

（二）运动学仿真分析

顶驱遥控防喷器动力学仿真分析包含运动学和动力学两方面的内容，分析过程分述如下。

由于遥控防喷器套筒与油缸活塞运动同步，而防喷器球阀与曲柄的速度则受遥控防喷器套筒控制驱动，则要计算遥控防喷器控制套筒升降速度、曲柄回转角速度（即球阀启闭旋转速度），考察球阀开启到关闭所需时间，可根据遥控防喷器驱动油缸的规格和供油流量计算出单个油缸活塞杆的伸出速度，将该速度作用于活塞杆，通过添加直线位移速度驱动实现。

模型按照振幅 36mm，每 10s 完成一次启闭循环，定义了一个作用于遥控防喷器油缸活塞杆的正弦函数，驱动设置如图 2.79 所示。

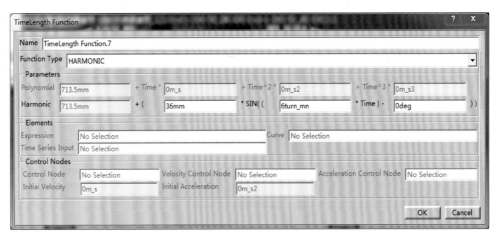

图 2.79　遥控防喷器驱动设置

防喷器活塞杆驱动函数变化曲线如图 2.80 所示，运动学分析结果如图 2.81 ~ 图 2.83 所示。

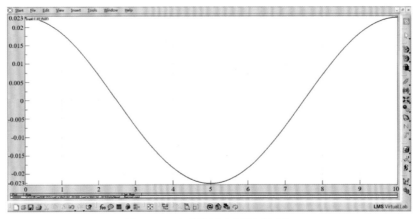

图 2.80　防喷器活塞杆驱动函数

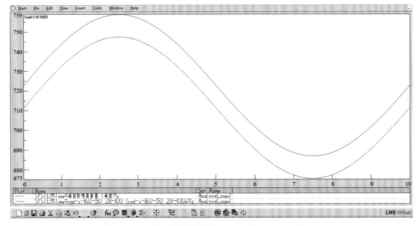

图 2.81　防喷器活塞杆与套筒 Z 方向位移

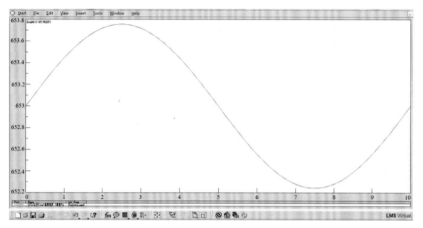

图 2.82　防喷器摇柄 Z 方向位移

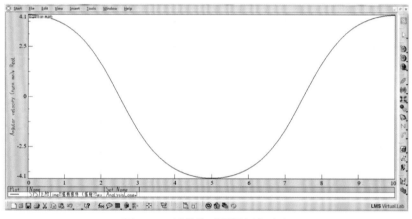

图 2.83　遥控防喷器摇柄角速度

　　图 2.81 为防喷器活塞杆及套筒的位移。其中绿色曲线为防喷器活塞杆 Z 方向的位移，红色曲线为防喷器套筒 Z 方向的位移。活塞杆的运动与遥控防喷器套筒沿 Z 轴平移是一致的，遥控防喷器套筒是可以转动的，尽管遥控防喷器被固定后套筒也不应转动，但模型中并未限制其转动自由度，主要是考虑曲柄与控制窗内曲线的约束较为复杂，仿真过程中该条件会导致遥控防喷器套筒的角度变化。

　　图 2.82 为遥控防喷器摇柄 Z 方向的位移变化，其变化趋势与活塞杆 Z 方向的位移变化趋势相同。图 2.83 为防喷器摇柄角速度，亦即球阀的角速度变化，球阀角速度变化反映防喷器开闭，其响应与驱动函数相同，表明通过顶驱防喷器驱动机构可对防喷器开闭进行有效控制。

（三）动力学仿真分析

　　采用当前模型进行动力学分析时，用套筒与遥控防喷器本体之间的弹簧模拟了球阀启闭过程中的外部载荷，由于驱动直接加在防喷器套筒上，则此模型仅能计算油缸与套筒之间的相互作用力，以及套筒与曲柄（含球阀）之间的作用力。通过动力学分析求解曲柄与控制套筒之间的作用力，主要用以考察曲柄的强度和刚度，以及在扭矩和径向力作用下的球阀支承结构是否满足强度和刚度要求。

动力学仿真分析驱动施加于模型套筒上，施加位置如图 2.84 所示。

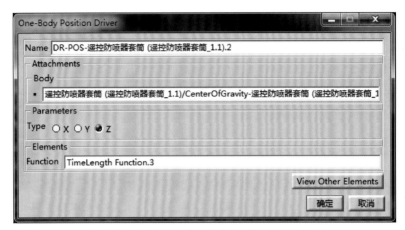

图 2.84　防喷器动力学分析驱动施加

驱动函数同样定义为按照振幅 36mm，每 10s 完成一次启闭循环，定义了一个作用于遥控防喷器套筒的正弦函数，函数参数设置如图 2.85 所示。

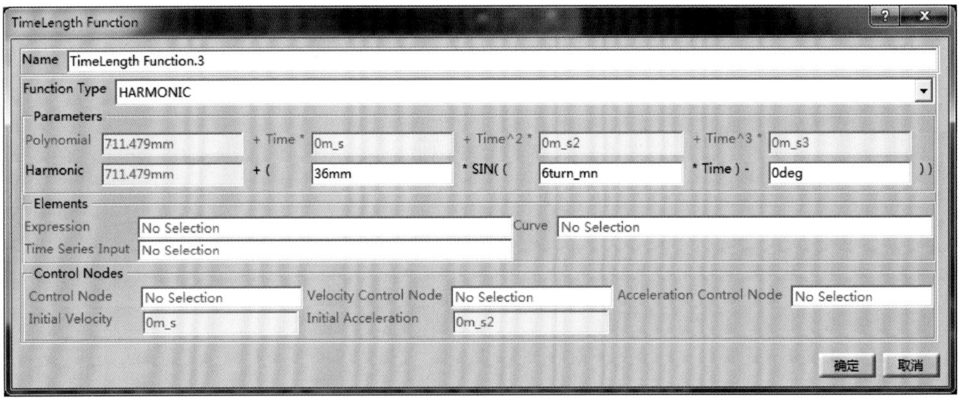

图 2.85　防喷器驱动函数设置

图 2.86 为作用在曲柄（含球阀）转轴上的力矩。由于防喷器套筒上所施加的驱动为正弦变化，作用于防喷器曲柄上的力矩也呈周期变化，由于防喷器套筒控制传动载荷，而不再是正弦变化，其最大值为 1980N·m，最小值为 1140N·m。

图 2.87 为作用在防喷器与套筒之间的轴向力，是通过两个曲柄及球阀两侧支承轴传递的，轴向力呈正弦函数周期性变化。由于建立模型时施加于弹簧上的力较大，故遥控防喷器与套筒之间的轴向力也比较大。

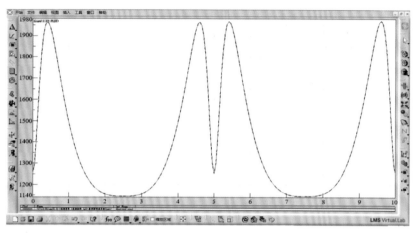

图 2.86 防喷器曲柄力矩

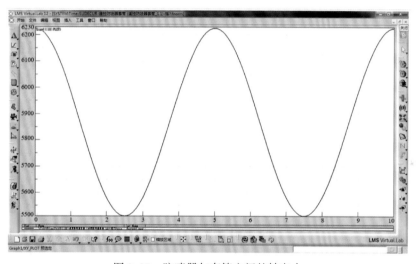

图 2.87 防喷器与套筒之间的轴向力

第五节 全液压顶驱主传动箱热平衡分析

一、全液压顶驱热平衡分析概述

(一) 顶驱主传动箱

1. 顶驱主传动箱结构

顶驱主传动箱是将液压马达的输出转速和扭矩通过齿轮传动调整为适合钻井作业的转

速和扭矩，连接顶驱动力与顶驱管子处理装置等部件，并承受顶驱及钻柱荷载的中心枢纽。

减速箱结构如图 2.88 所示，主要由密封机构、上轴承盖、箱盖、防跳轴承、推力轴承、扶正轴承、主轴、输入轴齿轮、减速箱体、大齿轮等组成。主轴位于减速箱箱体中间，通过推力轴承将主轴所承受的钻柱拉力作用在齿轮箱箱体下部；主轴上部安置有防跳轴承，用以防止由于钻柱振动而造成的大齿轮、主轴冲击破坏。顶驱齿轮副采用斜齿轮，主传动箱由 4 组小齿轮和一个与顶驱主轴同轴的大齿轮构成多对齿轮副，其传力关系为并联叠加，传动平稳，噪声振动小。由于钻进过程载荷条件复杂，要求齿轮具有较大的扭矩和较强的抗冲击能力。顶驱的额定载荷为 4500kN，顶驱的输入功率 800kW，能够提供的最大扭矩为 58500N·m，主轴的最大转速 300r/min。

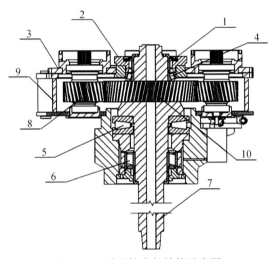

图 2.88　减速箱内部结构示意图

1. 密封机构；2. 上轴承盖；3. 箱盖；4. 防跳轴承；5. 推力轴承；6. 扶正轴承；7. 主轴；8. 输入轴齿轮；
9. 减速箱体；10. 大齿轮

2. 顶驱主传动箱润滑系统

从顶驱主传动箱的结构特点可知，齿轮箱内部紧凑，空间较小，散热面积小。顶驱在高达 800kW 的额定功率下工作将产生大量的热，自然冷却效果无法满足顶驱各部件的工作要求。过高的温度会导致主传动箱齿面、轴承胶合，齿轮断裂等多种形式的失效，降低润滑油润滑效果，降低顶驱齿轮传动效率，进而使升温趋势增大。因此需要对顶驱装置进行有效的润滑和冷却，以保持主传动装置在最佳的工作状态下工作。

液压顶驱主传动箱的内部齿轮副采用多点喷溅润滑。图 2.89 为减速箱润滑系统示意图，齿轮泵为 4 个齿轮接触副提供润滑油，通过多点分流器进行均匀冷却润滑。

行星减速器的润滑通过单独的双向齿轮泵提供润滑油进行冷却。参与工作的润滑油温度升高后，通过散热器进行冷却。低压大排量齿轮泵用于实现减速箱内部油液与外部储油罐之间所构成的联通流场内全部油液的开式循环，开式循环的全部流量通过散热器冷却。多余的油液通过安装在主传动箱润滑油回收口处的节流阀后进入主传动箱，参与下一个冷

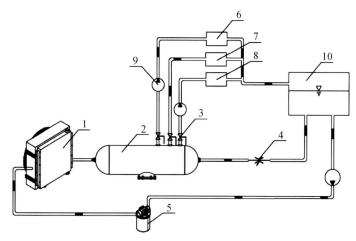

图 2.89　减速箱润滑系统示意图

1. 散热器；2. 外部储油罐；3. 流量开关；4. 节流阀；5. 过滤器；6. 行星减速器润滑；7. 轴承润滑；

8. 齿轮接触副润滑；9. 齿轮泵；10. 减速箱内部油液

却循环。由于多余油液进入箱体前具有背压，该背压也是储液罐内润滑油液的压力，其值在 0.2 ~ 0.5MPa，该压力的存在使双向润滑泵在低速时也具有良好的自吸性，同时也使润滑泵吸油顺畅。减速箱内部安装了温度传感器，可对润滑油进行温度测量。当温度过高时，通过液压马达控制散热器的工作情况。温度较低时则可停止散热器的工作，使润滑油直接进行循环。

（二）顶驱主传动箱功率损失及热阻确定

1. 顶驱主传动箱内热源功率计算

对顶驱主传动箱结构及零部件动作分析可知，顶驱主传动箱中的热源通常包括齿轮和轴承的摩擦损失、箱体中运动部件的搅油损失和风阻损失。具体如下：①齿轮啮合点功率损失，包括齿轮滚动摩擦损失和滑动摩擦损失；②轴承的功率损失，包括滚动体与轴承内圈与外圈的摩擦功率损失；③减速箱中密封部件与箱体产生的摩擦功率损失；④运动的主轴搅动底部润滑油产生的搅油功率损失；⑤轴承和齿轮搅动润滑油产生的搅油功率损失；⑥高速运动的齿轮与油气混合物产生的摩擦功率损失（范曾智等，1994）。

在顶驱减速箱中，4 对啮合的齿轮、防跳轴承、止推轴承及 4 对圆柱滚子轴承是顶驱减速箱发热的主体。密封部件摩擦损失、主轴的搅油损失及齿轮与油气的气体阻力损失占很小一部分。

1）齿轮啮合摩擦功率损失

齿轮在啮合的过程中，齿面有滑动摩擦和滚动摩擦两种形式（王树人，2005）。由于摩擦生热，齿轮在转动状态下产生热量。下面为齿轮热功率损失计算过程（黄飞，2011）。

齿轮法向力计算：

$$F_n = \frac{T}{r_1 \cos\alpha_n \cos\beta_b} \tag{2.21}$$

式中，T 为输入轴转矩；r_1 为齿轮节圆半径；α_n 为压力角；β_b 为齿轮基圆螺旋角。

齿轮平均滑动速度计算：

$$V_s = 0.026118 n_1 g_s (z_1 + z_2)/z_2 \tag{2.22}$$

齿轮滚动速度计算：

$$V_r = 0.2094 n_1 \left[r_1 \sin\alpha - 0.125 g_s (z_1 + z_2)/z_2 \right] \tag{2.23}$$

式中，n_1 为主动齿轮转速，r/min；z_1、z_2 分别为主动轮与被动轮的齿数；g_s 为啮合线长度，m。

摩擦系数计算（Benedict and Kelley，1961）：

$$f = 0.01271 g (291205.8 \times 10^{-6} F_{nu}/\rho v V_s U^2) \tag{2.24}$$

式中，F_{nu} 为齿轮单位长度平均载荷，N/m；v 为润滑油黏度，m²/s；ρ 为润滑油密度，kg/m³；U 为齿轮节圆速度和，m/s。

功率损失计算：

$$N_f = f F_n V_s/1000 + 9000 b V_s h \varepsilon/\cos\beta_b \tag{2.25}$$

式中，b 为齿宽，m；h 为平均油膜厚度，m；ε 为重合度。

2）滚动轴承摩擦功率损失

轴承是减速箱中关键的部件，轴承中的滚子在轴承的内外圈中滚动，其接触类型为点线接触。

轴承的功率损失计算：

$$N = 2\pi n M/60 \tag{2.26}$$

式中，n 为轴承旋转速度；M 为轴承摩擦力矩。

轴承的摩擦力矩由两部分组成：一部分为考虑轴承类型、转速和润滑油性质等摩擦力矩 M_0；另一部分为考虑轴承载荷的摩擦力矩 M_1。对轴承功率损失计算，假定摩擦功率损失全部转化为轴承的生热，根据摩擦力矩和转速计算轴承的产热功率（戴曙，1993）。下面讨论其两种计算。

紊流状态下的流体动力损失：

$$M_0 = 10^3 f_0 (vn)^{2/3} D_m^3, \quad vn \geqslant 2 \times 10^{-3} \tag{2.27}$$

层流状态下的流体动力损失：

$$M_0 = 16 f_0 D_m^3, \qquad vn < 2 \times 10^{-3} \tag{2.28}$$

式中，f_0 为考虑轴承结构和润滑方式等相关系数；v 为润滑剂运动黏度；D_m 为轴承平均直径。

载荷引起的摩擦损失：

$$M_1 = 2 Y f_1 F_a D_m \tag{2.29}$$

式中，Y 为轴承轴向载荷系数；f_1 为考虑轴承类型及负荷等相关系数；F_a 为轴承轴向载荷。

轴承中总摩擦力矩：

$$M = M_0 + M_1$$

$$M = M_0 + M_1 = \begin{bmatrix} 2 Y f_1 F_a D_m + 10^3 f_0 (vn)^{2/3} D_m^3, & vn \geqslant 2 \times 10^{-3} \\ 2 Y f_1 F_a D_m + 16 f_0 D_m^3, & vn < 2 \times 10^{-3} \end{bmatrix} \tag{2.30}$$

式中，M_0 为考虑轴承类型、转速和润滑油性质等的摩擦力矩；M_1 为考虑轴承载荷的摩擦力矩。

2. 减速箱体各元件间热阻分析与计算

在热网络分析中，热功率损失是变速齿轮箱中关键的因素，热阻的简化与计算也是重要的因素。在本节中介绍减速齿轮箱中热阻的类别及其计算方法。

1）减速箱对流热阻的计算

减速箱中根据热传导的形式不同对热阻划分为不同的形式，主要分为导热热阻和对流热阻。导热热阻与元件的几何形状和材料特性有关。对于确定的简单几何形状和已固定的材料，导热热阻的确定是固定的。因此，对于齿轮、轴、轴承及箱体之间的热阻的计算可以将其分成简单的几何形体进行计算；而对流热阻与流体的运动状态和流体的性质有关。例如，减速箱与外界环境间的热阻计算、减速箱与润滑油之间的热阻计算、齿轮与润滑油之间的热阻计算，由于流体的运动形式不同，这几种热阻的计算方法也不同。流体流态不同，导致对流热阻的对流换热系数也不相同，因此，对于对流热阻的计算可归结为对流换热系数的确定，各对流换热系数如表 2.10 所示。

表 2.10　对流换热系数表

公式	说明
$\alpha_1 = 0.228 Pr^{1/3} Re^{0.731} k/L$	润滑油与齿轮的对流换热系数
$\alpha_2 = 0.332 Pr^{1/3} Re^{0.5} k/L (Re < 5 \times 10^5)$ $\alpha_{2'} = (0.037 Re^{0.8} - 850) Pr^{1/3} k/L (5 \times 10^5 < Re < 10^7)$	润滑油与轴承腔内壁的对流换热系数
$\alpha_3 = 0.664 Pr^{1/3} Re^{1/2} k/L$	润滑油与减速箱内壁面的对流换热系数
$\alpha_4 = 0.32 Pr^{0.4} Re^{0.675} k/L$	空气与减速箱体外表面的对流换热系数
$\alpha_5 = 0.332 Pr^{1/3} Re^{0.55} k/L$	润滑油雾与减速箱内壁面的对流换热系数
$\alpha_6 = 0.023 Pr^{1/3} Re^{4/5} k/D (Re > 10000)$ $\alpha_{6'} = (48/11) \cdot (k/D) (Re < 10000)$	泥浆与钻杆内壁的对流换热系数

2）减速箱对流换热系数的计算公式

A. 润滑油与齿轮的对流换热系数

对流换热系数大都采用半经验的近似公式进行计算，计算公式如下（Harris，2006）：

$$\alpha_1 = 0.228 Pr^{1/3} Re^{0.731} k/L \tag{2.31}$$

式中，Re 为雷诺数；Pr 为普朗特数；k 为润滑油导热系数，W/（m·℃）；L 为特征长度，m。

B. 润滑油与轴承的对流换热系数

根据轴承转动速度的不同，导致润滑油的流动状态也不同，将其划分成层流与紊流两种状态进行计算。

润滑油在层流状态下的计算：

$$\alpha_2 = 0.332 Pr^{1/3} Re^{0.5} k/L \quad (Re < 5 \times 10^5) \tag{2.32}$$

润滑油在紊流状态下的计算：

$$\alpha_{2'} = (0.037Re^{0.8} - 850)Pr^{1/3}k/L \quad (5 \times 10^5 < Re < 10^7) \tag{2.33}$$

3）减速箱对流换热系数

减速箱中箱体的对流传热主要由三部分组成：润滑油与减速箱体内壁的对流换热、油气混合物与减速箱体内壁的对流换热、空气与减速箱体外表面的对流换热系数。

减速箱中热量的传递以润滑油、油气混合物通过箱体向环境外的冷空气进行传热，以下是其计算公式。

润滑油与减速箱体内壁的对流换热系数：

$$\alpha_3 = 0.664Pr^{1/3}Re^{1/2}k/L \tag{2.34}$$

空气与减速箱体外表面的对流换热系数：

$$\alpha_4 = 0.32Pr^{0.4}Re^{0.675}k/L \tag{2.35}$$

油气混合物与减速箱体内壁的对流换热：

$$\alpha_5 = 0.332Pr^{1/3}Re^{0.55}k/L \tag{2.36}$$

4）泥浆与钻杆内壁的对流换热系数

为了冷却钻头，携带钻井过程中的岩屑，主轴在旋转的同时还要流通钻井液。下面介绍钻井液泥浆的对流换热计算（Incropera，2011）。

根据泥浆流动状态的不同，将泥浆对流换热系数计算公式分为两部分：一是层流下的计算；二是紊流下的计算。

紊流计算：

$$\alpha_6 = 0.023Pr^{1/3}Re^{4/5}k/D \quad (Re > 10000) \tag{2.37}$$

层流计算：

$$\alpha_{6'} = (48/11) \cdot (k/D) \quad (Re < 10000) \tag{2.38}$$

二、全液压顶驱热平衡分析

（一）减速箱温度分布规律与散热功率分析

根据前一节介绍的减速箱的结构、热源及热阻的分类及计算方法，本节将对减速箱进行简化并进行热网络划分，建立减速箱热网络，进而计算关键节点的温度及热量分配情况，从而为顶驱齿轮箱散热提供理论依据。

1. 减速箱热平衡系统热网络的建立

1）热量传递路线分析

减速箱的热量传递路线如图2.90所示。齿轮相对摩擦产生的齿轮啮合功率损失转化为接触点或线的热量。热量一部分通过相互啮合的齿轮传递到主轴上，经减速箱体传递到外部环境中；另一部分被喷油润滑的润滑油所带走，此部分热量传递给减速箱体或通过润滑冷却系统传递到外部。

对于不同类型的轴承，由于所在的位置、工作状态、受力情况的不同，产生的热量的大小也不同。但归结起来传递路径大致如下：轴承产生的热量一部分传递给减速箱体，再由箱体传递给外部环境；另一部分热量传递给主轴，主轴上的热量传递给其中心通道的泥

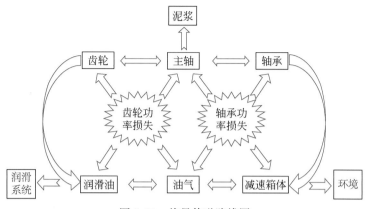

图 2.90　热量传递路线图

浆或由减速箱体传递到外部环境中去。

2）热网络的建立

减速箱热网络示意图如图 2.91 所示。为了建立减速箱热网络图，首先根据简化的减速箱结构图划分规则的几何形状，如图 2.91 中虚线的部分。对于规则的几何形体的连接，尽量将几何体有层次划分，采用依次拼接组合的方式。对于因为结构不能划分在一个平面上的圆环，做适当的简化，使其处于同一平面。对于平板的箱体与圆柱的连接问题，仍可做适当的结构拓扑，使其能自然的连接在一起，同时假设连接的部分在同一个温度等势面上。

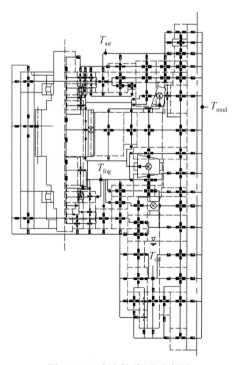

图 2.91　减速箱热网示意图

T_{air}. 外界空气温度；T_{mud}. 中心环空泥浆温度；T_{fog}. 箱内油雾温度；T_{oil}. 润滑油温度

3）热网络中润滑油黏度变化模型

在减速箱中，润滑油用于齿轮和轴承等运动部件的润滑和冷却等作用，对于保证减速箱的正常工作起关键性的作用。润滑油的物理特性对润滑和冷却影响较大，而润滑油的物理特性随着减速箱中的温度变化而变化（董仲，1986）。因此，有必要将润滑油物理特性随温度变化的参数添加到模型当中。

在分析中采用 11 号润滑油，其拟合曲线公式如下（姚仲鹏和王新国，2001）：

$$\rho = 904.4502 - 0.5879T \qquad (2.39)$$
$$c_p = 1.8286 + 3.9964 \times 10^{-3}T \qquad (2.40)$$
$$k = 0.1454 - 9.191 \times 10^{-5}T \qquad (2.41)$$
$$\ln v = -10.2641 + 3.234\ln T - 1.0174(\ln T)^2 + 0.057(\ln T)^3 \qquad (2.42)$$

式中，ρ 为密度，kg/m^3；c_p 为比热容，$kJ/(kg \cdot K)$；k 为导热系数，$W/(m \cdot ℃)$；v 为运动黏度，m^2/s。

2. 减速箱热网络的计算

依据已经建立好的减速箱热网络系统，利用 MATLAB 电力电子工具箱建立相似的电路图，代入已根据热源损失计算公式计算的数据进行温度的求解。运行程序，得到工作状态下的温度场分布及润滑油所需的散热功率。所求结果代表着在某一主轴转速、扭矩、环境温度下的减速箱热平衡的温度状态和散热功率。

液压顶驱工况众多，以正常工作状况为初始条件，初步分析热平衡规律。选取恒功率下一点（输出功率700kW，转速150r/min），在环境温度25℃，冲洗液温度28℃，润滑油温度40℃，输出轴受5000N钻柱拉力下，得到温度及功率分布情况，见表2.11。表2.11为在给定工况下各节点的温度值及流经其上的功率，其中负值说明从该节点向外散发热量，即所需要的散热功率。齿轮啮合表面的温度较高，因此，在对齿轮喷油润滑设计时应该充分对齿轮进行润滑冷却。各轴承处的温度较相近，但推力轴承产热功率较大，是其他轴承功率损失的 2~3 倍，推力轴承承受较大的钻柱拉力，引起的摩擦功率损失较大，对推力轴承的润滑冷却应引起较大的重视。

表 2.11 节点温度及流经功率

节点位置	温度/℃	流经功率/W
齿轮齿面	63.63	9012
轴承 O1 外滚道	31.41	41.94
轴承 O2 外滚道	33.69	103.5
轴承 O3 外滚道	32.74	30.68
轴承 I1 外滚道	32.71	28.96
轴承 I2 外滚道	34.81	28.96
机箱中润滑油	40	−6 887

通过以上的分析，在所分析的正常工作状态下，齿面平均温度可达64℃左右，所需冷却功率达7kW。齿轮功率损失较大，温度较高，在液压顶驱的设计中应该充分考虑到其润滑和冷却。推力轴承由于钻柱拉力的影响功率损失较大，随着钻井深度的增大，其功率损失、温度也将随之增高。对推力轴承的润滑设计应充分进行论证并考虑合理的设计结构。

（二）散热分配的影响分析

为进一步研究液压顶驱不同工作状况下的散热功率分配情况，以不同的主轴转速、对流换热系数、润滑油温度进行分析，同时分析了钻柱拉力对减速箱温度分布、功率损失及散热比率的影响规律。

1. 主轴转速对产热散热的影响

如图2.92所示，O-A-B曲线为主轴输出功率，OA段功率随转速线性变化，AB段为钻机输出恒功率段。M-A-C为输出扭矩，MA段为恒扭矩段。在恒扭矩段，保持扭矩不变，在主轴转速增加的同时，功率缓慢线性增加，如图2.92 OA段。AB段为钻机恒功率段，保持功率不变，在主轴转速增加的条件下，扭矩按反比例下降，如图2.92 AC段。

如图2.93所示，对总的发热量与润滑油的散热量按照特性曲线变化的方式进行求解，得到了减速箱总体的发热量曲线，以及润滑油散热量曲线。在恒扭矩段，总的发热量线性变化，随着转速线性增加，散热功率近似线性变化；在恒功率段，发热量基本保持不变，随着转速的增加，散热功率略有下降。对比图2.92钻井标准特性功率曲线与图2.93总发热量曲线，总发热量曲线与输入功率曲线，说明总发热量与输入功率成正比，其比值约为1.43%，同时润滑油散发的热量曲线与总发热量曲线相似，即说明随着转速的变化对热量的传递比率影响减小，仍按照一定的比率进行散热。所需散热功率与发热功率成正比，散热功率与发热量的比值为70%~80%。

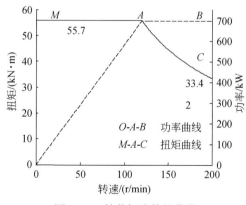

图2.92　钻井标准特性曲线

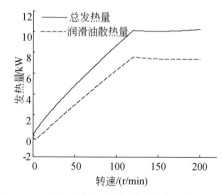

图2.93　特性曲线下的润滑油冷却功率分布图

2. 空气对流换热系数对产热及分配的影响

减速箱体向外界以3种途径分配热量（忽略影响较小的箱体热辐射散热）：①以空气为媒介向环境散热；②由流经空心主轴的泥浆带走箱体热量；③通过润滑油带走箱体热量。

　　图2.94为三种不同形式下对流换热系数的散热比率。从图中可以看出润滑油和空气的散热是减速箱散热的主体，而中心通道的泥浆的散热量较小。图2.94（a）中减速箱中主要散热途径为润滑油和空气带走箱体的热量。润滑油的散热比率大于空气的散热比率。润滑油随着对流换热系数的增大，分配比例迅速下降，随后分配比率变化较小，逐渐稳定在50%左右。相反，空气的散热比率随着对流换热系数的增大，分配比率迅速上升，随后趋于稳定，稳定的数值也接近50%。

　　如图2.94（b）所示，在泥浆散热最大处，即极限状态$\alpha=0$处，无箱体向空气的散热，泥浆散热比率是最大，但通过计算仅占总体传热量的4‰。随着对流换热系数的增大，泥浆散热比例迅速下降，随后趋于平稳，散热比率稳定在1‰左右。这是由于空心主轴的散热面积较小，相对散热量所占比例小。热量主要通过润滑油与空气的散热途径从箱体中散发出去，泥浆传热对总体散热分配的影响较小。

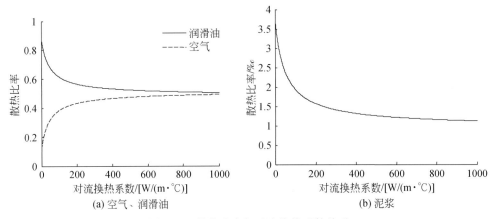

(a) 空气、润滑油　　　　　　　(b) 泥浆

图2.94　散热比率与对流换热系数关系

　　图2.95为不同对流换热系数下的润滑油散热功率。随着对流换热系数的增大，润滑油的散热功率迅速下降，随后润滑油的散热功率基本稳定在5kW，即在箱体向外界出现较差的换热情况下，所需最大散热功率为9kW。在较好的环境条件下，箱体所需的散热功率为5kW。

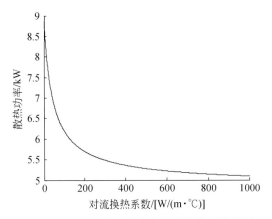

图2.95　润滑油散热功率与对流换热系数关系

3. 润滑油温度变化对产热及分配的影响

减速箱润滑冷却系统中低温的润滑油用来带走减速系统热量，带走的热量为减速箱所需散热功率。图 2.96 为空气和润滑油的散热比率随油温的变化曲线。随着油温的升高冷却功率需求降低。在给定条件下，油温 100℃ 左右，箱体的热量可由空气独立散热。由于润滑油的温度的提高，导致分配到润滑油的热量下降。当润滑油的温度高于减速箱的平均温度，箱体的热源产生的热量不向润滑油传热。这时齿轮箱的温度较高，齿轮和轴承等部件的温度必定很高，极容易导致齿轮面的胶合和轴承的失效。因此不建议齿轮箱进行自然散热。

由于润滑油的物理特性随温度的变化而变化，轴承和齿轮的摩擦生热也与润滑油的黏度、密度有关。总功率损失随润滑油的温度变化而变化，如图 2.97 所示，润滑油的温度在 40℃ 左右处，总功率损失最小。因此减速箱润滑冷却系统的润滑油控制在 40℃ 左右时，减速齿轮箱的总功率损失最小。但为提高空气自然冷却的比率，可适当提高润滑油温度。

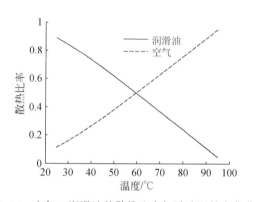

图 2.96　空气、润滑油的散热比率与随油温的变化曲线

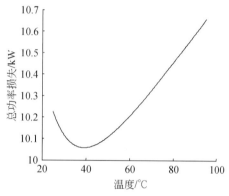

图 2.97　总功率损失随油温的变化曲线

4. 钻柱拉力对箱体的温度、散热的影响

如图 2.98（a）所示，反映钻柱拉力变化时各节点的温度变化情况。其中各节点为减速箱中各轴承及齿轮，节点具体位置见表 2.11。其中随着钻柱拉力的增大，影响最大的为推力轴承和其下端的扶正轴承。由于齿轮箱受到的钻柱拉力主要传递给了推力轴承，因此推力轴承的温度变化较明显。扶正轴承距离推力轴承较近受其影响也比较明显，温度也有较高的变化。其余各节点温度受钻柱拉力的影响较小。在空载时，齿轮的发热量占主体，但随着钻柱拉力的增大。推力轴承的发热占主要部分，最高温度可达 250℃ 以上。

如图 2.98（b）所示，在钻柱的拉力作用下总损失功率线性增加。在初始位置时即钻柱拉力在 0 处，总发热功率为 10kW（除钻柱拉力作用下的功率损失），在接近液压顶驱额定钻柱拉力下，发热功率为 55kW，约为无载荷下的 5.5 倍，表明：随着钻探深度的增大，减速箱体内的主要发热源由齿轮摩擦生热向推力轴承发热过渡，钻进一定深度时，推力轴承的发热量占很大比例。

图 2.98（c）为钻柱拉力作用下的散热比率曲线。随着钻柱的拉力增大，散热量的比率基本没有发生变化，即热量的散热按照不变的比例分配，钻柱拉力的变化不影响热量分配的比率。

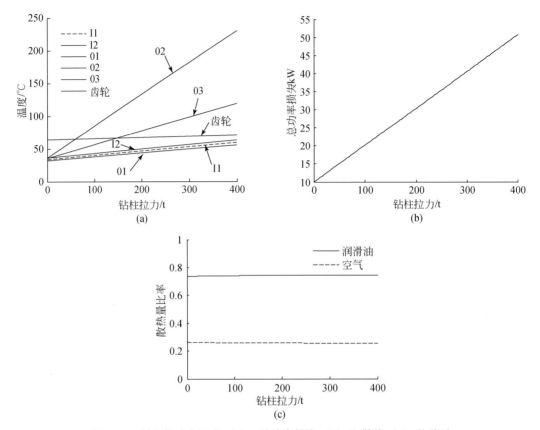

图 2.98　钻杆拉力与温度（a）、总功率损失（b）和散热（c）的关系

（三）基于 Matlab 的减速箱热平衡仿真

在顶驱齿轮箱热网络分析基础上，在 Matlab 中建立仿真分析模型（贺超英，2010），对顶驱热平衡仿真分析如下。

1. 减速箱润滑油温度变化下的散热功率动态输出

在减速箱润滑散热系统控制条件下，润滑油的温度是动态变化的。文中选取一个时间段的温度变化情况。在 Excel 中建立温度变化规律，联合 Matlab 进行仿真。

图 2.99 为润滑油温度动态变化下散热功率的输出。将减速箱润滑散热系统中润滑油温度变化规律输入到模型中，得到图中减速箱润滑油散热功率曲线（图中下侧曲线），以及关键节点温度变化曲线（图中上侧曲线）。从曲线的变化可以看出，润滑油的温度对减速箱热平衡系统的功率损失，以及温度变化影响显著，成反比例变化。

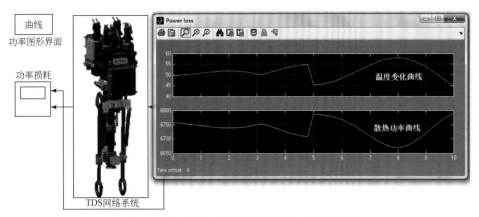

图 2.99　润滑油温度变化下散热功率动态输出

2. 不同钻进条件变化下散热功率动态输出

顶驱的钻井过程复杂多变，钻井参数也根据地层条件在变化。采用一组根据钻探深度变化的顶驱动态参数，即随着钻井深度的增大，输入功率和主轴钻柱动态变化。同时，随着钻探深度的增加，钻柱拉力也随之增大。图 2.100 为不同钻进条件变化下散热功率动态输出。将减速箱动态的钻进参数输入模型中，得到右图的一组输出曲线，从上到下依次为减速箱油温变化曲线、输入功率变化曲线、主轴转速变化曲线、钻柱拉力曲线及润滑油冷却功率曲线。从曲线的变化可以看出，钻进深度直接影响着减速箱热平衡系统的功率损失及温度变化规律。

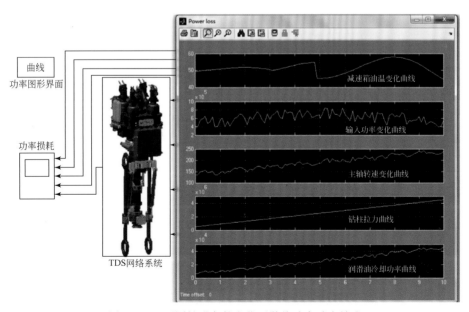

图 2.100　不同钻进条件变化下散热功率动态输出

第六节　全液压顶驱电控系统设计

一、全液压顶驱的传动及控制原理

全液压顶部驱动钻井装置主液压系统变量液压泵的变量控制方式可以采用比例电磁铁直接控制和采用电液比例联合控制等，对于液压动力站必须符合防爆认证的场合，变量液压泵可采用先导液控变量方式，先导液控功能的实现可选择手动比例减压先导阀进行开环手动控制，也可以单独采用电液比例减压阀实现开环电控变量，还包括采用电液比例先导式减压阀，并借助于安装在液压泵伺服变量控制油口处的压力传感器，实现液压泵排量的闭环控制，以获得最优的转速范围，或保持液压顶驱转速恒定，或根据钻井工艺和井内工况实现全液压顶驱主轴输出转速的自适应调节。上述电控功能的实现既可采用司钻房以外布置的防爆电控液压阀，也可采用不具备防爆功能的常规电液比例阀安装在司钻房内部实现远程液控，从而降低整套液压系统的构建成本。

全液压顶部驱动钻井装置的辅助液压系统主要用于实现如下功能：①遥控内防喷器启闭；②回转头旋转；③吊环倾斜与复位；④背钳升降和定位；⑤润滑泵驱动；⑥顶驱平衡功能；⑦液压吊卡操作。上述功能通过一组八联的电液比例阀来实现，根据不同执行机构的动作要求，各阀片合理选择开关、中比、高比等电液控制方式，部分功能由电液比例阀与外部液压集成阀联合实现，如顶驱平衡和吊环倾斜复位等。

（一）全液压顶驱的电液联合调速与控制原理

全液压顶驱输入端的高速小扭矩液压马达为自动变量。需要对转速进行调节时，可采用电液比例减压阀实现远程开环控制，对马达先导控制压力进行检测并将其作为反馈可实现液压马达排量的闭环控制，安装有比例电磁铁或电液比例变量装置的液压马达。高速小扭矩变量液压马达排量最大时可以获得大的输出扭矩，但此时转速最低。降低马达排量，可以实现高转速，但顶驱主轴输出扭矩也随之下降。经分析试验，液压马达适宜的排量调节范围为 25%～95%，对于接近最大排量的工作状态，应采取限压或自动变量方式起到过载保护作用。由于自动变量的液压马达难以实现恒转速钻井作业，因此采用自动变量液压马达构建全液压顶部驱动钻井装置需要对马达排量进行越权控制。无论是主液压泵的变量控制还是主液压马达排量的越权控制，均通过一组先导式电液比例减压阀实现，而排量的稳定性，则是通过加装在先导控制块上压力传感器检测先导控制压力作为反馈，构成先导控制压力调节的闭环控制系统来实现的。

根据全液压顶驱的安装位置和运动空间，对其电控系统的硬件组成及空间位置进行了规划。液压顶驱的控制面板放置在司钻房内，设计一个带有开关电源的小型电控箱安装在液压顶驱本体上，与顶驱一同运动，随动电控箱内布置开关电源、PLC 控制器及其输入输出扩展模块，输入输出端口主要用于：①辅助功能 8 联电液比例阀的 PWM 控制信号输出；

②顶驱平衡功能 ATOS 电磁换向阀开关控制信号；③顶驱吊环浮动开关控制信号；④顶驱主轴输出转速检测信号（模拟量输入）；⑤顶驱润滑油温度检测（模拟量输入）。

液压顶驱的主电控箱安装在右偏房上方，主电控箱内布置开关电源及 PLC 控制器，通过总线与随动控制箱、顶驱控制面板进行通信。顶驱主电控箱一方面用于接收控制面板发出的指令，实现各项控制功能；另一方面用于接收各项检测信号，实现各项开环、闭环控制功能，处理各类异常情况。主电控箱不仅对全液压顶驱进行操控，同时对综合液压站进行控制，综合液压站的控制动作也是集成在顶驱控制面板中完成的，具体包括：①主电机的启动和停止；②辅助电机的启动和停止；③并联主液压泵出口压力检测；④辅助液压泵工作压力检测；⑤液压油箱油温检测。

（二）全液压顶驱电控面板设计

全液压顶驱电气控制涉及主电机启停、辅助电机启停、顶驱控制功能，以及必要的检测功能，控制面板左侧根据各个控制功能合理选择了各类操作按钮、转换开关、旋转电位计、按钮指示灯。控制面板右侧布置了一块 7in[①]HMI，HMI 具有扭矩、转速显示虚拟界面，此外各项检测参数的动态显示界面，各个传感器的标定，电控系统的故障诊断和自检界面也集成在 HMI 程序中，可以通过界面上的虚拟按钮进行切换。图 2.101 为全液压顶驱电液控制面板。

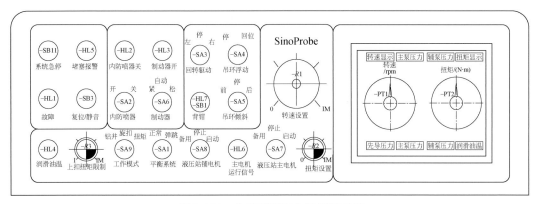

图 2.101 全液压顶驱电液控制面板

（三）全液压顶驱电控系统原理图

根据全液压顶驱电控系统功能结构，拟定主液压系统及辅助液压系统电器控制原理如图 2.102 所示。原理图中同样描述了部分传感器、编码器的总线连接方式及供电方式。

---

① 1in=2.54cm。

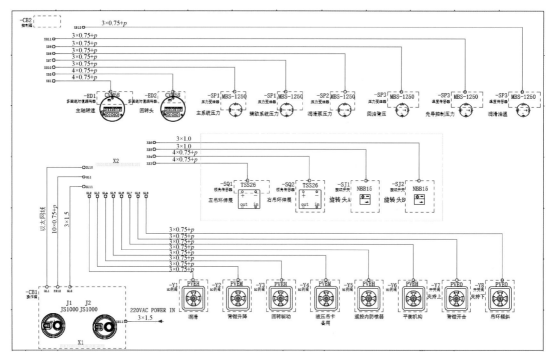

图 2.102　全液压顶驱电控系统原理图

二、全液压顶驱综合液压站及先导控制油路

图 2.103 为全液压顶驱综合动力站，主要由主、辅电机，主、辅液压泵组、液压油箱及散热器等部分构成。

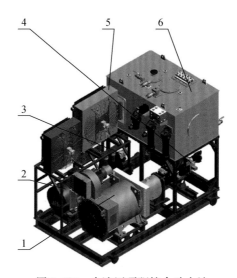

图 2.103　全液压顶驱综合动力站

1. 主电机；2. 辅电机；3. 辅液压泵组；4. 主液压泵组；5. 散热器；6. 液压油箱

全液压顶驱的主油路液压油源采用一台 HT01B 防爆交流电机驱动，该电机额定电压 600V，通过万米钻机 VFD 房中集成的在顶驱–转盘间可切换的逆变器进行控制，实际上主液压系统采用定速电机驱动，转速 1500rpm。辅助液压油源采用一台南阳防爆电机 YB2-280S-4W 电机驱动，通过 RASTAR 分动箱输出动力给三组 SAUER-DANFOSS45 系列开式液压泵，分别用于全液压顶驱辅助功能液压动力源、铁钻工液压油源和液压猫道动力源。综合液压站也能够为绳索取心绞车提供动力。

全液压顶驱主系统液压泵排量控制、液压马达排量控制均通过先导式减压阀远程液控实现，图 2.104 为全液压顶驱先导控制电磁阀组的原理图及实物照片。

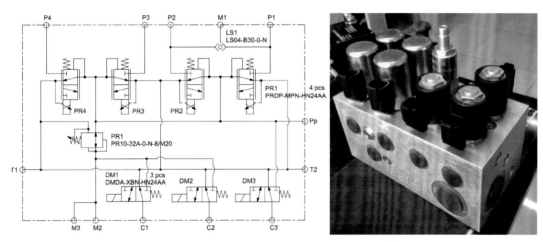

图 2.104 全液压顶驱先导控制电磁阀组

顶驱吊环浮动功能也是通过先导控制压力使液控单向阀反向通流实现的。液压马达输出轴处连接的多片盘式制动器的启闭则考虑了两种控制方式：一种是开关控制，直接快速打开或关闭；另一种则是采用电液比例减压控制，缓慢打开或关闭，后者有利于缓解主轴制动的突然性，避免机液系统承受较大冲击载荷，同时延长了制动器摩擦片的使用寿命。上述控制功能均采用面板操作、PLC 控制器读取控制信号后进行运算，进而操纵先导控制模块上安装的电液比例减压阀或两位三通电磁换向阀实现的。

参 考 文 献

陈国明，黄东升 . 1990. 顶部驱动钻井技术 . 石油钻采工艺，（01）：7～10

成大先 . 2004. 机械设计手册第 4 卷（第四版）. 北京：化学工业出版社

戴曙 . 1993. 滚动轴承应用手册 . 北京：机械工程出版社

邓桐 . 2014. DQ-90 型顶驱虚拟样机构建及其可靠性设计研究 . 兰州：兰州理工大学硕士学位论文

董仲 . 1986. 汽车润滑油料 . 北京：人民交通出版社

凡东，庞海荣，姚亚峰 . 2006. 全液压钻机夹持器的设计与分析 . 煤炭工程，（5）：7～8

范曾智，赵汝麦，王良壁 . 1994. 齿轮传动系统的搅油损失、散热量及传动效率的预测 . 兰州铁道学院学报，13（1）：34～40

冯琦，郭永岐，桑峰军 . 2013. 典型顶部驱动钻井装置结构与功能分析 . 石油矿场机械，42（09）：90～93

贺超英.2010. MATLAB 应用与实验教程.北京：电子工业出版社

黄飞.2011. 基于热网络法的行星减速器热分析.南京：南京航空航天大学硕士学位论文

黎文勇，王书翰，Obenaus C.2010. 基于 SimulationX 的斜盘柱塞泵的模拟仿真.液压气动与密封，（8）：
32~36

李新城，陈光，朱伟兴，等.2004. 齿轮选材及热处理工艺智能专家系统.金属学报，40（10）：
1051~1054

刘广华.2010. 顶部驱动钻井装置操作指南.北京：石油工业出版社

秋丽.1999. 加拿大 Tesco 公司顶驱新进展.石油机械，（09）：54

宋路江，蔡正敏，张贵德，等.2010. 顶驱内防喷器在井控中的应用及维护.石油矿场机械，39（9）：
89~91

王德玉.1995. 顶部驱动钻井装置平衡系统的分析.石油矿场机械，24（4）：35~38

王树人.2005. 齿轮啮合理论简明教程.天津：天津大学出版社

王知行.1978. 渐开线齿轮变位系数选择的新方法.哈尔滨工业大学学报，Z1：129~147

姚仲鹏，王新国.2001. 车辆冷却传热.北京：北京理工大学出版社

张国贤.2012. 美国萨澳-丹佛斯公司产品介绍.流体传动与控制，（3）：56~59

张连山.1998. 国外顶部驱动钻井系统的技术发展趋势.石油机械，26（12）：45~47

张文汉.2008. 液压缸计算机辅助设计系统的开发和研究.沈阳：东北大学硕士学位论文

赵岑.2011. 应用于空间机械臂的行星减速器设计与研究.哈尔滨：哈尔滨工业大学硕士学位论文

Benedict G H，Kelley B W.1961. Instantaneous coefficients of gear tooth friction. Tribol Trans，4：59~70

Brouse M.1996. Economic/operational advantages of top-drive installations. World Oil，（10）：63~70

Deng S，Hua L，Huang X H，et al.2013. Finite element analysis of contact fatigue and bending fatigue of a
theoretical assembling straight bevel gear pair. Journal of Central South University，（02）：279~292

Forte P，Paoli A，Razionale A V.2015. A CAE approach for the stress analysis of gear models by 3D digital pho-
toelasticity. International Journal on Interactive Design and Manufacturing，（01）：31~43

Harris T A.2006. Rolling Bearing Analysis. 15nd. London：Taylor & Francis Group

Incropera F P.2011. Fundamentals of Heat and Mass Transfer（Seventh Edition）.America：John Wiley &
Sons，Inc

第三章 自动送钻系统

本章针对"地壳一号"深部大陆科学钻探装备的技术要求，介绍了满足硬岩和坚硬地层孕镶金刚石取心钻头钻进需要的高精度自动送钻系统。通过对作用于岩石上的压力传递过程进行分析可知，可将摩擦力的计算转换成梁与刚性面的接触碰撞问题，以简化分析过程；对小电机自动送钻进行仿真分析，结果表明：钻压波动范围可控制在±3kN内；运用PID控制与模糊自适应 PID 控制进行了控制系统仿真分析，结果两种控制方式均能达到系统设计要求，虽然模糊自适应控制稳态误差较 PID 控制要大些，但其响应及平稳性优于PID 控制。

第一节 概　　述

随着钻进技术的发展，钻进送钻方式经历了手动送钻与自动送钻两个阶段。传统的钻压控制过程是由司钻手持刹把控制钻具给进，根据经验手动操作进行设置和控制相关参数。采用手动送钻时，司钻紧、松刹把交错间断进行，造成钻柱上端断续下放，使得钻头上的载荷不均匀，钻压波动较大。此外，由于司钻操作技术的差异或失误等，也会导致钻压急剧波动，钻探质量低；司钻工劳动强度大，容易发生操作疲劳，因此容易引起溜钻、顿钻等钻探事故，损坏钻具；同时机械制动器磨损严重。为此，人们提出了自动送钻的概念。

自动送钻是指在钻进过程中，送钻装置不依靠司钻，而是通过控制系统，按照钻探工艺自动维持给定条件（恒定钻压、恒定扭矩及恒定转速等），实现钻头连续进给的过程。

自动送钻技术将钻探参数控制由传统的手动方式改为自动方式，能够控制钻机的钻速及钻压，监控钻探过程中的钻压、钻速、游车位置、系统压力等参数，有效防止溜钻等事故的发生，提高钻进过程的控制精度，实现钻头的连续自动进给。

一、国外研究历史与现状

早在 1924 年，苏联在阿塞拜疆油矿上首次成功应用了自动送钻技术。自 1962 年开始，研制了 РПДЭ-1 型自动送钻装置，后改进成了 РПДЭ-3、РПДЭ-125 和 РПДЭ-300 型产品，此类产品采用了磁力放大器的电动式送钻装置，并在苏联的各种钻机上使用。此外，磁粉式辅助刹车也被苏联应用于自动送钻装置上。

1966 年美国开始研制用于带式刹车的自动送钻装置，主要有熊牌和 6-B 型自动送钻装置，6-B 型自动送钻装置利用钻压讯号的转换，改变气马达的转速，滚筒转数采用机械式反馈系统，使用安全、可靠，不受环境条件的影响，具体结构如图 3.1 所示。

1995 年以来，Tesco 公司开始研制套管石油钻机，采用钢丝绳起下钻，1998 年 6 月 Tesco 公司对此钻机进行了钻井试验并获得成功，减少了起下钻时间。

图 3.1　机械-摩擦式送钻装置

图 3.2　液压盘式刹车

1998 年开始使用基于盘式刹车装置的自动送钻装置，如图 3.2 所示，以美国 National Oilwell 公司为代表的液压盘式刹车，其制动力矩大、反应快、工作可靠；去掉了带刹刹把，司钻操作轻便省力，作业安全可靠；具有噪声小、控制精度高、易于遥控、易损件寿命长、更换简单方便等特点，将钻压波动缩小到了 1.27～1.78kN（尹永晶，2002）。

美国 VarcoM/D Totco 公司在现有自动送钻装置的技术基础上开发创新，试验成功新型电子自动送钻装置，实现了连续均匀自动送钻，成为世界上较先进的新自动送钻装置（张连山和郑明建，2003）。

代表性的最新自动送钻系统研究产品有以下三家。

1. 德国海瑞克公司 Terra Invader 350

海瑞克公司最新研发了智能钻机 Terra Invader 350，采用无绞车、无钢丝绳、无天车、无游车的结构设计，液压缸取代了传统的用于升降钻柱及套管的钢丝绳卷扬机，该液压缸行程为 22m，提升力为 350t，通过控制液压缸升降，钻进实现了精准控制。

2. 美国 NOV 公司钻井自动化系统

NOV 公司的钻进自动化系统，是由 NOV 专家根据钻井技术、所用仪器仪表、连接管及钻机系统研发的数字钻进方法。该系统融合了业界领先的产品、专用软件和贯穿每个阶段的钻井动态专家系统，以提高钻井作业。具有能观察从钻进开始到结束功能的系统，图 3.3 为 NOV 自动化钻进系统的控制室。核心系统 intelliserv™ 有线钻柱数据传输速度比传统的遥测速度快 2000 倍。根据传递的信息控制钻机，并根据实时的井下数据和专家的意见，设置新的

图 3.3　NOV 钻进自动化控制室

参数，以进一步优化钻井过程，使性能提高并降低如振动和压力等风险。

NOV 是唯一一家在世界上能在家实现自动化钻井的公司。NOV 公司发明了单轴绞车自动送钻系统。新型单轴齿轮传动绞车主要由电动机、单速齿轮减速器、盘式离合器、计算机控多盘刹车、单轴滚筒装置、AC 变频调速控制系统、电子自动送钻装置及控制系统和手动控制系统等组成。最新一代单轴 ADS-10 绞车充分利用了交流变频控制技术，采用电动机再生制动来保持负荷。高性能可精确控制空气冷却和水冷却，伊顿（Eaton）组合盘式刹车可实现自动送钻，并使该绞车唯一的刹车–空气冷却模块用于紧急制动和负载的静态控制，而水冷却模块用于钻探钢丝绳的均匀递送、游车运行、钻压及其他钻探参数的动态控制。

3. 挪威 MH 公司的 RamRig 全液压顶驱钻机自动送钻系统

挪威 MH 公司采用其擅长的液压驱动技术及新颖的石油钻机构思方案，研制出 RamRig 钻机。现已基本上形成系列，大钩载荷 1500 ~ 10000kN，其中大钩载荷为 4400kN 的钻机，顶驱行程为 32m；大钩载荷为 3000kN 的钻机，顶驱行程为 30m。钻机的最高提升速度为 2m/s。

RamRig 钻机给进系统由 2 个千斤顶液压缸、游动滑轮组件、提升钢绳、平衡器组件、等部分组成。钻进作业时，通过控制双液压缸给进速度，实现自动送钻。

与常规钻机相比，RamRig 钻机绞车和提升系统方案简单，结构紧凑，体积小，质量轻，成本低，技术经济指标先进；采用全液压驱动钻机，无工作火花，钻探更安全；可完成钻探、起下钻、下套管或修井等作业，动力消耗较少；现场试验和钻探实践表明，RamRig 钻机可提高钻探效率 15% ~ 20%。

二、国内研究历史与现状

我国自 1958 年开始开展自动送钻装置的研究工作，在 20 世纪 60 年代中期进行了试验。1966 年在山东 4001 队首次进行了工业试验。自 1979 年我国进口了两台美国 National Supply Co. 自升式钻井平台，配备了 1320-UE 型钻机，其中带有 6-B 型钻头自动给进器。还引进了 Emsco 公司 CⅠ-Ⅲ、C-Ⅱ型钻机，也均配备了钻头自动送钻装置。

ADE-1 型自动送钻装置是由兰州石油化工机器总厂与吴忠仪表厂 1986 年在参考国外自动送钻装置的基础上联合开发的新产品，是全气动送钻装置（牟翠芝等，1999）。

20 世纪 90 年代后期，盘式刹车由于具有易实现遥控、自动化操作和刹车灵敏等优点被广泛应用。1996 年，中国石油大学（北京）在国内率先研制 PZS-1 型盘式刹车自动送钻装置，原理见图 3.4。该自动送钻装置刹车机构采用液压盘式刹车，能顺利完成接单根、送钻、起下钻等各项作业，司钻可坐在司钻房内远距离操作（史玉升，1999）。90 年代中后期，我国科技人员将交流变频调速技术用于自动送钻系统的试验和研究工作。1998 年由宝鸡石油机械厂研制生产的第一台 ZJ15DB 型浅井数控交流变频钻机，采用交流变频装置控制电动机实现对钻机的驱动，自动送钻系统实现了恒钻压自动送钻控制。

国内研究自动送钻设备的典型企业有西安宝德自动化股份有限公司、宝鸡石油机械有限责任公司、四川宏华石油设备有限公司、中国石化集团江汉石油管理局第四机械厂（江

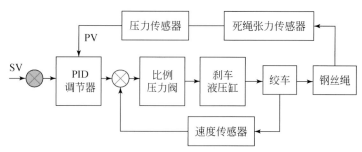

图 3.4　PZS-1 型盘式刹车自动送钻装置原理图

汉四机)、南阳二机石油装备公司等。上述公司采用的方法都是在参考和消化吸收国外先进水平的基础上,创新开发、改进钻机的自动化水平。

西安宝德自动化股份有限公司研发的 WB-AD 自动送钻控制系统荣获中国重点新产品奖;宝石 WB-ZJ120DB 是以钻机一体化控制系统以计算机控制、数字矢量变频传动控制和网络技术为基础的冗余系统结构,绞车采用高精度四电机负荷分配控制,是世界首台陆地12000m 超深井变频驱动钻机控制系统,采用了钻机无线远程检测系统、第二代自学习型智能自动送钻、软泵控制技术等新技术,从而实现了恒钻压主电机和辅助自动送钻的智能化钻井,代表了我国当前石油钻机发展的最高水平。

三、国内外技术对比

国内外研究问题的方法大致相同,包括资料收集与整理、经验总结、计算机模拟、实验室试验和现场试验等研究方法。目前国外钻机采用自动送钻控制方式一般为恒钻压钻进,结构形式有绞车进给、液压缸进给及液压缸与绞车相结合。指标如表 3.1 所示。

表 3.1　国内外自动送钻方法比较

指标	Terra Invader	TBA 300	MH Ram rig	美国 NOV	宝石 ZJ50DB	宏华 ZJ50DBS	西安宝德
进给方式	双油缸系统	液压油缸+绞车混合	液压油缸+游动滑轮组	新型单轴 ADS-10 绞车	绞车	绞车	交流变频控制
钩载	350t	大钩 300t 油缸 30t	300t	V-ICIS 集成控制和信息系统	315t	315t	
提升功率	1600kW	810kW	2013kW		1100kW	1100kW	
行程	22m	钻柱长度:14m	30m				
控制方式	智能控制	液压制动或卷扬	液压		电控	交流变频	
所需人员	20 人						
备注	川东钻探购买,亚洲首台		海洋钻机		智能化控制系统,试验阶段		

第二节　科学钻探钻进工况分析

一、科学钻探钻进参数

在大陆科学钻探过程中，影响机械钻速、回次进尺、钻头寿命、岩（矿）心采取率和钻孔垂直度的因素有很多，包括地层岩石性质、硬度、钻孔深度、钻进方法、钻压、转速、泵量、钻探设备、钻头类型和冲洗液类型等。这些因素可以分为两类，即地质因素和钻探工艺因素。地质因素是客观存在的，不能按照人们的意愿改变，所以只能通过调整钻探工艺因素来提高机械效率、钻孔质量和经济效益（刘希圣，1988）。

1. 钻压（P）

钻探中普遍采用的破碎岩石方式为机械式碎岩，即通过碎岩工具（钻头）上施加一定的压力并传递到岩石，使着力点处的岩石被破碎，达到钻进进尺的目的。碎岩工具上所有碎岩齿受到的垂直载荷之和称为钻头的钻压，又称轴向压力和轴向载荷。钻进时，钻头的钻压通过钻柱传递，钻压为给进力、冲洗液浮力、孔内摩擦阻力和钻具自重的合力（屠厚泽，1988）。此外，钻压与地层对钻头的反作用力大小相等，方向相反。

钻压的大小与钻头的类型和钻头直径有关。将钻具重力的方向设为正，钻机给进力的方向是变化的，开孔钻进时，钻具的重量小于钻头碎岩所需压力，需要施加正的机械力。随着钻进深度的增加，钻柱加长，重量增加，作用于钻头上的压力增加，需逐渐减少给进力。当钻具重量大于钻头碎岩所需压力时，应施加负的机械力。

实际钻压需根据钻进地层具体情况进行调整，如在整、跳钻地层应采用小钻压；每回次钻进初期采用较低的钻压；钻头切削齿磨损后应增加钻压。

2. 转速（n）

转速，也称转数，是钻头每分钟的转数，主要根据地层性质、钻头类型、钻孔直径和钻孔深度等因素综合选择（李世忠，1992）。例如，在硬岩或坚硬岩石中钻进时，常选择孕镶金刚石钻头，金刚石硬度高，耐磨性好，但出刃很小，主要靠磨削碎岩，需要一定的圆周线速度才能获得一定的钻速，科学钻探中，孕镶金刚石钻头的平均圆周线速度的范围是 $1.5 \sim 3 \text{m/s}$，一般情况下，只要地层条件和技术条件许可，圆周线速度应尽可能取高些。在软岩或中硬岩石中钻进时，常选用硬质合金钻头和 PDC 钻头，主要靠切削碎岩，转速范围较低。钻孔直径增大，转速应减小；钻孔深度增加，转速也应减小。

3. 泵量（Q）

在钻探工作中，送入孔内的冲洗液的流量称为泵量，有时也称为送水量或者冲洗液量（李世忠，1992）。冲洗液的作用主要是排除孔底岩粉、冷却钻头、维护孔壁稳定和润滑钻具。理论上泵量越大，孔底排粉效果越好，而排除岩粉所需冲洗液量大于冷却钻头所需的冲洗液量，所以，泵量的大小一般由单位时间内所产生的岩粉来确定：

$$Q = M \cdot v_s \cdot A_g \qquad (3.1)$$

式中，Q 为泵量，L/s；M 为由于孔壁、孔径不规则引起的上返速度不均匀系数，1.03 ~ 1.1；v_s 为冲洗液在外环空间的上返流速，m/s，最小上返流速不低于 0.5m/s，金刚石钻探的上返流速是 0.4 ~ 0.6m/s；A_g 为钻柱与孔壁间的过流面积，m^2。

一般来说，钻进软岩（岩石可钻性等级 1 ~ 4 级），在不影响岩心采取率的同时，冲洗液量应取最大；钻进中硬及硬岩时，随着钻压和转速的增加，冲洗液量也应增大；钻进裂隙地层时，冲洗液量应增大；机械钻速越高，冲洗液量越大；钻孔直径增大，冲洗液量应增大；钻孔深度增大，冲洗液量也应增大。

4. 机械钻速

机械钻速是反映岩石性质、碎岩方法和钻进工艺的一个指标，受岩性变化、井底清净程度、钻压、转速、钻井液性能及钻头类型和状况的影响（沃兹德维任斯基等，1985）。它以单位纯钻进时间内所钻钻孔进尺来计算，如式（3.2）所示：

$$v = \frac{H}{t} \tag{3.2}$$

式中，v 为机械钻速，m/h；H 为钻孔进尺，m；t 为纯钻进时间，h。

上式求得的是碎岩的平均速度、钻头的磨损（磨钝）或者地层岩性的变化，都会改变瞬时机械钻速。B. C. 费道罗夫指出：对于大多数均质岩石，瞬时机械钻速在钻进过程中是按指数规则变化的（斯彼瓦克和波波夫，1983）。计算式如式（3.3）所示：

$$v_s = v_0 \exp(-\beta_m t) \tag{3.3}$$

式中，v_s 为瞬时机械钻速，m/h；v_0 为初始机械钻速，m/h；β_m 为与钻头磨损有关的系数。

机械钻速的大小随着地层条件和钻进工艺的不同发生变化。

二、最优钻进参数分析

钻进工况中的最优钻进参数与地层条件关系最为密切。为了研究钻进参数对钻进效率的影响，首先要确定地层条件，其次根据地层选择合适的钻进工艺方法，最后，根据孔深和孔径确定最优钻进参数。

（一）钻压的选择

1. 最优钻压概念

虽然地层岩石的强度是可测量的常量，但是因为岩石种类和构成的不同，地层呈现多变性。所以，在钻孔的过程中，钻压随着地层条件的变化而变化。

钻压不足时，钻进速度低，进尺慢；但是钻压超过一定范围后，钻头的磨损加剧，反而不利于钻进。钻压超过金刚石钻头的最大允许压力时，会导致金刚石钻头干摩擦，使金刚石过热、冷却困难，还会导致金刚石易被压碎或脱粒，钻头磨损急剧上升，钻进效率同时急剧下降。因此，钻压有最优值，但最优钻压不是一个固定值，而是个范围值，且随着地层条件的变化而变化。

钻压通过钻头作用于岩石，所钻岩层确定后，最优钻压随之成为已知条件。钻头上的钻压是通过钻柱系统传递的，所以分析给进工况中的钻压变化，及时做出调整，才能保证孔底的钻压为最优钻压。相应设计的自动送钻系统要能保证送钻钻压平稳，具有抑制较大钻压波动和控制突变载荷的能力，防止钻柱系统剧烈振动。

2. 钻压选择

1）表镶金刚石钻头（姜明和等，2009）

钻压计算公式如下式（3.4）所示：

$$p = \sigma m A \eta \tag{3.4}$$

式中，σ 为岩石抗压强度，MPa；m 为金刚石粒数，粒；A 为单粒金刚石与岩石接触面积，m^2；η 为金刚石参加破碎岩石的系数，可用单粒金刚石容许载荷来简化计算。

公式变为

$$p = p_0 m \eta \tag{3.5}$$

式中，p_0 为单粒金刚石上允许压力，一般为 $15 \sim 25$，$N/$粒。

金刚石质量好，颗粒大，岩石坚硬完整，单粒压力取大值；钻进过程中随金刚石磨钝，钻压应逐渐加大。

2）孕镶金刚石钻头钻压（姜明和等，2009）

孕镶金刚石钻头中，细粒金刚石均匀分布在工作胎体中，如果按参加破碎岩石的金刚石粒数计算钻压比较困难，因此只能大概估算。

A. 按加载金刚石单位面积上的压力计算钻压

钻压计算公式：

$$P = P_1 \cdot A \cdot \eta \tag{3.6}$$

式中，P_1 为加载在金刚石单位面积上的单位压力，kN/m^2；A 为金刚石断面面积，m^2；η 为参与破碎岩石金刚石比例系数，$0.4 \sim 0.6$。

孕镶金刚石钻头 $P_1 = 0.6 \times 10^4 \sim 1.5 \times 10^4 kN/m^2$。

单层和多层金刚石钻头（粒度 $20 \sim 90$ 粒/克拉[①]）对压入硬度为 $2 \times 10^3 \sim 6 \times 10^3 MPa$ 的岩石，合理的单位面积压力（kN）按照经验式（3.7）计算：

$$P_1 = 10^{-2} \cdot k_1 \cdot \alpha_1 \cdot \beta_1 \cdot P_{\mathrm{III}} \tag{3.7}$$

式中，P_{III} 为压入硬度，MPa；k_1 为相对充满度改变的系数，$k_1 = 1$；α_1 为岩石破碎方式的比例系数，与硬度有关，$\alpha_1 = 0.3 \sim 0.55$；β_1 为底刃金刚石质量系数，球化金刚石 $\beta_1 = 1.25 \sim 1.35$。

对于底刃金刚石粒度为 $120 \sim 300$ 粒/克拉的孕镶钻头，压入硬度为 $4 \times 10^3 \sim 7 \times 10^3 MPa$ 的岩石，单位面积压力（kN）按照经验式（3.8）计算：

$$P_1 = k_2 \cdot \alpha_2 \cdot P_{\mathrm{III}} \tag{3.8}$$

式中，k_2 为与金刚石含量有关的修正系数，含量 $12 \sim 16$ 克拉时 $k_2 = 1$；α_2 为比例系数，$\alpha_2 = 1.1 \times 10^{-4} \sim 1.3 \times 10^{-4}$。

---

① 克拉字母表示为 Ct，$1Ct = 0.2g$。

B. 按经验公式计算钻压

$$P = A \cdot q \tag{3.9}$$

式中，A 为金刚石钻头实际工作唇面面积，cm^2；q 为单位底唇面积允许的压力，N/cm^2。对中硬岩石，推荐 $400 \sim 500 N/cm^2$；坚硬岩石 $600 \sim 700 N/cm^2$。

影响钻压的因素很多，具体确定钻压时，还要分别对待。

（1）岩石性质：一般在软的和弱研磨性岩层中钻进时，应选用较小的钻压；对完整、硬到坚硬或强研磨性的岩层应选用适当大的钻压。对破碎、与裂隙和非均质岩层应适当减小的钻压。

（2）钻头类型：钻头口径大、壁厚、胎体较软时，应采用较大的钻压；反之，应用较小的钻压。

（3）金刚石：钻头上的金刚石质量好、数量多、粒度大时，应选用较大的钻压；反之，采用较小的钻压。

（4）尅取岩石的面积：钻头实际尅取岩石的面积由其口径、壁厚、水口的大小和多少而定，钻头尅取岩石的面积大时，应施加较大的钻压。

（二）孔内压力传递

钻头施加在岩石上压力的传递是个能量传递与消耗的过程。通过孔壁约束下的细长钻柱传递到的钻头，在不同的工作条件下，钻柱具有不同的状态，受力情况也不同。在钻探过程中，钻柱包括起下钻状态和正常钻进两种工作状态。

下钻时，钻柱不接触孔底，整个钻柱处于悬挂状态，在自重的作用下，钻柱处于受拉伸的直线稳定状态；正常钻进时，中和点之上的钻柱处于拉伸状态；中和点之下，钻柱的部分自重作为钻压施加在钻头上。

在孔内的传递过程中，钻具重量、冲洗液浮力和孔内摩擦阻力也是不断变化的。处于悬挂状态的钻柱，在自重的作用下，孔口处拉力最大，钻柱在冲洗液中，还受到冲洗液浮力的作用，浮力使得钻柱受到的拉力减小，在中和点处，合力为零。中和点之下的钻柱承受压力作用。钻柱在孔内的状态不是静止的，它不仅绕着钻孔中心公转，而且围绕自身的中心自转（朱贺，2008）。与孔壁在不同位置发生动态碰撞，接触力会作用在钻柱上，直接影响钻柱在孔内受到的摩擦力（赵国珍，1988）。摩擦力具有随机性，因为钻柱与孔壁的接触碰撞是个非线性过程。此摩擦力在起钻时，增加上部钻柱的拉伸载荷；在下钻时，摩擦力减轻了上部钻柱所受的拉力（李子丰，2008）。不同工况下摩擦力载荷大小不同，当采用不同钻柱组合时，其载荷也不同，摩擦力是一个随机载荷。另外，起下钻过程中钻柱运动速度不稳产生的动载，使得钻压在孔内的传递过程更为复杂。

由于摩擦力与钻柱和孔壁的接触碰撞有关，摩擦力分析要从碰撞问题入手。钻柱在孔内，与孔壁不断发生接触和碰撞，由于孔壁上附着有泥饼等，其接触碰撞过程极为复杂。为了简化问题，分析时将钻柱系统视为一条具有初始曲率和初始位移的空间梁结构，它包括钻柱、钻铤和扶正器等工具。将孔壁假设为刚性面，这样，钻柱与孔壁的接触问题就转变成梁与刚性面的接触碰撞问题。具有以下特点：

（1）外载荷在一定范围内，接触是一个点，超过某一限度时，接触是一条线（钻柱的一段与孔壁贴切在一起）；

（2）接触段内，接触反力为分布力，其分布形式、大小与外载荷分布力在挠曲线在主法线的分布形式大小相同，方向相反，接触力边缘有集中力作用。

考虑摩擦力对钻压的影响，一个与孔壁保持接触的垂直井中钻柱受力情况示意图如图 3.5 所示。

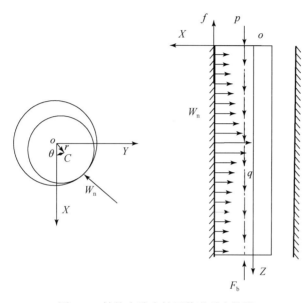

图 3.5　钻柱在孔内钻压传递受力情况

（1）无扭矩和摩擦力的控制方程：

$$\theta^{(4)} - 6\theta'^2\theta'' + 2\theta'' + Q\sin\theta = 0 \tag{3.10}$$

钻柱与孔壁的接触力：

$$P = 4\theta'''\theta' + 3\theta''^2 - \theta'^4 + 2\theta'^2 + Q\cos\theta \tag{3.11}$$

其中：

$$\theta' = \frac{\mathrm{d}\theta}{\mathrm{d}\tau}$$

$$Q = \frac{F}{\mathrm{EI}Rr\omega^4}$$

$$P = \frac{N}{\mathrm{EI}r\omega^4}$$

$$\omega = \sqrt{\frac{F}{2\mathrm{EI}}}$$

式中，θ 为钻柱的螺旋角；r 为井径与钻柱直径的差值；F 为轴向力；EI 为弯曲刚度；N 为接触力；R 为井直径；$\tau = \omega s$ 为无量纲钻柱的长度坐标。

假定钻柱为简支梁，有：

$$\theta(0) = \theta(2\pi) = \theta''(0) = \theta''(2\pi) = 0 \tag{3.12}$$

当 $\theta(\tau)$ 及 Q 通过式（3.10）和式（3.12）确定后，无量纲化的接触力 P 可由式

(3.11) 计算得到。解法略。

(2) 包含扭矩但无摩擦力的控制方程：

$$\theta^{(4)} - 6\theta'^2\theta'' + 2\theta'' + 3m\theta'\theta'' + Q\sin\theta = 0 \tag{3.13}$$

钻柱与孔壁的接触力：

$$P = 4\theta'''\theta' + 3\theta''^2 - \theta'^4 + 2\theta'^2 + m(\theta'^3 - \theta''') + Q\cos\theta \tag{3.14}$$

假定钻柱为简支梁，边界条件与上相同：

$$\theta(0) = \theta(2\pi) = \theta''(0) = \theta''(2\pi) = 0 \tag{3.15}$$

其中：

$$m = \frac{\sqrt{2}\,M_n}{\sqrt{FEI}}$$

式中，M_n 为扭矩；其他参数定义同上。

(3) 考虑摩擦力的控制方程：

$$\mathrm{EI}\frac{\mathrm{d}^4\theta}{\mathrm{d}s^4} + F\frac{\mathrm{d}^2\theta}{\mathrm{d}s^2} + F\frac{\mathrm{d}\theta}{\mathrm{d}s} - 6\mathrm{EI}\left(\frac{\mathrm{d}\theta}{\mathrm{d}s}\right)^2\frac{\mathrm{d}^2\theta}{\mathrm{d}s^2} + \frac{q\sin\theta\sin\alpha}{r} = 0 \tag{3.16}$$

$$W_n - Fe_z\left(\frac{\mathrm{d}\theta}{\mathrm{d}s}\right)^2 - q\cos\theta\sin\alpha + \mathrm{EI}e_z\left(\frac{\mathrm{d}\theta}{\mathrm{d}s}\right)^4 = 0 \tag{3.17}$$

假定钻柱为简支梁，则边界条件为

$$\theta(0) = \theta(L) = \theta''(0) = \theta''(L) = 0 \tag{3.18}$$

$$F = F_2 + qs\cos\alpha - f\int_0^s W_n\mathrm{d}s \tag{3.19}$$

式中，θ 为钻柱的螺旋角；e_z 为钻孔直径与钻柱外径的差值；EI 为弯曲刚度；W_n 为接触力；s 为沿着 z 轴方向钻具上端到孔底钻头的长度，最大值为 L。其他符号含义与前相同。

由于上述方程组中的变量之间是耦合的，存在高度的非线性，所以精确的解析解很难求解。采用打靶方法可得到原方程组的数值解。

钻进过程中采用的设备、工艺的不同，造成钻进过程的复杂性，往往需要对具体情况进行综合分析。根据地层岩石的可钻性等级，将地层条件分为松散地层、中硬地层和坚硬地层。钻头的类型与岩石的破碎密切相关，将地层条件和钻头类型作为确定最优钻压的辅助输入变量，由二者的变化列出不同的过程状态。在不同的状态下，具体分析钻进参数对机械钻速的影响。

(三) 转速分析

转速是影响金刚石钻进效率的另一个重要因素。在一定条件下，转速越快，钻速越高。图 3.6 表示在不同岩石中金刚石钻进时钻速随转速的变化情况（李世忠，1992）。可以看出，只要岩层稳定，钻孔弯曲较小且无超径现象，管材有足够的强度、钻具级配较好，使用较好的润滑剂洗井液，机械设备能力允许等条件下，应设法采用高转速钻进。

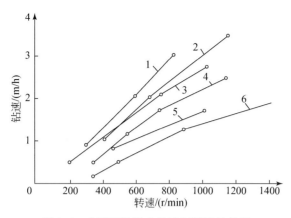

图 3.6　金刚石钻进中钻速与转速的关系
1. 角闪片麻岩；2. 混合岩化的片麻岩；3. 均质混合片麻岩；4. 闪长岩；5. 花岗岩；6. 石英岩

　　转速与金刚石的磨损关系比较复杂。若其他条件正常，二者之间存在一个合理值，即在某一转速下，金刚石磨损量为最小。转速过小或过大，金刚石的磨损量都较大。在选择转速时还必须注意钻柱运转的稳定状态。因为往往在某一转速时，钻柱会发生强烈振动，此时金刚石的单位磨耗量急剧增加。

　　（1）在软而塑性大和研磨性小的地层（黏土类地层）。每组合金或一个 PDC 刀片每转的进尺等于切削具切入岩石的深度，并且切削具的磨损很小，所以机械钻速可以通过钻头每转的进尺和每分钟转数计算获得，如式（3.20）所示：

$$v = h_1 \cdot m \cdot n \tag{3.20}$$

式中，h_1 为每组合金或一个 PDC 刀片每转的进尺（切削具的切入深度），m；n 为钻头的转速，r/s；m 为钻头上切削具的组数，或者钻头 PDC 刀片数目。

　　由式（3.20）可知，在软岩中，钻头以一定的钻压进行钻进时，机械钻速与转速成正比。

　　（2）在中硬及硬岩层。地层的研磨性较高，切削具在钻进过程中不断被磨钝，所以提高转速是有限速的，不允许过高地增大转速，机械钻速的计算公式如式（3.21）所示：

$$v = (h_0 - \mu \cdot n) \cdot m \cdot n \tag{3.21}$$

式中，h_0 为转速 $n = 0$ 时的切入深度，m；μ 为岩石的弹性及塑性的衰减系数。

　　由式（3.21）中可以看出，机械钻速与转速的函数关系呈抛物线变化关系，当转速 $n = h_0/(2\mu)$ 时，机械钻速 $v = h_0^2 m/(4\mu)$ 取最大值，转速 n 按式（3.22）计算：

$$n = \frac{60 \cdot \omega_0}{\pi D_0} \tag{3.22}$$

式中，D_0 为钻头的平均直径，m；ω_0 为钻头的平均圆周速度，m/s。

　　金刚石圆周速度的范围如下：强裂隙岩石 $\omega_0 = 0.3 \sim 0.6$ m/s；很硬及强研磨性岩石 $\omega_0 = 0.8 \sim 1.5$ m/s；硬岩 $\omega_0 = 1.5 \sim 2.0$ m/s；弱研磨性的中硬岩石 $\omega_0 = 2.0 \sim 3.5$ m/s，但是，ω_0 随着钻孔深度的增加而减小。

（四）钻进参数的控制分析

关于钻压控制的数学模型，各国的专家、学者在各种钻探实验的基础上得到了多个关于钻压、转速、钻进速度，以及各种钻进参数之间的关系的数学表达式。

1. 机械效率法

1965 年，R. Teale 对不同类型的岩石采用不同形式的钻头进行大量现场试验，提出机械比能理论（Teale，1965），采用碎岩比功和最小碎岩比功表示机械效率。碎岩比功指的是破碎单位体积岩石所输入的能量。该理论综合考虑钻压、转速和扭矩对机械效率的影响。具体计算式见式（3.23）：

$$EEF = \frac{100 \cdot M_{\min}}{\dfrac{4P}{\pi \cdot D_{b}^2} + \dfrac{480 \cdot n \cdot T_{b}}{D_{b}^2 \cdot v}} \tag{3.23}$$

式中，EFF 为机械效率，% ；$M_{\min}$ 为最小碎岩比功，约等于岩石单轴抗压强度，MPa；D_{b} 为钻头直径，mm；T_{b} 为钻头扭矩，$kN \cdot m$。

李昌盛等（2012）根据机械比能理论，对钻头扭矩进行简化处理反推出钻速方程，如式（3.24）所示：

$$v = \frac{4.06\mu \cdot n}{D_{b}\left(\dfrac{0.6446CCS}{EEF \cdot P} - \dfrac{101.6}{\pi D_{b}^2}\right)} \tag{3.24}$$

式中，μ 为特定滑动摩擦因数，无量纲。μ 的取值与钻头类型有关；CCS 为有侧限抗压强度，MPa。

2. 多边形数学模型

Кисев 等（1984）采用回归分析方法在冲洗液量不变、冲击能量和冲击频率不变的情况下建立了机械钻速和钻压、钻具转速间关系的数学模型。

根据地层条件的不同，得到的公式略有区别。以岩石的可钻性等级 Ⅵ- Ⅶ 为例，机械钻速与钻压、转速的计算式如式（3.25）所示：

$$v = -0.99 + 1.8 \times 10^{-4}P + 8.4 \times 10^{-3} \cdot n \pm 0.7 \tag{3.25}$$

3. 修正的杨格（Young F. S）公式

Young（1969）提出钻速方程，考虑水中净化系数和压差影响系数，称为杨格模式。后来有人对此进行了修正，便得到目前广泛采用的修正杨格模式，见式（3.26）：

$$\begin{cases} v = K_{R} \cdot C_{H} \cdot C_{P} \cdot (W - P) \cdot n^{\lambda}/(1 + C_{2} \cdot h) \\ v_{hf} = A_{f} \cdot (\alpha_{1} \cdot n + \alpha_{2} \cdot n^3)/(Z_{2} - Z_{1} \cdot P)(1 + C_{1} \cdot h) \end{cases} \tag{3.26}$$

式中，K_{R} 为比例系数，通称为地层可钻性系数，其包含了除钻压、转速、牙齿磨损、压差和水力因素以外其他因素对机械钻速的影响，与地层岩石的机械性质、钻头类型及冲洗液性能等因素有关；λ 为转速指数，无因次量；C_{H} 为水力净化系数；C_{P} 为压差影响系数；W 为钻压；C_{2} 为钻头牙齿磨损系数，无因次量；h 为钻头牙齿磨损量（表示磨损掉的高度与原始高度之比）无因次量；A_{f} 为比例系数；v_{hf} 为牙齿磨损速度，m/h；Z_{1}、Z_{2} 为钻压影响系数，由钻头尺寸决定；α_1、α_2为钻头类型系数；C_1为钻头牙齿磨损减慢系数。

公式综合考虑了作用于钻头的钻压、转速、钻头的磨损情况及相关的水力净化及压差影响等因素。全面分析了钻头在钻探过程中的变化，尤其是钻头的磨损情况。在转速及其他参数不变的情况下，克服门限钻压之后，钻速与钻压成正比。

在现场应用中，通用钻速方程（Roehrlich and Belohlavek，2006）如下：

$$v = K_v \left(\frac{W_p}{60}\right)^{A_1} \left(\frac{n}{70}\right)^{B_1} N_s^{C_1} e^{D_1(\rho_c - \rho_d)} \tag{3.27}$$

式中，K_v为与地层岩石可钻性级值有关的钻速系数，$K_d \leqslant 3.5$ 时 $K_v = 130 \sim 135$，$3.5 < K_d \leqslant 6.0$ 时 $K_v = 110 \sim 125$，$K_d > 6.0$，$K_v = 100 \sim 105$；W_p为比钻压，kN/cm；N_s为比水功率，kW/cm^2；ρ_c为冲洗液密度，g/cm^3；ρ_d为地层压力当量密度，g/cm^3；A_1、B_1、C_1、D_1为与地层埋藏深度有关的系数。

4. 钻探成本法

英国 Nottingham 大学利用石油钻机的智能系统建立钻探过程的优化控制方程式。该钻机有最低钻探成本和最大机械钻速 2 种控制方式。将实时测量的各项参数数据输入方程式中，经过分析与求解后，得到成本矩阵，使用综合效益最好的参数来指导钻探过程。Petter Osmundsen 为优化钻进过程，根据每天的钻进进尺花费的钻探成本做了经济计量分析。

史玉升和梁书云（2000）进行基于目标函数的钻压优化自动送钻研究，目标函数为最低钻成本。

5. 钻进功率法

优化钻进需要综合考虑钻压、转速和泵量三个参数，钻压的大小对机械效率的提高有直接关系。回转钻进，钻压一定时，提高转速可以提高机械效率。泵量的大小受钻压和转速的影响。所以优化钻进过程，主要是调整钻压和转速的大小。通过试验发现，钻进时功率消耗与钻压和转速有直接的关系。钻进规程参数控制问题实质上就是钻进功率的合理控制问题。

В. Г. 霍米指出功率与钻压、转速的计算关系，如式（3.28）所示：

$$N = \frac{9.8 f_h \cdot P \cdot n \cdot r}{97500} \tag{3.28}$$

式中，f_h为霍米摩擦系数，$0.22 \sim 0.3$；r为钻头平均直径，m；N为功率，W。

由式（3.28）知，碎岩功率与钻压和转速的乘积（$P \cdot n$）成正比。

（五）恒钻压送钻

钻进过程中，钻压通过钻柱传递到钻头，将钻头以上（包括钻头）、顶驱主轴以下的管柱组成的系统称为钻柱系统。钻压在钻柱系统中的传递机理复杂，孔内影响钻压传递的变量较多，各个变量的变化具有随机性，且变量与变量之间相互影响，目前受测试仪器的限制，难以准确测量孔内的变化情况。

钻探经验表明，当地层条件、冲洗液性能和钻探设备确定后，孔内最优钻压的数值大多数呈正态分布的随机变量，在一个数值上下波动。

分析系统在竖直方向的受力情况，加压钻进时，钻压可由式（3.29）确定：

$$W = G_1 + G_2 - F_1 + F_2 + F_3 - F_4 \tag{3.29}$$

式中，W 为孔底对钻头的支持力，与钻压大小、方向相反，kN；G_1 为顶驱油缸活塞及其运动部件质量，kN；G_2 为顶驱装置和钻具的质量之和，kN；F_1 为冲洗液浮力，kN；F_2 为机械力，kN；F_3 为摩擦力，kN；F_4 为举升力，由钻头压降产生，kN。

随着钻探深度的增加，钻柱会越来越长，重量越来越重。当钻柱重量超过所需钻压时，为了保证钻压不变，这时需要实现减压钻进。

减压钻进钻压的计算公式为

$$W = G_1 + G_2 - F_1 - F_2 + F'_3 - F_4 \tag{3.30}$$

式中，F'_3 为减压钻进的摩擦力，kN。

由上述公式可知，钻压是由钻柱系统的净重与摩擦力、浮力、举升力和机械力决定的。

第三节 自动送钻系统设计

一、技术要求及主要内容

1. 技术要求

给进方式：交流变频绞车给进。

行程：大钩行程 32m。

自动送钻控制精度：钩载 1‰。

工作方式：有自动与手动切换功能。

系统具有显示与记录功能，对钻压、钻具扭矩、钻具转速、泥浆泵泵压及游车位置超限进行报警和紧急制动功能；具有触摸屏输入功能，可对控制参数及给定值进行调整；具有屏幕彩色显示功能，人机操作界面。

2. 主要内容

自动送钻系统主要通过控制系统精确控制、自动调节钻压、钻速、扭矩等，实施钻头自动给进。主要内容包括：钻进参数调节、自动送钻结构方案、控制方法选择。

1）钻进参数调节

根据地层的变化，通过钻压、钻速和扭矩等钻进参数之间的调节，实现最优参数组合，达到优化钻进的目的。现有的自动送钻装置只能根据司钻给定的钻压进行恒钻压钻探，给定的钻压值不能根据地层的变化而合理的改变，不是最优值，所以钻探效率、钻探成本、钻探速度等指标均不是最优值，也无法获得最优的经济效益。因此，通过控制参数的最优化，使给定的钻压值随地层的变化而变化是自动送钻智能化的关键技术之一。

2）自动送钻结构方案

大深度、长钻柱和大钩载等因素，使得孔底钻头上钻压很难达到精确控制。通过不同的送钻方案，达到最精确控制目的。主要采用盘刹自动送钻及小电机自动送钻方式，同时优化设计绞车结构，使之结构简化，便于控制，从而实现自动送钻精度在钩载1‰的范围内。

3）控制方法选择

自动送钻的控制对象具有时滞、时变和非线性的特点。中间环节的钢丝绳、大钩与钻柱之间、变速齿轮内部等传递环节存在形变、时滞及非线性等复杂现象，另外被控量还受地质情况、钻头磨损情况、泥浆及水力参数的影响。这些影响因素难以测量，而且在钻探过程中随时会发生变化。因此无法得到系统的精确数学模型，用基于模型的传统控制方法也就很难达到精确的、稳定的控制效果。因此，钻探过程的自动送钻控制方法也是提高控制精度的关键之一。

二、自动送钻方案

（一）自动送钻结构方案

1. 方案一：盘刹自动送钻

盘式刹车采用液压式制动钳对绞车的悬持负荷进行控制。系统原理如图3.7所示。将拉力传感器采集到的钻具实际悬重（PV）送入PID调节器，经与悬重设定值（SV）进行比较后求出偏差$e = PV-SV$，进而根据PID规则计算出调节值u，以此对电磁比例阀进行控制。比例阀输出的油压可使制动钳缸产生相应的刹车力，使钻具的实际悬重发生改变，形成悬重的闭环控制。正常情况下，当扰动因素作用到钻具上使PV值较大程度地偏离SV值时，PID调节器产生一适当的调节量u将PV值重新拉回到SV值附近，这样便实现了恒悬重钻进（樊启蕴和张嗣伟，1995）。由于钻头上钻压值总等于钻具净悬重与实际悬重之差，因而恒悬重钻进与恒钻压钻进效果是相同的。

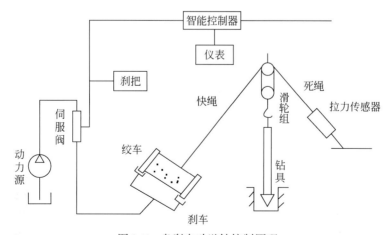

图3.7 盘刹自动送钻控制原理

2. 方案二：采用主电机送钻系统

利用现有绞车起升系统，采用变频电机控制绞车速度，实现送钻功能，采用变频电机自动送钻系统传动原理如图3.8所示，该系统是将绞车主电机作为送钻系统的电机，通过控制该电机的转速达到控制钻压和钻速的目的。

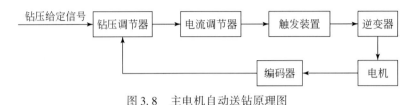

图 3.8　主电机自动送钻原理图

钻压仍然通过死绳传感器接收信号，通过与钻压给定值进行比较，将输出信号通过D/A转换来控制变频调速单元，输出可变频率电压信号来控制绞车主电动机的转速，完成恒钻压闭环控制。

电驱动钻机的发展促进了主电机自动送钻系统的产生。在主电机自动送钻的实际使用中依然存在不足：主电机在长时间低于额定功率、额定转速下运行是很不稳定的，特别是主电动机在运行频率较低的情况下，较容易受其他谐波信号的干扰，使系统控制性能变差，导致控制精度下降，且对电机损害比较大。

3. 方案三：小电机自动送钻

变频小电机自动送钻方案系统传动原理如图3.9所示，系统由2部分组成，即由主电机为动力的主传动系统和由两台小功率交流变频电机为动力的自动送钻系统。绞车自动送钻时，由两台小功率交流变频电机驱动，经大扭矩、大传动比减速器及离合器后，将动力传入，并车动力机组驱动传动轴及滚筒轴完成自动送钻过程。

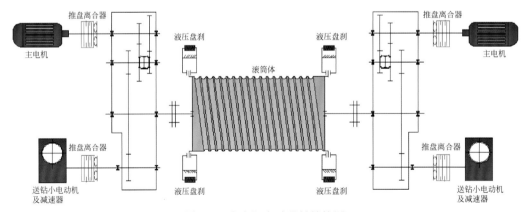

图 3.9　小电机自动送钻结构图

通过调研、分析发现：方案一系统简单，控制方便，是目前钻机中应用最广泛的方法；但盘式刹车只是改手动为自动，存在机械磨损的问题，另外多个刹车片的同步性和动作灵敏性，使刹车力难以控制，直接影响自动送钻系统的性能，控制精度相对较低。

方案二控制系统比较稳定可靠，便于调整，易于操作，节能效果好，但在运行频率较低的情况下，较容易受其他谐波信号的干扰，使系统控制性能变差，导致控制精度下降。

　　方案三使用小电机送钻，其优点是自动送钻反应灵敏，若主电机发生故障，辅助电机还可以起应急作用。缺点是增加了 1 台小电机，绞车结构复杂，布局凌乱，增加了绞车的体积和质量。

　　方案一、方案二各有特点，又各有不足，综合考虑深部钻探要求，对钻压控制要求较高，选择小电机自动送钻方案。

　　小电机自动送钻结构示意图如图 3.9 所示，系统由两部分组成。一是主传动系统：绞车由 2 台 1600kW、0～2300r/min 的交流变频电动机分别经 2 台二挡二级斜齿轮变速箱减速后，同步驱动单滚筒轴，绞车整个变速过程及同步控制完全由主电动机交流变频控制系统操作实现，具有零转速悬停和下钻能耗制动等功能。二是小电机自动送钻系统：由 2 台 45kW 的交流变频电动机驱动，经大扭矩、大传动比减速机后，将动力输入左、右变速箱送钻输入轴，经一级减速后带动滚筒轴完成自动送钻过程，自动送钻满足提升最大钻柱重量的要求。

（二）小电机自动送钻控制方案

　　控制原理如图 3.10 所示，确定执行机构后，控制器的选择将直接影响到自动送钻的精度和钻井质量，所以控制器及控制方法的选择显得至关重要。

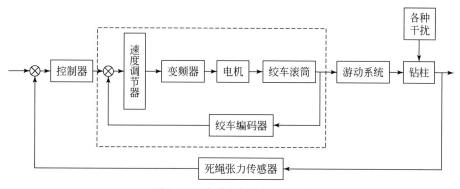

图 3.10　自动送钻控制原理图

　　现阶段自动送钻控制方法应用较多，传统 PID 控制、模糊控制、自适应模糊 PID 控制、模糊神经网络的自组织控制等成为现阶段的主流。

1. 方案一：传统 PID 控制

　　在钻进实际施工中，由于 PID 控制器结构简单、稳定性好、工作可靠、调整方便而成为控制的主要技术之一。控制规律为比例、积分、微分控制，简称 PID 控制，又称 PID 调节。

　　（1）比例环节（proportion）：即时成比例地反映控制系统的偏差信号 $e(t)$，偏差一旦产生，控制器立即产生控制作用，以减少偏差。

　　（2）积分环节（integral）：主要用于消除静差，提高系统的无差度。积分作用的强弱取决于积分时间常数 T_I，T_I 越大，积分作用越弱，反之则越强。

（3）微分环节（derivative）：反映偏差信号的变化趋势（变化速率），并能在偏差信号值变得太大之前，在系统中引入一个有效的早期修正信号，从而加快系统的动作速度，减少调节时间。

常规 PID 控制器是一种线性控制器，控制原理如图 3.11 所示。图中 $r(t)$ 为系统的给定值，$y(t)$ 是系统的输出值，输出值与给定值之间的偏差为 $e(t)$，即 $e(t) = r(t) - y(t)$。将比例环节、积分环节和微分环节同时作用于偏差量 $e(t)$，并取作用的结果做加减运算，得到控制系统的输出量 $u(t)$。

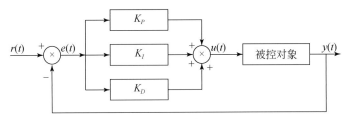

图 3.11　PID 控制原理图

将偏差的比例（P）、积分（I）和微分（D）通过线性组合构成控制量，对被控对象进行控制。其控制规律是：

$$u(t) = K_P\left[e(t) + \frac{\int e(t)\,\mathrm{d}t}{T_I} + \frac{T_D\mathrm{d}e(t)}{\mathrm{d}t}\right] \tag{3.31}$$

式中，K_P 为比例系数；T_I 为积分时间常数；T_D 为微分时间常数。

PID 控制器的参数整定是控制系统设计的核心内容。它是根据被控过程的特性确定 PID 控制器的比例系数、积分时间和微分时间的大小。PID 控制器参数整定方法概括起来有两大类：一是理论计算整定法，它主要是依据系统的数学模型，经过理论计算确定控制器参数。这种方法所得到的计算数据未必可以直接用，还必须通过工程实际进行调整和修改。二是工程整定方法，它主要依赖工程经验，直接在控制系统的试验中进行，且方法简单、易于掌握，在工程实际中被广泛采用，但无论采用哪一种方法所得到的控制器参数，都需要在实际运行中进行最后调整与完善。

当被控对象的结构和参数不能完全掌握，或得不到精确的数学模型时，控制理论的其他技术难以采用时，系统控制器的结构和参数必须依靠经验和现场调试来确定，这时应用 PID 控制技术最为方便。即当我们不完全了解一个系统和被控对象，或不能通过有效的测量手段来获得系统参数时，最适合用 PID 控制技术。

PID 的特点：结构简单、可靠、稳定；但不能有效克服负载、模型参数的大范围变化及非线性因素的影响，且控制精度、响应速度、稳定性、适应能力较差。

2. 方案二：模糊控制

图 3.12 为模糊控制原理图，模糊控制可以仿照人的智能，对复杂不确定系统做到有效控制，能有效解决不能建立准确数学模型及 PID 控制器中参数不能确定的问题。但是钻进过程不可避免的存在不确定性，以及钻机本身传动过程也存在时滞和非线性，这些都将

造成模糊控制规则的粗糙或者不完善，最终将影响到控制效果。

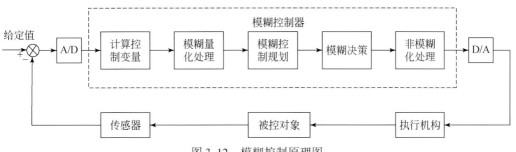

图 3.12 模糊控制原理图

3. 方案三：自适应模糊 PID 控制

自适应模糊控制器是在简单模糊控制器的基础上，增加了偏差测量、控制校正和规则修改这三个功能块而构成的一种模糊控制器，结构如图 3.13 所示。自适应模糊控制器在控制被控过程的同时，还要了解被控过程，即将模糊系统辨识和模糊控制结合的一种控制方式，通过辨识才能更好地"了解"被控过程，以便使控制器能"跟上"过程和环境的变化，这样控制系统本身就具有了一定的自适应、自组织、自学习的能力，使控制结果达到理想要求。

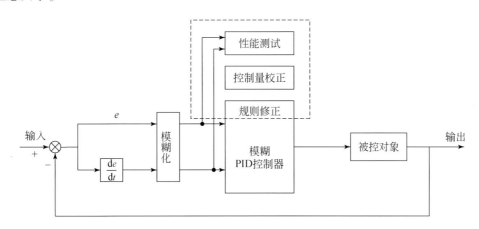

图 3.13 自适应模糊 PID 控制原理图

4. 方案四：模糊神经网络的自组织控制

自组织模糊神经网络控制是在神经网络中应用模糊逻辑和联想记忆相结合，可以实现基于模糊规则的自组织控制，其不仅通过应用基于模糊规则的树结构，而且通过应用基于模糊概念节点的映射结构来描述模糊知识。自组织模糊神经网络控制也使控制系统具有一定的自适应、自组织和自学习的能力。

通过比较可以得出，单纯使用方案一、二难以达到理想的效果，而方案四控制较为准确，但实际不成熟，难度较大，因此，根据"地壳一号"钻机的实际情况，最终选择方案三自适应模糊 PID 控制，该方案实际应用较为成熟且能达到所要求的精度。

（三）钻机钩载与提升速度关系

根据主电动机特性、绞车变速箱传动比及钻机游吊系统计算方法，得出钻机钩速–钩载提升曲线，如图 3.14 所示（周天明等，2008）。

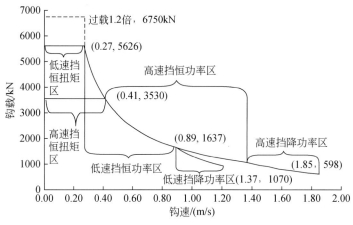

图 3.14   钩速–钩载提升曲线

由图 3.14 可知，提升曲线分为 3 个区域：恒扭矩区、恒功率区和降功率区。提升曲线有低速挡（Ⅰ挡）和高速挡（Ⅱ挡）2 种。

低速挡（Ⅰ挡）：绞车钩速在 0～1.21m/s 范围之内。钩速在 0～0.27m/s 范围之内为恒扭矩区，钩载的恒定值为 5626kN；可利用电动机和变频器过载特性，满足提升钻机最大起升钩载 6750kN 要求，此时过载系数为 1.2（电动机、变频器均允许过载 1.5 倍）。绞车可以利用这段曲线处理井下事故、下套管等起升钻机最大载荷。

钩速在 0.27～0.89m/s 范围内为恒功率区，绞车可利用恒功率在 0.27～0.43m/s 速度范围，完成钩载在 1637～5626kN 实际工作载荷的需要。

钩速在 0.89～1.21m/s 范围内为降功率区，钩载在 914～1637kN，对于钻探来说速度偏低，一般不用，但可作为高速挡故障时的工作储备。

高速挡（Ⅱ挡）：绞车钩速在 0～1.85m/s 范围之内，此时钻机提升工作速度范围较宽。钩速在 0～0.41m/s 范围之内为恒扭矩区，钩载的恒定值为 3530kN。

钩速在 0.41～1.37m/s 和 1.37～1.85m/s 范围内分别对应电动机恒功率区间和降功率区间，对应钩载在 598～3530kN，满足绞车空吊卡解卡作业。

绞车采用两挡变速箱结构，高速挡时可以满足正常工作时起升负载的需要，低速挡可以完成处理井下事故和下套管等作业。两挡使得电机的调速范围更广，可靠性提高，同时高低挡轮流工作，在一定程度上缓解了各部件的疲劳，大大提高了各部件的使用寿命，功率匹配更加合理，利用率较高。

第四节　动态仿真分析

一、绞车提升系统设计与分析

绞车系统是整个钻探装备中最重要的组成部分之一，是钻探机械中起升系统的主要设备。它在整个钻井工作过程中需要承担起下钻具、下套管、调节钻压、悬持静止钻具、送进钻具、起吊重物，以及井场中其他辅助工作。有时候钻探装备中井架的起放工作也需要由绞车系统来完成。

（一）自动送钻绞车性能要求

按照钻井过程中绞车所需负担的工作任务，绞车系统应具备以下六个性能。

（1）绞车必须具有足够大的功率。具有足够大的功率以保证在超深井作业时能够带动钢丝绳产生足够大的拉力来提升钻具。在钻进过程中能够平衡部分钻具重量以顺利完成钻井作业。同时绞车系统对钻井过程中常见的事故应具有一定的应急处理能力，并能在绞车理论最大钩载情况下完成下套管的工作。

（2）绞车必须具有足够大的容绳量。整个钻井过程都是依靠钢丝绳在滚筒上的卷放来完成的，各个过程中都需要较大的行程，因此需要足够大的容绳量来保证工作的顺利进行。

（3）绞车必须具备足够的强度和刚度。在绞车工作过程中，需要平衡很大一部分钻具的自重，这部分自重通过钢丝绳对绞车产生较大的扭矩，与此同时，在钻进过程中，由于地层条件的不确定性也会产生较大的交变载荷，要求绞车具有较高的强度和刚度。

（4）绞车的刹车机构必须能够提供足够的刹车力矩，并且操作需要足够的灵敏，以使绞车能够准确的调整钻压、送进钻具，并且能够根据需要准确的调整下钻过程中的下钻速度；滚筒刹车鼓及刹车片应该具有足够的可靠性和耐久度。

（5）绞车必须具有较高的控制精度。在钻进过程中，需要小电机带动绞车来实现自动送钻，以保证恒钻压钻进，保护钻头；而地层条件的不确定性往往造成钻压的突变，因此需要精度较高的控制系统来保证钻头钻压，从而提高钻头使用寿命。操控装置应尽量集中，降低操控行程，提高操控便捷性。

（6）绞车必须具有较宽的调速范围。为了适应不同钻探地层和钻探环境，往往需要不同的钻速来完成钻进作业。在正常工作过程中，需要不同的速度来完成相关作业，如在自动送钻时需要较低的速度来保证恒钻压顺利钻进，而在起升钻具及加钻柱时又需要较快的速度来提高工作效率。

（二）绞车自动送钻系统物理模型建立

1. 绞车技术参数确定

1）提升力要求

该提升力需满足钻柱重量乘上 1.5 的系数得出的值，还需满足提升钻孔套管的重量。

按最大钻柱重量计算：使用114mm钻柱 $Q = qL = 270 \times 10000 = 2700\text{kN}$

使用127mm钻柱 $Q = qL = 300 \times 10000 = 3000\text{kN}$

式中，q 为钻柱单位长度重量；L 为最大钻探深度，10000m。

对114mm钻柱，如绞车提升力定为6750kN，则提升能力为钻柱总重2.5倍；对127mm钻柱，如绞车提升力为6750kN，则提升能力为钻柱总重为2.25倍。

2）精度要求

对于坚硬地层采用孕镶金刚石取心钻头，其钻压大小的控制是一个主要控制因素，如对于 ϕ152mm 的取心钻头，钻进坚硬地层时要求单位钻头底面上压力为 $700 \sim 900\text{N/cm}^2$，故其钻头载荷为：$112\text{cm}^2 \times (700 \sim 900) \text{ N/cm}^2 = 78400 \sim 100800\text{N}$。需控制在这个范围内，其最小控制值为5000N。

3）基本参数

设计绞车基本参数如表3.2所示。

表3.2 "地壳一号"绞车基本参数

钻机型号	地壳一号
绞车额定功率最大快绳拉力	1600×2kW
	643kN
钻井钢丝绳直径	45mm
滚筒（直径×长度）	980mm×1840mm
提升挡数	2挡无级调速
提升速度	0~1.2m/s
主电机送钻速度	0~200m/h
主刹车	液压盘式刹车
辅助刹车	能耗制动
绞车驻车制动	液压盘刹
最大工作制动转矩	460kN·m
驻车制动转矩	300kN·m
紧急制动转矩	760kN·m
速度及功能控制	交流变频电机
交流变频电机型号/数量	HTB36/HTB36A/2
额定功率	1600kW
额定电压	575/600V
额定电流	1970/1887A
额定转矩	20026N·m
额定转速	763r/min
额定频率	52Hz
功率因数	0.85

续表

钻机型号	地壳一号
额定效率	96%
恒功最高转速	1500r/min
恒功最高频率	102Hz
短时转矩	30039N·m
最大电流	2955A
最高转速	2200r/min
辅助驱动电机功率	45kW
额定转矩	290N·m
质量	4630kg

2. 绞车物理模型

利用计算机软件 Autodesk Inventor Professional 建立小电机交流变频电机自动送钻系统三维物理模型。

绞车系统主要由以下几个部分组成：送钻小电机、传动系统、滚筒总成、盘刹装置和主传动电机，结构如图 3.15 所示。

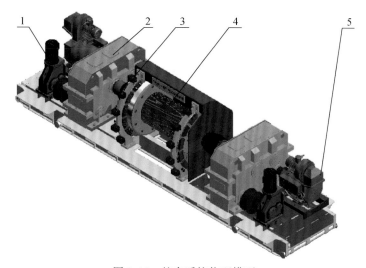

图 3.15　绞车系统物理模型
1. 送钻小电机；2. 传动系统；3. 盘刹装置；4. 滚筒总成；5. 主传动电机

（三）绞车部件结构形式的确定

绞车系统部件的结构直接影响到整个绞车的性能。只有认真研究各个主要部件，确定最合适的形式，才能得到最优的整体方案。

（1）动力系统：目前绞车的驱动形式基本是柴油机驱动和电动机驱动两种，但常规的柴油机驱动由于存在换挡过程使整个结构复杂，调速不稳，而电驱动绞车已成为深孔和超深孔钻机的主流。电动机驱动绞车分为直流电驱动和交流变频电驱动。直流电驱动因调速平滑、调控灵活、安全可靠等优点曾被广泛应用，但随着交流变频技术的发展，交流变频电机的优势更为突出。与直流电驱动相比，交流变频电驱动结构简单，具有更宽的调频范围、更高的调速平滑性和可靠性，还可以通过编制程序来实现高精度的控制，因此最终选用交流变频电驱动形式。

目前，国内交流传动系统有两种电压可供选择，分别是国际石油行业标准的 600V 和国际电工标准的 690V。由于国内外大部分钻探设备均采用国际石油行业标准 600V，因此，为了保证供电系统的可靠性和零部件的互换性，选择供电电压为 600V 的发电机组或工业电网。

（2）绞车传动方式：常见的绞车传动形式主要有带传动、链传动和齿轮传动，通过比较，齿轮传动具有较高的传递效率和较可靠的瞬时传动比。考虑到采用交流变频电驱动作为动力输入，为了简化结构，降低成本，选择高可靠性的齿轮传动形式。

（3）滚筒结构形式：目前常用的滚筒主要有铸造和焊接两种形式，相对于铸造式来说，焊接式滚筒具有更高的强度和刚度。滚筒按表面形式又分光滑滚筒面和绳槽滚筒面，在工作中，为了保证钢丝绳正常工作，避免出现夹绳和挤压等情况的出现，通常选择带绳槽的滚筒。

带槽的滚筒又具有以下几种形式：拼接式、整体式和塞焊式。拼接式通常是将瓦片状的槽体一个一个地焊接在滚筒体上拼接完成；整体式是在滚筒表面直接做出槽体；塞焊式通常是将槽体单独成型，呈滚筒状，然后将整槽体与滚筒进行塞焊（利歌，2001）。通过比较选择整体焊接式。

（4）刹车系统的确定：大部分钻探事故都是由绞车刹车系统不灵敏而造成的，因此，为了保证钻探设备和工作人员安全，刹车系统必须具有较高的可靠性和快速的响应性。目前，较为常用的是盘式刹车，大多为伊顿刹车和液压盘式刹车（图3.16），相比伊顿刹车，液压盘刹具有更高的可靠性和快速响应性，同时液压盘式刹车可以产生较大的刹车力

图 3.16 伊顿刹车及液压盘刹

矩，更适合用于超深井钻机。为了更好地改善刹车片的散热问题，选择大通风量、叶型为长短直叶式液压盘刹作为主刹车。采用变频电机作为动力输入，辅助刹车采用电机能耗制动（赵淑兰和朱其先，2004）。

（5）钢丝绳的确定：钢丝绳根据绳芯的不同可以分为独立钢丝绳芯结构（IWRC）、钢丝股芯（WSC）和纤维绳芯（FC）。通常，相对于钢丝股芯和纤维绳芯来说，独立钢丝绳芯能够承受更大的横向和轴向拉伸载荷。钢丝绳按照绳芯捻制方向的不同又可分为同向捻制和交互捻制两种（曹家麟，2007）。在同时承受较大载荷时，交互捻的结构更加趋于紧密，而同向捻处于松散，因此，在大载荷时交互捻的强度和可靠性相对较高。最终选择交互捻制的独立钢丝绳芯结构。

二、基于 AMESim 自动送钻系统建模

（一）绞车–游车–天车系统建模

游车–天车系统采用 6×7 的滑轮组合，天车系统固定在井架的顶端，绞车系统固定在基座上。钢丝绳一端固定于绞车，缠绕滚筒后，依次穿过天车上的定滑轮与游车上的动滑轮（共穿过六个动滑轮和七个定滑轮），末端绕出后经过死绳固定器固定住。天车系统与游车系统通过钢丝绳连接在一起，从而使游车系统悬挂在井架中央。空间位置都是固定的，仅有转动自由度。基于此，建立了绞车–天车–游车系统模型，如图 3.17 所示。游车滑轮组的物理模型如图 3.18 所示。游车滑轮参数计算结果如图 3.19 所示。

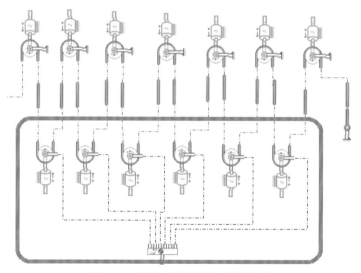

图 3.17　绞车–天车–游车系统模型

图 3.18　游车滑轮组物理模型

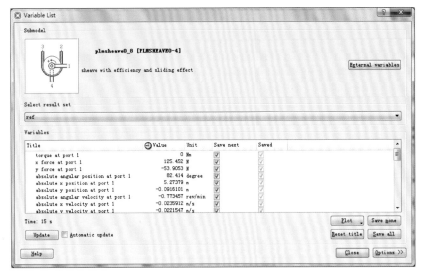

图 3.19 游车滑轮参数计算结果

(二) 电机及控制模块建模

自动送钻绞车的电气控制单元采用 ABB 公司的逆变控制单元，送钻小电机的动力可通过如下途径获得：发电机组或公用电网提供 600V 交流电，经整流柜在直流母排上同期，进而采用逆变器转变为 380V、50Hz 交流，额定功率 45kW，有效频率变化范围为 5～100Hz，逆变前采用电流矢量控制进行转速、扭矩调节。据此在 AMESim 中建立的小电机及其变频调速控制系统模型如图 3.20 所示。

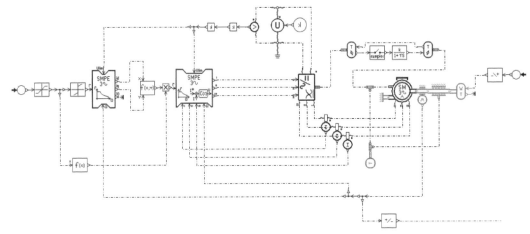

图 3.20 自动送钻电机 AMESim 仿真分析模型

（三）AMESim 中绞车传动系统

　　主绞车传动系统主要由机械变速箱、输入端联轴器、扭矩限制器、换挡离合器等部件组成，绞车转速通过两个编码器进行检测，其一安装在进入卷筒前的高速轴上，另一安装变速箱的低速轴上。自动送钻系统的驱动装置主要由 45kW 变频电机、K187 减速器、气胎离合器等组成。通过它可进行自动送钻作业，同时可进行应急操作及起放底座和井架。绞车传动系统结构参见图 3.21。绞车工作特性曲线见图 3.22。

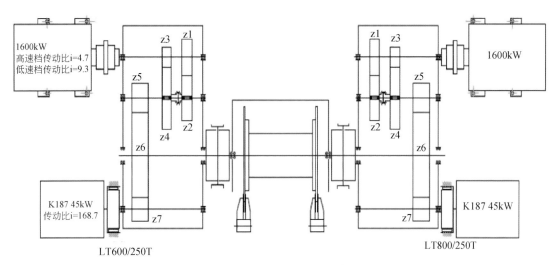

图 3.21　"地壳一号"钻机绞车传动系统图

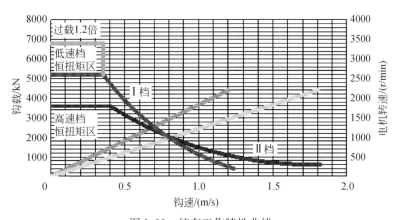

图 3.22　绞车工作特性曲线

　　根据"地壳一号"钻机绞车传动系统的组成结构和参数，在 AMESim 中建立绞车传动系模型如图 3.23 所示。

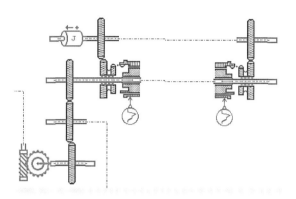

图 3.23　"地壳一号"钻机绞车传动系统 AMESim 仿真模型

（四）AMESim 中绞车承载及其在建模过程中的简化处理

游车用于构造滑轮组，但其重量需要计入绞车钢绳所提升的载荷中。此外，常规转盘钻进过程中大钩、动力水龙头、钻柱、钻铤和钻头等重量是作为静载来考虑的，而冲洗液浮力、孔底钻头作用力、孔壁摩擦等因素均随钻进深度变化，且与钻探工艺方法和地层条件关系密切，情况错综复杂。为此，可采用一个悬挂在滑轮组下方的重物表示静载，而动载则用一个周期性或随机性变化的载荷函数进行近似模拟。至此可以在 AMESim 中建立绞车高精度自动送钻系统的完整模型，如图 3.24 所示。

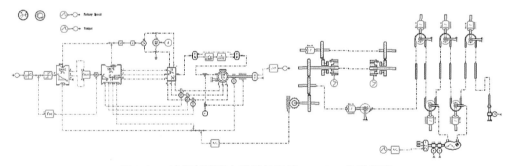

图 3.24　绞车高精度自动送钻系统 AMESim 仿真模型

三、动态仿真结果分析

图 3.25 所示的自动送钻系统模型进一步简化了滑轮组的结构以便提高运算效率，重点对钻压和钻速进行精确控制的自动送钻过程进行动态仿真分析。

现将滑轮组上的钩载设定为 3000kN，则载荷函数输出值为 1000kN，同时在此钩载基础上增加一个周期性变化的动载，以模拟游车上作用载荷的变化。

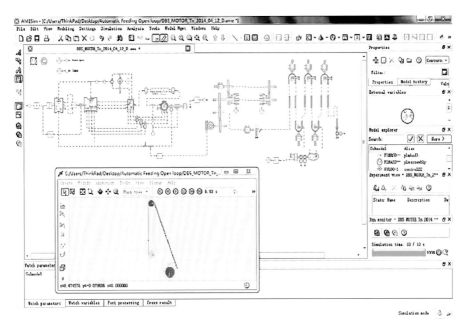

图 3.25　高精度自动送钻系统 AMSim 仿真分析

考察游车滑轮组的运动状态，图 3.26 为钻具系统沿垂直方向位移随时间变化的曲线，通过对绞车自动送钻电机的转速控制，钻杆下放的最大速度为 0.0098m/s。

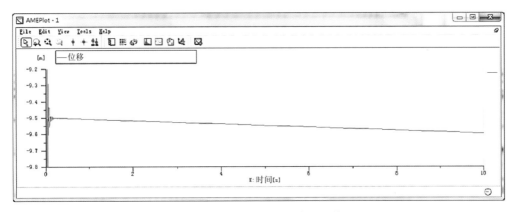

图 3.26　恒速自动送钻仿真分析结果

进一步将滑轮组上的钩载设定为 3000kN，同时在此钩载基础上增加一个周期性变化的动载，以模拟游车上作用载荷的变化。电机转速控制在 296rpm，启动高精度自动送钻系统进行恒钻压钻进仿真计算，得到图 3.27 所示曲线，结果表明钻压波动范围可达±3kN。

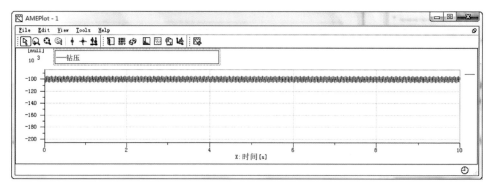

图 3.27　恒钻压自动送钻仿真分析结果

第五节　控制系统设计

从控制论的角度来看，钻进过程的特点是能量与信息传输存在明显的时滞性。绞车制动力对悬重的调节效果传到井底的钻头上需要滞后一段时间，钻压由井下传到地面也将滞后一段时间。再加上钻进过程中干扰因素颇多，这些都对自动控制的调节品质提出了较高要求。

根据前节分析，这里采用基于模糊控制和 PID 控制的自动送钻算法，即参数自适应的 PID 模糊闭环控制。

一、钻压自动送钻工作过程

钻压自动送钻的工作过程如图 3.28 所示。钻进过程中的钻压由死绳张力传感器测得，

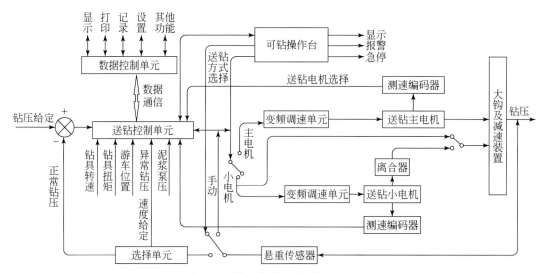

图 3.28　钻压自动送钻系统原理图

通过压力变送器转换成标准电压信号，经 A/D 转换后通过选择单元进行判断，与钻压给定值比较，如果有偏差就通过控制算法进行运算，然后输出一个电机转速的给定信号给自动送钻小电机，控制自动送钻小电机的转速，小电机转速的变化通过减速机构和绞车滚筒等传动装置，最终控制大钩下放速度，在该速度下钻头压力就会达到给定值。

在钻进过程中，可以实现主电机与小电机自动送钻的切换。

二、系统数学模型的建立

为了提高系统的控制精度，对图 3.28 所示的整个钻压控制系统进行分解，把整个控制系统看成是一个双环控制系统，系统控制方框图如图 3.29 所示。

图 3.29 中外环是钻压调节部分，这里自适应模糊控制器即钻压调节器，根据给定钻压 SV 和实际钻压 PV 的偏差算出一个游动系统速度的给定值 v_1；该转度给定值 v_1 送入内环，内环是速度调节部分，在此环 v_1 与实际速度 v_2 的偏差经过运算后输出一个游动系统的速度给定值 v_2，内环保证输出的速度 v_2 与给定速度 v_1 相同。于是在给定速度 v_1 的情况下，输出钻压 PV 就会与给定钻压 SV 相同，从而达到恒钻压控制的目的。

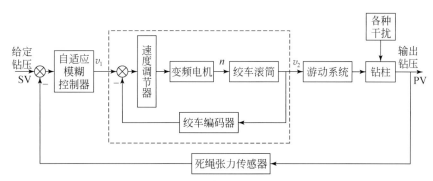

图 3.29　小电机自动送钻控制方框图

1. 钻速数学模型的建立

自动送钻过程中钻速的控制对象为送钻绞车，它是通过控制送钻小电机转速来实现钻速控制。送钻小电机在工作时，因为电机输出速度的变化很容易导致钻压的变化，所以要求较高的自调速性能。

图 3.29 小电机自动送钻控制框图中，内环是一个电流、转速双闭环调速系统。这样设计的优点是：①如果内环有干扰，在还未影响到外环的被控量时，就会得到了内环自身的控制；②由内环回路控制其中参数的变化，因而大大减弱对外环被控制量的影响；③通过内环回路来调节其中的惯性，从而提高了整个系统的响应速度，尤其是在惯性时间常数较大时，效果尤为明显。

因交流电机模型具有多变量、高阶非线性、强耦合等特点，为了提高电机的动静态特性，钻速控制采用矢量控制方式，通过对现场送钻钻机转速的记录分析，双闭环速度环的数学模型可按典型Ⅱ型近似，其开环控制传递函数如下：

$$W(S) = \frac{K_n(\tau_n s + 1)}{s^2(T_n s + 1)} \tag{3.32}$$

式中，$W(S)$ 为钻压；T_n 为时间常数。

速度环的典型 II 型近似结构如图 3.30 所示。

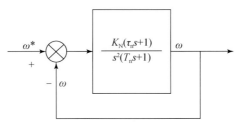

图 3.30　速度环的典型 II 型近似结构图

其闭环传递函数为

$$W(S) = \frac{K_n(T_d + 1)}{T_n s^3 + s^2 + K_n T_d s + K_n} \tag{3.33}$$

即

$$\omega^* \longrightarrow \boxed{\dfrac{K_n(T_d+1)}{T_n s^3 + s^2 + K_n T_d s + K_n}} \longrightarrow \omega$$

2. 钻压数学模型的建立

在整个自动送钻系统中，最终目的就是对钻压的控制，为此我们必须对钻压调节器的输入输出进行分析，并进一步确定控制方案。

各国的专家、学者在各种钻井实验的基础上得到了多个关于钻压、转速、钻进速度，以及各种钻探参数之间的数学表达式，但最具有影响力的数学表达式是 1969 年的 Young 提出的钻速模式，称为杨格模式，后来有人对此进行了修正，得到目前广泛采用的修正杨格模式：

$$v = K_1 C_P C_H (W - M) n^\lambda \left(\frac{1}{1 + c_2 h}\right) \tag{3.34}$$

式中，v 为钻进速度；K_1 为岩石可黏性系数，与岩石硬度及钻头类型等有关；C_P 为压差影响系数，与泥浆密度等有关；C_H 为水力参数影响系数，与比水功率有关；W 为井底钻压；M 为门限钻压，与岩层性质有关；n 为转盘转速；λ 为转速指数，与岩层性质有关；c_2 为钻头牙齿磨损系数，与牙齿特性及岩层性质有关；h 为钻头牙齿磨损量，随时间而变化。

由此可见，在正常钻进的过程中，钻头以一定的速度向下钻进，钻压 W 的变化与多种因素有关。此外 W 还与钻头类型、钻具总长度有关，因为下钻后钻头和钻具总长度就确定了，故不用再考虑钻头和钻具总长度的影响。若假设地层比较均匀，则和地层有关的参数基本恒定。在一定工况下，正常钻进时顶驱转速基本恒定。所以，钻压主要决定于送

钻速度 v。由于送钻系统具有很大的减速比，故电动机处于高速运行时其送钻速度也很慢。几千米长的钻具在井下施加一定钻压后可以看作线性弹簧，钻压 W 的变化与"弹簧形变" Δx 成正比，而"形变"又近似与下钻速度成正比。按照钻具的弹簧模型：

$$W \propto \Delta x 、 \Delta x = \int v \mathrm{d}t \tag{3.35}$$

所以
$$W \propto \int v \mathrm{d}t, \quad 即 W = K\int v \mathrm{d}t \tag{3.36}$$

$$\frac{\mathrm{d}W}{\mathrm{d}t} = Kv \tag{3.37}$$

这样可以将钻压与送钻速度的传递函数近似确定为积分环节，即

$$\frac{W(s)}{v(s)} = \frac{K}{s} \tag{3.38}$$

钻压与钻速之间的关系为

$$v \quad \boxed{\dfrac{K}{s}} \quad P \tag{3.39}$$

为此，得到自动送钻控制系统模型如图 3.31 所示。

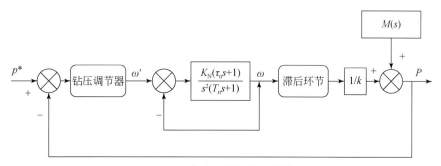

图 3.31　自动送钻控制系统模型

从上面的关系可以看出，系数 K 与很多因素有关，如转盘转速、地层研磨性系数、钻头磨损情况、泥浆及水力参数等。上述参数在实际钻探过程中都处于不断变化状态，有些参数难以测量，而且在整个钻探过程中各种扰动因素很多，所以 K 值的变化幅度很大，同样，由于地层情况的不同，门限钻压 M 也处于不断变化当中。同时，一般情况下钻探的深度都比较大，而我们所检测的速度只在地面上进行，虽然绞车下放速度已经改变，但处于较深井底的钻头钻探速度并没有马上改变，由此也产生了滞后。根据自动送钻运行时的情况，我们可以选定不同的滞后时间。这样我们可以通过改变门限钻压 M、钻压系数 $1/K$，以及滞后时间 T 后来模拟仿真钻压模型的变化。

根据经验得知，利用传统的控制方法很难做到稳定控制，即使能够稳定控制也难以达到控制要求（控制精度、超调量与响应速度），所以需要寻求一种合理的控制方式来保证自动送钻工作的顺利进行。因此，在外环的钻压控制策略中采用模糊自适应控制。

三、控制系统硬件设计

根据控制原理，设计钻压闭环反馈控制回路如图3.32所示。

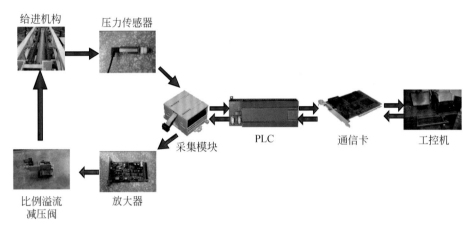

给进机构　压力传感器

PLC　　通信卡　　工控机

采集模块

比例溢流
减压阀　　放大器

图 3.32　钻压闭环控制回路结构

根据上述结构，控制系统由信号传感变送单元、PLC控制单元、变频器及执行机构单元、上位机监控单元等组成。

1. 信号传感变送单元

该单元主要用于监测指重/钻压、钻具扭矩、钻具转速、泥浆泵泵压和游车位置等；主要的传感器有：绞车编码器、死绳张力传感器。现场的信号依靠传感器将一些压力、温度的信号变成如 $0 \sim 10V$，$0 \sim 5V$，$4 \sim 20mA$ 等标准信号，通过电缆传送到 PLC，经模块转换为数字信号。

所需要检测信号如下。

指重/钻压
钻帷扭矩　　　}模拟 $4 \sim 20mA$ 标准信号
泥浆泵泵压

钻具转速
游车位置传感变送器　}数字脉冲信号

图 3.33　Siemens PLC S7-300 结构

2. PLC 控制单元

PLC 控制单元是整个系统的核心，负责钻机各种运行数据和状态的采集及显示，并对采集的数据进行处理来控制钻机的运行。选用 Siemens PLC S7-300，结构见图3.33，控制模块如图3.34所示。

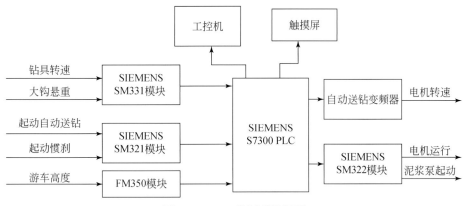

图 3.34　PLC 控制系统框图

3. Siemens PLC S7-300 系统组成

（1）电源模块（PS）：为 S7-300/ET 200M 提供电源，将 120/230V 交流电压转变到所需要的 24V 直流工作电压，输出电流 2A、5A、10A。

（2）中央处理单元（CPU）：多种 CPU，有各种不同的性能，如有的 CPU 上集成有输入/输出点，有的 CPU 上集成有 PROFIBUS-DP 通信接口等。

（3）接口模块（IM）：用于连接多机架配置的 SIMATIC S7-300 的机架。最多配置 4 个机架，每个机架最多可以插入 8 个模块。在 4 个机架上最多可安装 32 个模块。信号模块（SM）：用于数字量和模拟量输入/输出。

（4）通信处理器（CP）：用于连接网络和点对点连接。

（5）功能模块（FM）：用于高速计数，定位操作（开环或闭环控制）和闭环控制。

（6）存储器：MMC。

（7）DIN 标准导轨：用于模块安装。

（8）前连接器：用于简单而方便地连接传感器和执行器，更换模块时允许保持接线，采用编码元件以避免更换模块时的错误，分为 20 针、40 针两种。

4. 变频器及执行机构单元

变频器采用 55kW 变频器，执行机构（小电机）采用 45kW 交流变频防爆电机（西门子工程型变频器及变频柜 6SE70、6SE71）。由控制单元输出 4~20mA 的电流信号进入变频器，控制变频器输出 0~400V、频率为 0~100Hz 的信号对钻机送钻电机进行调速控制，使电机输出一定的转速来控制送钻速度。

5. 上位机监控单元

采用工业控制计算机和触摸屏显示器，安装各种监控辅助软件。可以显示钻机工作的各种运行参数及工作状态，提供对运行数据的记录、查询、分析、打印、报警、参数设置等操作。

四、系统控制方案设计

针对"地壳一号"万米钻机钻探工作要求，采用模糊自适应控制方法。

自适应控制器必须同时具备两个功能：一是根据被控过程的运行状态给出合适的控制量，即控制功能；二是根据给出控制量的控制效果，对控制器的控制决策进一步改进，以获得更好的控制效果，即学习功能。

自适应模糊控制系统一般可分为五个部分：自适应模糊控制器、输入/输出接口、执行机构、被控对象和传感器，其中自适应模糊控制器设计是自动送钻控制系统的关键问题，模糊控制器设计包含以下几方面：

1. 自适应模糊控制器的结构设计

钻压控制器选择二维模糊控制器，即考虑偏差 E 和偏差变化率 EC 作为模糊控制器的输入，其典型的控制结构图如图 3.35 所示。

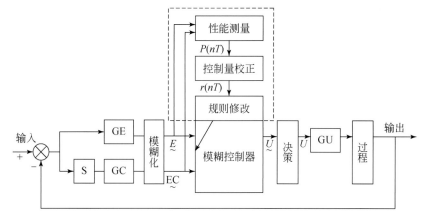

图 3.35　自适应模糊控制结构图

模糊控制器选择二维模糊控制器，即为一个两输入三输出的模糊控制器，在 Simulink 里设计如图 3.36 所示。

图 3.36　二维模糊控制器 Simulink 仿真

2. 数据库的设计

1）模糊语言变量和语言值分挡的选取

本方案输入量偏差 E 选择 8 个语言值，即把输入量 e 划分为"负大"（NB）、"负中"（NM）、"负小"（NS）、"负零"（NO）、"正零"（PO）、"正小"（PS）、"正中"（PM）和"正大"（PB）8 个模糊状态；输入量 ec 和输出量 ΔK_p、ΔK_i、ΔK_d 选择 7 个语言变量，即把其划分为"负大"（NB）、"负中"（NM）、"负小"（NS）、"零"（ZO）、"正小"

（PS）、"正中"（PM）和"正大"（PB）7 个模糊状态。

2）模糊语言变量模糊论域分级的选取

钻压偏差 E，偏差变化率 EC，输出量 ΔK_p、ΔK_i、ΔK_d 的模糊论域选取如下：

$$E = \mathrm{EC} = \{-6, -5, -4, -3, -2, -1, 0, 1, 2, 3, 4, 5, 6\}$$

$$U_{K_p} = U_{K_i} = U_{K_d} = \{-7, -6, -5, -4, -3, -2, -1, 0, 1, 2, 3, 4, 5, 6, 7\}$$

3. 模糊化

本方案中偏差 E 和偏差变化率 EC，以及 ΔK_p、ΔK_i、ΔK_d 都采用三角形隶属函数，模糊化后，ΔK_p、ΔK_i、ΔK_d 的隶属函数相同。各变量的隶属函数如图 3.37 ~ 图 3.39 所示。

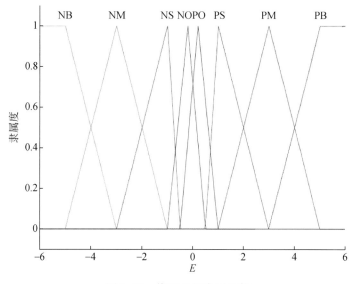

图 3.37　偏差 E 的隶属函数

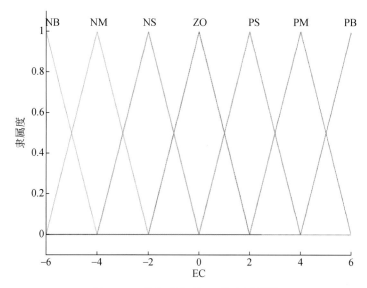

图 3.38　偏差变化率 EC 的隶属函数

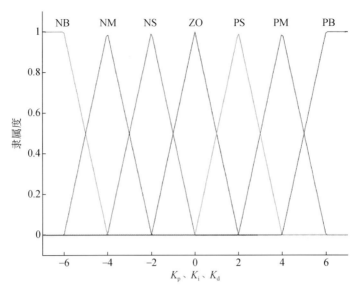

图 3.39 修正量 ΔK_p、ΔK_i、ΔK_d 的隶属函数

4. 清晰化

方案采取最大隶属度平均法,它具有直观合理和计算方便的特点。

5. 控制器的控制规则设计

控制规则有如下 56 条:

1. If (E is NB) and (EC is NB) then (K_p is PB) (K_i is NB) (K_d is PS) (1)

2. If (E is NB) and (EC is NM) then (K_p is PB) (K_i is NB) (K_d is NS) (1)

3. If (E is NB) and (EC is NS) then (K_p is PM) (K_i is NM) (K_d is NB) (1)

···

55. If (E is PB) and (EC is PM) then (K_p is NB) (K_i is PB) (K_d is PS) (1)

56. If (E is PB) and (EC is PB) then (K_p is NB) (K_i is PB) (K_d is PB) (1)

图 3.40 ~ 图 3.42 为模糊控制器输出量 ΔK_p、ΔK_i、ΔK_d 的控制曲面图。

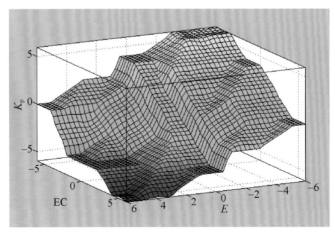

图 3.40 ΔK_p 的控制曲面图

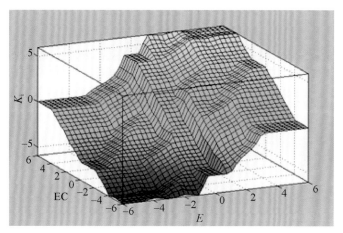

图 3.41　ΔK_i 的控制曲面图

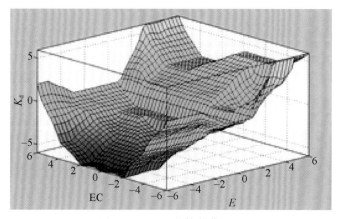

图 3.42　ΔK_d 的控制曲面图

6. PID 控制器参数整定

实际钻探中钻压误差 E 的变化较快，因为钻探过程中各种干扰较多（如地层变化、各种摩擦因素等），都会使钻压偏离给定值，所以根据钻探实践可确定误差变化率 EC 的基本论域为 $[-2，+2]$。PID 控制器参数变化量的调节范围为 K_p：$[0.85，1.15]$、K_i：$[0，2.6]$、K_d：$[0，0.01]$，所以 ΔK_p、ΔK_i、ΔK_d 物理论域分别同上。

量化因子和比例因子如下：$K_e = 3.6$，$K_c = 0.6$，$k_{K_p} = 0.03$，$k_{K_d} = 0.25$，$k_{K_i} = 0.001$。

五、系统钻压仿真分析

根据确定的控制方式，对搭建的仿真模型进行送钻钻压的仿真，验证系统能否达到设计要求，过程如图 3.43 所示。

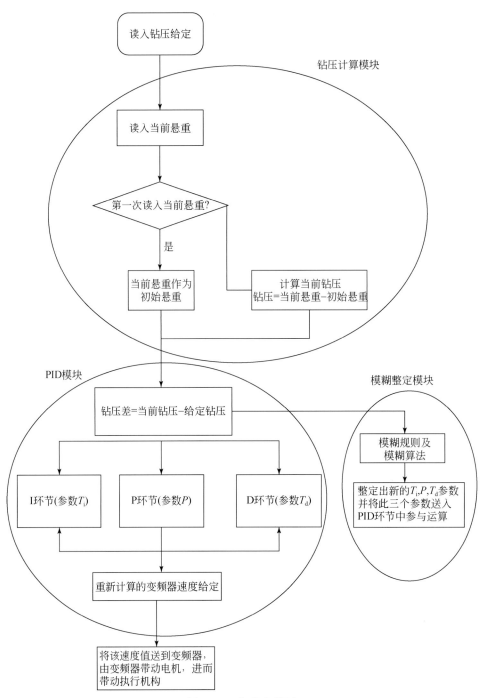

图 3.43　仿真流程图

负载变化运用改变阻力模块输入信号的方式来仿真，输入信号采用阶跃-三角形信号组合、正弦函数信号两种，如图 3.44 所示。

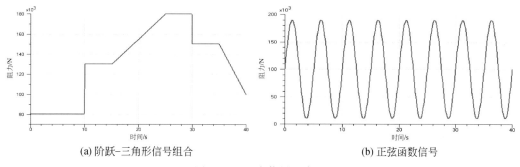

(a) 阶跃-三角形信号组合　　　　　　(b) 正弦函数信号

图 3.44　阻力信号示意图

PID 控制仿真如图 3.45 所示，PID 控制器采用 AMESim 信号库里面的 PID001 模块。

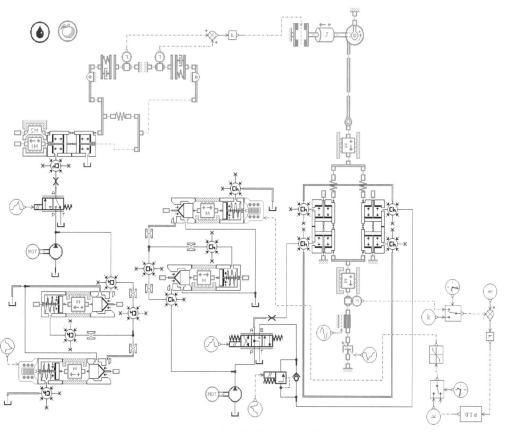

图 3.45　PID 控制钻压仿真模型

模糊 PID 控制仿真采取 AMESim 与 Simulink 联合仿真的方式，参数可调 PID 控制器采用 AMESim 里面的 SIGVPID0 模块。首先在 AMESim 里面做出与 Simulink 的接口，如图 3.46 所示，然后在 Simulink 里搭建模糊控制器模型，如图 3.47 所示。

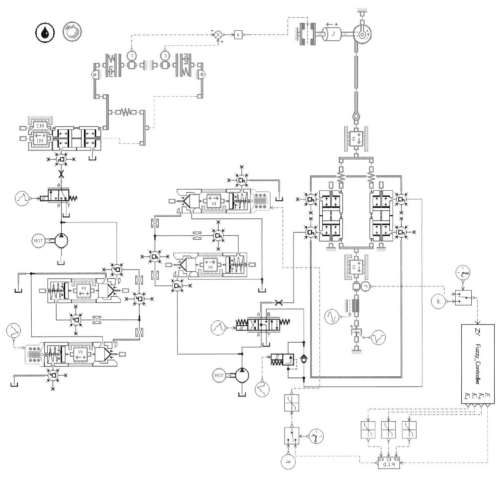

图 3.46　模糊 PID 钻压仿真 AMESim 模型

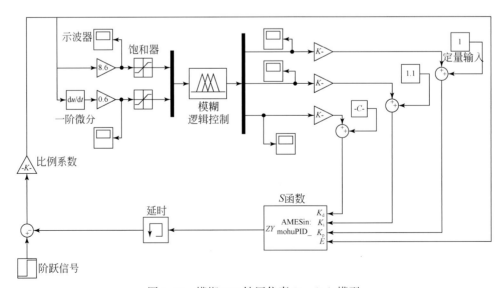

图 3.47　模糊 PID 钻压仿真 Simulink 模型

系统搭建完成后，运行仿真，得出在两种信号下，不同控制方式的钻压曲线，如图 3.48、图 3.49 所示。

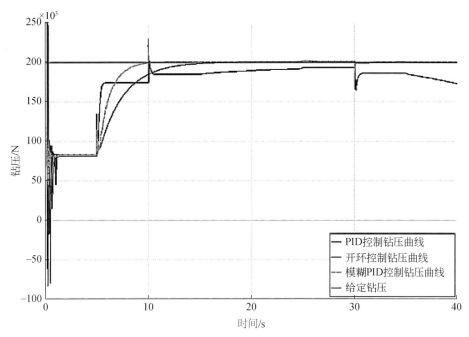

图 3.48　阶跃–三角组合信号下压力变化曲线

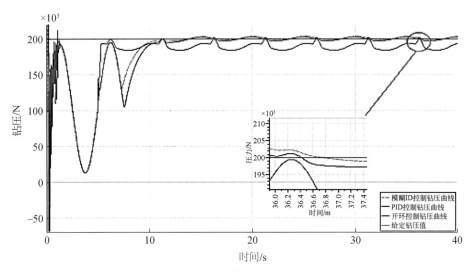

图 3.49　正弦阻力信号下压力变化曲线

在图 3.48、图 3.49 中，前 5s 为系统稳定时间。在刚开始的 1s 内，可以看到钻头压力在不停上下抖动，这是由于仿真运行时默认重物突然下降，钢丝绳具有弹性，从而系统上下震荡，所以压力一定要缓慢下降，不然会造成钻头被压碎的事故发生。1～5s 时系统虽然不再震荡，但仍有钻压值，这是因为在仿真时，当负载转矩与摩擦转矩相同时FR1R000模块会有很微小角位移，导致钻柱模型和阻力模型有相对位移，进而产生了钻压。

第5s的时候钻压给定液压缸开始工作，在图3.47中能够看出当阻力信号出现阶跃变化时，三种控制方式都产生了不同程度的液压冲击，其中模糊PID控制的液压冲击最小，开环控制次之，PID控制的冲击最大。

从图3.48、图3.49中可以看出三种控制方式，开环控制的效果最差，这是因为负载变化引起了钻压给定液压缸流量的变化，电液比例溢流阀在不同流量下存在压差流量梯度，在负载变化的过程中，钻压基本达不到恒定的要求。

当压力负载变化不剧烈时，模糊控制与PID控制都基本能达到恒钻压钻进的要求，但模糊控制比PID提前7s左右达到稳定值。当负载波动剧烈时两种控制方式都有一定的钻压偏差，PID控制与模糊控制都在 [−300，300]kg内，均能达到系统所要求的精度范围。

在图3.49中24~28s模糊控制出现了稳态误差，可见模糊控制比PID控制的稳态误差要大些，这是因为在系统调节过程中，模糊PID控制在不断调整PID控制器的控制参数，从而造成了一定的稳态误差，这些都是在系统要求范围内的。

由图3.49可以看出，在钻压曲线上升阶段，模糊PID钻压值与PID钻压值基本相等，但在钻压下降阶段，模糊PID的钻压大于PID钻压，且在下降阶段模糊PID基本不产生液压冲击，其钻压调节平稳性优于PID控制。

综上，可以看出运用PID控制与模糊自适应PID均能达到系统设计要求，虽然模糊控制稳态误差较PID控制要大些，但它的响应及平稳性优于PID。

参 考 文 献

曹家麟.2007.重型钻机提升用钢丝绳的品种与结构评析.石油机械，35（8）：61~64

樊启蕴，张嗣伟.1995.论盘式刹车–自动送钻一体化技术.石油矿场机械，24（4）：15~18

姜明和，陈师逊，张海秋.2009.钻探工艺学上钻探工艺方法.济南：山东科学出版社

李昌盛，赵金海，杨传书，等.2012.钻头工作效率实时评估新方法.石油钻采工艺，34（6）：1~4

李世忠.1992.钻探工艺学上册.北京：地质出版社

李世忠.1992.钻探工艺学钻进方法及钻探质量上.北京：地质出版社

李子丰.2008.油气井杆管主力学及应用.北京：石油工业出版社

利歌.2001.卷筒绳槽的选择.建筑机械，（1）：42~43

刘希圣.1988.钻井工艺原理中钻进技术.北京：石油工业出版社

罗贤勇.2008.超深井石油钻机提升系统动力学建模与分析.华中科技大学硕士学位论文

牟翠芝，徐兰，张斌.1999.ADE-I型自动送钻装置.石油矿场机械，28（5）：9~11

史玉升.1999.盘式刹车自动送钻技术.石油机械，27（4）：51~53

史玉升，梁书云.2000.基于目标函数的钻压优化模型建模方法.地质与勘探，36（2）：7~10

斯彼瓦克 A И，波波夫 A H.1983.钻井岩石破碎学.吴光琳，张祖培译.北京：地质出版社

屠厚泽.1988.钻探工程学（上册）钻进方法钻探质量钻探冲洗液.武汉：中国地质大学出版社

王晓彬.2013.超深井钻机盘刹——双液压缸自动送钻系统研究.吉林大学硕士学位论文

沃兹德维任斯基 Б И，沃尔科夫 C A，沃尔科夫 A C.1985.岩心钻探学.汤凤林译.北京：地质出版社

尹永晶.2002.自动送钻技术的现状与展望.石油机械，30（8）：64~65

张国山，郑明建 . 2003. 石油钻机主电机自动送钻系统的设计方案 . 石油机械，31（5）：14～17

张连山 . 2003. 美国新型电子自动送钻装置 . 石油机械，31（2）：53～55

赵国珍 . 1988. 钻井力学基础 . 北京：石油工业出版社

赵淑兰，朱其先 . 2004. 钻机绞车矢量变换变频调速机械特性和工作原理 . 石油矿场机械，33（4）：8～12

周天明，彭勇，贾秉彦，等 . 2008. JC—90DB 两挡齿轮传动单轴绞车设计分析 . 石油机械，36（12）：35～37

朱贺 . 2008. 基于模糊自适应 PID 理论的自动送钻钻压控制系统研究 . 西安建筑科技大学硕士学位论文

普·阿·甘朱缅 . 1988. 岩心钻探实用计算 . 高森译 . 北京：地质出版社

Roehrlich M，Belohlavek K-U. 2006. Improve ROP in uitrahard rock. JPT，（12）：76～77

Teale R. 1965. The concept of specific energy in rock drilling. International Journal of Rock Mechanics and Mining Sciences & Geomechanics Abstracts，2（1）：57～73

Кисев А Т，Крусир И Н，汤凤林 . 1984. 回转冲击钻进的钻进工艺 . 国外地质勘探技术，2：17～25

第四章　自动摆排管柱系统

在深部大陆科学钻探过程中，需要频繁地提取岩心样品，加上换钻头的需要，也需要频繁地从井内提取和下放钻杆柱，起下钻杆作业占据了大量的辅助钻进时间，传统的人工排放管柱方式效率低，钻工劳动强度大，并具有一定的危险性。自动摆排管柱系统可自动实现井口与钻杆架之间的运移与排放，替代井口工人完成传统的起下钻过程，可减少操作工人数，降低施工风险，大大节省钻井时间。本章主要介绍自动摆排管柱系统的机械结构、液压系统、电控系统，并重点对关键零部件进行了有限元分析，并对系统进行了运动学仿真分析和动力学仿真分析。

第一节　概　　述

在常规的钻探和钻井过程中，通常为了节省起下钻时间，钻杆大多以两根或两根以上的钻杆柱形式进行接卸（刘文庆等，2007）。钻杆柱有序排列在钻井平台立根盒和二层台指梁之间，对于陆地钻机而言，钻杆柱是垂直排放的，如图4.1所示。为完成钻杆柱接卸工作，必须有一位钻工在二层台操作吊卡并借助绞车运移钻杆，如图4.2所示，此项工作劳动强度大且不安全。此外，为了提高钻杆柱的接卸效率，对钻工的操作技能也提出了较高的要求。即便是安装了顶驱的钻井系统，此种繁重的任务依然不能解除（刘平全等，2010）。为解决这一问题，世界上多个国家开展了自动摆排管柱技术的研究工作（Jacques，1992）。

图4.1　钻杆排放图

图4.2　二层台上的井架工

一、国外技术现状

国外对自动摆排管柱系统的研究起步较早，经过多年的发展，在欧美等国家的相关技术已比较成熟，应用也较为广泛。其中，美国 Varco 公司和瑞士的 Weatherford 公司等几家公司的产品较为典型（Johnson，2010）。

Varco 公司是世界上最早研究自动摆排管柱技术的厂家之一（蔡文军等，2008）。发展到今天，Varco 公司的自动排管系统已经实现标准化、系列化及模块化，不仅适用于海洋钻井平台，也可以应用到陆地钻井平台上。如图 4.3 所示，PRS4i/HR III 系统是 Varco 公司典型的柱形排管系统，该系列产品代表了新一代的电气自动化排管系统，它的起吊重量可以达到10～13t，最大旋转角度可以达到270°。如图 4.4 所示，STV 系统是 Varco 公司新研制的排管系统，用来在二层台指梁和井眼之间传送钻杆，可以非常容易地安装到二层台上，STV 系统最大的特点是它能够利用立根夹持头快速地在指梁和液压吊卡之间抓取或者释放立根。

图 4.3　PRS4i/HR III 排管系统

图 4.4　STV 排管系统

Weatherford 公司是全球四大石油服务公司之一，该公司也是世界上最早研究自动排管技术的厂家之一。Iron Derrickman S3 Pipe-Handling System 是 Weatherford 推出的一款自动排管系统，如图 4.5 所示。它结合了先进的控制技术、领先的机械技术和易于集成的区域管理系统，可以完成立根、钻铤及套管的运移。钻井工人只需在钻井平台上的司钻房操作平板电脑和观察电脑显示屏就能完成自动排管系统的整套工作流程。

二、国内技术现状

20 世纪 90 年代，在中原钻井公司引进的 2000m 液压钻机上使用液压钻杆举升装置，其分为两部分：第一部分为钻杆抓取机构，两套由单液压缸和双活动钳

图 4.5　Iron Derrickman S3 排管系统

组成的装置分别安装于举升平台的前后端；第二部分为举升装置，双液压缸推动箱型举升平台旋转，送钻杆上钻台。与其他液压钻杆举送装置相比，其钻杆抓紧装置可旋转180°，这是它最大的特点。由于举送装置绕一点旋转上台，限制了钻台面的高度，其配套钻机的钻台面高度在3m左右（王凌寒等，2009）。

21世纪初，国内兰州石油机械研究所等单位开始对管柱自动化排放技术开展研究。胜利石油管理局钻井工艺研究院从2005年开始进行二层台管柱排放技术的研究，研制了样机，进行了室内模拟试验。中国石油天然气集团公司于2006年立项，也进行了二层台管柱排放技术研究。

宝鸡石油机械厂设计了一种钻具自动输送装置，它中间为一长槽的中间管架，四足可调，排管架一端由铰链与中间管架两侧对称连接，另一端各装一液压千斤顶，传送机械手装在中间排管架中间的长槽中部。宝鸡石油机械厂的GW-M1000钻机配备了液压控制钻杆盒、钻杆自动排放系统、井口机械化工具等钻杆自动传送工具（廖漠圣，2000）。

宝鸡石油机械有限责任公司与挪威Aker Kvaemer MH公司组建北京宝石-MH海洋石油工程技术有限责任公司，该公司致力于海洋钻井平台、钻井模块和钻井设备的系统工程设计，海洋钻井平台设备的零部件生产制造，并提供海洋钻井平台、钻井模块和设备的技术服务及咨询。该公司的钻机管子传送系统处于世界领先地位。

在大连船舶重工建造的海洋石油941自升式钻井平台上，钻井自动化工具得到了成功应用，它利用了折臂起重机、排管机、铁钻工等来实现钻杆的起、卸、排等机械化操作（姜鸣等，2008）。

近些年来，国内对钻杆自动化传送系统的研究逐渐增多，但应用尚不够广泛，自动化程度有待进一步提高（张艳敏，2011）。另外现在的钻杆自动化传送系统主要应用于海洋石油钻机上，陆地钻机应用较少（尹晓丽等，2009）。

第二节　机械系统结构

一、技术要求

（一）技术参数

自动摆排管柱系统技术参数如表4.1所示。

表4.1　自动摆排管柱系统技术参数

性能指标	数值
钻杆直径范围	φ89～168mm
最大夹持重量	2000kg
平移机构行程	2150mm

续表

性能指标	数值
回转机构角度	$-90° \sim 0° \sim 90°$
自适应角度	左右±5°，前后±15°
最大平移速度	30mm/s
最大回转速度	10rpm
机械手升降行程	2400mm
伸展机构角度	$0 \sim 80°$
最大伸展距离	2400mm

（二）技术要求

（1）自动摆排管柱系统能自动实现钻具在井口与排放架之间的移运、定位、排放、储运等作业流程；

（2）可实现对管状类钻具进行夹持、提升、下放、平移和回转等操作；

（3）可结合液控、电控和微机控制技术，实现上述流程和操作；

（4）通过控制区的监控系统，可实时显示和记录作业工序、设备的工作状况，以及钻具的档案资料，实现对钻具的科学化和系统化管理。

二、整体安装方案

考虑到深部大陆科学钻探钻机钻台面空间比较紧凑，结合钻机的具体结构及钻杆立根的排布方式，确定采用悬挂式钻杆柱排放装置；由于抓取的钻杆立根尺寸长、重量大，综合考虑夹持的可靠性、受力状态的合理性，以及运移和定位的便捷性，拟定采用双机械手夹持方式和 $x-y$ 坐标的运移形式。图4.6为自动摆排管柱系统在井架上的安装照片，自动摆排管柱系统悬挂于井架上，用于运移平台间的钻杆柱，其悬挂位置处在二层台下方，二层台下加装了摆排管装置导轨，摆排管装置的主体悬挂在导轨上。

三、结构及工作原理

图4.7为自动摆排管柱系统在二层台的布置图，图4.8为自动摆排管柱系统的结构简图，主要包括平移机构、滑车、导轨座、回转机构、伸展机构、夹持机械手、桅杆、升降臂等部分。系统通过导轨座连接到钻机二层台下方的卡块上，滑车通过平移机构的作用可实现钻杆传送装置沿导轨的直线运动；回转机构可实现装置整体绕自身轴线±90°范围内的回转运动；伸展机构实现装置的伸出及缩回运动；夹持机械手（6）（9）安装在升降臂的两端，可随升降臂沿桅杆上下运动，两个夹持机械手分别夹持立根中的不同钻杆，以保证夹持立根的稳定性。该系统能够代替人工完成在钻井起下钻作业过程中的钻杆自动输送、排放等操作。

图 4.6 自动摆排管柱系统安装位置

1. 井架；2. 二层台；3. 摆排管装置导轨；4. 钻杆柱；5. 摆排管装置主体

钻杆在钻台上采用立式排放方式，立式排放使自动摆排管柱系统动作简单，占据空间减小。自动摆排管柱系统主要实现的功能：下钻时将钻杆立根从排放架中取出移运到井口，起钻时将立根从井口移运到排放架并排放好。

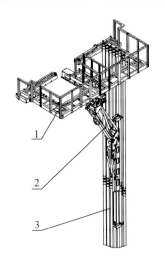

图 4.7 自动摆排管柱系统布置图

1. 钻机二层台；2. 自动摆排管柱系统；
3. 钻杆

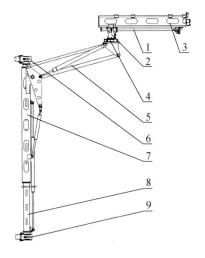

图 4.8 自动摆排管柱系统结构图

1. 平移机构；2. 滑车；3. 导轨座；4. 回转机构；
5. 伸展机构；6、9. 夹持机械手；7. 桅杆；8. 升降臂

四、主要工作机构设计

（一）平移机构

1. 结构原理

平移机构用于控制排管机主体在水平面内的移动，主要由导轨、螺旋传动装置、丝杠、滑车等部分组成，如图4.9所示。

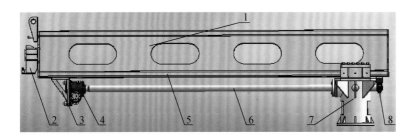

图4.9 平移机构

1. 导轨桅杆；2. 多路阀块；3. 减速机支架；4. 螺旋传动装置；5. 导轨；6. 丝杠；7. 滑车；8. 轴承座

减速机支架和轴承座用来固定螺旋传动装置。滑车可以沿着导轨平移，从而带动和滑车相连的排管机构移动。滑车运动的动力来自于螺旋传动装置。螺旋传动装置的结构如图4.10所示，液压马达通过联轴器带动减速装置的主轴旋转，然后通过蜗轮蜗杆带动丝杠旋转，从而带动滑车沿着导轨运动。编码器通过联轴器和减速装置的主轴连接，通过测量主轴转速来控制马达的流量，最后达到控制滑车移动速度的目的。

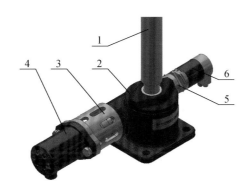

图4.10 螺旋传动装置

1. 丝杠；2. 减速装置；3. 过渡法兰；4. 液压马达；5. 过渡法兰；6. 编码器

2. 参数计算

滚珠丝杠副是此机构重要的组成部分，它的强度、刚度及传动精度直接影响到自动摆排管柱系统的运动精度（李文明，2007）。由于自动排管系统在平面的移动范围较大，所以丝杠的长度较大。根据以上要求,丝杠选取"双推—双推"的支撑方式,即把丝杠两端通过支架和轴承都固定到导轨上。下面通过相关计算来确定其主要参数(王淑坤,2006)。

1)导程 $p_h(\mathrm{mm/r})$

$$p_h \geq \frac{V_{\max}}{n_{\max}} \tag{4.1}$$

式中,$V_{\max}$ 为丝杠最大移动速度,mm/min;$n_{\max}$ 为丝杠最大相对转速,r/min。

查阅相关资料可知,在达到控制系统分辨率要求的前提下,p_h 的取值应尽可能的大,综合考虑相关参数,在本机构中取 $p_h = 10\mathrm{mm/r}$。

2)滚珠丝杠螺纹底径 $d_{2m}(\mathrm{mm})$

$$d_{2m} = a \sqrt{\frac{F_0 L}{\delta_m}} \tag{4.2}$$

式中,a 为支承方式系数,一端固定或游动时取 0.078,两端固定或铰接时取 0.039;F_0 为导轨静摩擦力,N;L 为丝杠两轴承支点间的距离,mm,一般取 $L \approx 1.1 \times 行程 + (10 \sim 14) P_h$;$\delta_m$ 为估算丝杠允许最大的轴向变形,$\mu\mathrm{m}$,$\delta_m \approx \left(\frac{1}{3} \sim \frac{1}{4}\right)$ 重复定位精度。

根据自动摆排管柱系统设计要求,丝杠行程为 2200mm,则:$L \approx 1.1 \times 2200 + 14 \times 10 = 2560\mathrm{mm}$,$\delta_m \approx 2.3\mu\mathrm{m}$,导轨的摩擦力为 $F_0 = 2.83\mathrm{kN}$,代入式(4.2)可得:

$$d_{2m} = 0.039 \sqrt{\frac{2830 \times 2560}{2.3}} = 69\mathrm{mm}$$

3)滚珠丝杠螺纹部分的长度 $L_S(\mathrm{mm})$

$$L_S = L_U + L_1 + 2L_e \tag{4.3}$$

式中,L_U 为平移的有效行程,mm;L_e 为余程,mm;L_1 为螺母长度,mm。

根据自动摆排管柱系统的设计要求,本机构丝杠的有效行程为 2200mm(成大先等,2004),螺母长度为 201mm,余程为 40mm,将以上参数代入式(4.3)可得:

$$L_S = 2200 + 201 + 40 \times 2 = 2481\mathrm{mm}$$

根据计算结果即可确定滚珠丝杠副。

(二)回转机构

1. 结构原理

回转机构用于控制排管器在空间内的转动,排管器主体与排管器滑车之间通过回转机构联接,如图4.11所示,该回转机构主要由蜗轮、蜗杆、液压马达、编码器、回转支承等部分组成。液压马达通过联轴器带动蜗杆旋转,进而带动蜗轮旋转,回转支承下部和排管机构相连,蜗轮通过回转支承带动排管机构旋转。限定自动排管系统转动范围为180°,并可在-90°,0°,+90°三个位置上锁定,以满足顺次运移左右两侧钻杆柱序列的要求。加装在回转支承附近的回转编码器用于回转定位。当自动排管系统抓取钻杆柱以后,其回转角度受到严格限制。该机构采用液压驱动,具有转动平稳、传动高效、控制精度高、传递扭矩大等优点,同时空间所占体积小,能够很好地减少整个系统的体积。

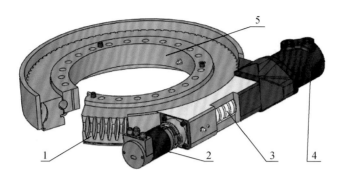

图 4.11　回转机构

1. 蜗轮；2. 编码器；3. 蜗杆；4. 液压马达；5. 回转支承

2. 参数计算

回转支承主要分为以下几类：单排四点接触球式回转支承、双排异径球式回转支承、交叉滚子式回转支承和三排滚柱式回转支承（郑兰疆等，2008）。根据自动摆排管柱系统的结构特点，采用单排四点接触球式回转支承，该支承由两个座圈组成，钢球和圆弧轨道四点接触，能够同时承受轴向力 F_a、径向力 F_r 及倾覆力矩 M，具有机构紧凑、重量轻等优点，广泛应用于挖掘机、大中型起重机、回转式输送机和焊接操作机等工程机械中（刘雪霞，2011）。通过相关计算可知轴向力 $F_a = 25.9\text{kN}$，倾覆扭矩 $M = 1.04 \times 10^4 \text{N} \cdot \text{m}$，传动比 $i \approx 5.6$。

回转阻力矩可由以下公式计算（张富强，2008）：

$$T = T_f + T_S + T_i + T_w \tag{4.4}$$

式中，T_f 为回转机构的摩擦阻力矩，$\text{N} \cdot \text{m}$；T_S 为坡道阻力矩，$\text{N} \cdot \text{m}$；T_i 为机构启动时的回转惯性力矩，$\text{N} \cdot \text{m}$；T_w 为风阻力矩，$\text{N} \cdot \text{m}$。

摩擦阻力矩 T_f 可通过以下公式计算得出：

$$T_f = \mu_d \frac{D_0}{2} \sum N \tag{4.5}$$

式中，D_0 为回转支承中心滚道半径，m，本系统的设计值为 555mm；μ_d 为摩擦系数，本系统中取 $\mu_d = 0.01$；$\sum N$ 为回转支承上的总压力，N。

将相关参数代入式（4.5）可得：摩擦阻力矩 $T_f = 80.4 \text{N} \cdot \text{m}$。

惯性力矩 T_i 通过以下公式计算得出：

$$T_i = \frac{w}{t_1} \left(\frac{QR^2}{g} + \sum J_i \right) \tag{4.6}$$

式中，Q 为负载，N；R 为负载到回转中心之间的水平距离，m；$\sum J_i$ 为各回转装置相对于回转中心的转动惯量的总和，$\text{kg} \cdot \text{m}^2$；$w$ 为回转机构角速度，rad/s；t_1 为启动所需要的时间，s。

将相关参数代入式（4.6）可得：惯性力矩 $T_i = 375 \text{N} \cdot \text{m}$。

忽略坡道阻力矩和风阻力矩，考虑实际的情况，添加安全系数 $k = 2$，将相关参数代入式（4.4）求得总的回转阻力矩 $T = 910 \text{N} \cdot \text{m}$。

（三）夹持机构

1. 结构原理

夹持机构用来抓取立根，主要由箱体、连接块、液压缸、挡块、手爪、摩擦块、卷簧、传感器连接块等组成，结构如图 4.12 所示。排管机构的机械手滑架（即升降臂）两端各装有一个夹持机构，通过螺栓和连接块连接到一起。液压缸的活塞杆固定到箱体上，使缸筒相对活塞杆做伸缩运动，通过连接板带动手爪运动。卷簧使手爪表面和滚轮紧紧贴在一起，使得手爪前后运动时，只能沿着手爪表面所确定的轨迹滑动。当缸筒向后伸出时，手爪相对滚轮向后滑动，两个手爪收缩，从而抱紧立根；当缸筒向前缩回时，手爪相对滚轮向前滑动，两个手爪之间距离变大，从而松开立根。由于立根的重量完全是由手爪和立根之间的摩擦力来承担的，所以在挡块和手爪上增加若干个摩擦块来增加手爪和立根之间的摩擦系数，在夹紧力不变的情况下，可以提高两者之间的摩擦力，增强系统的安全性（黄继昌等，1996）。传感器连接块用来安装传感器，当夹持机构向立根靠近时，通过传感器反馈给控制系统夹持机构和立根之间的距离，从而控制夹持手爪的动作。采用单液压缸双铰链结构，利用限位销轴与夹板外轮廓形面之间的高副，可使机构运动过程中灵活地实现钻杆柱的夹紧与松开，夹持结构对于特定范围内不同直径的钻杆柱有着较强的适应能力，其显著特点为无须更换夹板即可实现直径在 89~168mm 钻具的夹持作业。

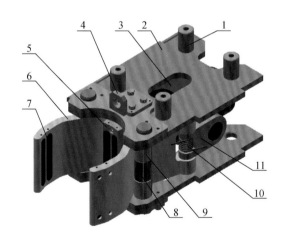

图 4.12　夹持机构

1. 连接块；2. 箱体；3. 液压缸；4. 传感器连接块；5. 挡块；6. 手爪；
7. 摩擦块；8. 隔套；9. 滚轮；10. 卷簧；11. 连接板

2. 驱动力计算

以夹持机构最大负载即直径 168mm 的钻杆为例进行受力分析。当夹持机构夹紧钻杆后，钻杆在水平面上受到来自夹持机构的三个不同方向的力的共同作用，三个作用力分别是两个手爪各自对钻杆的合力 F（其大小相等）、挡块对钻杆压力 N，两个夹紧力 F 之间的角度是 140°，如图 4.13 所示。

由几何关系可得：

$$N^2 = 2F^2 - 2F^2\cos 40° \qquad (4.7)$$

式中，N 为挡块对钻杆的正压力；F 为手爪对钻杆的正压力。

根据式（4.7）得

$$N = 0.68F \qquad (4.8)$$

挡块和手爪对钻杆竖直方向的摩擦力分别为

$$f_1 = N\mu$$

$$f_2 = F\mu = 1.47f_1$$

式中，μ 为摩擦块和钻杆之间的摩擦系数，取为 0.15。

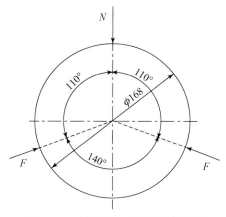

图 4.13　夹紧状态下钻杆受力简图

钻杆所受重力和摩擦力相平衡，所以可得：

$$f_1 + 2f_2 = 3.94f_1 = mg \qquad (4.9)$$

式中，m 为钻杆立根的质量，取为 2000kg。

图 4.14 为在夹紧钻杆的状态下夹持机构手爪水平方向的受力情况。如图 4.14 所示，手爪受到来自钻杆对手爪的正压力 F、滚轮轴承的压紧力 N，以及夹持液压缸施加的拉力和弯矩 M。为了计算方便，将拉力分解成水平和垂直方向的分力 P 和 N_3。夹紧状态时，手爪受力平衡，可列出方程组如下：

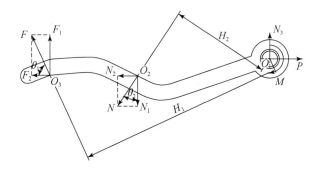

图 4.14　夹紧状态下夹持机构手爪的受力情况

$$\begin{cases} F \cdot H_1 + M = N \cdot H_2 \\ F_2 + N_2 = P \\ F_1 + N_3 = N_1 \end{cases} \qquad (4.10)$$

式中，F 为钻杆对手爪接触点正压力；H_1 为正压力 F 的力臂，$H_1 = 270$mm；N 为两个滚轮轴承销轴对手爪接触点总的压紧力；H_2 为压紧力 N 的力臂，$H_2 = 130$mm；M 为卷簧对手爪在 O 点产生的弯矩，取 10kN·mm；P，N_3 分别为液压缸作用于手爪上水平及垂直方向的分力，P 为液压缸总的驱动力的一半；F_1，F_2 和 N_1，N_2 分别为正压力 F 和压紧力 N 垂直和水平方向上的分力。

由式（4.10）可以推导出：

$$N = \frac{FH_1}{H_2} + \frac{M}{H_2} \tag{4.11}$$

$$P = F\cos\theta_1 + N\sin\theta_2 \tag{4.12}$$

式中，θ_1 等于 70°；θ_2 等于 25°。

综合式（4.8）、式（4.11）和式（4.12），将已知参数代入求解可以得到 $P = 71\text{kN}$，所以液压缸所需要的驱动力为 $P_{\text{总}} = 142\text{kN}$。

（四）排管机构

排管机构是自动摆排管柱系统的主体结构，按功能划分，该机构包括伸展机构、升降机构和纠偏机构等部分，如图 4.15 所示，其中右侧图为伸出状态。

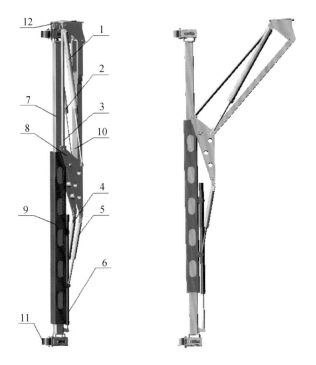

图 4.15　排管机构

1、2、4~6. 液压缸；3. 主连杆；7. 机械手滑架；8. 三角侧板；9. 桅杆；10. 动臂；11. 机械手；12. 回转支座

1. 伸展机构

自动排管系统转动至 −90°或+90°，平移至适当位置后可利用伸展机构进行钻杆柱定位与抓取，伸展机构主要由液压缸（1、2）、动臂、主连杆和三角侧板组成。液压缸（1、2）要保证同步性。该机构的作用是带动夹持机构进行伸缩运动，和回转机构配合使得夹持机构能够夹持到二层台排放架内各个位置的钻杆（立根）。当两个液压缸活塞杆缩回时，带动动臂、主连杆绕各自的铰点转动，带动桅杆及机械手滑架向外伸出。底座、动臂、三角侧板和主连杆组成一个平行四边形机构，所以在伸出的过程中桅杆和机械手滑架能始终保持竖

直，即能够使立根始终保持竖直。反之，当两个液压缸活塞杆伸出时，带动桅杆和机械手滑架摆回初始位置。伸展机构的末端安装有三角侧板，用于连接排管器桅杆及纠偏机构。

2. 升降机构

如图 4.15 所示，升降机构由液压缸（6）、机械手滑架及桅杆等部分组成，机械手滑架的两端布置有夹持机构（机械手），两个夹持机构间的距离不变，可保证抓取钻杆立根的稳定性。通过液压缸（6）的伸缩可以实现机械手滑架的上升与下降，从而实现钻杆竖直方向位置的调整。

3. 纠偏机构

纠偏机构用来调整夹持机构的前后及左右方向的倾斜角度，以适应倾斜排放的钻杆立根。纠偏机构由纠偏液压缸（4）、（5）驱动，纠偏液压缸两端采用关节轴承与三角侧板相联，排管器桅杆与三角侧板间采用万向节联接。自动排管装置抓取钻杆时可通过两液压缸协调动作以适应钻杆柱排放的一定范围内的角度误差。采用倾角传感器反馈桅杆角度，利用电液比例闭环控制系统进行钻杆柱的自动调垂，以便顺利接卸钻具。

五、关键零部件的强度分析

自动摆排管装置在工作过程中除需要达到运动协调，实现预定的动作外，还必须满足强度要求。因此需要对系统关键零部件进行有限元分析，以验证并保证其在工作过程中的安全稳定性，这里主要介绍排管导轨及三角侧板的有限元分析。

（一）排管导轨强度分析

排管导轨是实现钻杆传送装置整体沿井口方向水平直线运动的关键部件，它承载整个排放装置及钻杆的重量，因此要有足够强度，强度高低直接决定排放系统能否正常工作，它的变形量大小直接关系到排放系统工作的精度。因此对排管导轨进行有限元分析十分必要。

排管装置整体沿导轨直线移动，导轨固定在导轨座上，当装置运动到最外端时，导轨受到的外力最大，所以应分析此状态时的受力情况。分析可知：导轨受力主要由整个排管装置及钻杆柱的重力所传递。如图 4.16 所示，重力转化为一个垂直向下的力 F 和一个顺时针弯矩 M，导轨的强度问题为一个弯扭强度校核问题，所受的轴向力较小，可以忽略不计。对导轨划分网格，如图 4.17 所示。

图 4.16　排管导轨力学模型简图

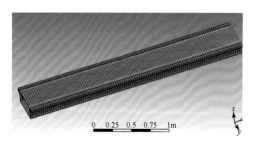

图 4.17　排管导轨网格划分图

在三维软件中测量得到系统末端夹持端重力为 $G_1 = 1845 \times 9.8 = 18.08\text{kN}$，质心至导轨末端距离 $L_1 = 3.4\text{m}$；传动部件重力为 $G_2 = 547 \times 9.8 = 5.36\text{kN}$，质心到导轨末端距离 $L_2 = 1.7\text{m}$；排管装置及钻杆柱的质量 $m = 2896\text{kg}$。由力的转换公式，可得：

$$F = m \cdot g = 2896 \times 9.8 = 28.4\text{kN}$$
$$M = G_1 \cdot L_1 + G_2 \cdot L_2 = 18.08 \times 3.4 + 5.36 \times 1.7 = 70.6\text{kN} \cdot \text{m}$$

即力 $F = 28.4\text{kN}$，扭矩 $M = 70.6\text{kN} \cdot \text{m}$。

对导轨模型施加相应的约束和载荷，得到导轨的应力和总变形情况如图 4.18、图 4.19 所示：

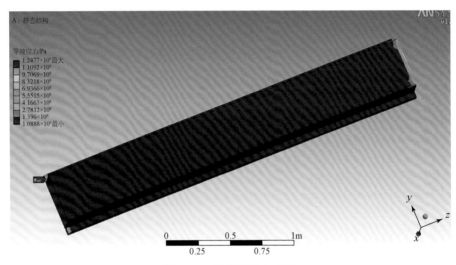

图 4.18　排管导轨应力图

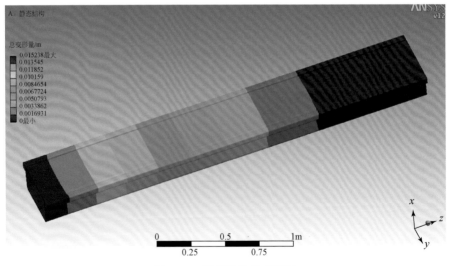

图 4.19　排管导轨总变形图

由图 4.18 可知，排管导轨整体应力较小，最大应力 124.8MPa；材料的屈服极限为 245MPa，从应力角度看，结构强度有较大的余量，结构设计是安全的。

由图 4.19 可知，导轨的最大变形量为 15.2mm，最大位移位于导轨末端与导轨支座连接处。变形相对较小，系统结构安全。

（二） 三角侧板强度分析

三角侧板分别连接着排放臂、主连杆、平衡油缸和排放末端机构，它是系统实现平衡的主要部件，系统工作时，它能够将伸缩油缸和平衡油缸的力传递到排放桅杆机构，承担着系统末端部件及被夹持件的重力，其受力较为复杂，它的强度和变形量对整体机构的安全稳定性及控制精度有着较大的影响。

三角侧板网格划分情况如图 4.20 所示。

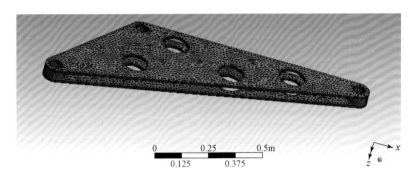

图 4.20　三角侧板网格划分图

系统主臂伸展至最远处时，三角侧板承受载荷最大，选择此工况进行分析。三角侧板受力如图 4.21 所示。

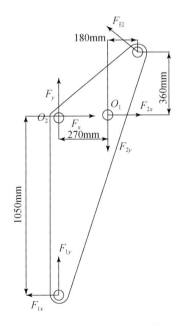

图 4.21　三角侧板受力分析简图

通过三维设计软件测量相关尺寸参数并进行受力分析及计算，得到相关作用力如下：

$F_{1x} = 1.3\text{kN}$，$F_{1y} = 7.35\text{kN}$；

$F_{2x} = 1.3\text{kN}$，$F_{2y} = 16.27\text{kN}$；

$F_{拉} = 10.05\text{kN}$，与水平方向夹角45°；

$F_x = 7.1\text{kN}$，$F_y = 1.82\text{kN}$。

对模型施加相应的约束和载荷，得到三角侧板的应力和总变形情况如图 4.22 和图 4.23 所示。

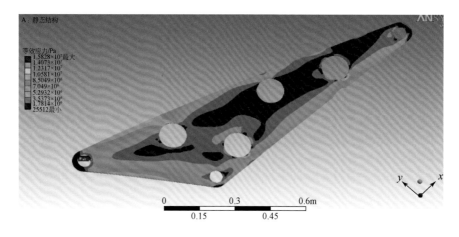

图 4.22　三角侧板应力图

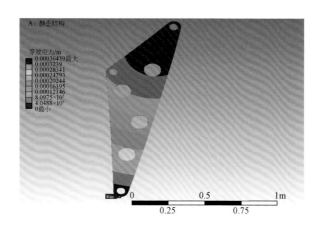

图 4.23　三角侧板总变形图

由图 4.22 可知，三角侧板的最大应力为 15.8MPa，整体应力较小，材料的屈服极限为 245MPa，最大应力远小于极限应力，从应力角度看，结构强度有较大的余量，结构设计是安全的。

由图 4.23 可知，三角侧板的最大变形量为 0.36mm，最大位移位于三脚架与平衡液压缸连接处，变形相对较小，系统结构安全。

(三) 夹持机构钳牙与钻杆相互作用的强度分析

钻杆立根的重量比较大，而且当钻杆表面沾有油污时不易抱紧，所以夹持机构上有六块钳牙（摩擦块）。钳牙可以增加手爪与钻杆之间的摩擦系数，在夹紧力一定的情况下可以确保提供足够的摩擦力去平衡钻杆立根的重力。由于钳牙与钻杆直接接触，为重要的承载部件，因此需要对其进行强度分析。

考虑到创建模型的复杂性和计算的工作量，将钳牙和钻杆的接触情况视作均匀受力状态。静力学系统和钳牙-钻杆仿真模型如图 4.24 所示。

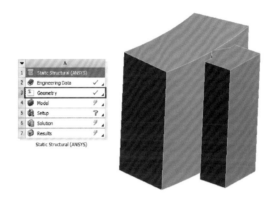

图 4.24 静力学系统和钳牙-钻杆仿真模型

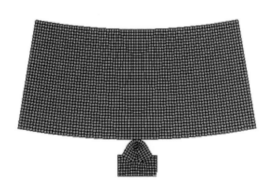

图 4.25 网格划分后的模型

摆排管机夹持机构钳牙的材料为 $20C_rM_nT_i$；根据目前国内钻井现场最常用的钻杆情况，选用的钻杆为抗硫钻杆，材料为 40MnB。据此添加材料属性。

处理有限元问题时，按照实际情况合理设置接触副是非常关键的一步，接触副会影响求解结果的收敛性，也会影响分析结果的精度，网格划分结果如图 4.25 所示，用扫掠方法生成网格后需要在关键位置局部细化处理。该模型需要细化钻杆与钳牙接触的网格，以此来提高划分网格的质量。图 4.26 为网格细化后的效果图及网格划分质量，可以看出网格质量有了很大的提高。

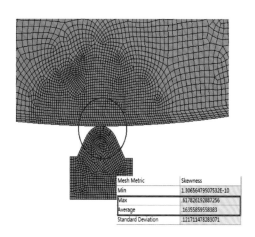

Mesh Metric	Skewness
Min	1.30656479507532E-10
Max	.617826192887256
Average	.16355859558383
Standard Deviation	.121711478283071

图 4.26 网格细化后的效果图

按照上述步骤设置好参数后进行仿真, 得到钳牙与钻杆的应力云图, 如图 4.27 所示。

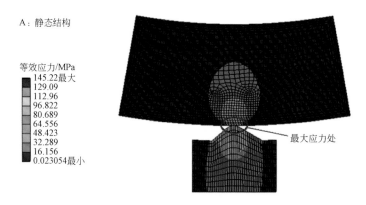

图 4.27 钻杆与钳牙夹紧状态应力分布图

从应力云图中可以看出, 最大应力所在的位置是钳牙与钻杆接触处, 其数值为 $\sigma_{r4} = 145\text{MPa}$。钳牙材料的屈服极限 $\sigma_s = 835\text{MPa}$, 取定一个较大的安全系数 $n = 2$, 通过计算, 最终求得钳牙的许用应力为

$$[\sigma] = \frac{\sigma_s}{n} = \frac{835}{2} = 418\text{MPa}$$

$$\sigma_{r4} = 145\text{MPa} < [\sigma] = 418\text{MPa}$$

最大的应力为 145MPa, 该值小于钳牙的许用应力 418MPa, 也小于钻杆的屈服极限 785MPa, 因此符合设计要求。

钳牙和钻杆接触处的变形云图如图 4.28 所示。

在 Workbench 中放大钳牙与钻杆接触位置, 观察此处的变形情况。利用 Workbench 的后处理工具得到两者接触处钻杆的变形量约为 0.322mm。仿真结果符合钳牙咬入深度要求, 而且此变形量小于材料的伸长率。同时, 该计算模型采用简化模型, 钳牙两侧的大变形区域无法正确表明钳牙夹持状态, 因与夹持机构整体的连接, 该区域实际使用状态的变

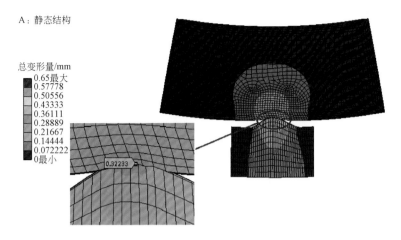

图 4.28　钳牙和钻杆夹紧状态总位移变形图

形量远小于该数值，变形量满足要求。钳牙牙尖为应力和应变危险点，仿真计算数据验证了结构的安全性和可靠性。

第三节　液　压　系　统

一、总体方案

由于液压传动具有体积小、重量轻、反应速度快、工作比较平稳，能在大范围内实现无级变速，传动易于自动化、易于实现过载保护等诸多优点（左健民，2007），因而自动摆排管柱系统的驱动方式采用液压驱动。

（一）控制方案的确定

自动摆排管柱系统的工况具有工作环境恶劣、工作载荷较大、动作频繁、可靠性和安全性要求较高等特点。为提高自动摆排管柱系统液压系统的工作性能，降低能耗，提高效率，有必要应用节能技术（李静，2011）。此外，在自动摆排管柱系统液压系统中具有多个执行元件，且存在多个元件同时工作的情况，各执行元件工作所需的压力和流量也各不相同，传统的驱动方式多采用多泵供油或流量分配器，这些驱动方式驱动复杂且导致了较高的功率损失并产生大量的热。而负载敏感系统能够有效地解决上述问题，达到节能效果，因此研制的排管装置采用负载敏感技术。负载敏感系统能够同时感受系统工作所需的压力和流量需求，并自动控制敏感控制阀或泵变量控制机构敏感腔，进而改变控制参量，从而使液压系统仅提供所需求的压力和流量的液压回路（马永军等，1985）。

根据自动摆排管柱系统的工作流程及动作要求，确定了液压系统总体方案，原理如

图4.29所示。

（二）液压系统工作原理

如图4.29所示，液压系统共用一个动力源（负载敏感泵），应用具有负载敏感比例换向阀阀组实现各开环和闭环控制。系统包含9个执行元件，分别控制装置的平移、回转、伸展、升降、夹持等动作。其中，两个伸展液压缸（13、16）要求同步动作，因此采用一片阀控制，其余7个执行元件各用一片阀控制，通过对负载敏感比例换向阀的控制，可实现不同执行元件的动作要求，负载敏感系统的应用可保证液压泵按系统工作时所需的最大压力和流量需求提供液压油（Luo et al., 2013），满足系统工作要求。

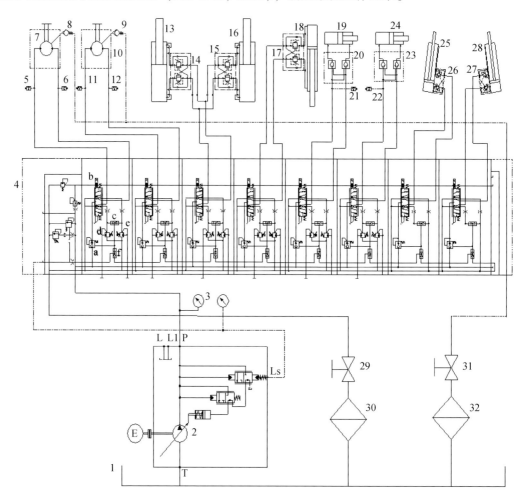

图4.29 自动摆排管柱系统液压系统原理图

1. 油箱；2. 负载敏感泵；3. 压力表；4. 负载敏感比例换向阀阀组；5、6、11、12、21、22. 压力继电器；7. 平移马达；8、9. 泄漏油口；10. 回转马达；13、16. 伸展液压缸；14、15、17、26、27. 双向平衡阀；18. 升降液压缸；19、24. 夹持液压缸；20、23. 液压锁；25、28. 调垂油缸；29、31. 截止阀；30、32. 过滤器

二、主要元件参数的确定

（一）液压马达参数的确定

液压马达的排量 q 根据马达的工作压力及输出转矩 $T(\text{N} \cdot \text{m})$ 计算（雷天觉等，1998）：

$$q = \frac{2\pi T}{p\eta_m} \tag{4.13}$$

式中，p 为马达的工作压力，$p = 16\text{MPa}$；η_m 为马达的机械效率，取 $\eta_m = 0.85$。

1. 导轨平移马达

平移马达通过滚珠丝杠螺母带动系统沿导轨平移，丝杠螺母运动所需的驱动力矩可由以下公式计算：

$$T' = \frac{F_a \cdot I}{2 \cdot \pi \cdot n_1} \tag{4.14}$$

式中，T' 为驱动扭矩，$\text{N} \cdot \text{m}$；F_a 为轴向负载，N；I 为丝杠导程，mm；n_1 为进给丝杠的效率。其中，$F_a = F + \mu \cdot mg$，F 为轴向切削力，N；μ 为导向件的综合摩擦系数；m 为移动物体质量，kg。

考虑实际情况，驱动中存在加速过程，驱动扭矩增大，设置裕量系数 e，则实际驱动扭矩为

$$T = T' \cdot e \tag{4.15}$$

系统最大质量为 2896kg，导轨的摩擦系数为 0.1，传动效率为 0.94，丝杠导程为 10mm，轴向切削力为 3.11N，与摩擦力方向相反，裕量系数 e 为 2，代入得：

$$T = 9.6\text{N} \cdot \text{m}$$

代入式（4.13）得：$q = 4.43\text{mL/r}$。

2. 系统回转马达

回转马达带动整个系统实现回转，马达的工作压力 P 为 16MPa，回转阻力矩为 $T' = 910\text{N} \cdot \text{m}$，传动比 $i \approx 5.6$，马达的驱动力矩 $T = \dfrac{T'}{i} = 162.5\text{N} \cdot \text{m}$。

代入式（4.13），求得：

$$q = 75\text{mL/r}$$

（二）液压缸参数的确定

液压缸的内径 D 的选取可依据以下公式：

$$D \geqslant \sqrt{\frac{4F}{\pi(p-p_0)} + \frac{d^2 p_0}{p-p_0}} \tag{4.16}$$

式中，F 为液压缸最大推力，kN；p 为液压缸入口压力，MPa；p_0 为回油压力，MPa；d 为

活塞杆直径，mm。

取回油压力为零，上式简化为

$$D \geqslant \sqrt{\frac{4F}{\pi p}} \tag{4.17}$$

活塞杆直径 d 可根据工作压力选择，如表4.2所示。

表4.2　液压缸活塞杆直径推荐表

液压缸的工作压力 p/MPa	≤5	5~7	>7
活塞杆直径 d	$0.5D$~$0.55D$	$0.6D$~$0.7D$	$0.7D$

1）排放臂伸展液压缸

由计算可知，液压缸受力最大值 $F=90.4$kN，伸展油路的工作压力 $p=25$MPa，代入式（4.17）可得：

$$D \geqslant 68\text{mm}$$

2）系统调垂液压缸

计算同上，液压缸受到的最大力 $F=7.47$kN，工作压力 $p=16$MPa，代入式（4.17）可得：

$$D \geqslant 25\text{mm}$$

3）升降液压缸

液压缸所受到的最大力 $F=11.3$kN，工作压力的值 $p=16$MPa，代入式（4.17）可得：

$$D \geqslant 30\text{mm}$$

4）末端夹持液压缸

液压缸受到的最大力 $F=6.06$kN，工作压力 $p=25$MPa，代入式（4.17）可得：

$$D \geqslant 18\text{mm}$$

根据液压缸内径系列、活塞杆直径系列、活塞行程系列，将各参数调整为标准值，各液压缸设计参数如表4.3所示。

表4.3　液压缸主要设计参数表

液压缸名称	D/mm	d/mm	行程 S/mm	数量/个
排放臂伸展液压缸	100	70	1500	2
系统调垂液压缸	40	22	1500	2
滑架升降液压缸	80	45	2400	1
末端夹持液压缸	40	22	185	2

（三）液压泵参数的确定

液压系统采用负载敏感柱塞变量泵，它具有负载敏感功能，单一泵源为系统多个执行元件供油。

液压泵需要提供的系统工作压力是所有执行元件中所需工作压力的最大值与从泵到该

执行元件全部压力损失之和，液压泵额定工作压力的计算公式如下：

$$P_B = A(P + \sum \Delta P) \tag{4.18}$$

式中，P_B 为泵的额定工作压力，Pa；P 为液压系统的工作压力，Pa；A 为储备系数，在本系统中取 $A = 1.2$；$\sum \Delta P$ 为系统总的压力损失，Pa。

由上式计算得：$P_B \approx 30\text{MPa}$。

泵的流量计算公式如下：

$$Q_B = k \cdot Q \tag{4.19}$$

式中，Q_B 为液压泵的额定流量，L/min；Q 为系统的工作流量，L/min；k 为系统的泄漏系数，取 $k = 1.1$。

由上式计算得：$Q_B = 154\text{L/min}$。

三、仿真分析

排管机液压系统压力较大、动作频繁，对于方向、位置控制精度及运动平稳性要求较高，工作过程中受外界因素干扰较多。如果动态响应特性差，就会出现震荡、冲击、速度或精度不稳定等问题，从而影响系统的性能。为此，需要对液压系统进行仿真分析，依据仿真结果可进一步掌握液压系统的性能、完善液压系统或改善控制策略。

（一）建立仿真模型

研究中采用 AMESim 仿真软件，在不影响系统主要性能的前提下，在建模过程中对液压系统中的个别元件进行了简化和替代，建立的排管机液压系统仿真模型如图 4.30 所示，

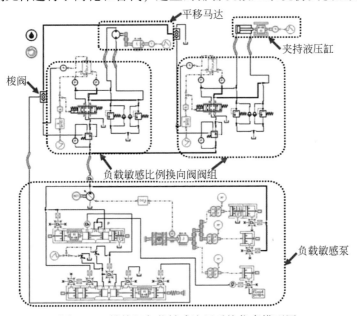

图 4.30　排管机负载敏感液压系统仿真模型图

根据液压系统原理图可知，系统的执行元件包括液压缸和液压马达两类；而各液压回路的控制元件分别为负载敏感比例换向阀阀组中的一片换向阀，其结构原理类似。为表达清晰起见，模型中的执行器只列出了单液压缸（夹持液压缸）与单马达（平移马达）。

　　图4.31为依据负载敏感泵工作原理建立的负载敏感柱塞变量泵仿真模型测试图。根据排管机工况，设定泵排量为140mL/rev，泵转速为1000rev/min。泵出口额定压力超过350bar时，高压补偿器实现流量切断功能，实现高压卸荷功能。低压"压力–流量"补偿器实现负载反馈压力调控泵出口压力功能。根据液压原理图，对变量腔分活塞室大腔、活塞本体、活塞室小腔三部分仿真，将液压压力与速度通过功率键合图（bond graph）转化为扭矩和角速度，转化的比值由信号库给定。活塞室大腔通过高压补偿阀与主油路相联，活塞本体与活塞室小腔直接与主油路相联。在高压补偿器与"低压–流量"补偿器之间，设置了由给定信号控制的两个可变节流孔以模拟泵的泄漏，以期尽可能地接近真实状况（Jayaraman and Lunzman，2011）。

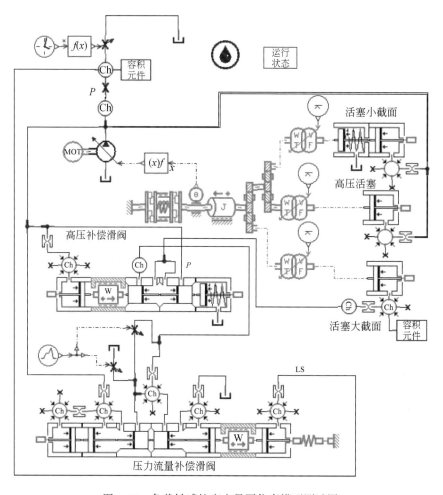

图4.31　负载敏感柱塞变量泵仿真模型测试图

由图4.31所示，可以验证负载敏感柱塞变量泵特性。如图4.32所示，通过改变可变节流口的直径变化来模拟系统变化的负载与流量需求，得到如图4.33所示的负载敏感柱塞变量泵的测试结果图。对测试结果图分析可知，在0~7s泵出口压力能及时跟随负载变化，且与负载保持33bar左右的差值，在7~25s泵口压力增加至额定压力350bar。流量能及时跟随系统工况变化而变化，进而避免了溢流损失，达到了节能的目的。另外，通过测试可知，该负载敏感柱塞变量泵动态性能良好。主要表现在泵口流量在很短时间（0.1s）内，由0达到最大流量140L/min，且没有出现较大的振荡，在7~20s跟随节流口直径的变化，稳定地由最大流量输出减小为维持泵泄漏所需的最低流量。

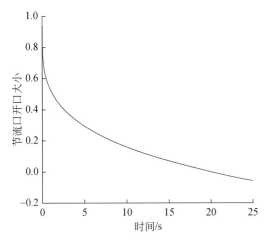

图4.32 可变节流口信号变化图

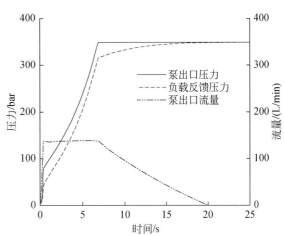

图4.33 负载敏感柱塞变量泵测试结果图

（二）仿真分析

1. 总体分析

根据排管机液压系统中执行元件（马达与液压缸）流量要求，结合实际工况，对各换向阀设定如图4.34所示的信号，得到负载敏感泵压力与流量随负载变化曲线，如图4.35所示。

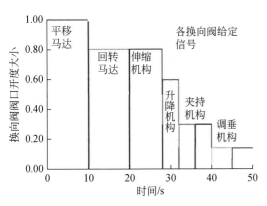

图4.34 各换向阀给定信号图

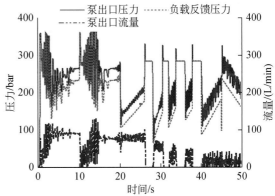

图4.35 负载敏感泵压力流量变化图

结合图4.34，分析负载反馈与泵出口压力曲线，可知在 $0 \sim 10s$ 内，平移马达工作，泵稳定输出流量约为90L/min，达到稳态时间约为4s，泵出口压力为260bar。在 $10 \sim 20s$ 内，回转马达工作，泵稳定输出流量为80L/min，达到稳态时间约为3s，泵出口压力270bar。在 $20 \sim 28s$ 内，伸展机构动作，前6s泵出口压力跟随负载变化，泵稳定输出流量在80L/min，到达稳态时间约为0.1s；后2s油缸到达行程终点（负载急剧增大），负载敏感泵进入高压等待状态，即泵出口输出仅维持泵泄漏的最小流量，泵出口压力与负载一致，增大到换向阀最大进口压力280bar。升降、夹持、调垂机构的压力和流量变化类似于伸展机构，不再赘述。通过上述分析可知，泵出口压力跟随负载变化性能良好，二者之间保持恒定压差，约为40bar（考虑阀口损失及管路损失）。此处，由于液压系统要求换向阀进口压力低于280bar，所以当负载压力超过280bar时，负载敏感泵进入高压等待状态，即泵出口输出仅维持泵泄漏的最小流量，泵出口压力与负载一致。另外，参照排管机液压系统原理图，图4.35所示的泵出口流量曲线均达到了各机构要求的流量。从图4.35中还可以看出在换向阀启动瞬间，仿真曲线出现震荡，这与给定的阶跃信号与负载有关，通过控制信号，可以将超调量控制在合理的范围内。在总体仿真中，为避免重复，仅仿真了执行元件（马达与油缸）单向运动。

2. 子系统的仿真分析

1）平移液压控制回路的仿真分析

平移回路以液压马达做为执行机构，考虑到实际工况，对换向阀设置了图4.36所示的信号，得到了图4.37所示的泵口流量与平移马达流量变化曲线；对平移马达给定图4.38所示的负载信号，得到了图4.39所示泵出口与平移马达两端口压力变化曲线。分析可知：在 $0 \sim 10s$ 平移马达正转，泵口和马达端口流量经3s达到稳态流量90L/min，泵口和马达上端口压力经4s达到稳态后随负载变化；在 $10 \sim 20s$ 马达反转，情况类似。

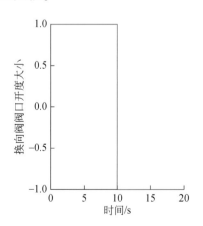

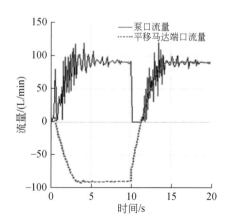

图4.36 平移回路换向阀信号　　　图4.37 泵口流量与平移马达流量变化

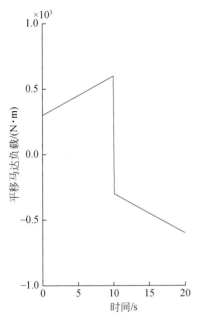

图 4.38 平移马达负载

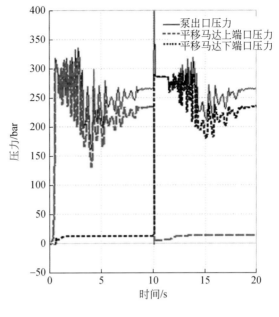

图 4.39 泵出口与平移马达端口压力变化

2）回转液压控制回路的仿真分析

回转回路也是以液压马达做执行机构，对换向阀设置了如图 4.40 所示的信号，得到了图 4.41 所示的泵口流量与回转马达流量变化曲线；对回转马达给定图 4.42 所示的负载信号，得到了图 4.43 所示的泵出口与回转马达两端口压力变化曲线。分析可知：在 0 ~ 10s 马达正转，泵口和回转马达端口流量经 5s 达到稳态流量 70L/min，泵口和马达上端口压力经 5s 达到稳态后随负载变化，10s 后，马达反转，情况类似。

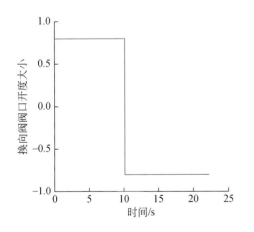

图 4.40 回转回路换向阀信号

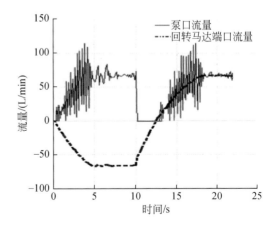

图 4.41 泵口流量与回转马达流量变化

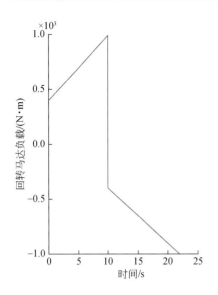

图 4.42　回转马达负载

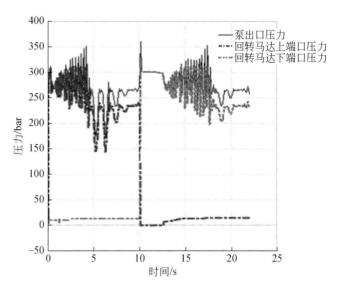

图 4.43　泵出口与回转马达端口压力变化

分析平移和回转液压控制回路的流量变化曲线可知，泵口流量能及时跟随平移和回转油路对流量的需求，进而避免了溢流损失，达到节能的目的（Aoki et al.，1994）。分析压力变化图可知，泵出口压力跟随负载变化特性良好，达到稳态时二者压差为定值，约为40bar（考虑管路损失及阀口压降）。

3）伸展及升降液压控制回路的仿真分析

现实工况中，伸展与升降动作常常是同时进行以实现末端夹持器（机械手）对准钻杆的目的，所以将二者放在一处进行分析。考虑到实际工况及液压系统对流量的要求，设定了图 4.44 所示的伸展与升降回路换向阀给定信号，得到了图 4.45 所示的泵出口与伸展和升降油缸流量的变化曲线。需要说明的是，由于伸展油缸是双缸动作，所以此处伸展油缸

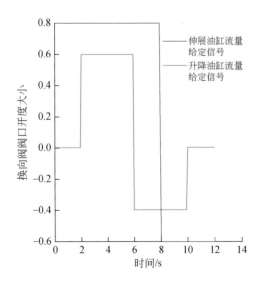

图 4.44　伸展与升降回路换向阀给定信号

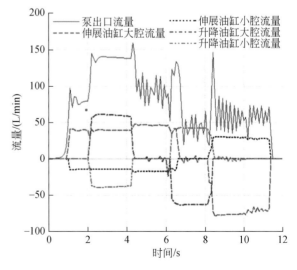

图 4.45　泵出口与伸展和升降油缸流量

的流量是实际流量的一半。对伸展和升降回路液压缸输出端施加图4.46所示的负载信号，得到了图4.47所示的泵口与伸展和升降油缸大小腔压力变化曲线。

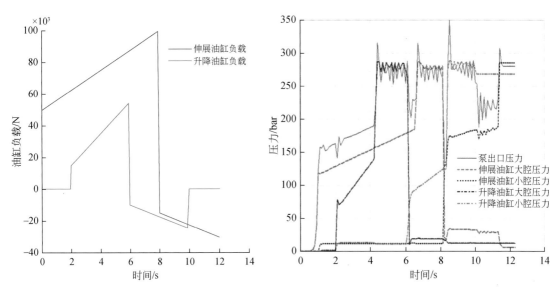

图4.46　伸展与升降油缸负载信号　　　图4.47　泵口与伸展和升降油缸压力

从仿真结果可知：在0～2s，伸展油缸动作，经1s泵口和双缸大腔流量达到稳态值80L/min（图4.45仅显示了单缸大腔流量），泵口压力跟随伸展缸负载变化；2～4s，升降油缸参与动作，0.1s达到稳态，伸展缸双缸保持总流量80L/min不变，升降缸稳态值60L/min，相应的泵口流量维持在额定流量140L/min；4～6s，升降油缸达到行程终点，升降油缸流量迅速下降为0，油缸大腔压力迅速上升到280bar，伸展油缸继续动作，其大腔压力继续跟随负载变化，大腔流量继续保持80L/min，相应的，泵口压力跟随升降缸大腔保持为280bar，泵口流量跟随伸展油缸大腔流量保持80L/min；6～6.5s，伸展油缸继续动作，升降油缸开始反向动作，伸展油缸大腔压力跟随负载变化，大腔流量保持80L/min，升降油缸小腔压力跟随负载变化，流量经0.1s稳定为40L/min，相应的，此时泵出口压力跟随伸展油缸大腔压力（其值较大，通过梭阀选择），泵口流量经0.1s稳定为120L/min；6.5～8s内，伸展油缸到达行程终点，伸展油缸大腔压力迅速上升为280bar，流量迅速下降为0，升降油缸继续反向动作，小腔压力继续跟随负载变化，压力稳定在40L/min，相应的，泵出口压力为280bar（与伸展油缸大腔一致），流量为40L/min（与升降油缸小腔一致）。8～8.5s内，伸展油缸开始反向动作，升降油缸的反向动作继续，此时伸展油缸小腔压力跟随负载，双缸小腔总流量为60L/min，升降油缸小腔压力跟随负载，小腔流量为40L/min，相应的，泵出口压力跟随升降油缸压力变化，流量为100L/min；在8.5～10s内，伸展油缸继续反向动作，升降油缸停止动作，此时伸展油缸小腔压力跟随负载，小腔总流量为60L/min，升降油缸小腔压力迅速增大到280bar，流量迅速降为0，相应的，泵出口压力为280bar，流量为60L/min。10～11.5s内，伸展油缸继续反向动作，升降油缸不再参与，此时伸展油缸小腔压力跟随负载，小腔总流量为60L/min，相应的泵口压力跟随伸展油缸小腔压力变化，泵口流量为60L/min；11.5～12s内，伸展油缸反向动作到行程终点，小腔压力迅速增至280bar，流量迅速降为0，相应的，泵处于高压等待状态。

通过上述对流量变化的分析，可知泵口流量能及时跟随伸展和升降油路对流量的需求，进而避免了溢流损失，达到了节能的目的。由压力变化情况可知，稳态时，泵出口压力跟随负载变化特性良好，且二者压差为定值，约为40bar（考虑管路损失及阀口压降）。

4）系统调垂液压控制回路的仿真分析

系统调垂动作的执行元件为液压缸，考虑到实际工况及液压回路对流量的要求，设定了图4.48所示的调垂回路换向阀给定信号图，得到的泵口与调垂油缸流量变化情况如图4.49所示。由于调垂是双缸动作，所以此处调垂油缸的流量是实际流量的一半。对调垂回路液压缸输出端施加图4.50所示的负载信号，得到了图4.51所示的泵口与调垂油缸大小腔压力变化曲线。

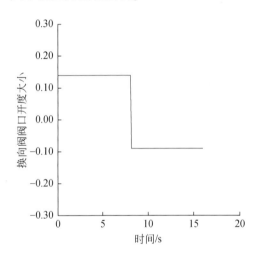

图4.48　调垂回路换向阀给定信号

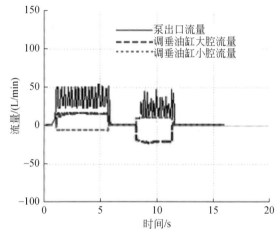

图4.49　泵口与调垂油缸流量

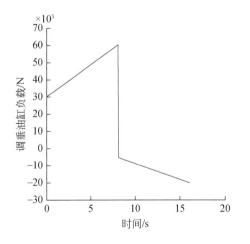

图4.50　调垂油缸负载信号

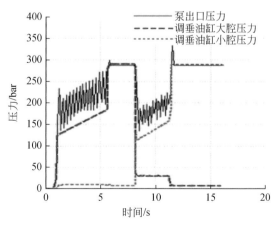

图4.51　泵口与调垂油缸压力

从仿真结果可以看出：在 0~16s 内，调垂油缸双缸动作，经 1s 泵口和双缸大腔流量达到稳态值 30L/min（图 4.49 仅显示了单缸大腔流量），泵口压力跟随调垂缸负载变化；在 1~6s 内，泵口和双缸大腔流量维持 30L/min，泵口压力和双缸大腔压力跟随调垂缸负载变化；在 6~8s 内，调垂油缸达到行程终点，泵口与调垂油缸大腔流量迅速下降为 0，泵口和油缸大腔压力迅速上升到 280bar，泵进入高压等待状态；在 8~11.5s 内，调垂油缸反向动作，经 0.1s，泵口和双缸小腔流量达到稳态值 20L/min，泵口压力与双缸小腔跟随调垂缸负载变化；在 11.5~16s 内，调垂油缸达到行程终点，泵口与调垂油缸大腔流量迅速下降为 0，泵口和油缸小腔压力迅速上升到 280bar。

5）系统夹持液压控制回路的仿真分析

系统末端夹持器（机械手）夹持动作的执行元件为液压缸，根据实际工况，设定了图 4.52 所示的夹持回路换向阀给定信号图，得到的泵口与夹持油缸流量变化情况如图 4.53 所示。由于夹持油缸是双缸动作，所以此处夹持油缸的流量是实际流量的一半。对夹持回路液压缸输出端施加图 4.54 所示的负载信号，得到了图 4.55 所示的泵口与夹持油缸大小腔压力变化曲线。

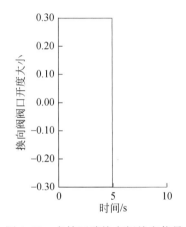

图 4.52 夹持回路换向阀给定信号

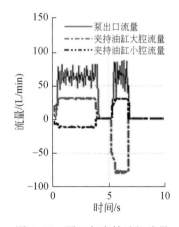

图 4.53 泵口与夹持油缸流量

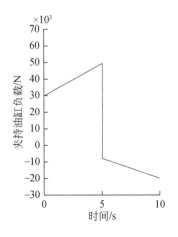

图 4.54 夹持油缸负载信号

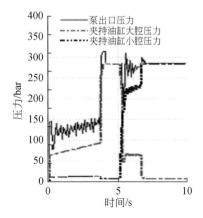

图 4.55 泵口与夹持油缸压力

从仿真结果可以看出：在 $0 \sim 10s$ 内，夹持油缸双缸动作，其中，在 $0 \sim 4s$ 内，经 $0.1s$ 泵口和双缸大腔流量达到稳态值 $60L/min$，泵口压力跟随调垂缸负载变化；在 $4 \sim 5s$ 内，夹持油缸达到行程终点，泵口与夹持油缸大腔流量迅速下降为 0，泵口和油缸大腔压力迅速上升到 $280bar$，泵进入高压等待状态；在 $5 \sim 10s$ 内，夹持油缸反向运动，过程类似，不再赘述。

通过上述对调垂和夹持液压控制回路的流量分析可知，泵口流量能及时跟随调垂和夹持油路对流量的需求，进而避免了溢流损失，达到了节能的目的。由压力变化曲线可知，稳态时，泵出口压力跟随负载变化特性良好，且二者压差为定值，约为 $40bar$（考虑管路损失及阀口压降）。

经过上述分析可知，自动摆排管柱系统液压系统是稳定的，在给定不同信号及负载时，系统均能快速做出反映，并很快达到稳定状态，说明系统动态响应特性较快，过渡过程时间较短；从仿真结果还可看出，液压泵输出的压力与流量很好地匹配了负载需求，达到了负载自适应的效果，实现了节能的目的。

第四节　电控系统

钻杆立根排放系统有三种基本方式：人工方式、半自动方式和全自动化方式。其中最常用的是人工和半自动方式，全自动化方式要求的技术和成本较高，暂时在国内应用较少。最基本的是人工方式，需要操作者直接控制所有的机械运动，并通过目测来确定机械运动的启动与停止。这种控制方式与微处理器、传感器等先进装置无关，也不需要提前设计好的工序，只靠操作者的个人经验和熟练程度来完成整个动作。第二种是半自动方式，由于在控制过程中增加了微处理器和一些传感器，操作者可通过相关软件控制开关和输入传感器一些参数来控制机构的运动。在这种控制方式中，操作者可以把几个独立的自动工序和一些单独的功能相结合。这些固定的自动化工序，通过控制室的控制开关开始执行，直至完成排管作业。大部分的机械运动通过各种传感器来监测，并不断地校正，使机械设备在设计范围内运行。第三种是全自动化方式，这种控制方式是将半自动化方式的全部工序连在一起，机构所有的指令都由微处理器发出。全自动操作需要各种传感器来不断检测立根排放系统的位置及周边设备的位置，并不断校正排管机的动作。

全自动化的立根排放系统刚好满足了高效、远距离控制和高自动化程度等要求，是未来必然的发展方向，同时一种实用的控制方法和技术是排管系统实现全自动的有力保证，本节结合排管机的液压系统介绍其控制方法和策略。

一、方案确定

在电液比例控制技术出现前，液压或气压的传动与控制主要有两种方法：一种是开关型控制，采用手动或电磁阀，来控制流体的压力、流量和方向，这种控制是间断不连续的，并且控制精度较低；另一种是电液伺服控制，控制精度很高，通过输入的电信号，可实现连续控制流体的压力、流量和方向。但是伺服控制的成本较高，且对流体的要求高，在民用领域由于成本等因素，得不到广泛的推广。后来根据实际生产需要，发展出了电液比例控制技术，该种控制技术既能满足控制精度，又能降低使用成本，因此得到了迅速的推广。电液比例控制技术通常按照有无反馈和检测系统，将其分为开环控制系统和闭环控制系统。

由于闭环控制系统具有系统稳定性好、控制精度高、响应速度快等特点，结合排管机的控制要求，采用闭环控制系统。闭环控制系统可通过其反馈系统不断校正，补偿排管机的输入量，使得排管系统的稳定性和适应性大大增强，满足自动化作业的要求。

电液比例闭环控制系统是由动力源、控制器、电液比例控制单元（比例阀或比例泵）、执行单元、外部工程负载和反馈检测单元所构成，如图4.56所示。整个系统通过设置传感器来检测液压（压力或流量）参数、机械参数和动力执行单元输出的参数（压力、力、力矩、位移、速度和加速度等）以形成反馈闭环。该闭环控制能有效改善系统的静态控制精度和动态品质。

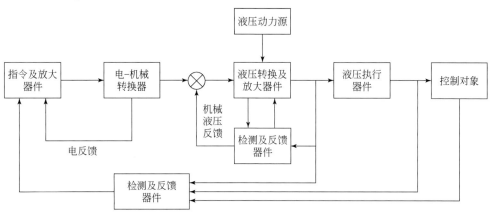

图4.56 电液比例闭环控制系统的典型方框图

二、硬件设计

（一）排管机各机构动作的检测方法

排管机实现闭环控制，各机构的检测环节必不可少，前已述及各机构的作用及工作原理，根据不同机构的具体特点，确定了相应的检测方法，分述如下：平移机构采用蜗轮蜗杆减速机带动丝杠传动，采用多圈绝对值回转编码器定位；回转机构采用绝对值回转编码器定位；伸展机构采用单轴水平倾角传感器测量角度，用于机构定位；机械手配有接近开关及压力继电器，进行定位夹持；调垂机构用于控制俯仰位姿，采用接近开关指示位姿调整，双轴水平倾角传感器检测角度，可实现闭环控制。

（二）硬件选型

排管机的控制系统主要实现对液压系统的比例换向阀、监控系统和反馈校正系统等的控制。结合排管机的设计要求，自动排管系统采用 PLC 技术进行控制。排管机的控制器采用萨奥–丹佛斯 MC050-010 控制器，如图 4.57 所示，该控制器具有图形化用户集成开发环境，用户通过 PLUS+1 GUIDE 开发程序；具有 50 个针脚、32 位定点、22 个输入口、16 个输出口、9-36Vdc 供电电压、2 个 CAN2.0B 端口，能够很好地满足控制需求。图 4.58 为选用的 CVM58 编码器，图 4.59 为 NBB15 电感式接近开关。MC050-010 控制器、CVM58 编码器和 NBB15 电感式接近开关参数见表 4.4。

图 4.57　MC050-010 控制器　　　图 4.58　CVM58 编码器　　　图 4.59　NBB15 电感式接近开关

表 4.4　硬件参数表

元件	参数	数值
MC050-010 控制器	供电电压	9~36Vdc
	环境操作温度	−40~70℃
	保存温度	−40~85℃
	设计温度	0~70℃
	防护等级	IP67
	EMI/RFI	100V/M
	重量	0.53kg
	振动	IEC60068-2-64
	冲击	IEC60068-2-27 test Ea
	最大电流，正向	40A
	最大电流，反向	8A
CVM58 编码器	电寿命	1 万次
	额定电流	0.04A
	额定电压	10~30V
	额定功率	0.001W
	机械寿命	1 次
NBB15 电感式接近开关	反应频率	500~3000Hz
	额定电压	10~24V、24~240V
	额定电流	200~500mA
	检测距离	1~30mm
	3C 额定电压范围	440V 以上

（三）电控系统原理图

根据排管机电控系统功能结构，拟定液压系统电气控制原理如图4.60所示。图中同样描述了部分传感器、编码器的总线连接方式及供电方式。

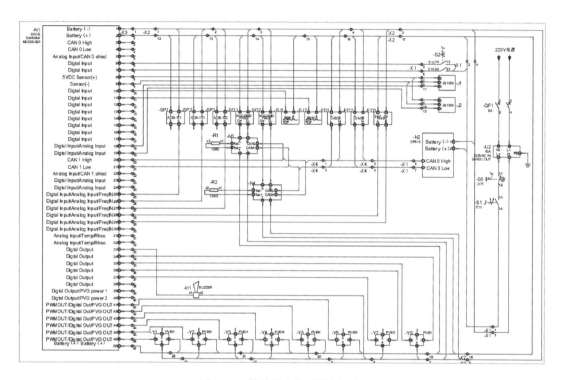

图4.60 排管机电控系统原理图

三、软件设计

排管机控制系统软件程序主要由主程序、算法子程序、故障诊断及处理程序、通信程序等部分组成。主程序主要负责系统参数的初始化及对各个功能块的调用，算法子程序主要是对输入的数字量、模拟量进行转化和处理；故障诊断及处理程序实时诊断、处理系统运行过程中出现的各种故障，并发出相应的控制信号给执行机构；通信程序用来完成PLC与上位机的通信。下面以加接钻杆柱为例，给出排管机自动控制流程图，具体如图4.61所示。

如图4.61所示，首先平移机构动作，对正钻杆所在二层台指梁；之后系统的伸展机构伸出合适的角度以后，夹持机构在二层台指梁之间抓取立根，待完成抓取的动作以后，伸展机构收回；然后平移机构沿着平移导轨开始向靠近顶驱的方向移动，运动到终点后回转机构旋转±90°，最后伸展机构再次伸出适当的角度，将立根交给顶驱，待顶驱抓住立根

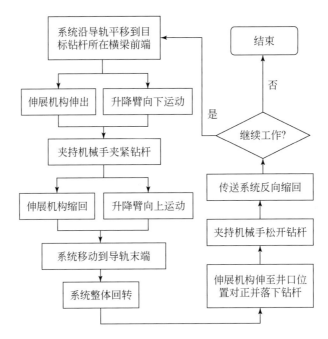

图 4.61　自动摆排管柱系统加接钻杆柱流程图

以后，伸展机构收回。同样也可以通过自动摆排管柱系统将立根从顶驱运到二层台指梁之间。图中各机构利用相应的传感器检测位置、角度等参数，反馈后实现闭环控制。

图 4.62、图 4.63 为显示器部分工作界面，在对应界面中可实现参数设定、信息显示、运行等操作。

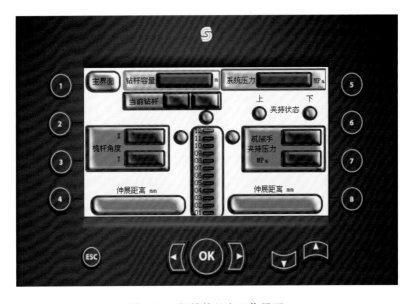

图 4.62　摆排管机主工作界面

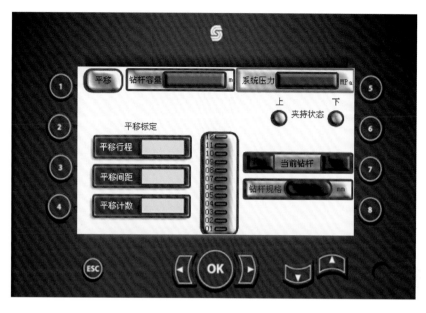

图 4.63　平移标定及钻杆容量设定界面

第五节　运动学分析

一、运动学基础

自动摆排管柱系统可以认为是一个搬运机械手，实现钻杆空间位置的改变。根据机器人运动学理论（李桂莉等，2007），搬运机械手可以被看成是一个由一系列的转动和移动关节连接起来的开链式连杆系统，开链的一端固连在基座上，另一端自由，安装有末端夹持机构，用来夹持工件。

对机械手的运动学分析的基本问题主要包含以下两个方面：运动学正问题和逆问题。运动学正问题是指对于一个给定的机械手，即它所有的连杆和关节角度已知，求机械手终端即末端夹持机构的姿态、速度、加速度的问题。它描述了机械手各连杆间，以及机械手与末端夹持机构之间的关系；运动学逆问题是指当机械手各杆件的几何参数为已知，即机械手末端夹持机构相对于参考系的目标位置及姿态已给定时，求实现这些要求的各关节变量的位置、速度和加速度（雷云云，2010）。

二、运动学分析

正运动学分析主要通过关节变量，建立系统的运动学方程，得到末端夹持机构位姿。

（一）坐标系的建立

采用 D-H 齐次坐标变换法建立自动摆排管柱系统的运动学方程，系统共有 5 个自由度，其中包括 3 个旋转自由度和 2 个移动自由度，系统 D-H 坐标系（殷际英和何广平，2003）及坐标系参数如图 4.64 及表 4.5 所示。

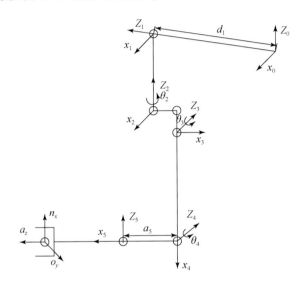

图 4.64　系统 D-H 坐标系图

表 4.5　D-H 坐标系参数表

连杆 i	关节转角 θ_i	关节扭角 α_i	杆长 a_n	公垂线距离 d_i	变量范围
1	0	90°	0	d_1	0 ~ 2200mm
2	θ_2	−90°	0	0	−90° ~ 90°
3	θ_3	−90°	a_3	0	−90° ~ 90°
4	θ_4	0	a_4	0	−90° ~ 90°
5	−90°	−90°	a_5	d_5	0 ~ 1350mm

（二）正运动学方程的建立

建立好系统坐标系后，可得到连杆系两相邻连杆间的变换矩阵：

$$
A_1 = \begin{bmatrix} 1 & 0 & 0 & 0 \\ 0 & 0 & -1 & 0 \\ 0 & 1 & 0 & d_1 \\ 0 & 0 & 0 & 1 \end{bmatrix} \quad
A_2 = \begin{bmatrix} c_2 & 0 & -s_2 & 0 \\ s_2 & 0 & c_2 & 0 \\ 0 & -1 & 0 & 0 \\ 0 & 0 & 0 & 1 \end{bmatrix} \quad
A_3 = \begin{bmatrix} c_3 & 0 & -s_3 & a_3 c_3 \\ s_3 & 0 & c_3 & a_3 s_3 \\ 0 & -1 & 0 & 0 \\ 0 & 0 & 0 & 1 \end{bmatrix}
$$

$$A_4 = \begin{bmatrix} c_4 & -s_4 & 0 & a_4 c_4 \\ s_4 & c_4 & 0 & a_4 s_4 \\ 0 & 0 & 1 & 0 \\ 0 & 0 & 0 & 1 \end{bmatrix} \quad A_5 = \begin{bmatrix} 0 & 0 & -1 & 0 \\ -1 & 0 & 0 & -a_5 \\ 0 & 1 & 0 & d_5 \\ 0 & 0 & 0 & 1 \end{bmatrix}$$

进而可以得到系统正运动学方程为

$$^0T_5 = A_1 A_2 A_3 A_4 A_5 = \begin{bmatrix} n_x & o_x & a_x & p_x \\ n_y & o_y & a_y & p_y \\ n_z & o_z & a_z & p_z \\ 0 & 0 & 0 & 1 \end{bmatrix} \tag{4.20}$$

其中:

$n_x = s_4 c_2 c_3 - s_2 c_4$

$n_y = s_3 s_4$

$n_z = s_2 s_4 c_3 + c_2 c_4$

$o_x = -c_2 s_3$

$o_y = c_3$

$o_z = -s_2 s_3$

$a_x = -c_2 c_3 c_4 - s_2 s_4$

$a_y = -s_3 c_4$

$a_z = c_2 s_4 - s_2 c_3 c_4$

$p_x = a_4 (c_2 c_3 c_4 + s_2 s_4) + a_5 (s_4 c_2 c_3 - s_2 c_4) + (a_3 - d_5) c_2 c_3$

$p_y = a_3 s_3 + a_4 s_3 c_4 + a_5 s_3 s_4 + d_5 c_3$

$p_z = a_3 s_2 c_3 + a_4 (s_2 c_3 c_4 - s_4 c_2) + a_5 (s_2 s_4 c_3 + c_2 c_4) + d_1 - d_5 s_2 s_3$

式中, s_i 为 $\sin\theta_i$; c_i 为 $\cos\theta_i$。

式 (4.20) 即为自动摆排管柱系统的正运动学方程, 末端夹持机构中心在基坐标系中的位置矢量 $P = [P_X, P_Y, P_Z]^T$, 方位矢量 n, o, a 分别为 $n = [n_x, n_y, n_z]^T$, $o = [o_x, o_y, o_z]^T$, $a = [a_x, a_y, a_z]^T$。

运动学方程表示了末端夹持机械手中心的空间位置和方向矢量, 以及其位姿与各运动构件运动参数间的变换关系, 给定系统构件的几何参数及各构件运动的关节变量即可得到末端夹持机械手的空间位姿, 它是运动学逆解的基础。

三、运动学反解

运动学反解研究的是在末端夹持机构位姿给定的情况下, 求各关节变量的值。即已知系统的正运动学方程, 求解各个关节的关节参数。在实际的工程应用中, 运动学逆解相较于正解更为重要, 它是系统执行机构运动规划和轨迹控制的基础 (张小江, 2006), 在机械手的控制中, 只有使各关节变量达到逆解所需的值, 才能使末端夹持机构到达工作所要求的位置及姿态。本书中关节变量参数包括: d_1, θ_2, θ_3, θ_4, d_5。

1. 求解 θ_2

由式（4.20）知：

$$o_x = -c_2 s_3 , \quad o_z = -s_2 s_3$$

$\tan\theta_2 = \dfrac{o_z}{o_x}$，所以：

$$\theta_2 = \arctan\left(\frac{o_z}{o_x}\right)$$

2. 求解 θ_3

由式（4.20）知：$o_y = c_3$，得到：

$$\theta_3 = \pm\arccos o_y$$

3. 求解 θ_4

由式（4.20）知：

$$n_y = s_3 s_4 , \quad a_y = -s_3 c_4$$

$-\tan\theta_4 = \dfrac{n_y}{a_y}$，故：

$$\theta_4 = \arctan\left(-\frac{n_y}{a_y}\right)$$

4. 求解 d_5

由式（4.20）知：

$$p_y = a_3 s_3 + a_4 s_3 c_4 + a_5 s_3 s_4 + d_5 c_3$$

故有：

$$d_5 = \frac{p_y - a_3 s_3 - a_4 s_3 c_4 - a_5 s_3 s_4}{c_3}$$

5. 求解 d_1

由式（4.20）知：

$$p_z = a_3 s_2 c_3 + a_4 (s_2 c_3 c_4 - s_4 c_2) + a_5 (s_2 s_4 c_3 + c_2 c_4) + d_1 - d_5 s_2 s_3$$

可求得

$$d_1 = p_z - a_3 s_2 c_3 - a_4 s_2 c_3 c_4 + a_4 s_4 c_2 - a_5 s_2 s_4 c_3 - a_5 c_2 c_4 + d_5 s_2 s_3$$

四、正反解验证

下面根据初始位姿进行正反解的初步验证。

（一）正解验证

初始位姿：$d_1 = 0$，$\theta_2 = 0$，$\theta_3 = -90°$，$\theta_4 = -90°$，$d_5 = 0$，代入式（4.20）计算得：

$$
{}^0T_5 = \begin{bmatrix} 0 & 1 & 0 & 0 \\ 1 & 1 & 0 & a_5 - a_3 \\ 0 & 0 & -1 & a_4 \\ 0 & 0 & 0 & 1 \end{bmatrix} \tag{4.21}
$$

公式中 a_3，a_4，a_5 均为已知的固定值。式（4.21）与自动摆排管柱系统初始状态的位姿情况相一致，证明了正解的正确性。

（二）反解验证

由末端执行器的初始位姿：

$$
{}^0T_5 = \begin{bmatrix} n_x & 0_x & a_x & p_x \\ n_y & o_y & a_y & p_y \\ n_z & o_y & a_z & p_z \\ 0 & 0 & 0 & 1 \end{bmatrix} = \begin{bmatrix} 0 & 1 & 0 & 0 \\ 1 & 1 & 0 & a_5 - a_3 \\ 0 & 0 & -1 & a_4 \\ 0 & 0 & 0 & 1 \end{bmatrix}
$$

代入相应的运动学反解公式中，有：

$$
\begin{cases}
\theta_2 = \arctan\left(\dfrac{o_z}{o_x}\right) \\
\theta_3 = \pm\arccos o_y \\
n_y = s_3 s_4 \\
p_y = a_3 s_3 + a_4 s_3 c_4 + d_5 c_3 \\
d_1 = p_z - a_5 s_2 s_4 c_3 - a_5 c_2 c_4 + d_5 s_2 s_3 - a_3 s_2 c_3 + a_4 s_4 c_2 - a_4 s_2 c_3 c_4
\end{cases}
$$

将 $d_1 = 0$，$\theta_2 = 0$，$\theta_3 = -90°$，$\theta_4 = -90°$，$d_5 = 0$ 代入上式，方程组分别成立，证明了反解的正确性。

运动学理论分析得到的系统运动学正解和反解，建立的运动构件运动参数间的变换关系，为系统的运动控制、轨迹规划提供了理论基础。

五、仿真分析

通过对自动摆排管柱系统的运动学仿真，可以直观的观察系统各构件及各关节间的运行情况，并对各构件的位姿、速度及加速度进行分析（Zohoor and Khorsandijou，2008），为系统性能评价、轨迹规划、故障分析，以及动力学分析提供基础，分析工作采用 ADAMS 软件作为系统仿真的平台（王国强等，2002）。

利用在三维设计软件中建立的钻杆自动排放系统本体结构，导入 ADAMS/View 环境下，添加模型的约束，最后建立完成的运动学仿真模型如图 4.65 所示。

系统运动仿真时间设置为 32s。自动摆排管柱系统工作时要执行几个基本操作，即平移、伸缩、夹紧和回转，具体运动步骤设置如下：$t = 0 \sim 10\text{s}$，系统沿滑轨（方向沿 Z 轴）平移；$t = 10 \sim 13\text{s}$，系统伸缩液压缸伸出，至 X 向系统最大位置；$t = 13 \sim 15\text{s}$，末端夹持机

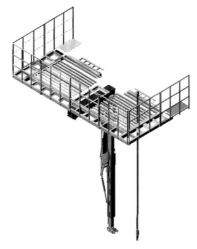

图 4.65 自动摆排管柱系统
运动学仿真模型图

构夹紧钻杆；$t=15 \sim 20\mathrm{s}$，系统伸缩液压缸缩回，回复到 10s 时位置；$t=20 \sim 25\mathrm{s}$，系统沿导轨移动到最末端；$t=25 \sim 30\mathrm{s}$，系统整体绕 Y 轴回转 $90°$；$t=30 \sim 32\mathrm{s}$，系统伸出至井口位置。由于自动摆排管柱系统的末端夹持机构–夹持机械手直接与钻杆相接触，是被控制的最终对象，因此仿真分析时主要分析夹持机械手。

（一）夹持机械手位姿仿真

1. 夹持机械手位置仿真

选择在上端夹持机械手中心位置设置 Marker 点作为测量参考点，从而得到末端夹持机械手在各方向相对于时间的变化曲线图，如图 4.66 所示，可以看出，Y 方向的坐标始终不变，即机械手在竖直 Y 方向相对地面无相对运动。X 方向上，在 $0 \sim 10\mathrm{s}$ 系统沿 Z 向平移，故 x 向位置保持不变；10s 后液压缸伸出，X 向位移逐渐变大，在 13s 左右达到伸展的最大位置，最大伸出距离为 3365mm；$13 \sim 15\mathrm{s}$ 机械手夹紧钻杆，X 向位置不变；$15 \sim 20\mathrm{s}$ 液压缸缩回，位移逐渐减小，20s 时达到初始位置；之后系统平移 X 向坐标保持不变，25s 后系统绕 Y 轴回转，数值逐渐减小至 0。Z 方向上，系统在 $0 \sim 10\mathrm{s}$ 和 $20 \sim 25\mathrm{s}$ 内做平移运动，25s 时滑车达到最远位置，机械手 Z 向位移随之变大；25s 后 Z 向位移的变化是由系统回转及伸展运动引起的；其余时间 Z 向保持不变。仿真得出的运动规律与设计的运动规律一致。

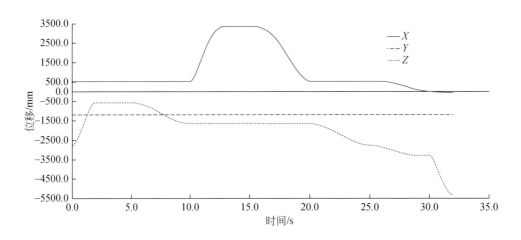

图 4.66 夹持机械手位置变化曲线图

以 X 轴位移为横坐标，Z 轴位移作为纵坐标建立坐标系，即对同一时刻 X 轴向位置和 Z 轴向位置分别取值绘制位置曲线，可以得到全局坐标系下的钻杆自动传送系统末端夹持机械手中心位置仿真运动轨迹，如图 4.67 所示。

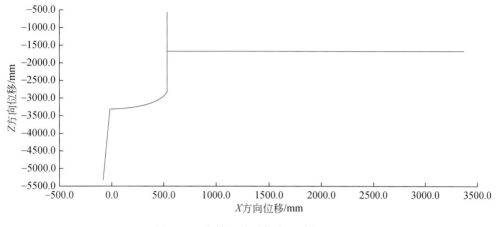

图 4.67 夹持机械手仿真运动轨迹图

2. 夹持机械手姿态仿真

在地面（ground）建立 Marker 点，利用它与前面末端夹持机械手爪上建立的 Marker 作为标记点，建立测量，可以分别得到机械手爪 Marker 绕地面 Marker 点的 X、Y、Z 轴旋转的欧拉角 α、β、γ，图 4.68 即为末端夹持机械手的姿态角度变换曲线。

图 4.68 中 3 条曲线即为末端夹持机构 Marker 点的欧拉角曲线图，由图可以看出，欧拉角 α 和 γ 角度均保持不变，即夹持机械手只有一个方向的转动，另外两个方向的转动被限制了。设定系统在 25s 后绕 y 轴回转，30s 到达最大角度 90° 后保持不变，从仿真曲线可以看出：欧拉角 β 在 0～25s 保持不变，25s 后 β 逐渐变大，30s 后保持不变。从仿真结果可以观测到夹持机械手的空间方位，为机构的实际操作及控制提供重要的依据。

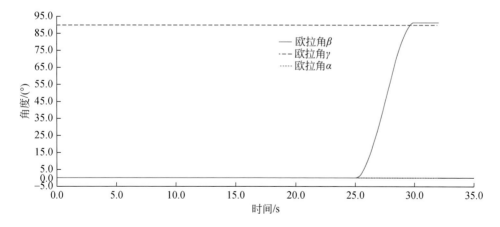

图 4.68 夹持机械手姿态变化曲线图

（二）夹持机械手速度仿真

自动摆排管柱系统工作过程中，夹持机械手在不同工况下所需要的速度各不相同，通过对夹持机械手质心建立速度和角速度测量，可以得到仿真过程中夹持机械手的运动速度、角速度、加速度及角加速度的变化情况，结果如图4.69~图4.72所示。

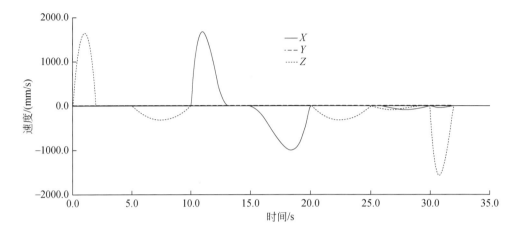

图4.69　夹持机械手质心速度曲线图

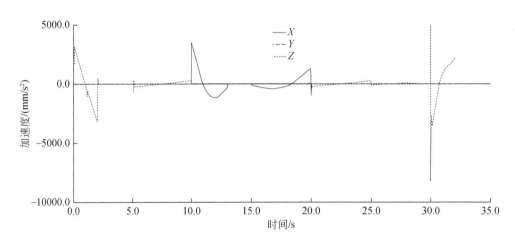

图4.70　夹持机械手质心加速度曲线图

从图4.69可以看出，末端夹持器速度在Y轴方向为0，即在Y轴方向线性运动被限制了。在X和Z轴方向上速度基本是连贯的，没有速度的突变，同时较小的运动速度有利于末端执行器的控制与定位。图4.70反映了末端夹持器质心加速度的变化规律，在Y方向没有运动，始终保持为0。设定10~13s及15~20s内系统在X方向分别做伸出和缩回运动，可以看出，X方向上在10~13s和15~20s呈现相反的变化趋势，与实际运动状态相吻合；此外，在10~13内加速度波动较大，而在15~20s内加速度波动较小，可见设定时间的长短对于运动的平稳性具有较大的影响。Z方向上，从静止开始运动的2s内加速度波动较大，在其余时间波动较小；30s时系统从运动变化为静止，加速度变化幅度较大；进一步分析表明，适当延长启动及制动时间，可明显改善运动的平稳性。分析表明，在工作允许的范围内合理匹配参数，可以使末端夹持器质心加速度在较小的幅值内变化，保证系统运动的平稳性。

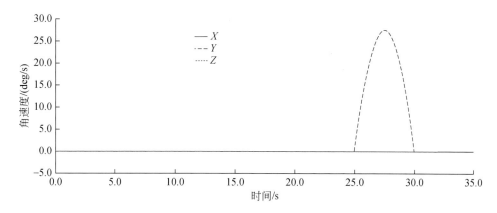

图 4.71　夹持机械手质心角速度曲线图

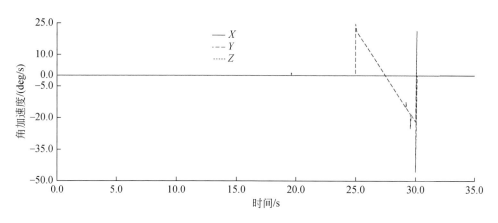

图 4.72　夹持机械手质心角加速度曲线图

　　图 4.71、图 4.72 分别表示夹持机械手质心在运动过程中的角速度、角加速度在 X、Y、Z 方向上的变化情况，由图可以看出在 X 和 Z 轴方向上的角速度和角加速度均保持为 0 不变。Y 方向上 0 ~ 25s 内角速度和角加速度同样为 0，25 ~ 30s 角速度变化较为平稳，角加速度呈线性变化，这是因为在 25 ~ 30s 内系统绕 Y 轴作回转运动，25s 时系统添加驱动扭矩，角加速度达到最大，角速度逐渐增大，后加速度逐渐减小至负的最大值，角速度最终变为零。两图的曲线相互符合规律，系统运动较为平稳。

　　通过对自动摆排管柱系统的运动学仿真分析，可知装置整体及各机构的运动情况满足工作要求，同时机构运动比较平稳，验证了设计方案的可行性。

第六节　动力学分析

一、动力学分析

　　系统运动学分析是将期望的系统末端夹持机构的运动轨迹，转化为各个关节的期望位移、速度及加速度。而系统动力学分析是通过分析作用在各个关节上的力和力矩，从而建立力或者力矩与关节位移、速度及加速度的关系。所以，系统动力学是研究系统活动杆件的运动和导致这种运动产生的力和力矩之间的关系。系统动力学不仅与系统本身的结构参数有关，如质量和惯量等，还与系统的运动学参量有关，如加速度、角加速度及负载等（韩清凯和罗忠，2010）。

动力学方程可以通过多种力学原理来建立，其中，拉格朗日方程法是最常用的建立动力学方程的方法之一，采用拉格朗日方程法来建立自动摆排管柱系统的动力学方程。

1. 拉格朗日方程

系统的动能 E_k 减去系统的位能 E_p 就称为拉格朗日函数 L，如下式所示：

$$L = E_k - E_p \tag{4.22}$$

根据拉格朗日函数 L 就可以得到系统的拉格朗日方程，如下式所示：

$$Q_i = \frac{d}{dt}\left(\frac{\partial L}{\partial \dot{q}_i}\right) - \frac{\partial L}{\partial q_i} \quad i = 1, 2, \cdots, n \tag{4.23}$$

式中，n 为系统的广义坐标数；q_i 为广义坐标；$\dot{q}_i$ 为广义速度；Q_i 为作用在第 i 个广义坐标上的广义力或者广义力矩。

2. 动能

系统任意杆件 L_i 的动能等于其上所有点的动能积分，也就是：

$$
\begin{aligned}
E_{ki} &= \int_{L_i} \mathrm{d}E_{ki} = \int_{L_i} \frac{1}{2} \boldsymbol{v}^2 \mathrm{d}m \\
&= \int_{L_i} \frac{1}{2} \mathrm{Trace}\left[\sum_{j=1}^{i}\sum_{k=1}^{i} \frac{\partial \boldsymbol{T}_i}{\partial q_j}\boldsymbol{r} \cdot \boldsymbol{r}^{\mathrm{T}}\mathrm{d}m \left(\frac{\partial \boldsymbol{T}_i}{\partial q_k}\right)^{\mathrm{T}}\dot{q}_j\dot{q}_k\right] \\
&= \frac{1}{2}\mathrm{Trace}\left[\sum_{j=1}^{i}\sum_{k=1}^{i} \frac{\partial \boldsymbol{T}_i}{\partial q_j}\boldsymbol{H}_i \left(\frac{\partial \boldsymbol{T}_i}{\partial q_k}\right)^{\mathrm{T}}\dot{q}_j\dot{q}_k\right]
\end{aligned}
\tag{4.24}
$$

式中，$\boldsymbol{H}_i$ 为杆件 L_i 的伪惯量矩阵，其值为

$$
\boldsymbol{H}_i = \int_{L_i} \boldsymbol{r} \cdot \boldsymbol{r}^{\mathrm{T}}\mathrm{d}m = \begin{pmatrix} \dfrac{-I_x + I_y + I_z}{2} & I_{xyi} & I_{xzi} & m_i\bar{x}_i \\[2mm] I_{xyi} & \dfrac{I_x - I_y + I_z}{2} & I_{yzi} & m_i\bar{y}_i \\[2mm] I_{xzi} & I_{yzi} & \dfrac{I_x + I_y - I_z}{2} & m_i\bar{z}_i \\[2mm] m_i\bar{x}_i & m_i\bar{y}_i & m_i\bar{z}_i & m_i \end{pmatrix}
\tag{4.25}
$$

式中，I_x、I_y、I_z 为相对于对应轴的转动惯量；I_{xyi}、I_{xzi}、I_{yzi} 为对应的离心转动惯量；$(\bar{x}_i, \bar{y}_i, \bar{z}_i)$ 为杆件 L_i 质心在坐标系 $o_i x_i y_i z_i$ 中的坐标值。

则整个系统的动能就等于：

$$E_k = \sum_{i=1}^{n} E_{ki} = \frac{1}{2}\sum_{i=1}^{n}\sum_{j=1}^{i}\sum_{k=1}^{i}\mathrm{Trace}\left(\frac{\partial \boldsymbol{T}_i}{\partial q_j}\boldsymbol{H}_i\frac{\partial \boldsymbol{T}_i^{\mathrm{T}}}{\partial q_k}\right)\dot{q}_j\dot{q}_k \tag{4.26}$$

此外，还需要考虑系统中所有驱动电机和传动装置的动能，如下式所示：

$$E_{ka} = \frac{1}{2} \sum_{i=1}^{n} \boldsymbol{I}_{ai} \dot{q}_i^2 \qquad (4.27)$$

式中，I_{ai} 为第 i 个驱动电机转子或传动装置在广义坐标上的等效转动惯量；$\dot{q}_i$ 为广义速度。

所以，整个系统总的动能为

$$E_{kt} = E_k + E_{ka} = \frac{1}{2} \sum_{i=1}^{n} \sum_{j=1}^{i} \sum_{k=1}^{i} \mathrm{Trace}\left(\frac{\partial \boldsymbol{T}_i}{\partial q_j} \boldsymbol{H}_i \frac{\partial \boldsymbol{T}_i^{\mathrm{T}}}{\partial q_k}\right) \dot{q}_j \dot{q}_k + \frac{1}{2} \sum_{i=1}^{n} \boldsymbol{I}_{ai} \dot{q}_i^2 \qquad (4.28)$$

3. 位能

若杆件 L_i 上任意一点 p 的质量为 $\mathrm{d}m$，那么该点的位能就是（洪嘉振，2003）：

$$\mathrm{d}E_{pi} = -\mathrm{d}m\boldsymbol{g}^{\mathrm{T}} \cdot \boldsymbol{T}_i \boldsymbol{r} \qquad (4.29)$$

式中，$\boldsymbol{g}$ 为重力加速度矢量，其值为

$$\boldsymbol{g} = \begin{bmatrix} g_1 & g_2 & g_3 & 0 \end{bmatrix}^{\mathrm{T}}$$

杆件 L_i 的位能为：

$$E_{pi} = \int_{L_i} \mathrm{d}E_{pi} = -m_i \boldsymbol{g}^{\mathrm{T}} \boldsymbol{T}_i \boldsymbol{r}_i \qquad (4.30)$$

式中，$\boldsymbol{r}_i$ 为杆件 L_i 的质心在坐标系 $o_i x_i y_i z_i$ 中的矢径。

则整个系统总的位能就是：

$$E_p = \sum_{i=1}^{n} E_{pi} = -\sum_{i=1}^{n} m_i \boldsymbol{g}^{\mathrm{T}} \boldsymbol{T}_i \boldsymbol{r}_i \qquad (4.31)$$

4. 拉格朗日动力学方程

由上述内容可知杆件的拉格朗日函数为

$$\begin{aligned}
L &= E_{kt} - E_p \\
&= \frac{1}{2} \sum_{i=1}^{n} \sum_{j=1}^{i} \sum_{k=1}^{i} \mathrm{Trace}\left(\frac{\partial \boldsymbol{T}_i}{\partial q_j} \boldsymbol{H}_i \frac{\partial \boldsymbol{T}_i^{\mathrm{T}}}{\partial q_k}\right) \dot{q}_j \dot{q}_k + \frac{1}{2} \sum_{i=1}^{n} \boldsymbol{I}_{ai} \dot{q}_i^2 + \sum_{i=1}^{n} m_i \boldsymbol{g}^{\mathrm{T}} \boldsymbol{T}_i \boldsymbol{r}_i
\end{aligned} \qquad (4.32)$$

那么杆件的拉格朗日方程就是：

$$\begin{aligned}
\boldsymbol{Q}_i &= \frac{d}{\mathrm{d}t}\left(\frac{\partial L}{\partial \dot{q}_i}\right) - \frac{\partial L}{\partial q_i} \\
&= \sum_{j=i}^{n} \sum_{k=1}^{j} \mathrm{Trace}\left(\frac{\partial \boldsymbol{T}_j}{\partial q_k} \boldsymbol{H}_j \frac{\partial \boldsymbol{T}_j^{\mathrm{T}}}{\partial q_i}\right) \ddot{q}_k + \boldsymbol{I}_{ai} \ddot{q}_i \\
&\quad + \sum_{j=i}^{n} \sum_{k=1}^{j} \sum_{m=1}^{j} \mathrm{Trace}\left(\frac{\partial^2 \boldsymbol{T}_j}{\partial q_k \partial q_m} \boldsymbol{H}_j \frac{\partial \boldsymbol{T}_j^{\mathrm{T}}}{\partial q_i}\right) \dot{q}_k \dot{q}_m - \sum_{j=i}^{n} m_j \boldsymbol{g}^{\mathrm{T}} \frac{\partial \boldsymbol{T}_i}{\partial q_i} \boldsymbol{r}_i
\end{aligned} \qquad (4.33)$$

若令

$$D_{i,j} = \sum_{p=\max\{i,j\}}^{n} \mathrm{Trace}\left(\frac{\partial \boldsymbol{T}_p}{\partial q_j} \boldsymbol{H}_p \frac{\partial \boldsymbol{T}_p^{\mathrm{T}}}{\partial q_i}\right)$$

$$D_{i,j,k} = \sum_{p=\max\{i,j,k\}}^{n} \mathrm{Trace}\left(\frac{\partial^2 \boldsymbol{T}_p}{\partial q_j \partial q_k} \boldsymbol{H}_p \frac{\partial \boldsymbol{T}_p^{\mathrm{T}}}{\partial q_i}\right)$$

$$D_i = -\sum_{p=i}^{n} m_p \boldsymbol{g}^{\mathrm{T}} \frac{\partial \boldsymbol{T}_p}{\partial q_i} \boldsymbol{r}_p$$

于是式（4.33）就可以改写为

$$Q_i = \sum_{j=1}^{n} D_{i,j}\ddot{q}_k + I_{ai}\ddot{q}_i + \sum_{j=1}^{n}\sum_{k=1}^{n} D_{i,j,k}\dot{q}_k\dot{q}_m + D_i \qquad (4.34)$$

也就是杆件 L_i 的拉格朗日动力学方程。

上式的另外一种常见的表达方式：

$$Q_i = \sum_{k=1}^{n} h_{jk}\ddot{q}_k + I_{ai}\ddot{q}_i + \dot{q}^{\mathrm{T}}C_i\dot{q} + g_i \qquad (4.35)$$

那么整个系统的拉格朗日动力学方程就是：

$$Q = J(q)\ddot{q} + \mathrm{diag}(I_{ai}\ddot{q}_i)_n + C(q,\dot{q})\dot{q} + G(q) \qquad (4.36)$$

式中，Q 为系统各杆件的动力矩矢量，其值为

$$Q = \begin{bmatrix} Q_1 \\ Q_2 \\ \vdots \\ Q_n \end{bmatrix}$$

$J(q)$ 为系统的惯性矩阵，其元素为

$$h_{jk} = \sum_{i=\max\{j,k\}}^{n} \mathrm{Trace}\left(\frac{\partial T_i}{\partial q_j}H_i\frac{\partial T_i^{\mathrm{T}}}{\partial q_k}\right);$$

$C(q,\dot{q})$ 为系统离心力和哥氏力系数矩阵，其值为

$$C(q,\dot{q}) = \begin{bmatrix} \dot{q}^{\mathrm{T}}C_1 \\ \dot{q}^{\mathrm{T}}C_2 \\ \vdots \\ \dot{q}^{\mathrm{T}}C_3 \end{bmatrix}$$

$G(q)$ 为系统的重力项，其值为

$$G(q) = \begin{bmatrix} g_1 \\ g_2 \\ \vdots \\ g_n \end{bmatrix}$$

5. 动力学方程

根据本章第五节所求自动摆排管柱系统的连杆系两相邻连杆间的变换矩阵，通过求一、二阶偏导，可以得出各连杆相对于基座标的齐次变换矩阵，进而可以得出式（4.36）中的各个速度分量及角速度分量。根据所建三维模型可以得出各个杆件的质量矩阵、质心坐标矩阵及转动惯量矩阵，代入式（4.25）可以得到各杆件的伪惯量矩阵。根据上述所求齐次变换矩阵的一、二阶偏导，以及各杆件的伪惯量矩阵，再根据式（4.34）就可以求出系统各杆件的惯性矩阵 $D_{i,j}$，以及离心力和哥氏力系数矩阵 $D_{i,j,k}$。将上述所求参数代入式（4.34），便可得到自动摆排管柱系统各连杆的动力学方程：

$$Q_i = \sum_{j=1}^{n} D_{i,j}\ddot{q}_k + I_{ai}\ddot{q}_i + \sum_{j=1}^{n}\sum_{k=1}^{n} D_{i,j,k}\dot{q}_k\dot{q}_m + D_i \quad (i = 1,2,3,4,5) \tag{4.37}$$

代入式（4.36）中就可以得到整个系统的动力学方程，从而为进一步的分析奠定理论基础。

二、刚柔耦合动力学模型

本章第四节对自动摆排管柱系统所做的运动学仿真分析是把整个系统当做一个多刚体系统为基础的，但在实际的工作情况中，自动摆排管柱系统体积相对较大，而要求的定位精度又较高；此外，该套系统悬挂在距离钻台面 25m 左右的高空，工作过程中要承受较大的动载，在外部载荷（钻杆、风载等）及惯性力的作用下，刚度较小的零部件将产生在实际工作中不能忽略的弹性变形，从而使得自动摆排管柱系统产生运动误差，进而影响到末端夹持机构的定位精度，所以有必要对自动摆排管柱系统进行刚柔耦合动力学性态分析。

刚柔耦合系统动力学的主要特点是：系统中的柔性体部件在运动过程中，存在着整体的移动和转动，同时还有变形运动，而且这两种运动又是高度耦合的，所以建立刚柔耦合系统动力学方程比较复杂（刘锦阳和洪嘉振，2002）。一般采用拉格朗日方程导出自由柔性体平面运动动力学方程，然后通过约束方程组合成多柔体系统，再运用拉格朗日乘子法，建立起整个系统的刚柔耦合动力学方程（杨辉等，2003）。其中，多柔体系统各构件的动力学方程为

$$\begin{cases} \dfrac{\mathrm{d}}{\mathrm{d}t}\left(\dfrac{\partial L}{\partial \xi}\right) - \dfrac{\partial L}{\partial \xi} + \dfrac{\partial \Gamma}{\partial \xi} + \left(\dfrac{\partial \Psi}{\partial \xi}\right)\lambda - Q = 0 \\ \Psi = 0 \end{cases} \tag{4.38}$$

式中，ξ 为 $(6+k)$ 维的广义坐标；$L = T - W$ 为拉格朗日项，T、W 分别为系统的动能和势能；Γ 为系统的能量损耗函数；λ 为对应于约束方程的拉格朗日乘子向量；Q 为投影到广义坐标系的广义力；$\Psi = 0$ 为约束方程。

计算出 T、W、Γ 后，代入到式（4.38），得到最终的刚柔耦合系统的运动微分方程：

$$M\ddot{\xi} + \dot{M}\dot{\xi} - \frac{1}{2}\left(\frac{\partial M}{\partial \xi}\dot{\xi}\right)^{\mathrm{T}}\dot{\xi} + K\xi + f_{\mathrm{g}} + D\dot{\xi} + \left(\frac{\partial \Psi}{\partial \xi}\right)^{\mathrm{T}}\lambda = Q \tag{4.39}$$

式中，ξ、$\dot{\xi}$、$\ddot{\xi}$ 为广义坐标及其时间导数；M、$\dot{M}$ 为柔性体的质量矩阵及其时间导数；$\partial M/\partial \xi$ 为质量矩阵对柔性体广义坐标的偏导数；K 为刚度矩阵；D 为阻尼矩阵；f_{g} 为重力势能对广义坐标的偏导数。

利用 Solidworks 及 ADAMS 建立自动摆排管柱系统的刚体模型，考虑到主连杆刚度较小，故将其作柔性化处理，从而形成自动摆排管柱系统的刚柔耦合动力学模型（章定国和朱志远，2006）。本书只研究自动摆排管柱系统在伸出过程中的系统动力学性态。

三、刚柔耦合动力学仿真分析

以下内容将在 ADAMS 平台上，通过对自动摆排管柱系统刚柔耦合动力学模型的仿真

分析，研究末端夹持机构的位移输出响应、速度输出响应、加速度输出响应及主连杆动应力的变化情况。

（一）夹持机械手输出响应的仿真分析

为了研究主连杆弹性变形对夹持机械手位置精度的影响，分别对自动摆排管柱系统的刚体模型和刚柔耦合模型进行仿真，针对夹持机械手的位移输出情况进行对比，仿真结果如图 4.73～图 4.79 所示。图 4.73～图 4.76 为位移输出对比曲线；图 4.77 为速度输出对比曲线；图 4.78 和图 4.79 分别为夹持机械手在刚体模型下和刚柔耦合模型下的加速度输出响应曲线。

由图 4.73～图 4.76 分析可以看出，把两个主连杆简化成刚体和简化成柔体得到的末端夹持机械手位移输出响应有一定的区别，尤其是在 y 方向的位移输出响应区别最大。由图 4.77 可以看出，两种模型下末端夹持机构的速度输出响应曲线总体来说相对平滑，但刚柔耦合模型下的速度输出响应在开始阶段有比较大的波动。由图 4.78 和图 4.79 可以看出，刚性模型下末端夹持机构的加速度波动较小，而刚柔耦合模型下在起始阶段的加速度波动较大，分析可知这是由于启动阶段产生比较大的冲击引起的。对于刚柔耦合模型，主

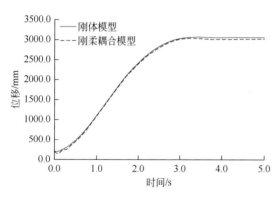

图 4.73　夹持机械手 x 方向位移输出响应曲线

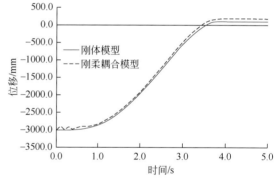

图 4.74　夹持机械手 y 方向位移输出响应曲线

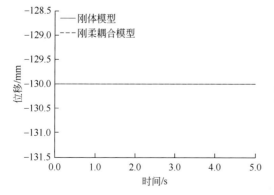

图 4.75　夹持机械手 z 方向位移输出响应曲线

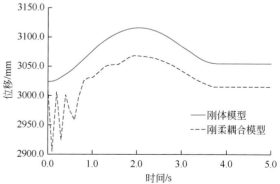

图 4.76　夹持机械手总位移输出响应曲线

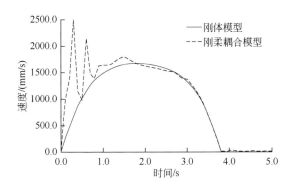

图 4.77　夹持机械手速度输出响应曲线

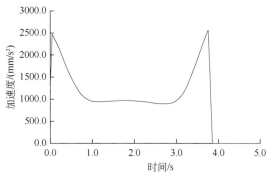

图 4.78　刚体模型下夹持机械手加速度输出响应曲线

连杆在运动过程中自身会产生弹性变形，所以加速度的波动更大，实际情况中夹持机械手承载较大，运动过程中主连杆也会产生弹性变形，加速度的波动必然较大。从仿真结果可以看出，刚柔耦合模型下机构运动过程有一定的波动状态，但是幅值相对较小，并很快达到稳定状态，满足摆排管装置的工作要求。摆排管装置加工完成后，通过现场观察到的实际情况，可以得知：把机构简化成柔性体的刚柔耦合模型更接近真实情况。刚柔耦合模型的分析结果，对于装备结构的改进设计及控制策略的制定具有积极的借鉴意义。

（二）主连杆拉力的仿真分析

主连杆的强度和刚度对整个系统的安全及运动精度有很大的影响，所以掌握主连杆在运动过程中拉力的变化情况非常必要。图 4.80 是刚柔耦合模型下两个主连杆拉力的变化。由图 4.80 可知，两个主连杆在运动过程中拉力的变化情况基本相同。在启动的一瞬间，拉力达到最大值，达到了 2000kN，小于设计的安全拉力；随着运动逐渐平稳，拉力逐渐变小，拉力的变化也逐渐趋于稳定。实际工作过程中由于启动瞬间产生冲击载荷，会造成初始拉力增大，并产生振荡，可以通过对液压系统施加不同的控制信号将拉力减小。

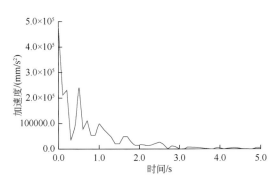

图 4.79　刚柔模型下夹持机械
　　　　　手加速度输出响应曲线

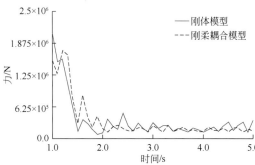

图 4.80　主连杆拉力的变化曲线

参 考 文 献

蔡文军，张慧峰，孙长征．2008．钻柱自动化排放技术发展现状．石油机械，36（12）：71～74

成大先．2004．机械设计手册．北京：化学工业出版社

韩清凯，罗忠．2010．机械系统多体动力学分析、控制与仿真．北京：科学出版社

洪嘉振．2003．计算多体系统动力学．北京：高等教育出版社

黄继昌，徐巧鱼，张海贵，等．1996．实用机械机构图册．北京：人民邮电出版社

姜鸣，曹言悌，周声强．2008．陆地钻机钻杆自动排放系统的设计方案．石油机械，36（8）：95～98

雷天觉．1998．新编液压工程手册．北京：北京理工大学出版社

雷云云．2010．基于被动式四足机器人的运动学及动力学分析．青岛：山东科技大学硕士学位论文

李桂莉，武洪恩，刘志海．2007．搬运机械手的运动学分析．煤矿机械，28（2）：62～64

李静．2011．钻机移摆管机构设计及结构分析．北京：中国地质科学院硕士学位论文

李文明．2007．曲轴搬运机械手的研究与设计．武汉：华中科技大学硕士学位论文

廖漠圣．2000．21世纪初的世界海洋石油钻机．石油矿场机械，29（1）：5～9

刘锦阳，洪嘉振．2002．柔性体的刚-柔耦合动力学分析．固体力学学报，23（2）：159～166

刘平全，崔学政，董磊．2010．钻井平台的钻杆排放方式及其自动化操作系统．中国海洋平台，25（1）：
51～56

刘文庆，崔学政，张富强．2007．钻杆自动排放系统的发展及典型结构．石油矿场机械，36（11）：
74～77

刘雪霞．2011．回转支承承载性能分析方法研究．大连：大连理工大学硕士学位论文

马永军，徐宝富，刘绍华．1985．工程机械液压系统设计计算．北京：机械工业出版社

王国强，张进平，马若丁，等．2002．虚拟样机技术及其在ADAMS上的实践．西安：西北工业大学出
版社

王凌寒，肖文生，杨轶普．2009．自动化管子处理装置在海洋钻井作业中的应用．石油矿场机械，
38（2）：67～72

王淑坤．2006．滚珠丝杠进给系统定位精度分析．大连：大连理工大学硕士学位论文

杨辉，洪嘉振，余征跃．2003．刚柔耦合多体系统动力学建模与数值仿真．计算力学学报，20（4）：
402～408

殷际英，何广平．2003．关节型机器人．北京：化学工业出版社

尹晓丽，牛文杰，张中慧．2009．钻杆自动传送系统及设计方案．石油矿场机械，38（7）：42～46

张富强．2008．钻井平台钻杆自动传送系统设计研究．东营：中国石油大学硕士学位论文

张小江．2006．机器人仿真研究及运动学动力学分析．长春：吉林大学硕士学位论文

张艳敏．2011．钻杆自动排放V型门操作机设计研究．东营：中国石油大学（华东）硕士学位论文

章定国，朱志远．2006．一类刚柔耦合系统的动力刚化分析．南京理工大学学报，30（1）：21～25，33

郑兰疆，李彦，赵武，等．2008．大型回转轴承的承载性能分析．机械设计与研究，24（2）：82～88

左健民．2007．液压与气压传动．北京：机械工业出版社

Aoki Y，Uehara K，Kazuyuki H，et al. 1994. Load sensing fluid power system. SAE Trans，103：139～153

Jacques M E H W. 1992. Pipe-racking systems：Are they cost efficient. Journal of Petroleum Technology，
44（03）：354～359

Jayaraman G P，Lunzman S V. 2011. Modeling and analysis of an electronic load sensing pump. IEEE International
Conference on Control Applications，6（12）：82～87

Johnson J. 2010. Better tube transport. Motion System Design, 52 (12): 14 ~ 15

Luo Y L, Peng X Y, Zeng C. 2013. Research on the dynamic characteristics of pressure compensation valve in load sensing multi-way valve. Advanced Materials Research, 631-632 (1): 852 ~ 857

Zohoor H, Khorsandijou S M. 2008. Dynamic model of a flying manipulator with two highly flexible links. Applied Mathematical Modelling, 32: 2117 ~ 2132

第五章 自动拧卸钻具系统

伴随着现代化钻井的进程，钻井设备的自动化程度也在不断提高，工业机器人作为现代化生产的重要自动化设备也在逐步引入钻采生产中来。传统的深部钻探及石油钻井过程中，需要很多人力辅助设备，而野外艰苦的工作环境和繁重的钻探设备，给现场生产带来了很多的不便之处。随着钻探技术的不断发展，钻具的扭矩旋扣设备也在不断的升级换代，从手动吊钳发展到液气混合动力大钳，进而发展到自动拧卸钻具系统，也称铁钻工（李明谦和黄继庆，2003）。自动拧卸钻具系统能实现钻杆的自动上、卸扣操作，从而取代传统的生产方式和使用笨重的液压大钳操作的模式。本章主要介绍了自动拧卸钻具系统机械结构、液压系统、电控系统设计，并对关键机械零部件进行了有限元分析，对液压系统进行了仿真分析，对机械系统进行了运动学仿真和动力学分析。

第一节 概　　述

传统上，钻井的上/卸扣钻具设备主要以液压动力大钳或改良后的液压动力大钳为主，如图 5.1 所示，液压动力大钳采用人工现场井口操作，由人力辅助完成大钳移动与钻具对接，控制理论与自动化程度普遍不高。由于井口工作环境恶劣，操作工人劳动强度大，而往返于井口的各种设备给工人的安全也带来了一定的隐患（刘常福等，2002）。

图 5.1　传统液压大钳的使用

铁钻工属于钻井辅助类的工业机器人范畴，主要完成钻井作业中上/卸钻杆接头、正常钻进时卸方钻杆接头、上/卸钻挺、甩钻杆、活动井下工具等作业，是一种多功能、安全、高效的钻具上/卸扣设备（Gordon，2001）。根据用途划分，陆地钻井平台主要采用小型手臂式铁钻工，海洋石油钻井平台多采用大型落地式铁钻工。

一、国外研究现状

作为一种重要的石油钻机配套设备，铁钻工（iron roughneck）这一概念在 20 世纪 70 年代由美国石油设备厂商首先提出（Brugman，1987）。当前世界的石油机械厂商中，以美国 Varco 公司的铁钻工产品及相关技术较为成熟与先进（任福深等，2012）。此外，其他国家如欧洲的意大利、亚洲的日本等也研发了性能类似的铁钻工产品（张洪生等，2008）。

图 5.2 是美国 Varco 公司小型手臂式铁钻工的代表 ST 系列产品实物图，该类型铁钻工通常只需要一人操作，通过铰接臂带动前端钳体进行水平、竖直平移，回转支座设计有回转马达可绕轴向转动，铰接臂可以完全收回，减小铁钻工整机占用钻井平台面积，便于人员和其他设备的进出，达到节省空间的目的（Cummins，2006）。整机的动力供应可通过与其他设备共用液压站的形式提供，液压系统可驱动完成夹紧钳夹紧、拧卸钳夹紧与拧卸、旋扣钳开合与旋扣、铰接臂伸缩、整机竖直平移与旋转等动作。因其结构紧凑、节省空间、性能强大、安装与操作简便的特点，其设计理念被广泛吸收采纳。其他厂商如 CANRIG 钻采科技公司的铁钻工，TM 系列产品多受其影响（图 5.3）。

图 5.2　Varco 公司 ST 系列铁钻工　　　图 5.3　CANRIG 公司 TM 系列铁钻工

ARN 和 MPT 系列是 Varco 公司生产的另外两种系列铁钻工。这两种系列的铁钻工是落地式的结构，如图 5.4 和图 5.5 所示。落地式铁钻工一般是通过沿着轨道移动来进行工作位置的调整，进而实现井口操作，这类产品适合在具有较大工作区间内的工作环境下工作。落地式的结构特点使铁钻工在工作过程中更加平稳可靠，此系列铁钻工的钳体部分具有自定心的功能，以保证对不同工况下的钻具的可靠夹持。

图 5.4 Varco 公司 ARN 系列铁钻工　　　　图 5.5 Varco 公司 MPT 系列铁钻工

二、国内研究现状

　　近年来，国内一些石油设备制造商研发了一批铁钻工产品，实现了铁钻工的国产化（于昊，2008）。图 5.6 为宝石机械厂生产的铁钻工、图 5.7 为宏华集团生产的铁钻工产品，图 5.8 为腾达公司生产的铁钻工产品，图 5.9 为如石石油机械生产的铁钻工产品。上述产品基本沿袭手臂式铁钻工的设计思路。这主要是因为手臂式铁钻工具有性价比高、结构紧凑、易于安装调试、易于操作、维护保养成本低等优势，相对适合国内石油钻采行业的生产实际需要。

图 5.6 宝石铁钻工实物图　　　　　　图 5.7 宏华铁钻工实物图

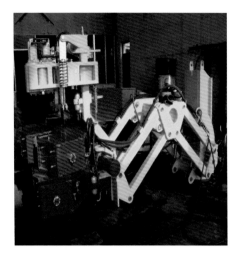

图 5.8　腾达铁钻工实物图

图 5.9　如石铁钻工实物图

第二节　机械结构设计

一、技术要求

(一) 技术参数

自动拧卸钻具系统 (铁钻工) 技术参数如表 5.1 所示。

表 5.1　自动拧卸装置技术参数

性能指标	数值
液压系统额定压力	25MPa
适用钻具管径	89～311mm
旋扣转速	100r/min
旋扣转矩	2373N·m
旋扣平衡油缸行程	400mm
最大上扣转矩	120000N·m
最大卸扣转矩	120000N·m
水平移动距离	1700mm
垂直移动距离	1500mm

（二）技术要求

（1）满足深部大陆科学钻探和深部油气井钻井的施工需求，实现对钻具系统的自动拧卸；

（2）可实现回转、伸展、升降、夹持、上/卸扣、旋扣、水平及竖直方向的浮动等功能，依靠安装在不同部位的传感器自动识别工作机构的位置，从而实现自动化、智能化控制；

（3）应用该套系统，能实现钻杆的自动上、卸扣操作，从而取代传统的生产方式和使用笨重的液压大钳操作的模式。

二、总体结构方案

经过对国内外现有的铁钻工产品，以及设计的几种备选方案的分析和总结，在满足生产需要的基础上，设计并确定了最终方案，如图5.10所示。研制的铁钻工主要由导轨总成、底座总成、滑车体、平移滑板、伸展拉杆、旋扣钳总成、液压主钳（卸扣钳、固定钳）、支架等部分组成。

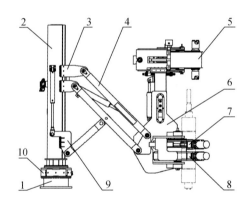

图5.10　铁钻工结构方案简图
1. 底座总成；2. 导轨总成；3. 平移滑板；4. 伸展拉杆；5. 旋扣总成；6. 支架；
7. 卸扣钳；8. 固定钳；9. 滑车体；10. 回转驱动

三、工作原理

如图5.10所示，铁钻工的底座总成固定于钻台面上，并且通过底座总成与导轨总成之间安装的回转驱动装置，可以使整个设备相对于钻台面进行±90°的转动，回转驱动装置采用了蜗轮蜗杆传动方式，对铁钻工的回转进行控制。铁钻工的伸展机构采用了双滑车的结构，平移滑板和滑车体安装在导轨总成上，并且可以沿着导轨的方向灵活滑动。当伸展油缸锁死时就可以由升降油缸来控制整个装置在铅垂方向的移动，由伸展拉杆和滑车体及平移滑板组成的平行四边形连杆机构通过伸展油缸的带动可以控制铁钻工钳体的伸出和回缩。在实际的生产作业中，铁钻工通过回转、升降、伸展运动的联合动作完成对铁钻工钳体的空间移动，利用执行机构进行钻具的连接工作。铁钻工的执行机构包括两个部分，分别为旋扣钳和液压主钳，当装置经过上述的各种运动方式到达工作位置后，旋扣总成由水平油缸带动抱紧钻杆，并通过四个液压马达带动钻杆旋转，完成钻具的旋进和旋出；液压主钳由固定钳和卸扣钳构成，固定钳和卸扣钳各由三个液压缸驱动夹紧钻杆，通过卸扣钳相对于固定钳转动，完成钻杆的紧螺纹和卸螺纹的动作。

四、主要工作机构设计

旋扣总成与液压主钳为铁钻工的执行机构，直接与钻杆接触，完成夹持、拧卸及旋扣动作，其性能优劣直接影响着铁钻工的工作性能，因此主要介绍这两部分的结构。

（一）旋扣总成的设计

1. 旋扣机构的结构组成

如图 5.11 ~ 图 5.13 所示，旋扣机构主要包括旋扣立柱、旋扣横梁、夹紧油缸、楔形板、支撑滚轮、夹紧动臂、旋扣马达、切线滚轮、复位弹簧、前后浮动装置和上下浮动装置等部分。

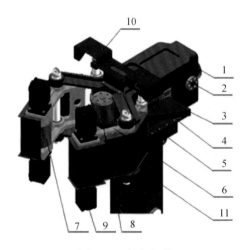

图 5.11　旋扣机构
1. 夹紧油缸；2. 旋扣横梁；3. 楔形板；4. 复位弹簧；5. 切线滚轮；6. 夹紧动臂；
7. 支撑滚轮；8. 限位轮；9. 旋扣马达；10. 安全罩；11. 旋扣立柱

旋扣横梁可沿着旋扣立柱前后移动，水平夹紧油缸的缸筒与旋扣横梁固定在一起，油缸的活塞杆与楔形板连接，在三角形楔形板的前端安装有两个限位轮，油缸的伸缩运动使楔形板和限位轮沿着旋扣横梁前后移动。夹紧动臂中间铰点与旋扣横梁通过销轴铰接在一起，夹紧动臂的一端安装切线滚轮，另一端安装有支撑滚轮，两个切线滚轮在复位弹簧的

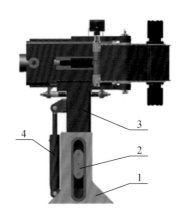

图 5.12　上下浮动装置
1. 支架；2. 纵向导键；3. 旋扣立柱；4. 上下浮动油缸

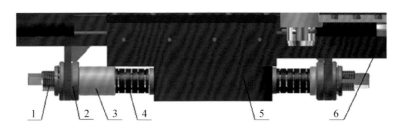

图 5.13　前后浮动装置结构图
1. 调整螺杆；2. 弹簧座；3. 传力套筒；4. 蝶形弹簧；5. 旋扣立柱；6. 旋扣横梁

作用下使切线滚轮始终与楔形板的侧面接触相切，旋扣马达固定在旋扣动臂前端，为支撑滚轮提供旋转动力。为了提高装置的安全性，在复位弹簧和旋扣动臂夹紧装置的周围设计了安全罩。

钻具之间的连接或者拧卸，在钻具的轴线方向上会产生位移，因此旋扣机构设计了上下浮动装置，如图 5.12 所示，通过上下浮动油缸实现该动作，油缸的缸筒通过销轴固定在支架上，活塞杆端与旋扣立柱连接在一起，油缸的伸缩运动可以控制整个旋扣机构的上下运动，旋扣立柱通过纵向导键可沿着支架上下的移动。

铁钻工旋扣机构在夹紧钻具时，由于钻具位置的不确定性，因此需要设计前后浮动装置。如图 5.13 所示，蝶形弹簧刚度大，缓冲吸振能力强，能以较小的变形承受大的载荷，适用于轴向空间要求小的场合（苏军和吴建国，1997），因此采用蝶形弹簧作为前后浮动装置。限位弹簧座焊接在旋扣横梁上，调整螺杆穿过弹簧座与旋扣立柱连接，在弹簧座与旋扣立柱之间安装有传力套筒和蝶形弹簧；调整螺杆的外端用弹簧座的内孔螺纹定位。旋扣横梁和旋扣立柱的支架之间可以相对滑动，由于安装了蝶形弹簧，当钳口位置发生变化时旋扣机构可以在水平方向进行调整，使两侧的夹紧动臂可以根据钻杆直径的不同自动进行位置调整以夹紧钻杆。

2. 旋扣机构的工作原理

旋扣机构是铁钻工的重要组成部分，主要功能是实现钻具的旋扣（螺纹旋进和旋出）动作。下面以图 5.14 所示的原理简图介绍其工作原理。

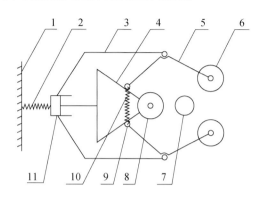

图 5.14　铁钻工旋扣装置原理简图

1. 旋扣立柱；2. 前后浮动弹簧；3. 旋扣横梁；4. 楔形板；5. 夹紧动臂；6. 支撑滚轮；
7. 钻具；8. 限位滚轮；9. 切线轮；10. 复位弹簧；11. 水平夹紧油缸

旋扣机构的夹紧动作是通过水平夹紧油缸来实现的，当活塞杆伸出时，三角形的楔形板及两个限位滚轮沿着导轨慢慢接近钻具，而与楔形板始终相切的切线滚轮会沿着楔形板的两侧面滚动，从而夹紧动臂绕着中间铰点摆动，夹紧动臂的摆动使前端的支撑滚轮接近钻具，因此三个方向的滚轮均接近钻具，完成夹紧动作。但是由于是三个不同方向接近钻具，接触钻具的时间不会同时，当一方向上的滚轮接触钻具后，必定会产生接触力，由于前后浮动弹簧的设计，使整个旋扣机构在力的作用下前后移动，直到滚轮完全夹紧钻具为止，此阶段称为调整阶段。滚轮夹紧钻具后，旋扣马达驱动滚轮滚动从而使钻具转动，完成钻具的快速连接或者拧卸；钻具连接完成后，马达停止工作，活塞杆收回到油缸缸筒中，在复位弹簧的作用下，两个支撑滚轮及限位滚轮都松开钻具，完成整个旋扣机构的动作。

旋扣机构滚轮在接近钻具的阶段，由于上下浮动油缸的作用，旋扣机构在纵向方向上保持不动，当旋扣机构夹紧钻具后，马达工作进行钻具连接时，滚轮夹紧钻具，此时整个旋扣机构相当于悬空状态，随着钻具间纵向的移动，旋扣机构整体纵向也产生位移，当连接完成后，需要使旋扣机构恢复到初始位置，由浮动油缸的伸缩运动完成该动作。

3. 参数计算

1）旋扣钳夹紧油缸输出力的计算

旋扣机构在夹持不同直径钻具时，钻具受力和支撑滚轮的夹持角度都不相同。为了准确研究旋扣机构的受力情况，在确定旋扣夹紧油缸输出力之前，首先应计算夹持角。

首先分析旋扣机构接近钻具阶段，图 5.15 是旋扣机构动作示意简图。在该阶段，处于初始位置的旋扣机构（细实线状态）在油缸驱动力的作用下，慢慢接近钻具直到前端的限位滚轮接触到钻具（粗实线状态）。图中的虚线圆表示钻具所在位置。根据图中几何关系可得：

$$L_1 = L_0 - S + R_0 + R_a \tag{5.1}$$

式中，L_0 为初始位置时楔形板末端到铰轴轴线的竖直方向距离；L_1 为限位轮接触到钻具时楔形板末端到铰轴轴线的竖直方向距离；S 为初始位置时限位滚轮轴线到钻具轴线的竖直方向距离；R_0 为钻具的半径；R_a 为限位滚轮的半径。

对 $\triangle ABC$，运用正弦定理得：

$$(L_1 - 2R_b)\sin\alpha = S_2 \sin\beta_2 \tag{5.2}$$

$$\beta_2 = 180° - \alpha - \gamma_2 \tag{5.3}$$

式中，R_b 为切线滚轮的半径；α 为楔形板斜边与竖直方向的夹角；S_2 为切线滚轮轴线与铰轴轴线之间的距离；β_2 为限位轮接触到钻具时，切线滚轮与铰轴中心连线与楔形板斜边之间的夹角；γ_2 为限位轮接触到钻具时，切线滚轮与铰轴中心连线与竖直方向的夹角。

如图 5.15 所示，旋扣机构的限位滚轮接触到钻具后，此时前端的支撑滚轮还没有接触到钻具，活塞杆继续向外伸出，前后浮动装置开始起作用，整个旋扣机构开始前后的移动，直到三个方向均夹紧钻具达到规定的夹紧力。图 5.16 为旋扣机构在调整阶段动作的示意简图，图中细实线状态表示该阶段的初始位置，粗实线状态为调整后的机构位置，由图可知，夹紧动臂中间铰点 A 点移动到了 A' 点，中间铰点的前后移动导致了夹紧动臂小范围的摆动。按图所示在钻具中心点建立坐标系，得：

$$x_D^2 + y_D^2 = (R_0 + R_c)^2 \tag{5.4}$$

式中，x_D、y_D 分别为 D 点的横、纵坐标；R_c 为支撑轮半径。

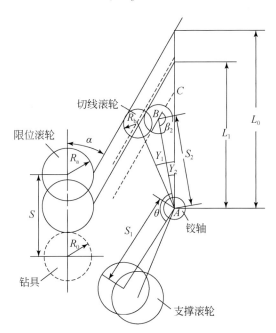

图 5.15　旋扣机构接近钻具阶段动作示意简图

根据两点距离公式，得：

$$(x_D - x_A)^2 + [y_D - (y_A + H)]^2 = S_1^2 \tag{5.5}$$

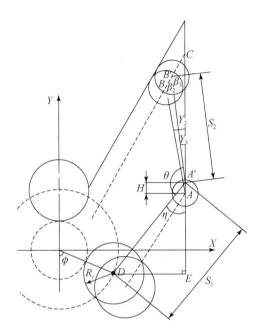

图 5.16　旋扣机构调整阶段动作示意简图

式中，x_A、y_A 为 A 点横、纵坐标；H 为调整距离。

由图 5.16 可知，在调整阶段完成后，$\triangle ABC$ 随着调整运动最终位置变为 $\triangle A'B'C'$。

根据两个三角形的内在关系，运用三角形的正弦定理得：

$$\Delta\gamma = \gamma_2 - \gamma_3 = \beta_3 - \beta_2 = 180° - \arcsin\left[\frac{\sin\alpha}{S_2}(L_1 - 2R_b - H)\right] - \beta_2 \tag{5.6}$$

对 $\triangle A'DE$ 利用几何关系得：

$$\sin\eta = \sin(180° - \theta - \gamma_2 + \Delta\gamma) = \frac{x_A - x_D}{S_1} \tag{5.7}$$

根据直线斜率方程得夹持角的正切值：

$$\tan\phi = -\frac{x_D}{y_D} \tag{5.8}$$

在式（5.1）~式（5.8）中的参数 L_0、S、S_1、S_2、R_0、R_a、R_b、R_c、α、θ、γ_1 均是由旋扣机构的结构和钻具直径及位置确定的，因此上述参数为常值，将其整理见表 5.2。

表 5.2　旋扣机构参数表

参数	数值	参数	数值
L_0	620mm	R_b	100mm
S	282.5mm	R_c	180mm
S_1	332mm	α	30°
S_2	320mm	θ	134°
R_a	180mm	γ_1	24°

通过联立上述各式便可求出当旋扣机构在夹紧不同直径的钻具时支撑滚轮夹持角 ϕ，利用 Matlab 软件求解得到角度值，见表 5.3。

表 5.3　旋扣机构夹紧不同钻具的夹持角度值

钻具直径	89mm	168mm	311mm
ϕ	80.3°	68.5°	59.9°

旋扣机构夹紧钻具的夹紧角度 ϕ 求解得到后，就可以确定旋扣机构夹持不同直径钻具时的受力情况，进而计算旋扣机构水平油缸所需要提供的推力，使机构满足设计要求、达到设计的最大旋扣扭矩，而最大旋扣扭矩是针对于最大直径钻具而言的，因此接下来对直径为 311mm 的钻具进行受力分析。在受力分析前首先求解复位弹簧的弹簧力，即计算切线轮在弹簧方向（X 方向）的位移 H_1。因为整个机构无论是伸出还是调整，活塞杆均相对于横梁架运动，因此旋扣机构的整个夹持过程中可以视为横梁架固定不动，其几何关系见图 5.17。由图计算可以得到：

$$H_1 = S_2(\sin\gamma_1 - \sin\gamma_3) = S_2\left[\sin\gamma_1 - \sin(\gamma_2 - \Delta\gamma)\right] \tag{5.9}$$

式中，γ_1 为初始位置时，切线滚轮与铰轴中心连线与竖直方向的夹角；γ_3 为调整后切线滚轮与铰轴中心连线与竖直方向的夹角；$\Delta\gamma$ 为切线滚轮调整角度。

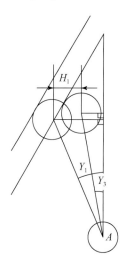

图 5.17　复位弹簧变形量计算示意图

在夹紧钻具的状态下，对旋扣机构的夹紧动臂进行受力分析，受力简图见图 5.18。夹紧动臂受到五个力，分别为复位弹簧的弹簧力 F_1、三角形楔形板侧面的力 F_a、夹紧动臂中间铰点的约束力 F_x 和 F_y，以及前端支撑滚轮的夹持力的反作用力 F_b。夹紧动臂在这些力的共同作用下处于平衡状态，分别列出 x、y 方向上力的平衡方程及对 A' 点的力矩方程：

$$\sum F_x = 0，\text{即 } F_x + F_1 = F_a\cos\alpha + F_b\sin\phi \tag{5.10}$$

$$\sum F_y = 0，\text{即 } F_y = F_a\sin\alpha + F_b\cos\phi \tag{5.11}$$

$$\sum M_{A'} = 0，\text{即}$$

$$F_a \sin(90° - \gamma_3 - \alpha) S_2 = F_b \cos(90° - \theta - \gamma_3 + \phi) S_1 + F_1 S_2 \cos\gamma_3 \qquad (5.12)$$

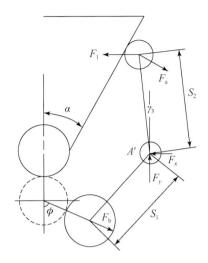

图 5.18　夹紧动臂的受力图

图 5.19 为钻杆受力图，图中 F_b 为支撑滚轮对钻杆的夹持力，F_N 为限位滚轮对钻杆的夹持力，由图可得：

$$\sum F_y = 0 ， 即 \quad F_N = 2F_b \cos\phi \qquad (5.13)$$

接下来对三角形的楔形板进行受力分析。楔板受到四个力，分别为楔板两侧的切线滚轮对其的夹紧反力 F_a、前端钻具经限位滚轮施加于楔板的夹紧反力 F_N、水平夹紧油缸的油缸推力 F，受力简图见图 5.20。楔形板在这四个力的作用下处于平衡状态，因此可列出方程式：

$$\sum F_y = 0 ， 即 \quad F = F_N + 2F_a \cos(90° - \alpha) \qquad (5.14)$$

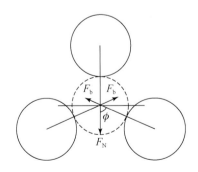

图 5.19　钻杆受力图

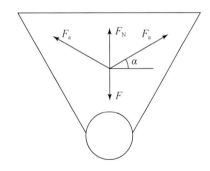

图 5.20　楔形板的受力图

旋扣横梁的受力分析简图见图 5.21，主要受到四个力的作用，分别是：两端夹紧动臂中间铰点的反作用力 F_x 和 F_y；水平油缸的油缸推力 F；前后浮动碟簧的弹簧力 F_2。在四个力的作用下横梁处于平衡状态，得：

$$\sum F_y = 0 ， 即 \quad F = F_2 + 2F_y \qquad (5.15)$$

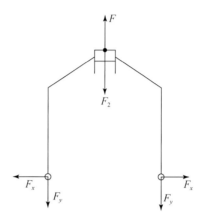

图5.21 旋扣横梁的受力图

根据弹簧性质和胡克定律，分别求得复位弹簧和浮动碟簧的弹簧力：

$$F_1 = 2K_1H_1 \qquad (5.16)$$

$$F_2 = K_2H \qquad (5.17)$$

整理式（5.10）~式（5.17），最终得到支撑滚轮的夹紧力与水平夹紧油缸推力关系式，如下：

$$F_b = \frac{F - K_2H - 2B\sin\alpha}{2(A\sin\alpha + \cos\phi)} \qquad (5.18)$$

式中，

$$A = \frac{\cos(90° - \theta - \gamma_3 + \phi)S_1}{\sin(90° - \gamma_3 - \alpha)S_2}; \qquad B = \frac{2K_1H_1\cos\gamma_3}{\sin(90° - \gamma_3 - \alpha)}。$$

旋扣钳拧卸钻具的方式类似于摩擦轮传动，其中两个支撑滚轮为主动轮，两个限位滚轮属于辅助轮。根据设计要求可知，铁钻工旋扣机构工作的最大扭矩需达到最大值 $M_{max} = 2373\text{N}\cdot\text{m}$，即此扭矩是旋扣机构夹持最大半径钻具时的最大扭矩。如果忽略辅助轮在钻具连接过程中的阻力矩，那么钻具连接达到的扭矩完全依靠主动轮和钻具之间的摩擦力，即

$$2F_b\mu R = M_{max} \qquad (5.19)$$

式中，μ 为摩擦系数（康晓雷，1998）。

通过式（5.18）和式（5.19）联立求解，可求得旋扣水平油缸所需提供的最大油缸推力：

$$F = 121.92\text{kN}$$

支撑轮对夹紧动臂的反作用力：

$$F_b = 42.39\text{kN}$$

2）浮动油缸承载力计算

钻具在连接或者拧卸过程中，会在钻具的轴线方向上移动，本书设计的铁钻工旋扣机构采用浮动油缸实现这一功能。根据功能要求，浮动油缸需要承受旋扣机构自身的重量，在建模软件中查得整个旋扣机构的质量 $m_x = 1033\text{kg}$。因此可计算出油缸承受的载荷力：

$$F = \frac{m_x g}{\eta} = 11\text{kN}$$

式中，η 为油缸的机械效率，$\eta = 0.92$。

（二）液压主钳的设计

1. 机构设计

液压主钳是铁钻工的另一个重要组成部分，主要用来完成紧扣和冲扣的工作，图 5.22 为液压主钳结构图，分为卸扣钳和固定钳两个部分，其中固定钳连接在铁钻工的支架下端；卸扣钳可以以钻杆轴线为中心进行转动，转动时依靠支架上安装的立销和主钳上的导向槽进行导向。当紧扣或冲扣时，固定钳和卸扣钳各自的夹紧油缸推动钳牙座和牙板钳牙夹紧钻杆，然后卸扣油缸推动卸扣钳转动，靠着卸扣钳和固定钳的相对转动来完成紧扣和冲扣的运动。冲扣和紧扣是一对互逆的运动，它们的工作原理基本相同。

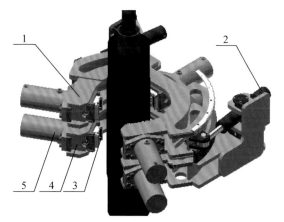

图 5.22 液压主钳

1. 拧卸钳；2. 拧卸缸；3. 钳牙；4. 固定钳；5. 夹紧缸

2. 参数计算

夹持拧卸机构适用钻具管径范围是 $\phi 89 \sim 311\text{mm}$，考虑到钻杆（具）管径越大，钻杆受到夹持机构提供的摩擦力臂就越长，而一定型号的油缸在额定压力不变的情况下最大输出力不变，因此一般认为夹持拧卸机构的最大上/卸扣扭矩出现在钻杆（具）管径最大的情况，故以最大管径 $\phi 311\text{mm}$ 钻具，承受最大上/卸扣扭矩 $T_{\max} = 120000\text{N} \cdot \text{m}$ 的工况来计算相关参数。

1）夹紧油缸受力分析

根据铁钻工夹持拧卸机构液压原理及动作流程分析可知，在最大上/卸扣角度（$\pm 12°$）时，夹持拧卸机构的夹紧油缸与拧卸油缸同时承受最大扭矩，即此时夹紧油缸（拧卸钳及固定钳的夹紧油缸）与拧卸油缸输出力达到最大值。如图 5.23 所示，根据设计参数可知钳牙座的两个牙板的中心连线的角度为 $\theta = 20°$，考虑到牙板对钻杆的包络角较小，为简化计算，可以近似认为牙板和钻杆之间的接触力是一个沿着牙板轴线指向钻杆中心的力 F_N。

另外，考虑到夹持拧卸机构在拧卸钻杆过程中，为保证夹紧效果，夹紧油缸需要输出很大的夹紧力，导致牙形板会陷入到钻杆表面，因此选取摩擦系数为 $\mu = 0.6$。在正压力 F_N 的作用下，钻杆所受摩擦力为

$$F_f = \mu F_N \tag{5.20}$$

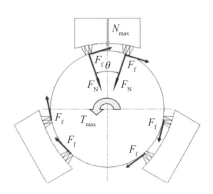

图 5.23　拧卸过程中钻杆受力图

在拧卸钻杆过程中，夹紧油缸的夹持效果使钻杆承受六个接触力 $F_N(N)$，进而产生由 6 个对应的摩擦力 F_f 构建的驱动力矩，平衡钻杆中心的最大上/卸扣扭矩 T_{max}（N·m），从而驱动钻杆旋转。上述关系可由下式计算：

$$T_{max} = 6F_f \cdot \frac{D}{2} = 3F_f D \tag{5.21}$$

式中，D 为钻杆管径，此处 $D = 311 \times 10^{-3} \text{m}$；$T_{max} = 120000 \text{N·m}$。

联立式（5.20）、式（5.21），代入数据，可求得：摩擦力 $F_f = 128617 \text{N}$，接触力 $F_N = 214362 \text{N}$。由于机构中的夹紧油缸钳牙板以油缸中心线对称分布，故有以下关系：

夹紧油缸输出的最大夹紧力 $N_{max} = 2F_N \cdot \cos \dfrac{\theta}{2}$ （5.22）

代入数据，计算得到 $N_{max} = 422210 \text{N}$。

2）卸扣油缸受力分析

图 5.24 为拧卸油缸作用力示意图，图 5.25 为拧卸过程中拧卸油缸极限位置图。其中，O 点为钻杆旋转中心点，A 点为拧卸油缸铰轴固定点，B 点为拧卸油缸活塞杆铰接点（B_1、B_2 分别为拧卸油缸作业的极限位置点），点 C 为由 O 点引向油缸轴线的垂足。

根据图 5.25，得到 OA 的长度 $L_{OA} = 822 \text{mm}$，OB 的长度 $L_{OB} = R = 657 \text{mm}$，$AB$ 的最大长度 $L_{AB\,max} = L_{AB2} = 621 \text{mm}$，最小长度 $L_{AB\,min} = L_{AB1} = 292 \text{mm}$。参考图 5.24 所示关系，左侧拧卸油缸输出力 F_2 的力臂：

$$L_2 = L_{OC} = L_{OA} \cdot \sin \angle BAO = L_{OA} \cdot \sin \left[\arccos \frac{L_{OA}^2 + L_{AB}^2 - L_{OB}^2}{2L_{OA} \cdot L_{AB}} \right] \tag{5.23}$$

式中，$L_{AB} \in [L_{AB\,min}, L_{AB\,max}]$。由于左右拧卸油缸是协调作业，因此存在以下关系：

$$L_{AB} + L'_{AB} = L_{AB\,max} + L_{AB\,min} \tag{5.24}$$

式中，L_{AB} 为任意时刻左拧卸油缸 A、B 两点的距离；L'_{AB} 为同一时刻右拧卸油缸 A、B 两点

的距离，单位 mm。

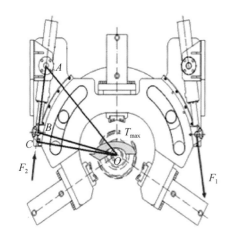

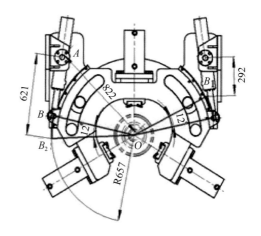

图 5.24　拧卸油缸作用力示意图　　　　　图 5.25　油缸极限位置确定图（单位：mm）

同理，可得到右侧拧卸油缸输出力 F_1 的力臂

$$L_1 = L_{OA} \cdot \sin\left[\arccos\frac{L_{OA}^2 + L_{AB}'^2 - L_{OB}^2}{2L_{OA} \cdot L_{AB}'}\right] \tag{5.25}$$

对图 5.24 所示的拧卸钳整体受力分析，可建立关系：

$$T_{max} = (F_1 L_1 + F_2 L_2) \times 10^{-3} \tag{5.26}$$

根据系统压力 25MPa，选定工程油缸两腔面积比（往复运动速度之比）$\phi = 2$（成大先等，2004），结合拧卸油缸通油方式，有以下关系：

$$F_1 = 2F_2 \tag{5.27}$$

联立式（5.26）和式（5.27），得到拧卸油缸最大负载：

$$F_{1max} = \frac{T_{max}}{\left(L_1 + \dfrac{L_2}{2}\right)_{min}} \times 10^3 \tag{5.28}$$

因此，上述问题转化为求 $\left(L_1 + \dfrac{L_2}{2}\right)$ 的最小值，代入相关数据，利用 Matlab 软件编程求得 $\left(L_1 + \dfrac{L_2}{2}\right)_{min} = 921.63\,\mathrm{mm}$，进而求得 $F_{1max} = 130204\mathrm{N}$。

五、关键零部件的强度分析

为保证铁钻工正常工作，零部件必须满足强度要求，为此采用有限元分析方法对系统关键零部件进行强度分析，主要对夹紧动臂和摩擦轮进行有限元分析。

（一）夹紧动臂的有限元分析

在旋扣钳对钻杆进行夹紧过程中，夹紧动臂的结构和姿态影响到旋扣滚轮对钻具的抱紧效果，如夹紧动臂发生变形将直接影响到三个方向夹紧滚轮的夹持角度。夹紧动臂的结构稳定性直接影响到旋扣钳对钻具夹持效果。考虑夹紧动臂在工作过程中会受到较大的作用力并可能产生较大的变形量，因此需要对旋扣钳的夹紧动臂进行有限元分析。

夹紧臂材料选用 Q345B，图 5.26 为其三维模型。在 ANSYS 中进行网格划分（李范春，2011），如图 5.27 所示。

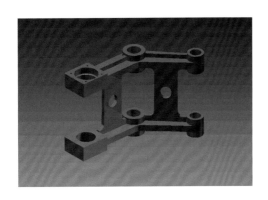
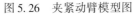

图 5.26　夹紧动臂模型图

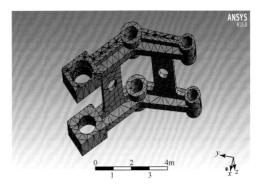

图 5.27　夹紧动臂网格划分

分析可知，在完全夹紧时，夹紧动臂受到来自钻具的反作用力为 42.39kN，在 XZ 平面上进行力的分解，得 $F_Z = 30.9$kN，$F_X = 29.7$kN。

对夹紧动臂仿真求解。仿真结果如图 5.28 和图 5.29 所示，通过仿真结果分析可知，夹紧动臂应力分布比较均匀，在中部销孔部位的内侧应力达到最大，约 131MPa，小于 Q345B 的屈服强度 345MPa，因此夹紧动臂不会出现屈服破坏。夹紧动臂的最大位移变形量 0.8705mm，变形较小，对钻具夹持作用的影响基本可以忽略。因此，该夹紧动臂的结构设计符合设计要求。

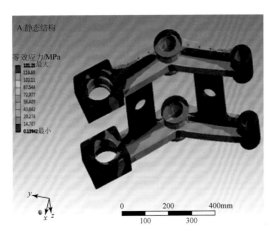

图 5.28　夹紧动臂应力图

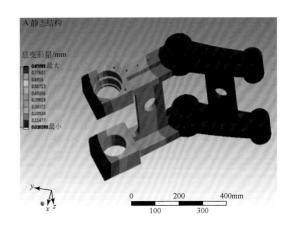

图 5.29　夹紧动臂变形图

（二）摩擦轮的有限元分析

在整个旋扣机构中，支撑滚轮组件中的摩擦轮是非常重要的零件，它不仅与钻具直接接触，并且由液压马达带动旋转进而驱动钻具转动完成旋扣动作，它的强度直接影响旋扣机构是否正常工作，其变形量也影响到旋扣工作的精度，因此对它进行有限元分析显得尤为必要。

图 5.30 为摩擦轮组件三维模型，将模型导入有限元分析软件中。模型采用网格自动划分方法，配合 Body Size 细分网格（毕运波等，2007）得到网格划分结果如图 5.31 所示。

 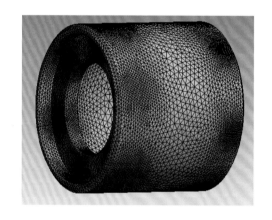

　图 5.30　摩擦轮三维模型图　　　　　　　　图 5.31　摩擦轮的网格图

摩擦轮不仅夹紧钻具，并且绕自身轴线旋转，根据动力学分析结果可知，工作过程中支撑轮由于复位弹簧及楔板的作用，夹紧力出现一定范围的波动，波动的最大值达到 70kN，尽管只是瞬时作用力，但为充分保证可靠性，对摩擦轮添加该峰值载荷进行仿真求解，得到支撑轮在夹紧钻具情况下的应力图及变形图，如图 5.32 和图 5.33 所示。

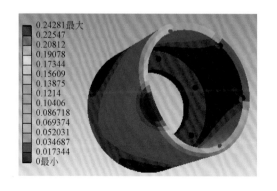 

　图 5.32　摩擦轮总位移变形图（单位：mm）　　图 5.33　摩擦轮应力分布图（单位：MPa）

由图 5.32 可知，当摩擦轮夹紧钻具时，摩擦轮接触钻具一侧发生径向的变形，最大的变形发生在接触钻具面的一端，最大的位移变形量为 0.24281mm，相对较小，机构结构安全。

由图 5.33 可知，摩擦轮的外表面与钻具接触面处一端受到较大的应力，其余各部分的应力值较小，受到的应力最大值为 205.77MPa。摩擦轮的材料为 Q345B，屈服强度 345MPa。对比可知，应力值小于材料的屈服强度值，从应力角度可知结构设计是安全的。

第三节　液压系统设计

一、液压系统总体方案

铁钻工的液压系统采用负载敏感技术（冯刚和江峰，2003），根据铁钻工的工作流程及动作要求，确定的液压系统总体方案原理如图 5.34 所示。

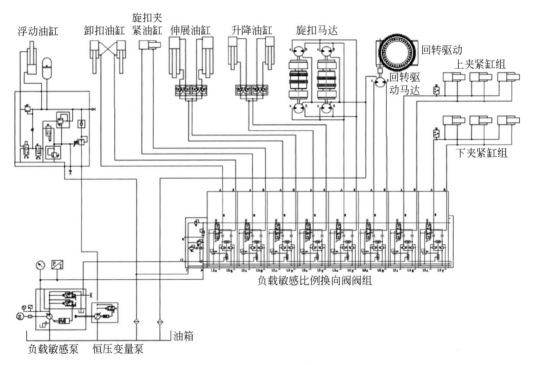

图 5.34　铁钻工液压系统原理图

如图 5.34 所示，铁钻工的液压系统采用双联泵作为动力源，前泵为负载敏感泵，后泵为恒压变量泵。系统包含 19 个执行元件，分别实现平衡（浮动）、卸扣、旋扣夹紧、伸展、升降、旋扣、回转、夹持等动作。恒压泵为浮动油缸提供压力油，用来平衡旋扣钳的重力，旋扣时实现浮动。负载敏感泵为其他 18 个执行元件提供压力油，应用具有负载敏感功能的电液比例阀实现各开环和闭环控制。其中，两个卸扣油缸、两个伸展油缸、两个升降油缸、四个旋扣马达，以及上/下夹紧缸组分别要求同步动作，因此分别采用一片阀控制；回转驱动马达采用一片阀控制。通过对负载敏感比例换向阀阀组的控制，可实现不同执行元件的动作要求，负载敏感系统的应用可保证液压泵按系统工作时所需的最大压力和流量需求提供液压油，满足系统工作要求。

二、主要液压元件参数确定

铁钻工采用全液压驱动方式，液压元件较多，只有合理选择各元件的参数，才能保证系统的正常工作，本节以部分液压元件为例介绍其参数的确定。

（一）旋扣机构油缸参数的确定

1. 旋扣夹紧油缸

在旋扣机构工作过程中，需要准确控制滚轮对钻具的夹持力以确保旋扣机构既能提供足够大的扭矩而又不会导致夹持力过大而损伤钻具，这就需要对旋扣机构水平夹紧油缸进行合理的选型以及对液压系统进行合理设计。

液压缸在工作时，输出推力计算公式如下：

$$F_H = F_d + F_e + F_f \pm F_g \tag{5.29}$$

式中，F_H 为液压缸输出推力；F_d 为外载荷阻力；F_e 为回油阻力；F_f 为密封圈摩擦力；F_g 为活塞在启动或者制动时的惯性力。

根据旋扣机构的工作原理可知，水平夹紧油缸的导轨较短，并且油缸的运动属于稳态运行，因此在计算过程中忽略惯性力；当液压油无阻碍回油箱时，回油阻力约等于零，因此这部分亦忽略不计。

在工程应用中，密封的摩擦阻力与液压缸推力有以下关系式：

$$F_f = (1 - \eta) F_H \tag{5.30}$$

式中，η 为液压油缸的机械效率，一般取值 $0.90 \sim 0.96$。

联立式（5.29）和式（5.30）即可求得油缸的推力：

$$F_H = \frac{F_d}{\eta} \tag{5.31}$$

根据前面的求解得知 $F_d = 121.92 \text{kN}$；η 取 0.92，代入式（5.31）求得：

$$F_H = 132.5 \text{kN}$$

液压缸内径可依据下式计算：

$$F_H = \frac{\pi D^2}{4} p \tag{5.32}$$

式中，F_H 为液压缸输出力；p 为液压缸的工作压力，$p = 25 \text{MPa}$；D 为活塞直径。

代入上式中得：

$$D = \sqrt{\frac{4 F_H}{\pi p}} = 83 \text{mm}$$

为满足需要，又要留有足够的余量，选择油缸内径为 125mm。根据油缸内径及系统压力选取外径为 159mm。

活塞杆直径计算公式：

$$d = D\sqrt{\frac{\varphi-1}{\varphi}} \tag{5.33}$$

式中，D 为液压缸的内径；d 为活塞杆的直径；φ 为速度比，当压力为 20MPa 以上时速度比为 2（周恩涛，2010）。

将以上数据代入上式，得：

$$d = 88.38\text{mm}$$

根据液压手册选取活塞杆的直径为 90mm。旋扣机构在夹紧直径最小的钻具时，水平油缸行程最长，根据几何计算可以得出限位轮位移为 148mm，由此选择水平油缸的行程为 $S = 220\text{mm}$。

2. 浮动油缸

根据前面的计算，浮动油缸承受的载荷力 $F = 11\text{kN}$。根据油缸的载荷，对旋扣机构浮动油缸进行选取，油缸输出推力为

$$F = \frac{\pi D^2}{4}p \tag{5.34}$$

液压系统额定压力为 16MPa，将此数据代入上式中可得：

$$D = \sqrt{\frac{4F}{\pi p}} = 29.6\text{mm}$$

为满足实际工作中复杂工况的需要，需要留有足够的余量，选择油缸内径为 50mm。

根据工程用液压缸标准系列，并且系统压力为 16MPa，取速度比为 2，则活塞杆直径为

$$d = D\sqrt{\frac{\varphi-1}{\varphi}} = 35.4\text{mm}$$

根据活塞杆直径系列，选取活塞杆的直径为 36mm。

根据铁钻工旋扣机构性能指标及液压缸行程系列，确定液压缸的行程 $S = 500\text{mm}$。

（二）液压主钳油缸参数的确定

1. 夹紧油缸

1）液压缸所需输出力计算

根据前述式（5.22）计算已知夹紧油缸外载荷阻力为 $F_d = N_{\max} = 422210\text{N}$；取回油阻力 $F_e \approx 0$；取液压缸机械效率 $\eta = 0.95$，则密封圈摩擦力 $F_f = (1-\eta)F_H = 0.05F_H$；

活塞在启动或者制动时的惯性力：

$$F_g = \frac{G\Delta v}{g\Delta t} \tag{5.35}$$

由于夹紧油缸夹紧钻杆时，二者处于相对静止状态，因此不需要考虑惯性力，即 $F_g = 0$。

而对于拧卸油缸，G 为拧卸钳重力，$G = 13410\text{N}$；g 为重力加速度，取 9.8m/s^2；Δv 为速度变化量；Δt 为启动或制动时间；对于一般机械 $\frac{\Delta v}{\Delta t} = 0.5 \sim 1.5\text{m/s}^2$，轻载低速部

件取小值，重载高速取大值，此处取 $\dfrac{\Delta v}{\Delta t} = 1.2 \ \mathrm{m/s^2}$。

将相应关系式及数据代入式（5.29），计算得到夹紧油缸的输出推力 $F_H = 444432\mathrm{N}$。

2）夹紧油缸参数确定

根据油缸的选用规则，液压缸作用力 F 与缸径 D 有以下关系：

$$D = \sqrt{\dfrac{4F}{\pi p}} \tag{5.36}$$

式中，p 为液压系统额定压力，即 $p = 25\mathrm{MPa}$。

根据速比计算公式：

$$\varphi = \dfrac{D^2}{D^2 - d^2} \tag{5.37}$$

式中，$\varphi = 2$；D、d 分别为液压缸缸筒内径、活塞杆直径，单位均是 mm。

将夹紧油缸输出推力 F_H 代入上述公式，得到夹紧油缸内径 $D_i = 150.5\mathrm{mm}$，活塞杆直径 $d_i = 106.4\mathrm{mm}$。参考液压缸标准系列，得到圆整后的结果：$D_i = 160\mathrm{mm}$，$d_i = 110\mathrm{mm}$。根据铁钻工数字样机结构可知：当钻杆直径最小值为 Φ89mm 时，夹紧油缸行程最长，参考活塞行程优先数表，选定夹紧油缸的行程 $S_i = 160\mathrm{mm}$。

2. 拧卸油缸

1）液压缸所需输出力计算

参照夹紧油缸的计算，代入拧卸油缸外载荷阻力 $F_{1\max} = 130204\mathrm{N}$ 及相关参数，求得拧卸油缸的输出推力 $F_j = 138785\mathrm{N}$。

2）拧卸油缸参数确定

将拧卸油缸输出推力 F_j 代入相应公式，得到拧卸油缸内径 $D_j = 84.1\mathrm{mm}$，活塞杆直径 $d_j = 59.5\mathrm{mm}$。由于上述计算是依据最大上/卸扣扭矩进行的，实际工作中多数情况小于该扭矩要求；并且最大扭矩通常仅在上扣动作的最后一扣或者卸扣第一扣取得，可以依靠短时过载（超过额定压力，而小于最大压力）实现，因此上述计算结果可适当取小些。参考液压缸标准系列，圆整后的结果为：$D_j = 80\mathrm{mm}$，$d_j = 56\mathrm{mm}$。根据图 5.25 拧卸油缸极限位置，得知拧卸油缸活塞行程 $S_j \geqslant L_{AB\max} - L_{AB\min} = 329\mathrm{mm}$，参考活塞行程优先数表，选定拧卸油缸行程 $S_j = 400\mathrm{mm}$。

（三）伸展油缸参数的确定

通过对伸展机构进行受力分析，可求得伸展油缸承受的最大载荷 $F = 65000\mathrm{N}$。根据油缸的载荷，对伸展油缸进行选取，将数据代入到公式中求出缸径：

$$D = \sqrt{\dfrac{4F}{\pi p}} = 64.34\mathrm{mm}$$

式中，p 为伸展油缸额定工作压力，$p = 20\mathrm{MPa}$。

考虑到伸展机构运动惯性力及运动副摩擦力均较大，因此缸径需要设有一定的余量，参考液压缸标准系列，选择油缸内径为 80mm。

计算活塞杆直径，取速度比 $\varphi = 2$，将数据代入公式，可得活塞杆直径为

$$d = D\sqrt{\frac{\varphi-1}{\varphi}} = 56.6\text{mm}$$

根据液压缸标准系列选取活塞杆的直径为 56mm。根据设计参数要求和液压缸行程系列，选择伸展油缸的行程为 640mm。

（四）升降油缸参数的确定

整个铁钻工的升降靠两个对称布置与滑车体铰接的升降油缸来进行控制，工作过程中升降油缸主要承受拉力，忽略回油阻力，可得

$$F = p\frac{\pi}{4}(D^2 - d^2) \tag{5.38}$$

式中，升降油缸的最大载荷 $F = 24.4\text{kN}$；$d = D\sqrt{\dfrac{\varphi-1}{\varphi}}$；升降油缸工作压力 $p = 16\text{MPa}$；速度比取为 $\varphi = 1.46$。

将数据代入式（5.38）中，可求得：

$$D = 53.3\text{mm}$$

根据标准选择油缸内径为 63mm。

活塞杆直径为

$$d = D\sqrt{\frac{\varphi-1}{\varphi}} = 35.28\text{mm}$$

依据标准系列，选取活塞杆的直径为 35mm。根据设计参数要求选择升降油缸的行程为 550mm。

三、液压系统仿真分析

利用 AMESim 软件对液压系统进行仿真研究（靳宝全，2010），依据仿真结果可进一步掌握液压系统的性能、完善液压系统或改善控制策略。

为了确保准确、有效地评价液压系统性能，在对关键元件负载敏感泵与负载敏感多路阀进行合理简化的基础上（Manring and Johnson，1996），建立了仿真模型。

（一）负载敏感泵建模仿真

参考图 5.34 液压原理图，结合实际工况需要，预估系统最大流量 140L/min，再考虑到最大负载压力 250bar（25MPa），由此选定负载敏感泵型号为力士乐 A10VSO100DFR，图 5.35 是该型号负载敏感泵控系统的原理图。

根据理论分析，结合工作原理及结构组成，利用 AMESim 的 HCD 库、机械库、信号库等，搭建斜盘机构、压力控制器、流量控制器等主要组件的仿真模型，给定负载敏感泵

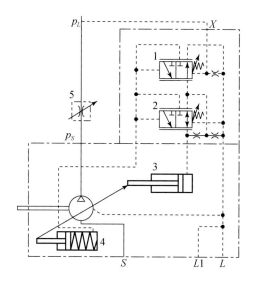

图 5.35　负载敏感泵控系统原理图

1. 流量控制器；2. 压力控制器；3. 变量缸大腔；4. 变量缸小腔；5. 外接流量控制阀

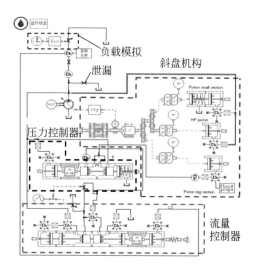

图 5.36　负载敏感泵控系统测试模型

的主要参数，最终建立了该型号泵的仿真模型。

　　为验证模型的准确性，根据图 5.35 所示的负载敏感泵控系统原理图，参考相关资料，建立图 5.36 所示的负载敏感泵的测试模型。给定图 5.37 所示的负载模拟信号，运行仿真计算，得到图 5.38 ～ 图 5.40 的仿真结果图。其中，图 5.38 是泵口压力及 LS（load-sensing）反馈压力动态响应图。其中：0 ～ 0.5s，系统负载压力与泵口开始建立压力，流量控制器阀芯位移 x_q 趋向稳定。0.5 ～ 14.2s 内，x_q 稳定，即流量控制器阀芯受力平衡，此时负载敏感泵口压力与负载反馈压力的差值 $(p_S - p_L) = \Delta p$ 为压力控制器弹簧力，约为 18bar。此时泵口压力跟随负载增大而增大，二者之间的差值 Δp 不变。14.2 ～ 20s 内，负载压力超过 254bar，负载敏感泵的压力控制器阀芯开始右移，泵口压力不再增加，泵进入高压切断状态，斜盘偏角减小，泵口流量仅维持补偿泄漏的流量。

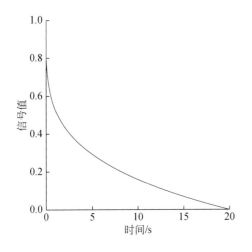

图 5.37　泵测试的负载模拟信号图　　　图 5.38　泵口压力及 LS 压力动态响应

　　图 5.39 为泵控系统设定压力从 0 增大到 280bar 时的静态特性仿真曲线。图 5.40 为该型号泵在转速为 1500r/min 转速下的静态特性样本曲线。对比分析可知：泵口压力 p_S 在 0 ~ 20bar 区间内，泵口压力与负载反馈压力（LS）尚未建立稳定的 Δp，即压力控制器阀芯 x_q 未稳定，出现样本曲线所示的流量不在调节范围；泵口压力 p_S 在 20 ~ 272bar 区间内，由于泵自身泄漏等原因，出现泵口输出流量随泵口压力增大而减小，即 ΔQ，查阅样本该型号泵 $\Delta Q = 4\mathrm{L/min}$，根据图 5.39 仿真所得的数据为 $\Delta Q' = 4.5\mathrm{L/min}$。泵口压力 p_S 在 272 ~ 280bar 区间内，泵进入高压切断状态，泵口流量仅维持泄漏流量，约为 2.4L/min，需要说明的是，此处的理论曲线本应是一条与流量轴平行的竖线，但实际中，会有一个 $\Delta p_S = 6\mathrm{bar}$（图 5.40）左右的压差，这是由于压力控制器动作时的黏性阻力、摩擦力及弹簧压缩引起的，图 5.39 仿真所得 $\Delta p_S' = 8\mathrm{bar}$，在可接受范围之内。通过静态特性仿真曲线与样本曲线的对比可知，二者基本相符，因此验证了所建泵的静态特性与实际泵静态特性相符。

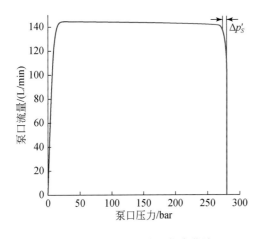

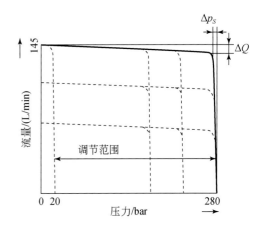

图 5.39　泵的静态特性仿真曲线　　　　图 5.40　泵的静态特性样本曲线

图 5.41 与图 5.42 分别是泵口流量控制动态特性的仿真曲线与样本曲线。对比分析可知：给仿真模型施加正阶跃激励信号，得到泵从排量最小到排量最大所用的调整时间 $t'_{SA} = 0.1s$，样本提供的调整时间 $t_{SA} = 0.2s$；类似的，给仿真模型施加负阶跃激励信号，得到泵从最大排量到最小排量所用的调整时间为 $t'_{SE} = 0.05s$，样本提供的调整时间 $t_{SE} = 0.06s$。因此，认为所建泵仿真模型的动态特性与样本基本一致，在可接受范围之内。

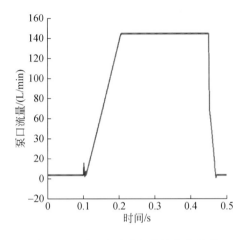

图 5.41 泵口流量动态特性仿真曲线

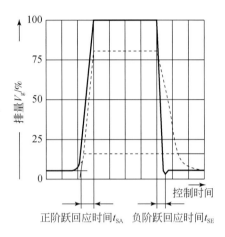

图 5.42 泵口流量动态特性样本曲线

通过上述分析可知，建立的仿真模型能够反映该型号泵的性能要求。为简化后续液压模型，利用 AMESim 软件的超级元件功能，封装上述模型。

（二）负载敏感比例换向阀的建模仿真

根据液压原理图整体设计，考虑液压油缸的型号及负载工况，兼顾泵阀的搭配稳定性、可靠性等问题，选用丹佛斯 PVG32 阀组，其实物如图 5.43 所示。图 5.44 为简化的原理图，阀主体等效为由比例换向阀、压力补偿器、负载反馈油路、先导压力油路等部分组成。

图 5.43 丹佛斯 PVG32 阀组实物图

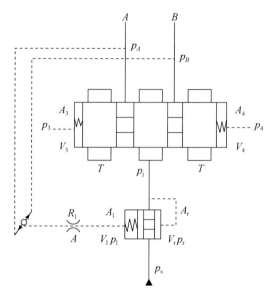

图 5.44　负载敏感阀原理简图

根据理论分析，结合工作原理及结构组成，利用 AMESim 的 HCD 库、液压库、机械库等创建 PVG32 的仿真模型。图 5.45 为负载敏感阀的测试模型。

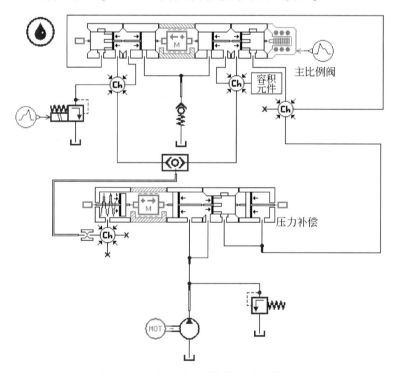

图 5.45　负载敏感阀性能的测试模型

对该模型施加负载模拟信号，可得到仿真曲线，具体过程与负载敏感泵分析类似，此处从略。对仿真结果进行分析，并对比样本曲线，可以验证负载敏感阀仿真模型能够反映该型号阀的性能要求。为简化后续液压系统的整体模型，利用 AMESim 的超级元件功能，封装该负载敏感比例换向阀模型。

（三）液压系统仿真与分析

在完成负载敏感泵与负载敏感阀等关键元件的建模、仿真和分析之后，根据图 5.34 液压原理图，即可建立仿真模型图，进行仿真分析。以夹持拧卸机构的液压系统为例，进行仿真分析，其他系统可类似得出。

在 AMESim 中建立图 5.46 所示的夹持拧卸机构液压系统的仿真模型。图中负载敏感泵与负载敏感阀分别是封装之后的超级元件，超级元件的使用简化了仿真模型。

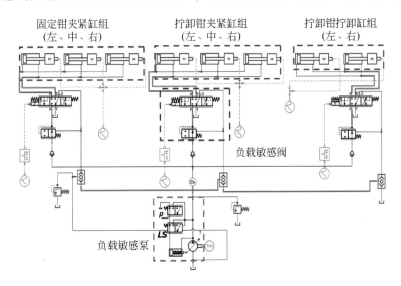

图 5.46　夹持拧卸机构液压系统仿真模型

设定好相关元件的参数，对负载敏感比例换向阀给定图 5.47 所示的控制信号，运行仿真，得到图 5.48 ~ 图 5.50 所示的仿真曲线。为简化仿真过程，认为固定钳与拧卸钳的夹紧缸组动作一致，后文不再区分夹紧缸组所属钳体，统称为夹紧缸。

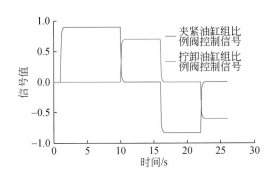

图 5.47　比例换向阀组控制信号图

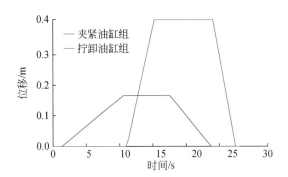

图 5.48　液压系统执行器位移图

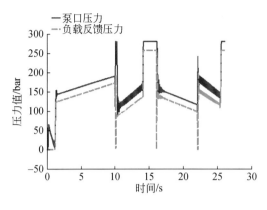

图 5.49　泵口压力与反馈压力图

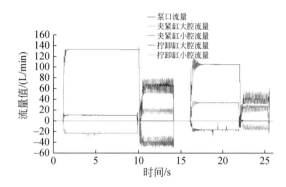

图 5.50　泵口流量与执行器流量图

综合图 5.46 ~ 图 5.50，分析可知：0 ~ 1s 内，负载敏感比例换向阀组无控制信号，泵口无输出流量，负载敏感泵进入低压等待状态（王炎等，2008）；在 1 ~ 10s 内，对应夹紧油缸组的比例换向阀片左位接通主油路，夹紧油缸伸出至行程终点（0.16m），泵口输出流量维持在 135L/min 左右，夹紧油缸（6 个）大腔流量维持在 -22.5L/min（流出为正）。此过程中，泵口压力始终与负载反馈压力（LS 信号）维持固定压差值，约为 18bar。在此过程的 9.6 ~ 10s 时间段，由于油缸直达行程终点，因此负载敏感泵进入高压待命状态：泵口压力在切断压力 280bar 附近，泵口流量迅速下降为 0；在 10 ~ 16s 内，夹紧缸进入保压状态，不考虑泄漏及液压油受压体积变化情况下，关闭对应阀片，打开拧卸缸组对应的阀片左位接入主油路。此过程的 10 ~ 14s 时间段内，拧卸油缸伸出至行程终点（0.4m），泵口输出流量在 63.5L/min 左右，拧卸钳大、小腔流量分别维持在 -43L/min 与 20.5L/min 左右，这主要是因为拧卸油缸组的接入方式决定的。此外，泵口压力随拧卸钳负载变化，保持 18bar 左右的固定压差。14 ~ 16s 内，由于拧卸油缸到达行程终点，负载敏感泵进入高压待命状态，拧卸油缸大小腔流量迅速下降为 0；在 15 ~ 22s 内，拧卸缸组对应的比例换向阀片控制信号关闭，夹紧油缸组小腔接入主油路，夹紧油缸回程。此过程中，油缸复位，负载以减小趋势变化，泵口压力跟随减小，泵口输出流量在换向瞬间的短暂波动后稳定在 109L/min 附近，夹紧缸（6 个）小腔入口流量约为 18.2L/min；在 22 ~ 26s 内，夹紧缸复位动作完成，相应的阀片控制信号关闭，拧卸油缸组对应的阀片开始给出控制信号，拧卸油缸开始复位。该过程的 22 ~ 25.4s 内，拧卸油缸复位，泵口输出流量维持在 45L/min 左右，拧卸油缸大、小腔分别维持在 30.1L/min 与 -14.9L/min，泵口压力跟随负载压力变化，与负载维持稳定压差不变。在 25.4 ~ 26s 过程中，拧卸缸组到达行程终点，负载敏感泵进入高压待命状态，泵口及油缸大小腔流量迅速下降为 0。

综合上述分析，表明液压系统的设计能够实现多执行器复合动作且实现执行器调速与负载变化无关的特性。

第四节　电控系统设计

铁钻工实现自动化、智能化操作，其电控系统发挥着至关重要的作用。研制的铁钻工为全液压驱动，机构的各个动作是通过液压系统的 19 个执行元件驱动实现的，除浮动油缸外，其余 18 个执行元件共用一个负载敏感泵提供压力油，由 8 片负载敏感电液比例换向阀实现各个动作的控制，而电控系统控制的对象主要就是负载敏感电液比例换向阀组。本节就铁钻工的控制系统做以介绍。

一、控制系统硬件设计

铁钻工电控系统主要由可编程控制器、负载敏感比例多路换向阀、压力传感器、编码器、远程控制台、触摸屏及电源模块等部分组成，控制系统原理框图如图 5.51 所示。可编程控制器是电控系统的控制核心，接收控制命令并根据传感器采集的信号输出相应控制指令；负载敏感比例多路换向阀是电液转换元件，将电控信号转化为液压阀的控制信号输出，驱动液压系统的执行元件动作，从而实现铁钻工的自动化动作要求；压力传感器用于采集液压系统压力信号；编码器用于检测和定位铁钻工工作机构的位置；远程控制台和触摸屏是铁钻工操作端，可实现参数设定及操作；电源模块为铁钻工电控系统供电。此外，由于铁钻工工作在有油气泄漏的危险区域，在设计控制系统的硬件时，必须考虑防爆的问题，采用防爆或者隔爆的器件，防止在发生爆炸时危及控制柜。

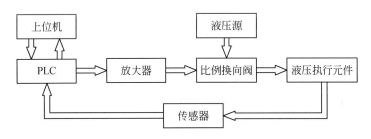

图 5.51　铁钻工控制系统原理框图

控制系统使用贝加莱公司的 X20 系列 PLC 作为控制中心，由多路模拟输入、模拟输出、数字输入、数字输出、CAN 总线模块及计数器模块组成。采用的 X20CP1583CPU 模块技术参数见表 5.4。

表 5.4　X20CP1583CPU 模块技术参数表

参数名称	参数值
处理器	Atom™ E620T
标准内存	128MB DDR2 SDRAM，1MB SRAM
保持变量	64kB
RTC	非易失性内存，分辨率 1s
快速任务等级循环周期	800μs
集成 I/O 处理器	后台处理 I/O 数据
CF 卡插槽	1

续表

参数名称	参数值
接口模块插槽	1
自带接口	1× RS232，1× Ethernet，1× POWERLINK V1/V2，2× USB，1× X2X Link
电源	24 Vdc
电池	有
散热方式	无风扇

　　自动拧卸钻具系统要求能够根据工作进程，自动实现对上、下钻杆的夹持和钻杆接头螺纹的拧/卸作业；并检测上卸扣转矩是否达到要求，如未达到要求，则自动重复拧卸动作直至达到要求。此外，能够与钻进顶驱及摆排管机械手协调作业，配合完成钻杆的加接及拧卸流程。铁钻工要想实现自动化和智能化控制，必不可缺的一个环节是需要采用合适的检测元件检测相关参数。系统中除采用压力传感器检测各回路动作的压力以判断作用力或转矩的大小外，还布置有多个检测元件，检测诸如位置和速度等信息。根据不同工作机构的运动特征，选定的检测元件类型为：回转机构和升降机构分别采用一个绝对值编码器检测回转角度和升降高度，伸展机构和液压主钳分别采用一个增量型编码器检测伸展角度和拧卸角度，采用的编码器型号见表5.5，编码器具体参数见表5.6～表5.8。

表 5.5　不同工作机构采用的检测元件

机构	编码器型号	检测参数及范围
回转机构	CVM58 多圈绝对值编码器	回转角度（-90°～90°）
伸展机构	BEI-HS35F 增量型编码器	伸展角度（0～60°）
升降机构	CSM58 多圈绝对值编码器	升降高度（0～500mm）
液压主钳	BEI-HS35F 增量型编码器	拧卸角度（-22.5°～22.5°）

表 5.6　CVM58 绝对值编码器参数表

参数名称	参数值
单圈分辨率	65536 位
多圈分辨率	16384 位
最大允许转速	12000rpm
最大允许轴负载，轴向	40N
最大允许轴负载，径向	110N
供电电压	10～30Vdc
电气接口	CANopen
输出接口	DSP406，Class 1 and 2
计数方向选择	有
防护等级	IP65

表 5.7 CSM58 绝对值编码器参数表

参数名称	参数值
单圈分辨率	65536 位
多圈分辨率	16384 位
最大允许转速	12000rpm
最大允许轴负载，轴向	—
最大允许轴负载，径向	—
供电电压	10～30Vdc
电气接口	CANopen
输出接口	DSP406，Class 1 and 2
计数方向选择	有
防护等级	IP65

表 5.8 BEI-HS35F 增量型编码器参数表

参数名称	参数值
转速	50000h 为 2500rpm
最高转速	6000rpm
转动惯量	0.019oz 2s 内
频率响应	150kHz
输出格式	2 个正交通道，1/2 周期索引门控负 B 通道
电源电压	5～28Vdc
电流要求	100mA 典型+输出负载，250mA（最大）
电压/输出	28V/V：线路驱动器，5～28Vdc 输入，$V_{out}=V_{in}$ 28V/5：线路驱动器，5～28Vdc 输入，$V_{out}=5Vdc$ 28V/OC：开路集电极，5～28Vdc 输入，OC 输出

二、控制系统软件设计

铁钻工控制系统软件程序主要由主程序、回转/平移/通信、倾角通信、机构速度计算及设定、AI 信号处理、液压阀控制模块及自动运行模块等部分组成。

下面以上扣过程为例，给出铁钻工自动控制流程图，具体如图 5.52 所示。

卸扣动作工作流程与上扣类似，主要不同是要先利用主、背钳进行卸扣拧松钻杆螺纹，之后再利用旋扣钳旋开上方钻杆。

图 5.53～图 5.55 为显示器的部分工作界面，其中图 5.53 为主界面，人机界面使用的是研华公司的触摸屏，使用 WebAccess/HMI Designer 设计了控制界面；图 5.54 是操作指示界面，包括一键上扣、一键卸扣、一键定位及手柄使能，当使用手柄使能时，可以由控制箱上的机械操作手柄及按钮进行人工操作；图 5.55 是参数设定界面，在该界面下可以

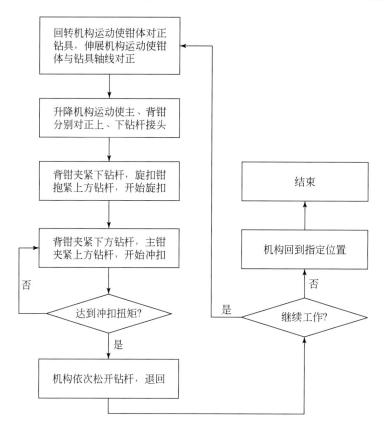

图 5.52　铁钻工上扣工作流程图

对整个铁钻工的各个规定的参数进行设置和调整。

　　人机界面通过 Modbus 总线与 PLC 进行通信，实时的将设定的操作指令和数据发给 PLC 操作动作机构，同时将采集到的动作信息收集并显示在人机界面上。图 5.56 是控制箱外观图。

图 5.53　显示器主界面

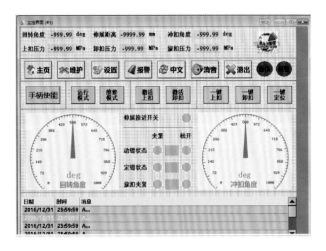

图 5.54　操作指示界面

图 5.55　参数设定界面

图 5.56　主控制箱

第五节　运动学仿真分析

一、仿真模型的建立

本节的分析工作采用 ADAMS 软件作为系统仿真的平台（郑建荣，2002）。铁钻工结构较为复杂，因此采用三维造型软件进行建立，将铁钻工模型最终导入 ADAMS/View 环境下，完成系统的运动学仿真分析（Suh and Radcliffe，2005）。

模型导入后，根据铁钻工的运动分析，创建构件间的运动副，并添加驱动，最后在 ADAMS 中建立完成的铁钻工仿真模型如图 5.57 所示。

图 5.57　铁钻工仿真模型图

二、仿真分析

铁钻工的运动过程包含回转、升降、伸展、上扣、冲扣等过程，考虑到铁钻工的卸扣过程为上扣的逆过程，各个部件的受力变化趋势和运动情况差别不大，因此仅针对铁钻工的上扣过程进行仿真分析。在仿真过程当中采用直径为 168mm 的钻杆进行分析，对于其他直径的钻杆仿真方法类似，不再赘述。

机构运动仿真时间设置为 48s，为了较好地控制液压主钳和旋扣钳的夹持力，同时也为了验证理论计算的正确性，旋扣钳的水平油缸和液压主钳上的夹紧油缸采用施加力的方式来进行驱动，力的大小可由前述计算的结果乘上一定的裕度系数来确定。考虑到铁钻工的工作过程比较复杂，因此采用脚本仿真的仿真方式。铁钻工工作时具体运动步骤描述如下：0~3s，铁钻工恢复初始状态；3~6s，铁钻工进行回转运动；6~9s，伸展油缸伸出，铁钻工进行伸展运动；9~12s，铁钻工进行升降运动，12s 时铁钻工达到工作位置；12~

15s，固定钳夹紧钻杆；15~18s，旋扣钳抱紧钻杆；18~24s，支撑轮开始转动，旋扣钳开始进行上扣；24~27s，旋扣钳松开钻杆，同时，冲扣钳运动到冲扣位置；27~30s，冲扣钳夹紧钻杆；30~35s，冲扣钳旋转，开始对钻杆紧扣；35~37s，冲扣钳松开钻杆；37~39s，冲扣钳转回到初始位置，同时，固定钳松开钻杆；39~42s，铁钻工下降回到原来位置；42~45s，伸展油缸带动铁钻工缩回；45~48s，铁钻工经过旋转回到初始位置，停止运动。

（一）钳口位置的仿真和分析

为了观察铁钻工通过回转运动、升降运动、伸展运动到达工作位置的情况，选择固定钳架质心的 Marker 点作为测量参考点，从而可得出如图 5.58 所示的铁钻工钳口位置曲线。

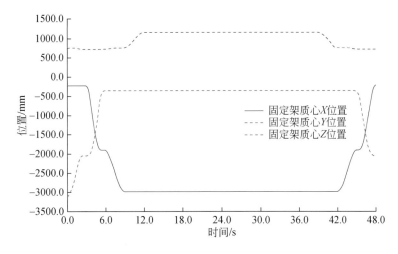

图 5.58 铁钻工钳口位置曲线

图 5.58 中的三条曲线分别表示铁钻工的固定钳架的质心沿着 X，Y，Z 方向随着时间的变化趋势。在 0~3s 时铁钻工回到初始位置，升降油缸和回转驱动停止不动，只有伸展油缸缩回，因此铁钻工在 X 和 Y 方向上没有运动，只有沿着伸展方向的 Z 方向有运动。在 3~6s 时，铁钻工整体在 X-Z 平面做回转运动，因此此时 Y 方向曲线仍为水平，X 和 Z 方向曲线沿运动方向变化，在 6~9s 时，铁钻工伸展油缸伸出，铁钻工做伸展运动，由于此时铁钻工已经转过了 90°，伸展运动的方向从 Z 方向变成了 X 方向，所以曲线中这段时间只有 X 方向曲线有变化。在 9~12s 时，铁钻工作升降运动，因此只有沿着升降运动的方向（Y 方向）的曲线有相应的变化。在接下的一段时间里铁钻工进行的是旋扣钳上扣和液压主钳紧扣的过程，此时铁钻工的总体位置不会发生改变，因此这段时间内的曲线也是平直的。当到达 39s 时，铁钻工要回到初始位置，39~48s 的这段时间里的运动是 3~12s 的逆运动，因此曲线的变化趋势与 3~12s 相同，但是方向是相反的。

（二）钳体质心速度的仿真和分析

铁钻工在实际运行当中，在不同工况下所需要的速度也各不相同，通过对固定钳架的质心 Marker 点来建立速度和角速度测量，可以得到仿真过程中钳架质心的运动速度和加速度曲线，结果如图 5.59、图 5.60 所示。

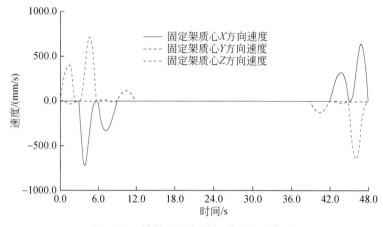

图 5.59　铁钻工固定钳架质心速度曲线

从图 5.59 可以看出，铁钻工钳体的速度在 12～39s 之间为 0，因为这段时间铁钻工处于旋扣钳和液压主钳工作的时段，铁钻工将保持在工作位置上静止。在其他时间段，铁钻工处于运动状态，在这个过程中铁钻工在各个方向上速度基本是连贯的、平稳的，没有阶跃，这样的运动速度对系统的驱动来说是合适的，同时较小的运动速度有利于钳体的控制与定位。

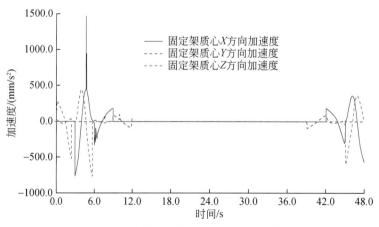

图 5.60　铁钻工固定钳架质心加速度曲线

由图 5.60 可以看出钳体质心加速度的变化规律，同速度和位移曲线一样，铁钻工在工作位置和初始位置之间移动时加速度才有变化，由曲线可以看出，在动作变化的初始阶段加速度波动较大，而且仿真设置的运动时间越短，波动幅度越大。由此可知，铁钻工动作初期，宜于慢速运行。总体来看加速度变化幅值较小，可以快速达到平稳，有利于保证运动平稳。

第六节　动力学分析

系统动力学是研究系统活动构件的运动和导致这种运动产生的力和力矩之间的关系。系统动力学不仅与系统本身的结构有关，如质量和惯量等，而且还与系统的运动学参量有关，如加速度、角加速度及负载等（韩清凯和罗忠，2010）。本节将通过 ADAMS 平台对铁钻工动力学性态进行仿真分析，为以后系统的控制、结构优化等工作提供参考依据。本节主要对旋扣机构与夹持拧卸机构两个机构进行动力学分析。

一、旋扣机构动力学分析

铁钻工旋扣机构可简化成不同刚体构件的组合，因此研究铁钻工旋扣机构动力学问题可转化为相应的多刚体系统动力学的研究。多刚体系统动力学是在分析作用于各连接杆件关节上的力与力偶基础上，建立力或力偶与各关节位移、速度和加速度之间的关系。

根据前述旋扣机构的工作原理可知，整个机构在工作过程中的运动可以分成两部分：旋扣横梁等零部件沿着横梁立柱前后移动和旋扣水平油缸的伸缩运动使夹紧动臂绕着中间铰点摆动完成夹紧钻具动作。

（一）夹紧动作的理论分析

现将铁钻工的动作分开研究，夹紧动作分析的是假定前后浮动装置固定，则旋扣横梁支架固定，与之相铰接的夹紧动臂中心铰点固定不动，此时机构属于单自由度系统，系统的运动由活塞杆的运动决定，设变量为 q_1。

机构研究简图如图 5.61 所示。系统的变量 q_1，即坐标系原点 O 到铰点 A 的距离，水平油缸的伸缩运动实际就是 q_1 的变化。通过运动学分析，即可求得旋扣机构夹紧阶段夹紧滚轮的位置、速度、加速度与油缸的伸缩运动的关系。

系统一共有 9 个活动构件，分别为水平油缸活塞杆、楔板和限位轮组件、两个切线滚轮、两个夹紧动臂和两个支撑轮。由于液压缸活塞杆、楔板及限位轮通过螺栓、销轴连接在一起，可以作为一个活动构件，记为构件 1。

1. 构件 1 的动能

根据旋扣机构运动学分析可知，旋扣机构系统为单自由度系统，将 q_1 设为广义坐标。构件 1 作直线运动，可得其动能

$$E_1 = \frac{1}{2}m_1 v_1^2 = \frac{1}{2}m_1 \dot{q}_1^2 \tag{5.39}$$

式中，m_1 为液压缸活塞杆、楔板及限位轮的总质量；v_1 为其运动速度。

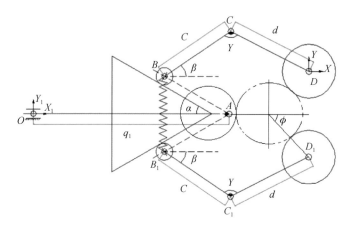

图 5.61　旋扣机构运动学研究简图

2. 切线滚轮的动能

切线滚轮在运动过程中，不仅在 X、Y 方向上有位移和速度，并且滚轮自身绕着其轴线做转动，因此单个切线滚轮的动能为

$$E_2 = \frac{1}{2} m_2 (v_{BX}^2 + v_{BY}^2) + \frac{1}{2} J_2 w_2^2 \tag{5.40}$$

式中，m_2 为单个切线轮的质量；J_2 为切线轮对自身轴线的转动惯量；w_2 为切线滚轮的角速度；v_{BX}、v_{BY} 分别为切线轮在 x、y 方向的速度分量。根据均质物体转动惯量公式，可得滚轮的转动惯量：

$$J_2 = \frac{m_2}{2} (R_2^2 + r_2^2) \tag{5.41}$$

式中，R_2 为滚轮外半径；r_2 为滚轮的内半径。而滚轮的角速度：

$$w_2 = \frac{v_2}{R_2} = \frac{\dot{q}_1 \cos\alpha}{R_2} \tag{5.42}$$

将式（5.41）、式（5.42）代入式（5.40）中，得到单个切线滚轮的动能计算公式：

$$E_2 = \frac{1}{2} m_2 (v_{BX}^2 + v_{BY}^2) + \frac{1}{4} m_2 (\dot{q}_1 \cos\alpha)^2 \left(1 + \frac{r_2^2}{R_2^2}\right) \tag{5.43}$$

3. 夹紧动臂的动能

夹紧动臂绕着中间铰点转动，按定轴刚体的转动计算其动能：

$$E_3 = \frac{1}{2} \left(\frac{1}{3} m_{31} c^2 + \frac{1}{3} m_{32} d^2\right) \dot{\beta} \tag{5.44}$$

式中，m_{31} 为杆件 BC 的质量；m_{32} 为杆件 CD 的质量。根据运动学分析可知：

$$\beta = \arccos\left(-\frac{q_1}{1280} + \frac{3L}{2560} + \frac{79}{64}\right)$$

$$\dot{\beta} = \frac{1}{\sin\beta} \left(\frac{1}{1280} - \frac{12645 - 8q_1}{5120L}\right) \dot{q}_1 \tag{5.45}$$

将式（5.45）代入式（5.44）中得：

$$E_3 = \frac{1}{2\sin\beta} \left(\frac{1}{3} m_{31} c^2 + \frac{1}{3} m_{32} d^2\right) \left(\frac{1}{1280} - \frac{12645 - 8q}{5120L}\right) \dot{q} \tag{5.46}$$

4. 支撑轮的动能

单个支撑轮的动能：

$$E_4 = \frac{1}{2}m_4(v_{DX}^2 + v_{DY}^2) \qquad (5.47)$$

式中，m_4 为支撑轮的质量。

从设计三维模型中可查得各杆件质量及切线滚轮数据信息如表 5.9 所示。

表 5.9　旋扣机构尺寸表

参数	m_1	m_2	m_{31}	m_{32}	m_4	r_2	R_2
测量值	194.0kg	1.76kg	31.41kg	39.49kg	85.9kg	60mm	100mm

则总动能为

$$E1 = E_1 + 2E_2 + 2E_3 + 2E_4 \qquad (5.48)$$

（二）前后浮动动作的理论分析

旋扣横梁与旋扣立柱间设有前后浮动弹簧，横梁沿着导轨前后移动，受到弹簧力的作用，根据前后浮动装置的设计可知，浮动弹簧为压缩弹簧，仅会产生压缩力。假定旋扣机构水平油缸活塞杆的伸出距离不变即 q 不变，横梁的前后移动则带动整个旋扣机构前后移动，则分析的简化力学模型如图 5.62 所示。

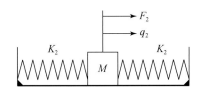

图 5.62　旋扣机构前后浮动动作研究简图

设系统受到的外力为 $F_2(t)$，取平衡位置为坐标原点，建立在地面上，设 q_2 为机构的位移，对简化模块进行受力分析，列出方程：

$$M\ddot{q}_2 = F_2(t) - K_2 q_2 \qquad (5.49)$$

这是一个二阶常系数非齐次线性微分方程。令 $\varepsilon = \sqrt{\dfrac{k}{m}}$，则方程的解为

$$q_2 = C_1 \cos\varepsilon t + C_2 \sin\varepsilon t + y^* \qquad (5.50)$$

$$y^* = \frac{1}{\varepsilon}\left[\sin\varepsilon t \int \frac{F_2(t)}{M}\cos\varepsilon t\, dt - \cos\varepsilon t \int \frac{F_2(t)}{M}\sin\varepsilon t\, dt\right] \qquad (5.51)$$

$$\dot{q}_2 = C_2\varepsilon\cos\varepsilon t - C_1\varepsilon\sin\varepsilon t + \dot{y}^* \qquad (5.52)$$

则系统只考虑前后浮动时，动能为

$$E_2 = \frac{1}{2}M(\dot{q}_2)^2 \qquad (5.53)$$

（三）旋扣机构的动力学方程

系统动力学方程是描述系统的输入、系统参数与系统状态之间关系的数学微分方程（马履中等，2002）。常用于建立力学方程的力学原理有牛顿第二定律、达朗贝尔原理、拉格朗日方程等（李有堂，2010）。本节建立铁钻工旋扣机构的动力学方程应用的是拉格朗日方程。根据式（4.22）可知：

$$L = E_k - E_p$$

旋扣机构在夹紧钻具过程中，在竖直方向上不存在位移，因此系统势能 E_p 为零。而根据上面的推导可知，系统的总动能：

$$E_k = E_1 + E_2 \tag{5.54}$$

则旋扣机构的拉格朗日函数：

$$L = E_k \tag{5.55}$$

系统共有两个广义坐标 q_1，q_2，将上述公式代入式（4.23）即可得到旋扣机构的动力学方程：

$$Q_i = \frac{d}{dt}\left(\frac{\partial E_k}{\partial \dot{q}_i}\right) - \frac{\partial E_k}{\partial q_i} \quad (i = 1,2) \tag{5.56}$$

（四）旋扣机构的动力学仿真

图 5.63 所示为导入 ADAMS 软件中的仿真模型，为模型添加约束与载荷（陈立平等，2005）。根据实际运动情况添加驱动，使机构运行。旋扣机构的驱动添加在水平油缸缸筒与活塞杆的平移运动上，使滚轮平稳的夹紧钻具，而滚轮夹紧钻具带动钻具完成连接后，活塞杆收回，完成旋扣动作。

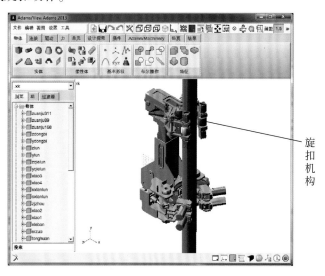

图 5.63　旋扣机构 ADAMS 仿真模型

为系统添加驱动和传感器后，即可得到仿真结果。设定仿真阶段及时间如下：旋扣机构在工作中分为四个阶段，而机构总的仿真时间为12.5s。其具体的仿真步骤如下：$t=0\sim1.35s$，夹紧油缸活塞杆伸出，滚轮接近钻具，机构处于接近钻具阶段；$t=1.35\sim1.5s$，滚轮未完全夹紧钻具，机构处于调整阶段；$t=1.5\sim11s$，四个滚轮夹紧钻具后，旋扣马达工作，机构处于旋扣阶段；$t=11\sim12.5s$，水平夹紧油缸活塞杆收回，机构处于收回阶段。

1. 夹持角的仿真

旋扣滚轮与钻杆间所形成的夹持角 ϕ（图5.61）的大小直接影响滚轮夹持力的大小，进而影响旋扣夹紧油缸推力大小和后期旋扣油缸的选型及控制，图5.64为后动臂与 X 方向夹角 β（图5.61）的变化曲线图，图5.65为夹持角的仿真曲线图。

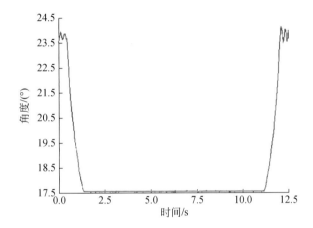

图5.64 后动臂与 X 方向夹角变化曲线图

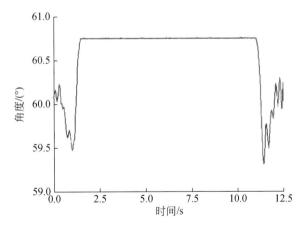

图5.65 夹持角变化曲线图

由图5.64可知，夹紧动臂的后动臂与 X 轴的夹角值 β 为23.55°，在仿真的起始阶段，由于复位弹簧的作用，安在旋扣机构两夹紧动臂上的切线滚轮与楔形板发生碰撞，导致夹紧动臂微小的波动，0.45s时初始调整阶段结束，随着旋扣夹紧油缸活塞杆的伸出，动臂与 X 向的角度慢慢变小，1.35s时接近钻具，动臂的转角趋于稳定，稳定值为17.56°，夹紧动臂转动了 5.99°。由图 5.65 可知，由于夹紧动臂的摆动，夹持角在初始调整阶段也出现了小范围的波动，而 0.45s 后由于前后浮动碟簧的缘故，在整个接触钻具阶段都有波动，调整阶段完成后，活塞杆伸出运动结束，夹持角的值不变，稳定值为 60.75°，反映出夹紧钻杆进行旋扣动作时，支撑轮能保证与钻杆的可靠接触，机构运行平稳。11s 时旋扣阶段完成，夹紧油缸活塞杆收回，夹紧动臂绕着中间铰点回转，其值逐渐变大，并在最后的仿真阶段有小的波动。收回阶段夹持角也迅速的回到初始角度值，在变化过程中也产生了波动。

旋扣机构在夹紧钻杆直径为 311mm 的钻具时，其夹持角计算值为 59.9°；仿真结束得到的夹持角值为 60.75°，微小的差别是由于计算及仿真阶段忽略了一些因素造成的，总体来看，仿真值与理论计算值基本一致，验证了理论计算及仿真模型的准确性。

2. 支撑轮位置的仿真

图 5.66、图 5.67 为支撑轮位置的仿真结果。由图可知，旋扣机构在完成动作的前两个阶段，右支撑轮质心点 X 坐标从 766mm 变化到 744mm，在 X 方向上移动了 22mm；右支撑轮质心点 Y 坐标从 256mm 变化到 225mm，在 Y 方向上移动了 31mm。在仿真的起始阶段和最终阶段，由于复位弹簧的作用，产生小范围的波动，其他时刻支撑轮运行平稳，符合设计要求。

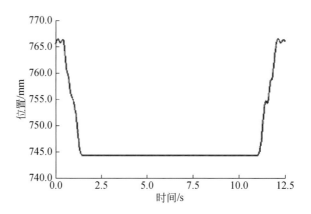

图 5.66　支撑轮质心 X 坐标曲线图

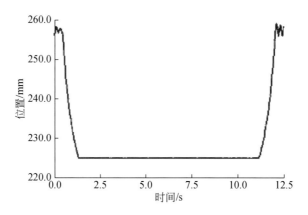

图 5.67　支撑轮质心 Y 坐标曲线图

图 5.68 为旋扣装置从初始位置到接触钻具阶段，支撑轮质心坐标与旋扣夹紧油缸活塞杆的位移关系曲线。由图可知，活塞杆质心运动的位移与支撑轮 X、Y 方向移动的位移基本上属于线性关系，位置曲线变化平稳，由此验证旋扣机构设计的合理性。

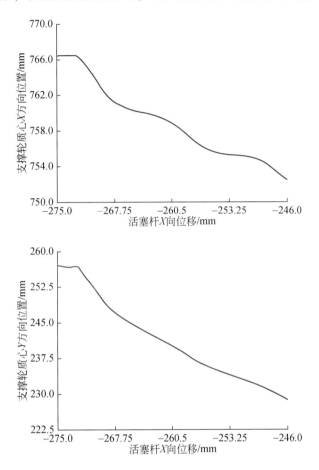

图 5.68　支撑轮质心 X、Y 坐标与活塞杆的 X 向位移关系曲线图

3. 速度的仿真

图 5.69 和图 5.70 为旋扣机构工作时夹紧油缸活塞杆的速度和加速度曲线。由图可知，在 $0 \sim 1.35\mathrm{s}$ 时滚轮在未接触钻具之前，活塞杆的速度逐渐变大，最大的速度达到 $50\mathrm{mm/s}$，在快要接近钻具时，速度缓慢下降，使滚轮接触钻具，在这个阶段活塞杆速度大小有波动是因为由于复位弹簧和前后浮动装置的作用，水平油缸缸筒随着旋扣横梁前后小范围的往复振动。在 11s 后夹紧油缸活塞杆收回，速度的整体趋势与夹紧钻具阶段一致。由于前后浮动弹簧的作用，速度出现波动，而加速度则在 0 分度线上来回波动，表示活塞杆小范围的来回波动，其最大值发生在 $4.75\mathrm{s}$ 时，最大值为 $5000\mathrm{mm/s^2}$。

支撑轮质心 X、Y 向的速度曲线见图 5.71 和图 5.72。在旋扣阶段，支撑轮旋转带动钻具转动，由于转动产生的离心力及夹紧动臂另一端安有复位弹簧，支撑轮与钻具间产生一定范围的振动。

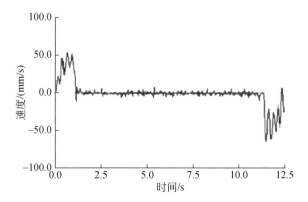

图 5.69 夹紧油缸活塞杆速度曲线图

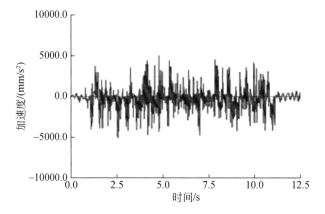

图 5.70 夹紧油缸活塞杆加速度曲线图

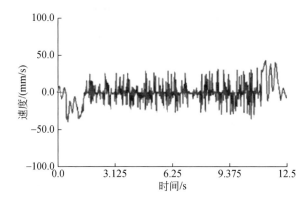

图 5.71 支撑轮质心 X 向速度曲线图

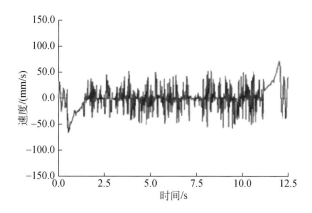

图 5.72 支撑轮质心 Y 向速度曲线图

4. 接触力的仿真

支撑轮及限位轮对钻具的夹紧力如图 5.73 所示，其中上面的两条线为支撑轮对钻具的夹紧力曲线；下方两条线为限位轮对钻具的夹紧力曲线，由于上、下两个限位轮竖直安装在同一根销轴上，因此其对钻具的夹紧力曲线重合。如图可知，限位轮首先在 1.13s 时接触到钻具，旋扣机构进入调整阶段，在 1.35s 时，支撑轮接触到钻杆，1.5s 时两个夹紧轮同时夹紧钻具后，建立夹紧力，支撑轮对钻具的压紧力约为 45kN，而限位轮对钻具的压紧力约为 23kN。前述理论计算求解得到 $F_b = 42.39kN$，与仿真结果基本一致，再次验证了模型的准确性。

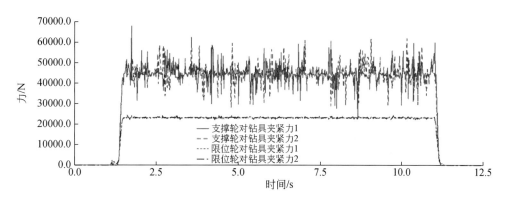

图 5.73 支撑轮以及限位轮对钻具的夹紧力曲线图

由图可知，上下两个限位轮对钻具的夹紧力较为稳定；而两个支撑轮由于复位弹簧及楔板的作用，出现一定范围的波动，波动的最大值达到 70kN，最小值为 30kN。仿真时间在 11s 时，完成旋扣动作，活塞杆收回，此时支撑轮和限位轮均松开钻具，在 12.5s 时机构回到初始位置，仿真结果与设计相一致。

旋扣机构水平油缸活塞杆推力曲线图如图 5.74 所示。在 0.5s 时限位轮接触到钻具，此时活塞杆受到的力较小，在 1.3s 时限位轮及支撑轮均接触到钻具，活塞杆的推力增大，平均值为 123kN，理论计算中得到 $F = 121.92kN$，与仿真结果一致；而由于旋扣机构前后浮动装置的作用，曲线存有波动，幅值较小。

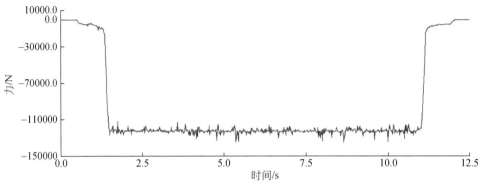

图 5.74　水平油缸的活塞杆推力曲线图

二、夹持拧卸机构动力学分析

基于计算多体动力学相关理论，来建立夹持拧卸机构的动力学模型，利用动力学仿真软件 ADAMS 对机构进行动力学仿真分析，验证机构的性能。

（一）仿真模型的建立

图 5.75　简化的机构动力学模型
1. 上钻杆; 2. 拧卸缸（左）; 3. 夹紧杆（上中）; 4. 拧卸缸（右）; 5. 拧卸杆（右）; 6. 固定钳; 7. 下钻杆; 8. 夹紧杆（下左）; 9. 夹紧杆（上左）; 10. 拧卸钳

在把夹持拧卸机构三维模型导入 ADAMS 软件之前，合理进行了简化，得到由固定钳、拧卸钳、拧卸缸（左、右）、拧卸杆（即拧卸油缸活塞杆）（左、右）、夹紧杆（即夹紧油缸活塞杆）（上中、上左、上右、下中、下左、下右）、钻杆（上、下）等共计 14 个运动构件组成的夹持拧卸机构，具体构件位置参见图 5.75。

导入模型之后，为机构添加约束（Wojtyra，2005）。在约束完成后，考虑到实际的工况，对夹持拧卸机构添加以下三类力元及外力（矩）。

（1）与重力相关的力：由于上/卸扣钻杆过程中，上钻杆重力主要由顶驱承受，下钻杆重力由卡瓦承受，因此仿真计算时，需要添加上、下钻杆重力的平衡力。对于拧卸钳的重力，可在固定钳与拧卸钳之间添加压缩弹簧（模拟碟簧作用），预紧力为拧卸钳重力，弹性系数的设置可参考碟簧弹性系数。

（2）碰撞力：夹紧杆（上中、上左、上右）与上钻杆之间有 3 个碰撞副，夹紧杆（下中、下左、下右）与下钻杆之间有 3 个碰撞副，即实体与实体的碰撞。采用冲击函数法定义碰撞力,即根据 Impact 函数来计算两个构件之间的碰撞力(袁点和王刚,2013)。该定义下,碰撞力由两部分组成(洪嘉振和刘锦阳,2011):一个是由于两个构件之间的相互切入而产生的法向碰撞力:

$$f_n = k\delta^e + c\dot{\delta}_t \qquad (5.57)$$

式中,k 为刚度系数,此处 $k = 100000\text{N/mm}$;δ 为接触变形(切入深度),mm;c 为最大黏滞阻尼系数,此处取 $c = 50\text{N/(mm/s)}$;$\dot{\delta}_t$ 接触变形对时间求导,mm/s。

另一个是由于相对速度产生的切向碰撞力:

当 $f_\tau \leqslant \mu_s f_n$,切向碰撞力 f_τ 为静摩擦力;

当 $f_\tau \geqslant \mu_s f_n$ 时,$f_\tau = \mu_d f_n$。

式中,μ_s 为碰撞的静摩擦系数,考虑到钳牙与钻杆接头的特殊结构,取 0.5;μ_d 为碰撞的动摩擦系数,取 0.4。另外,取最大阻尼时构件切入深度(penetration depth)为 0.1mm,静摩擦速度(static friction vel)为 0.1mm/s,动摩擦速度(dynamic friction vel)为 10mm/s。

(3)外力(矩):分析中采用的是 $\phi127$mm 规格的钻杆,由于夹紧油缸最大输出力不变(油缸型号与系统额定压力不变),因此相应的上卸扣扭矩:

$$T = T_{max} \times \frac{\phi}{\phi_{max}} \qquad (5.58)$$

代入相关数据,求得扭矩 $T = 49003215.4\text{N·mm}$,该外力矩作用于上、下钻杆之间,为尽可能接近现实工况,该扭矩采用 Step 函数添加,为 step(time,15,0,25,49003215.415)。

对照机构工作流程,对拧卸缸与拧卸杆之间添加位移驱动:

step(time,0,0,5,134.094)+step(time,15,0,25,−268.188)+step(time,30,0,35,134.094);

夹紧杆(上中、上左、上右)与拧卸钳之间添加力驱动:

step(time,5,0,10,43)+step(time,10,0,15,483400)+step(time,25,−483400,30,−68);

夹紧杆(上中、上左、上右)与拧卸钳之间添加力驱动:

step(time,10,0,15,483400)+step(25,−483400,30,−68)。

为保证拧卸角度达到 ±12°,拧卸缸与拧卸杆之间加位移驱动;为保证夹紧杆与上下钻杆间的夹紧效果,因此添加力驱动。

(二)动力学仿真分析

完成上述设置后,在 ADAMS 中运行时长为 35s 的仿真,得到图 5.76 ~ 图 5.81 所示的仿真结果。其中,图 5.76 ~ 图 5.78 是拧卸钳与上钻杆运动曲线图,结合物理模型,综合分析可知:0 ~ 5s 内,拧卸油缸驱动拧卸钳空载逆时针(Y 轴正向观察)旋转 12°,由于碟簧在 0 ~ 1s 平衡拧卸钳重力,因此拧卸钳有最大振幅为 0.5mm 左右的轴向振荡,考虑到拧卸钳自重及碟簧刚度等因素,认为该数值在合理范围内;5 ~ 15s 内,拧卸钳与固定钳夹紧油缸分别夹持上、下钻杆;15 ~ 25s 内,拧卸油缸推动拧卸钳克服上下钻杆间的阻力矩完成上扣作业,拧卸角度由 12°变化为 −12°,由于上下钻杆的螺旋副节距为 6.5mm,因此钻杆与拧卸钳轴向位移为 $6.5\text{mm} \times (24°/360°) = 0.43\text{mm}$，与图 5.77 所示的仿真结果基本一致；$25 \sim 30\text{s}$ 内，夹紧钳全部松开钻杆，拧卸钳在碟簧作用下轴向复位，伴随有轻微振荡（最大振幅为 0.35mm）；$30 \sim 35\text{s}$ 内，拧卸油缸推动拧卸钳旋转复位。

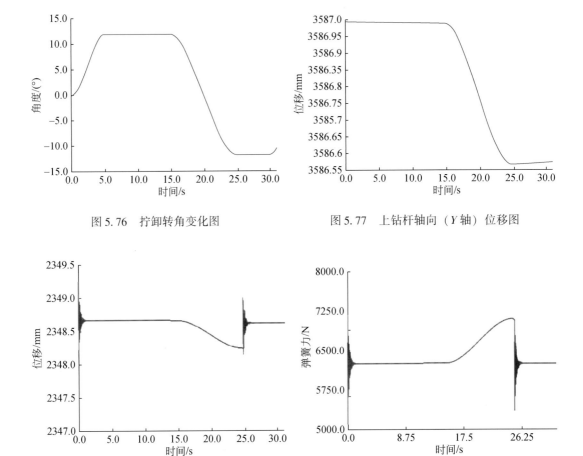

图 5.76　拧卸转角变化图　　　　　　图 5.77　上钻杆轴向（Y 轴）位移图

图 5.78　拧卸钳轴向（Y 轴）位移图　　　　图 5.79　碟簧受力变化图

图 5.79 ~ 图 5.81 为动力学仿真曲线。其中，图 5.79 的碟簧受力图对应于图 5.78 所示的拧卸钳轴向位移图，即图 5.78 可视作碟簧形变图。由图可知，在 $0 \sim 5\text{s}$ 内，拧卸钳在左、右拧卸油缸作用下空载转动，其中，前 1s 内拧卸钳自重与碟簧的弹簧力相互作用平衡；$5 \sim 15\text{s}$ 内夹紧杆在所施加的驱动力作用下夹紧上、下钻杆；$15 \sim 25\text{s}$ 内，伴随上扣动作出现的轴向位移（形变），弹簧力增大；$25 \sim 26\text{s}$ 过程中，弹簧恢复到平衡位置点。

图 5.80 给出了拧卸油缸拧卸力随拧卸转角变化曲线。其中 OA 段是拧卸钳空载旋转 +12°，拧卸力仅克服拧卸钳摩擦扭矩，其数值在 100N 左右；AB 段拧卸力克服上、下钻杆间施加的阻力矩实现上扣作业，转角由 +12° 变为 -12°，拧卸力迅速增大至 50000N，需要说明的是因为添加的是位移驱动，因此左右拧卸油缸最大负载均为 50000N；BCO 段夹紧钳全部松开，拧卸钳克服摩擦扭矩复位，其数值基本等于 OA 段。

图 5.81 是上中夹紧杆与上钻杆及下中夹紧杆与下钻杆之间的碰撞力随时间变化图。

其中，10~15s内，碰撞力与夹紧杆的驱动力平衡，随驱动力共同增大，此时碰撞力是法向碰撞力；15~25s内，拧卸动作开始，夹紧杆与钻杆的碰撞力克服阻力矩逐渐增大，且上中夹紧杆法向碰撞力等于下中夹紧杆法向碰撞力。由于摩擦性质的不同（摩擦系数），上中夹紧杆与上钻杆间的切向接触力小于下中夹紧杆与下钻杆间的切向接触力，因此上中夹紧杆碰撞力低于下中夹紧杆钻杆碰撞力。

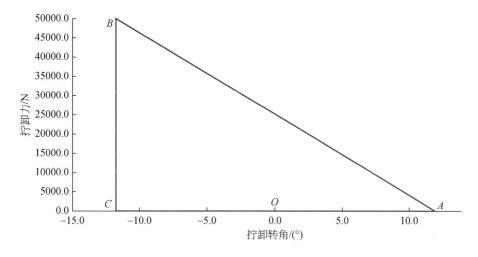

图5.80 拧卸力随拧卸转角变化图

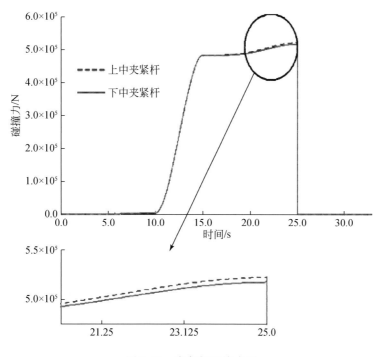

图5.81 夹紧杆碰撞力图

　　上述动力学仿真结果与分析表明，机构设计实现了连接钻杆的上扣动作及±12°拧卸转角的设计要求。结果表明夹持拧卸机构的结构设计（机械本体）与液压系统的设计实现了最大上扣扭矩与钻具夹持范围的要求，且上扣作业动作平稳，具有较高的效率。

参 考 文 献

毕运波，柯映林，董辉跃. 2007. 扫掠体六面体网格生成算法研究. 浙江大学学报（工学版），43（5）：727～731

陈立平，张云清，任卫群，等. 2005. 机械系统动力学分析及 ADAMS 应用教程. 北京：清华大学出版社

成大先. 2004. 机械设计手册. 北京：化学工业出版社

冯刚，江峰. 2003. 负载感应系统原理发展与应用研究. 煤矿机械，（9）：27～29

韩清凯，罗忠. 2010. 机械系统多体动力学分析、控制与仿真. 北京：科学出版社

洪嘉振，刘锦阳. 2011. 机械系统计算动力学与建模. 北京：高等教育出版社

靳宝全. 2010. 电液位置伺服控制系统的模糊滑模控制方法研究. 太原：太原理工大学博士学位论文

康晓雷. 1998. XTQ-20 型液压套管钳的研制. 石油机械，26（8）：29～32

李范春. 2011. ANSYS Workbench 设计建模与虚拟仿真. 北京：电子工业出版社

李明谦，黄继庆. 2003. 石油钻具扭矩旋扣机的开发与应用. 石油机械，33（12）：27～29

李有堂. 2010. 机械系统动力学. 北京：国防工业出版社

刘常福，宋开利，张振海，等. 2002. 自动化液压动力大钳. 石油机械，30（19）：61～62

马履中，尹小琴，杨廷力. 2002. 新型三平移并联机器人机构动力分析与动态仿真. 农业机械学报，33（2）：80～83

任福深，王威，刘晔，等. 2012. 石油管柱上卸扣装置技术现状. 石油机械，40（5）：15～19

苏军，吴建国. 1997. 碟形弹簧特性曲线非线性有限元计算. 力学与实践，19（4）：49～50

王炎，胡军科，杨波. 2008. 负载敏感泵的动态特性分析与仿真研究. 现代制造工程，（12）：84～88

于昊. 2008. TZG216-110 型铁钻工的机构研究. 兰州：兰州理工大学硕士学位论文

袁点，王刚. 2013. 基于 ADAMS 的枪机碰撞力研究. 机械工程与自动化，（4）：62～64

张洪生，于昊，赵金峰. 2008. 铁钻工的现状与展望. 石油矿场机械，37（1）：12～16

郑建荣. 2002. ADAMS 虚拟样机技术入门与提高. 北京：机械工业出版社

周恩涛. 2010. 基于机电液一体化的液压机械手设计及其控制. 辽宁：东北大学硕士学位论文

Brugman. 1987. Automated pipe handling：A fresh approach. Society of Petroleum Engineers of AIME，（9）：129～137

Cummins T. 2006. New tool makes casing drilling faster. Hart's E and P，（9）：23～24

Gordon N. 2001. Automated power tongs provide safer，more efficient operation. World Oil，222（7）：81～83

Manring N D，Johnson R E. 1996. Modeling and designing a variable- Displacement open- loop pump. Journal of Dynamic Systems，Measurement，and Control，118（2）：267～271

Suh C H，Radcliffe C W. 2005. Kinematics and dynamics design. Scandinavian Oil Gas Magazine，30（7）：85～91

Wojtyra M. 2005. Joint reaction forces in multibody systems with redundant constraints. Multibody Systems Dynamics，14（1）：23～46

第六章　自动输送钻具系统

在深部大陆科学钻探中，有数千米乃至上万米钻杆柱要从地面上下到钻台面，使用自动输送钻具系统，可以极大提高钻具上下钻台的作业效率，减轻工人劳动强度，提高钻探装备配套设施的机械化和自动化水平。本章主要对自动输送钻具系统的机械系统设计、液压系统设计和控制系统设计进行了介绍，并重点对自动输送钻具系统的液压系统仿真分析、运动学仿真分析、动力学仿真分析进行了介绍，通过仿真分析结果验证了自动输送钻具系统设计安全可靠。

第一节　概　　述

自动输送钻具系统，亦称自动猫道或动力猫道，隶属钻机地面装备部分，是管具自动化处理系统的重要组成部分，用于钻井作业时从地面向钻台上输送钻具，以及从钻台将卸下的钻具下放到地面，是实现在井场钻杆架上排放的钻具上下钻台的自动化操作装置。

一、猫道上下钻具流程

目前，国内外陆地钻井作业施工中，钻具上下钻台过程仍以人工操作为主，使用钻台面和猫道底端上的气动绞车拉拽钻具的操作方式（赵淑兰等，2010）。其具体上钻具操作流程如图6.1和图6.2所示。

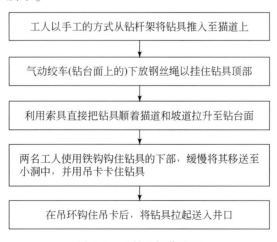

图 6.1　上钻具操作流程

图 6.2 上钻具操作图片

下钻具操作流程如图 6.3 所示。

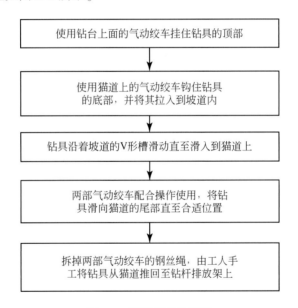

图 6.3 下钻具操作流程

这种操作的缺点显而易见,工人劳动强度大,安全性得不到保证,而且钻具在输送过程中极易造成不同程度的损坏而影响使用寿命。

二、国外现状研究

国外关于自动猫道相关方面的研究与应用相比国内要早很多年,很多高端的钻机大部分都安装有自动猫道系统,实现了钻具上下钻台时自动化作业。在俄罗斯,大部分油气井钻机配有钻杆运移装置和钻杆排放装置。在美国和德国等发达国家,钻井设备相关的制造企业对自动猫道已进行了多年的研究，主要靠技术的不断创新来实现产品的更新换代，不断向市场推出新产品来适应不同钻井工程的需求。以下几种是具有代表性的钻具输送装置。

（一）固定式动力猫道

图 6.4 为美国 Hunter wood 技术公司生产的 C16 型动力猫道[①]，主要特点是猫道和坡道是固定的，以镶嵌在猫道和坡道中的 V 形槽作为钻具的运动轨道，靠设置在猫道下的动力装置，推动钻具沿着猫道和坡道的 V 形槽滑上钻台，实现各类钻具在猫道和钻台之间的相互传递。该猫道结构简单，通常用于小型钻机和修井机，也可用于一些简单的平台上。缺点是钻具与 V 形槽之间的摩擦大，对钻具的保护不够。

图 6.4　C16 型动力猫道

（二）举升式动力猫道

举升式动力猫道以 Varco 自动猫道[②]（图 6.5）和 CANRIG 公司 Power CAT 自动猫道系统[③]（图 6.6）为代表。这两种猫道的类型一样，也是应用最为广泛的一种。坡道的主要特点是固定式的猫道中的斜槽可以上升到一定高度。通过 V 形槽内部专门的机构、井架上的吊卡、大钩、井口扶正器等部件来完成上钻杆的一系列动作。从而完成钻杆上钻台、（离线）接立根、接立根钻进、排放立根和甩单根机械化和无人化操作，整个过程只需

①　North rig Catwalk technologies Ltd C16 Drilling Rig. Catwalk. http://www.nor-thrig.com.

②　National Oilwell Varco. pipe Cat transfer system. http://www.nov.com.

③　Canrig Automated Power Catwalk Brochure. http://www.aetasia.com.

2~3人即可完成，适合配备顶驱钻机。

图 6.5　Varco 自动猫道　　　　图 6.6　CANRIG 公司自动猫道

（三）机械手式

1. 德国宝峨 TBA300 管具处理系统[1]

如图 6.7 所示，宝峨机械手主要特点是管具输送装置与顶驱配合使用，举升高度可根据需要调整，适应性强，德国宝峨针对钻探工地越来越偏僻、进出工地的难度也越来越大等问题，在钻机的设计上主要考虑两点：一是钻机能够快速完成组装；二是尽量简化运输过程。

图 6.7　德国宝峨 TBA300 钻机　　图 6.8　Terra Invader 350 翻转式机械手　　图 6.9　Varco 机械手臂

---

① BAUER. deep drilling equipment.

2. 德国 Terra Invader 350 翻转式机械手①

德国海瑞克公司生产的翻转式机械手如图6.8所示，该管具处理装置的特点：①取消了传统式固定的猫道和坡道，但对钻杆的运移却没有太大的影响；②机械手可以将不同尺寸的管柱抓住，然后翻转至井架中心，可以实现钻杆在钻杆摆放架与钻台之间自由的运移。由于机械手臂的特点，其使用的范围也可用于海洋钻机及塔式井架钻机等。

3. 美国 Varco 机械手臂

Varco 机械手臂如图6.9所示，它又称 Eagle 系统，Eagle 系统设计可以灵活运移钻具，也可以用于扶正套管和油管，以及在钻井时建造支架，并可操作各种工具，所以其在处理能力和上下钻杆的速度上具有较大的优势，实现了较高的自动化水平。

机械手臂自动化程度高，处理能力强，但缺点是：维修方式难、机械制造成本高、安装及拆卸都需要复杂的过程，不适宜频繁地拆装、搬动和运输，需要很高的自动化控制水平。

图6.10 双支撑液压举升猫道图

（四）双支撑液压举升猫道

如图6.10所示，双支撑液压举升猫道主要由前支撑和液压支腿组成双支撑共同举起猫道来自动输送钻具，其最大举升重量为6000磅，最大举升高度为35ft②。液压举升方式效率高，安全性好，并节约占地面积。使用液压驱动，举升系统运行平稳、可靠、成本低。

从国外情况看，以美国 National Oilwell Varco 生产的 Varco 举升式猫道影响力较大，形

---

① Deep Drilling rig Terra Invader 350/450 Box-on-Box. www. Herrenknecht-vertical. com.

② Forum Oilfield Technologies. Pipe Wranglers.

式从简单的带式输送到半自动化操作机械臂。而海瑞克公司 Terra Invader 350 管了处理系统对猫道的自动化、智能化研究起了指导性作用。

三、国内研究现状

自动猫道技术在国内起步较晚，发展较慢，与陆地钻机配套的自动猫道研究较少，尚未形成规模化生产，还处于引进、模仿、消化吸收和创新集成阶段。国内从事自动猫道研发和生产的单位主要有四川宏华设备有限公司、宝鸡石油机械有限责任公司和南阳二机石油装备有限公司等。

2007 年 9 月，南阳二机石油装备有限公司申报了全液压钻杆排放装置专利，该装置是为加拿大某钻井公司设计生产的产品，结构如图 6.11 所示，属于固定式猫道。

四川宏华设备有限公司 2007 年生产的第一台举升式动力猫道，结构如图 6.12 所示。

图 6.11　南阳二机自动猫道

图 6.12　四川宏华自动猫道

2012 年 8 月，由宝鸡石油机械有限责任公司研制的陆地钻机管柱自动化处理系统进入工业试验阶段，2020 年 7 月成功研制了新型动力猫道（图 6.13）。

图 6.13　宝石动力猫道

以上猫道提升方式基本为绞车提升，但由于猫道举升过程中有较大震动与噪声，提升速度较慢，近年来人们在吸收了国外先进技术的基础上，发明了液压驱动的提升方式，如重庆大江工业有限责任公司研制的全液压马达驱动式动力猫道（图 6.14）和中曼石油天然气集团股份有限公司发明的液压缸起升动力猫道（图 6.15）。

图 6.14　重庆大江全液压马达驱动力动力猫道

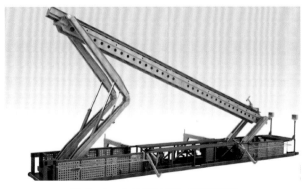

图 6.15　中曼石油液缸起升猫道

与一般的动力猫道不同,中曼石油动力猫道最大的特点是一次可以运送两根或多跟钻具,大大提高了运送的效率。由于该动力猫道工作时不需要和钻台面相连接,具有易就位和拆装方便等特点。

以上基本上代表了国内自动猫道的研究水平,从结构原理上说,都属于举升式猫道。国内外自动猫道性能对比如表 6.1 所示。

表 6.1　国内外自动猫道性能对比

	NOV	CANRIG PM-400	TBA300	Terra Invader 350	四川宏华	宝石
结构形式	举升式、机械臂	举升式	机械臂	管子处理系统	举升式	举升式
指标						
举升重量/t	4.5	4.5	3.5	4.5	5	4.5
钻具最大外径/mm	609	609	508	620	508	508
最大钻具长度/m	14.3	19	14.6	双根 R2	19.8	11
循环时间/s		25			50	
钻台高度/m		6~14		9+3	11~13	9~10.5

从总体上看,国内外自动猫道种类均较多,适应范围较广,自动化程度高。

第二节　机械系统设计

一、技术要求及主要内容

(一) 技术要求

1. 自动猫道设计要求

(1) 管具处理能力强。猫道不仅能够处理钻杆、钻铤,还要具备处理套管、油管的能力,处理一定尺寸范围内的各种管具。

(2) 采用模块化设计。猫道结构要紧凑合理,尽量减少占地空间。要高度集成化,便于安装、拆卸和运输。

(3) 充分利用远程控制技术。采用一键式操作,尽量减少作业人数,减轻工人的劳动强度。

(4) 安全性高。设计时要充分考虑到安全性,降低钻具输送过程中发生事故的危险。

2. 设计参数

根据钻机规格及钻进需要,参考国内外同类设备,自动猫道技术参数如表 6.2 所示。

表 6.2 全液压自动猫道的主要技术指标

序号	指标名称	技术参数
1	举升重量/kg	2000
2	平台长度/m	18
3	滑车推送行程/m	11.5
4	最大钻具长度/m	12
5	钻具直径范围/mm	89~610
6	循环时间/s	120~180
7	适应最大钻台高度/m	12.5
8	功率/kW	55
9	控制方式	电液比例，PLC

（二）主要内容

全液压自动猫道由液压驱动系统、机械传动系统、控制与检测系统等组成。

1. 全液压自动猫道结构设计

根据钻具传送的操作步骤和钻台具体的结构要求，确定自动猫道的总体方案，主要包括在水平猫道上移动钻杆的方式和坡道上移动钻杆的方式；针对系统要执行的各种操作，对系统的各个组成部分进行合理的结构设计，确定各主要机构的尺寸。

2. 自动猫道液压系统

全液压动力猫道的主要动作由液压系统控制完成。包括钻具上、下猫道，防坠落机构夹住钻具，举升机构起升，滑车推送钻具，顶出钻具等工作过程。研究各运动部件之间的协调统一、运动部件的同步性。根据猫道工作情况，选择合适的液压元件，设计液压回路，完成猫道指定的操作。

3. 检测控制系统

研究适应猫道动作的控制方式及方法，选择适宜的检测元件，进行控制系统设计，实现猫道操作过程自动化控制。

4. 自动猫道各运动部件的运动学及动力学分析

根据上下钻杆的操作过程，对各运动部件进行运动学分析和动力学分析，根据分析结果，对猫道进行优化设计，保证各操作过程的合理性和可行性。

二、总体方案

根据所要实现的工作特征，以及深部大陆科学钻探钻机实际工作环境和相应的工况，首先需要确定猫道系统的总体结构方案，包括钻杆在地面的摆放方式、钻杆上猫道的方式、猫道起升方式，以及猫道在起升过程中的各种位置与姿势。

（一）钻杆地面摆放方式

钻杆在地面的摆放方式有以下两种：竖直放在地面和水平放在地面。

1. 竖直放在地面

钻杆竖直摆放需要设计垂直管柱仓，典型结构形式如图 6.16 所示（杨立东等，2015）。垂直柱仓与井架主体是独立的两部分，系统中的移运部件具备独立的回转平台与平移机构。该系统的机械部分由钻杆处理器、钻杆盒和底盘等组成，各部件都有各自的相对位置。钻杆处理器采取机械手的结构形式，在监控程序的操控下能够实现自身的旋转和平移，以及对不同类型钻杆的抓取和下放。钻杆盒用于存储钻井作业过程中所需的钻杆，保持钻杆竖直，便于上下机械手抓取。底盘是上述装置的安装基座，对各部件起到固定支撑的作用。钻杆处理器的底部与回转机构相连，共同被安置在大直径回转支撑轴承上，这样钻杆处理器的起重臂能够旋转270°，保证夹持的钻杆可在工作区域内旋转。该系统适用于陆地钻机井架结构，自动化、智能化程度高，但结构复杂，成本高。

2. 水平放置地面

这是井场中钻杆放置的最通用形式（图6.17）。钻杆放置在地面上，需要人工或机器将钻杆放入猫道，故自动猫道的设计围绕钻杆水平放置进行。

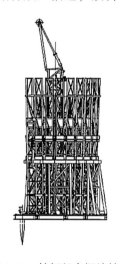

图 6.16　钻杆竖直摆放结构

图 6.17　钻杆水平放置

（二）总体方案

总结目前国内外自动猫道，基本都对原有坡道和猫道进行了结构改造，特别是坡道改造较多，但对管柱的接箍保护方面不足。

"地壳一号"钻机设计钻台面高度为12.5m，由于钻台面过高，故不考虑固定式动力猫道；机械手臂的钻具运输方式结构设计复杂，由于举升高度高，安装和维修不方便，成本高，亦不考虑。钻杆摆放形式为水平放置，拟采用将钻具向上液压举升或提拉举升设计方案。

1. 方案一：双钻杆钢丝绳提升

在钻进过程中，需要拧卸钻杆的工具将两根钻杆连接在一起，方案设计如图 6.18 所示。将猫道平台加长，在后部安装拧管机，钻杆在平台上通过拧管机连接在一起，再由推送装置将钻杆推送至举升滑道上。一根钻杆的长度一般为 9m，两根连接在一起后变成18m，猫道的举升滑道需要采用至少 20m 长。该方案优点是一次举升两根钻杆，效率较高。不足是举升机构起升时平稳性差，晃动较大，支撑臂的移动需要挡块挡住才能停止运动，起升时需要用钢丝绳拖曳，振动较大。

2. 方案二：单侧液压举升

如图 6.19 所示，该设计方案保留了第一种方案的思想，即将钻具在地面先拧装好，然后再举升至钻机平台。举升滑道设计为三段式结构，全长为 27m，可以一次起升三根钻杆。起升的方式不再使用提升滑车和限位块配合，而是采用起升液压缸起升。该方案节省了举升滑道端部的提升滑车，只需在举升滑道端部设计两组滚轮即可。举升滑道上设计了钻具推送机构，设置在举升滑道的尾端。

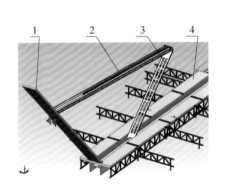 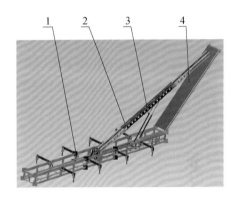

图 6.18　双钻杆钢丝绳提升方案　　　　　图 6.19　单侧液压缸起升方案
1. 坡道；2. 举升滑道；3. 支撑臂；4. 猫道平台　　1. 猫道平台；2. 举升滑道；3. 液压缸；4. 坡道

该方案的优点是采用液压缸举升，结构简单紧凑，可以实现全液压控制，起升力量较大，起升高度调整较方便。缺点是自动猫道直接由一对液压缸起升，对起升高度有一定的限制；如果钻台面较高，则举升滑道长度需要较长，举升角度过大，平稳性差，会产生晃动；钻杆推送机构的推送力较大，对马达的性能要求较高。因此只适用于低钻台钻机或者修井机。

3. 方案三：内置移动滑车式举升

在第二种方案的基础上，对起升方式加以改进，设计方案如图 6.20 所示，采用在平台内置平台移动滑车，通过举升液压缸的活塞杆的伸出，可以将举升滑道举起。滑车的移动可以采用齿轮齿条机构或链传动机构。举升滑道同样采用了三段式设计，但平台采用两段设计，每段之间设置螺栓连接卡板，滑车的移动行程可以将举升滑道送至更加靠近井口的位置以解决井口距离钻机平台边缘距离远的问题。该方案的不足是举升液压缸的位置与举升滑道方向一致，举升力不足，举升液压缸的尺寸较大；滑车的移动需要在平台内部设计相当复杂的平移机构，安装和维修稍显复杂。

4. 方案四：双侧液压缸举升

如图 6.21 所示，总体结构组成与单侧液压相同，不同处在于起升机构由双侧支撑液压缸组成。起升机构由一级起升和二级起升机构组成五边形起升机构，一级起升机构中的一级起升支架与起升臂铰接，下部与基座铰接，中部与一级起升油缸构成三角起升机构；二级起升机构中的二级起升臂上部与起升臂铰接，下部与基座铰接，二级起升油缸一端铰接在二级起升臂中间，另一端铰接在基座上，两者构成三角起升机构。

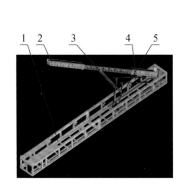

图 6.20 内置移动滑车举升设计方案

1. 猫道平台；2. 举升滑道；3. 撑杆；
4. 举升液压缸；5. 移动滑车

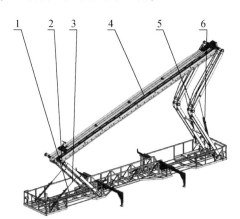

图 6.21 双侧液压缸举升方案

1. 基座；2. 一级起升臂；3. 一级起升油缸；
4. 举升滑道；5. 二级起升臂；6. 二级起升油缸

举升机构举升时，首先前面一级起升油缸伸出，顶起起升臂前部，然后后侧二级起升油缸伸出，顶起举升机构的后部，举升到钻台面高度，完成整个起升动作。

这种结构起升高度可调，可满足钻台面不同高度的要求；还可以满足从井眼到钻台前沿大纵深方向上，对长距离输送的要求；安装与拆卸快捷；起升与下降快速稳定，稳定性较单侧支撑好；亦可在钻台面任意位置进行操作，同时可遥控，也可手动操作，自动化程度高，安全性好。不足是举升时前后支撑需要协调控制，调整举升滑道的空间位置和姿态较复杂。

5. 方案五：提升式液压猫道

如图 6.22 所示，与其他已有举升式结构相比，该方案主要区别在于：一是提升方式不同，常规举升式采用绞车带钢丝绳提升，本方案采用的是链传动机构起升，设计一对提升滑车，由提升滑车带动举升机构沿坡道上升；二是平台内增加平移滑车机构，其上安装撑杆液压缸，配合提升滑车动作，可以控制举升滑道的空间位置和姿态；三是举升机构结构不同，举升机构由举升主体和内设伸缩式滑道两部分组成，待举升机构被提升到钻台面位置时，伸缩式滑道的伸缩机构动作，将举升滑道靠近井口位置延长，便于液压吊卡抓取钻具。

举升机构上同时安装有辅助机构，如防坠落机构，可防止钻具在举升或者下落过程中从装置上掉落，从而可能会引发事故。钻杆出槽机构可以轻松地将钻杆顶出 V 形槽，节约劳动力；平台上设有缓冲机构，可最大程度上地减小举升机构下落时对平台的冲击。平台上安有翻板机构，便于钻杆顺利进入举升机构 V 槽中。各个重要部位设置有非接触式光电

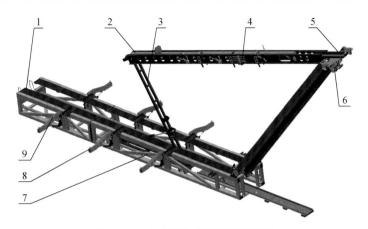

图 6.22　全液压自动猫道装置模型

1. 猫道平台；2. 举升机构；3. 撑杆组件；4. 防坠落机构；5. 坡道；6. 提升机构
7. 车架平移机构；8. 钻杆平移机构；9. 翻板机构

传感器，检测钻具位置，控制机构准确动作。

这种结构方式，输送钻杆范围广，运送速度可调整，可与顶驱吊卡直接配合使用，适合较高钻台面要求。不足之处是由于举升滑道较长，起升高度较高时，稳定性稍差；且由于链条传动，承载能力有限，运行过程中振动较大。

通过以上方案比较，第五种方案起升过程由于有支撑液压缸调整起升角度，举升位姿控制准确，起升平稳，平移滑车可调节提升速度，稳定性好，故选择第五种方案。

三、结构及工作原理

（一）自动猫道结构

自动猫道总体结构如图 6.22 所示，主要由猫道平台、钻杆平移机构、翻板机构、撑杆组件、提升机构、举升机构、车架平移系统、防坠落机构和坡道等组成。

钻杆平移机构主要完成钻杆在排管架与举升滑道之间的搬运工作，机构铰接在平台两侧；平台挡销内安装有接近开关，用于翻板机构自动控制；采用提升滑车驱动链传动机构实现滑道沿坡道运行，配以缓冲助力油缸，利用双轴倾角传感器检测并调整滑道位姿，确保运行平稳；采用双液压马达驱动链传动机构推送钻具；举升机构将放置于举升滑道的钻杆举升到一定高度，同时控制与调整钻杆在空中的位置姿态，以便于液压吊卡顺利地抓取钻杆；采用机电液一体化控制，控制精度高，稳定性好。

（二）工作原理

自动猫道主要由液压站提供动力，通过 PLC 控制各个继电器等开关动作，其工作原理主要包括 5 个基本工作步骤，如图 6.23 所示，具体如下。

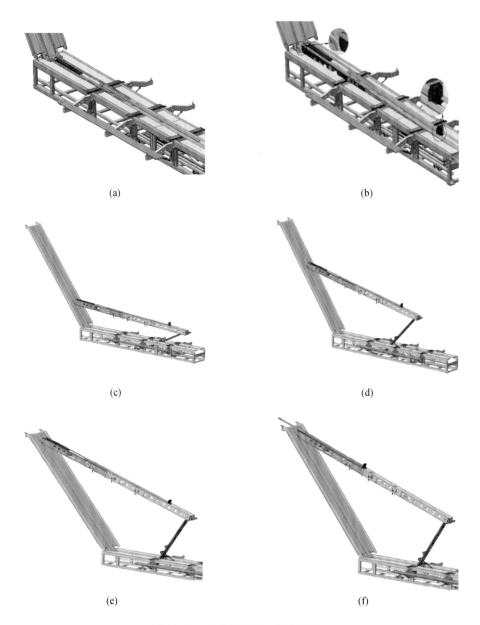

(a)

(b)

(c)

(d)

(e)

(f)

图6.23　自动猫道基本工作程序

1. 钻杆地面平移

钻杆从钻杆盒滚落猫道平台至举升滑道 V 形槽内。自动猫道的平台左右两侧共设置有 3 组 6 个钻杆支架，钻杆支架上设置限位销，以确保每次仅从钻杆盒中取一根钻杆。当钻杆在钻杆支架上时，钻杆支架的液压缸活塞杆伸出，使得拥有曲面结构的钻杆支架倾斜，钻杆向猫道的平台方向滚动。接近开关实时监测钻杆位置，当钻杆接近平台边缘时，接近开关发出电信号，触发翻板机构的液压缸动作，钻杆沿着钻杆支架、翻板机构、平台的路线滚入至举升滑道内部的 V 形槽。

2. 从地面向钻机平台举升

翻转臂组件的液压缸活塞杆缩回，将举升滑道的一端抬起，使其与水平面形成一定的夹角。坡道上提升滑车两侧的双液压马达转动，向上提升举升滑道的一端。与此同时，撑杆液压缸的活塞杆配合液压马达动作，以保证举升滑道在空间的位置和姿态平稳。举升动作的全程中防坠落机构的顶杆伸出，防止钻杆坠落。

3. 推送钻杆至钻机平台

顶出桅杆机构的液压缸活塞杆伸出，将滑道前端一部分延长，使得钻杆可以更加接近孔口位。后置于举升滑道的马达驱动链轮转动，带动滑车推送机构推送钻杆向上移动，直至将钻杆送至液压吊卡位。

4. 钻杆回落至地面

防坠落机构的顶杆保持伸出状态，钻杆被液压吊卡送回至举升滑道 V 形槽上。坡道上的提升滑车的双液压马达反转，举升滑道向地面下落。待回落至最低位时，翻转臂组件液压缸活塞杆伸出，将举升滑道完全下放至猫道平台内部。

5. 钻杆平移回钻杆盒

防坠落机构的顶杆缩回至举升滑道平面内部，顶出机构的液压缸一侧动作，将钻杆推向另外一侧，随后翻板机构配合动作，将钻杆翻落至钻杆支架上。钻杆支架的液压缸缩回至最低位，将钻杆下放至钻具盒中。

四、主要工作机构设计

（一）钻杆平移机构

如图 6.24 所示，钻杆平移机构主要由钻杆支架、翻板机构、位置检测装置等部件组成，承担着将钻杆从地面平移到猫道平台上的任务。钻杆支架采用特殊设计的曲面结构，以减少钻杆滚动过程中的冲击，在不工作或者运输时，可以收回至平台的两翼，节约井场空间。

（二）举升机构

举升机构的结构示意图如图 6.25 所示，主要由撑杆组件、撑杆液压缸、举升滑道等组成，主要作用是将钻杆从地面举升到钻井平台上，以及将钻杆从钻井平台回落到地

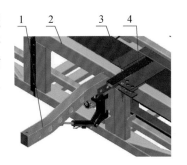

图 6.24 钻杆平移机构示意图
1. 钻杆支架；2. 平台；
3. 位置检测；4. 翻板机构

面。当向钻井平台上输运钻杆时，钻杆通过钻杆平移机构输运到举升滑道内，然后撑杆液压缸推动撑杆组件将举升滑道举起，举升滑道内推送机构将钻杆推送至井口指定位置，等待吊卡夹持钻具。相反，待甩杆时，需要通过液压吊卡将钻具放置在举升机构上，举升机构携带钻杆回落至地面，将钻具送入钻杆盒中。

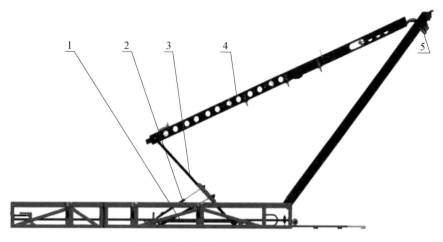

图 6.25　举升机构结构示意图

1. 车架平移机构；2. 撑杆液压缸；3. 撑杆组件；4. 举升滑道；5. 提升机构

撑杆液压缸配合提升滑车的液压马达动作，控制举升滑道的空间位置和姿态。同时利用双轴倾角传感器实时监测举升滑道的姿态变化，及时做出调整动作。

如图 6.26 所示，举升滑道采用分段式结构，主要由滑道本体（分为举升滑道前段及举升滑道后段）、推送滑车、顶出机构、伸缩滑道和防坠落机构等组成。举升滑道后段与撑杆机构连接，举升滑道的重心靠后，可为平稳控制提供基础。在举升滑道的 V 形槽内，滑车推送机构通过配置在举升滑道后段的马达带动链轮链条机构进行往复运动，从而推送钻具向井口中心线移动或排放钻具。举升滑道前段设置有伸缩式桅杆，主要由设置在前段的伸出液压缸完成伸出和缩回动作，可以补偿钻具向井架中心线移动时的中空距离，保证上钻具及下钻具的动作准确性。

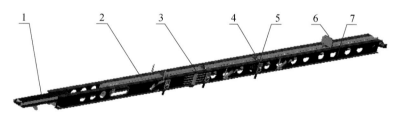

图 6.26　举升滑道结构示意图

1. 伸缩滑道；2. 举升滑道前段；3. 滑道前后段联接；4. 顶出机构；5. 防坠落机构；6. 推送滑车；7. 举升滑道后段

（三）车架平移机构

如图 6.27 所示，车架平移机构主要由车架平移滑车、滚轮组件等组成。平移滑车控制举升滑道起升速度与角度。

滚轮组件采用特殊结构设计，如图 6.28 所示，采用两组滚动轴承内置，滚轮安置在车架平移机构的底部，在平台内部，通过平台矩形钢焊接组成的滑轨滑动，可以消除举升机构在举升过程中左右晃动情况的发生，对平台冲击小。

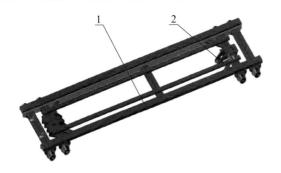

图 6.27　车架平移机构

1. 车架平移滑车；2. 滚轮组件

图 6.28　滚轮组件结构

1. 滚轮轴；2. 滚轮；3. 轴承

（四）提升机构

如图 6.29 所示，提升机构主要包括提升滑车、驱动装置、链轮机构、变角机构和翻转臂。提升机构安装在坡道两侧的钢轨上，负责牵引猫道运动，将举升机构提升至钻机平台位置，承受举升滑道及钻具的总重量，提升机构的结构稳定性与可靠性直接影响自动猫道整体工作效率。提升滑车浮动在坡道上，主要起到承受负载的作用，采用链传动机构起升，提起举升滑道至坡道顶部。提升滑车也是安装变角机构、驱动装置的安装载体。变角机构由翻转臂、翻转液压缸构成，主要作用是使举升滑道抬升一定角度。驱动装置由摆线液压马达、链轮、滚子链等组成，用来给提升滑车提供驱动力。

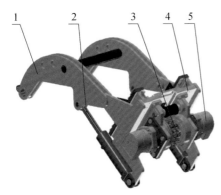

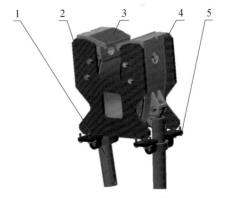

图 6.29　提升机构

1. 翻转臂；2. 变角机构；3. 链轮机构；
4. 提升滑车；5. 驱动装置

图 6.30　钻杆出槽机构

1. 顶出液压缸；2. 顶出座筋板；3. 顶出盖板；
4. 后月板；5. 联接座

（五）辅助机构

自动猫道除上面的主要机构外，还设有钻杆出槽机构、防坠落机构、伸缩滑道和缓冲机构等辅助机构。

1. 钻杆出槽机构

在举升滑道内部焊接一顶出钻杆的机构，将钻杆从举升滑道的 V 形槽内顶出，称之为钻杆出槽机构。钻杆出槽机构的结构如图 6.30 所示，主要包括顶出液压缸、顶出座筋板、顶出盖板、后月板和联接座等。

2. 防坠落机构

在举升滑道向上举升或者下放的过程中，极少数情况下，由于系统的振动或者外界风载的影响，钻杆有可能会从举升滑道上坠落。一方面为了防止钻具坠落，另一方面防止伤及钻具表面，因此在举升滑道的两侧设置了防坠落机构。防坠落机构结构如图 6.31 所示，主要包括防坠落挡杆、折臂机构和液压缸。

3. 伸缩滑道

伸缩滑道可延长钻具在举升机构的运动行程，减小钻具与液压吊卡的相对距离，便于吊卡迅速且高效地抓取钻具。克服了传统操作方式危险性大、夹持定位不准确且夹持效率低的缺点。其结构如图 6.32 所示。

  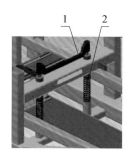

图 6.31　防坠落机构　　　　图 6.32　伸缩滑道　　　　图 6.33　缓冲机构

1. 液压缸；2. 折臂机构；3. 防坠落挡杆　　1. 举升滑道；2. 伸缩式滑道　　1. 缓冲组件；2. 缓冲弹簧

4. 缓冲机构

在举升滑道下方设计缓冲机构，减少对平台的冲击。如图 6.33 所示，缓冲机构主要由缓冲组件和缓冲弹簧组成。

五、关键零部件的强度分析

在工作过程中自动猫道不仅要达到运动协调完成运移钻杆动作，还要保证各个部件满足强度要求。通过 ADAMS 软件得到自动猫道关键部件受力的最大值，将最大值输入ANSYS 中，再通过 Wrokbench 软件，对关键部件所受应力和应变进行分析，从而将仿真数据与材料的许用应力进行比较，检验自动猫道关键部件是否满足强度要求。

（一）平移机构关键部件强度校核

1. 钻杆支架旋转臂有限元分析

旋转臂是钻杆支架承担平移钻杆的直接接触部件，钻杆在其表面滚动时产生一定的冲击力，对旋转臂接触面进行强度校核。

旋转臂的材料选择 45 号钢，材料的属性如表 6.3 所示。对旋转臂进行网格划分，网格划分情况如图 6.34 所示。

表 6.3 45 号钢材料属性

抗拉强度/MPa	许用应力/MPa	弹性模量/GPa	泊松比	密度/(kg/m³)
600	180	200	0.269	7890

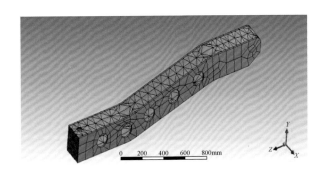

图 6.34 旋转臂网格划分图

图 6.35 与图 6.36 分别是使用 ANSYS 分析得到的旋转臂的应力与变形分布图。

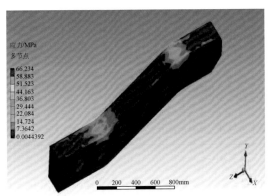

图 6.35 旋转臂应力分布图　　　　图 6.36 旋转臂变形分布图

由表 6.4 可知，旋转臂最大应力为 66.243MPa，并由表 6.3 可知 45 钢的抗拉强度为 600MPa，而旋转臂上表面的位移和应变都很小。所以旋转臂的设计完全满足在工作过程中的强度要求。

表 6.4 旋转臂有限元分析结果

类别	最小值	最大值
位移	0	0.045mm
应力	0.004MPa	66.243MPa
应变	5.2×10^{-8}	0.00043

2. 钻杆支架液压活塞杆有限元分析

钻杆在钻杆支架上运动的动力由液压缸提供，其动作是由活塞杆伸出，活塞杆的上端与旋转臂铰接，在活塞杆伸出的过程中，活塞杆与旋转臂连接的部位受力最大，在此处施加最大外力，校核此处的强度是否满足要求。

活塞杆的材料选择 35CrMo 钢，安全系数取 2，材料的属性如表 6.5 所示。

表 6.5　35CrMo 钢材料属性

抗拉强度/MPa	许用应力/MPa	弹性模量/GPa	泊松比	密度/(kg/m³)
1000	425	200	0.269	7890

活塞杆的应力与变形分布如图 6.37 与图 6.38 所示。

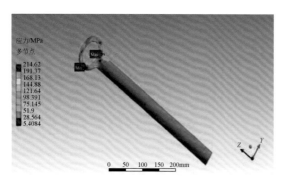

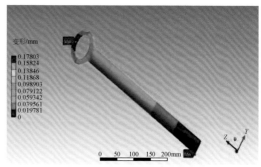

图 6.37　活塞杆应力分布图　　　　　　图 6.38　活塞杆变形分布图

由图 6.37 和图 6.38 可以得到表 6.6 的分析结果。

表 6.6　钻杆支架活塞杆有限元分析结果

类别	最小值	最大值
位移	0	0.178mm
应力	5.4MPa	214.62MPa
应变	$1.39×10^{-4}$	$1.083×10^{-3}$

通过以上分析结果可知，钻杆支架活塞杆头端与杆端连接处应力达到最大值为 214.6MPa，而其余部分的应力分布比较均匀，由表 6.5 可知：35CrMo 钢的许用应力为 425MPa，其值远大于活塞杆所受到的最大应力值，结构强度有很大的余量，因此采用的活塞杆是安全的。活塞杆最大位移为 0.178mm，发生在活塞杆头端部位，与钻杆支架旋转臂连接处，变形量相对也很小，由上可知系统结构安全。

(二) 举升机构关键部件有限元分析

举升机构在举升过程中，所受的最大举升质量为 4t，撑杆组件为其关键零部件，需要进行有限元分析。部件采用的材料是低合金结构钢 Q345B，安全系数取 1.5。不同厚度的 Q345B 的力学性能如表 6.7 所示。

表 6.7　不同厚度的 Q345B 的力学性能

材料	屈服点/MPa				抗拉强度/MPa	伸长率/%
	厚度（直径/边长）/mm				470～630	21
Q345B	≤16	16～35	35～50	50～100		
	345	325	295	275		

如图 6.39 所示，通过分析撑杆组件的受力情况，撑杆主要受到撑杆液压缸的顶出力、举升滑道作用的力、车架平移系统作用的力。对撑杆组件进行网格划分，如图 6.40 所示。

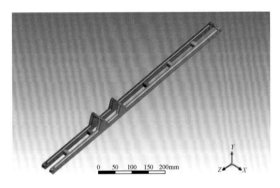

图 6.39　撑杆组件模型　　　　　　　图 6.40　撑杆组件的网格划分

图 6.41 为撑杆组件的总变形位移分布图，图 6.42 为撑杆组件的应力分布图。

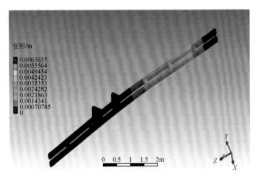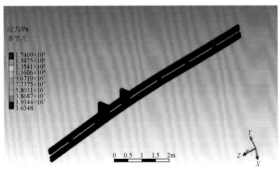

图 6.41　撑杆组件的总变形图　　　　　图 6.42　撑杆组件的应力

根据图 6.41 和图 6.42 的仿真结果可知，撑杆组件的最大应力为 174.09MPa，最大变形为 6.3635mm。根据表 6.7 所示的 Q345B 材料的力学性能可得，安全系数为 1.5 时，仿真结果小于材料所能承受的屈服应力，但其变形量达到 6.3635mm，变形相对较大。为了使结构更可靠，需进行改进设计，图 6.43 为撑杆组件改进后位移变化图，图 6.44 撑杆组件改进后应力变化图。

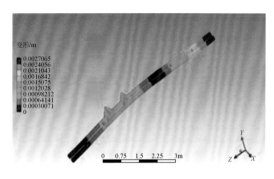

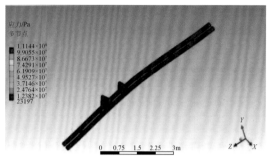

图 6.43　撑杆组件改进后位移变化　　　　图 6.44　撑杆组件改进后的应力变化图

表 6.8 为结构改进前后应力和变形情况对比，改进结构的最大应力为 111.44MPa，最大变形为 2.7065mm，获得较好的受力和变形分布，最终采用改进结构。

表 6.8　改进前后的应力和变形情况

撑杆组件	应力/MPa	变形/mm
改进前	174.09	6.3635
改进后	111.44	2.7065

(三) 提升机构关键零部件有限元分析

1. 翻转臂有限元分析

翻转臂组件在全液压自动猫道举升的过程中起着至关重要的作用，主要完成两个方面的功能：①在提升举升滑道前将举升滑道翻转；②提升举升滑道的过程中由提升滑车的双液压马达带动链轮旋转，提升滑车沿着坡道链条向上爬升，此时翻转臂折臂为举升滑道在坡道上的支点，承受主要的压力和拉力。

在提升举升滑道前，翻转臂组件的折臂翻转，此时主要受到提升滑车液压缸活塞杆的拉力和举升滑道的重力作用。翻转臂的网格划分如图 6.45 所示，翻转臂折臂的应力分布如图 6.46 所示。

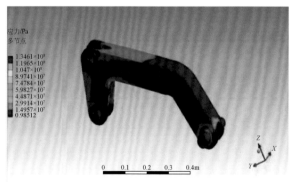

图 6.45　翻转臂的网格划分　　　　　　图 6.46　翻转臂折臂的应力分布

翻转臂的总变形分布图如图6.47所示，翻转臂的应力分布图如图6.48所示。

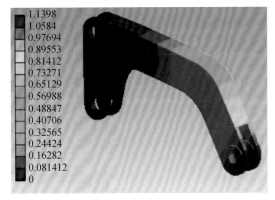

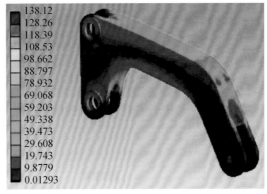

图6.47　翻转臂总变形分布图（单位：mm）　　　图6.48　翻转臂应力分布图（单位：MPa）

由上述模型仿真数据分布图可以得出表6.9的分析结果。

表6.9　翻转臂的有限元分析结果

名称	最小数值	最大数值
变形量/mm	0	1.1398
应力/MPa	0.01293	138.12

可以看出：翻转臂的最大变形主要集中在翻转臂的前端销孔附近区域，最大的变形量是1.1398mm，变形量较小，可以忽略不计，因此翻转臂的刚度能够达到要求。翻转臂的材料选用45号钢，如表6.3可知，该材料的许用应力是180MPa。翻转臂的最大应力集中在左端的1/3处的过渡区域，最大应力是138MPa，小于材料的许用应力，故翻转臂的设计符合提升系统的工作要求。

2. 翻转液压缸活塞杆有限元分析

由于活塞杆会受到冲击载荷的影响，因此，活塞杆是提升机构的关键零部件。图6.49与图6.50分别是其变形分布图和应力分布图。具体分析数据结果见表6.10。

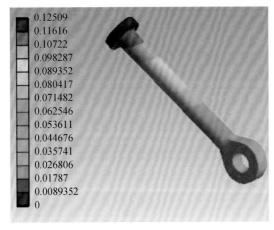

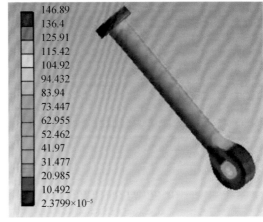

图6.49　活塞杆的变形分布图（单位：mm）　　　图6.50　活塞杆的应力分布图（单位：MPa）

表 6.10   翻转液压缸活塞杆的有限元分析结果

名称	最小数值	最大数值
变形量/mm	0.0089352	0.12509
应力/MPa	23.799	146.89

从表 6.10 看出活塞杆的最大变形量是 0.12509mm，活塞杆前端处的形状改变稍微明显。沿着活塞杆轴向它的变形越来越小。在拉力的作用下，活塞杆销孔处产了最大应力，其值为 146.89MPa，远小于活塞杆材料 35CrMo 钢的许用应力 425MPa，故活塞杆的强度和变形都符合要求。

第三节   液压系统设计

根据自动猫道钻具排放和上下钻台的作业要求，猫道各环节的动作通过液压控制系统控制执行，液压系统主要包括：提升滑车液压马达控制系统、推送滑板液压马达控制系统、左右钻杆支腿液压缸控制系统、左右翻板机构液压缸控制系统、左右钻杆出槽液压缸控制系统、撑杆液压缸控制系统、左右防坠落液压缸控制系统、伸缩式滑道伸缩液压缸控制系统和液压站等。

一、总体方案设计

（一）主要技术参数

根据自动输送钻具系统的功能、工况和钻具输送工艺等因素，通过对国内外同类型自动猫道液压系统的相关资料及液压元件的情况进行分析研究，确定液压系统主要技术参数如表 6.11 所示。

表 6.11   液压系统主要技术参数

名称	参数	名称	参数
泵出口额定压力	25MPa	最大钻具重量	2000kg
阀进油限定压力	28MPa	循环时间	120~180s
泵最大供油流量	140×2L/min	驱动方式	全液压
单组阀最大工作流量	130L/min	适应环境温度	-39~80℃
输入功率	55kW	传动介质	低温抗磨液压油 L-HV32

（二）基本结构及工作原理

液压系统设计 8 条油路，分别控制撑杆机构、提升滑车、推送滑车、提升翻转臂、支架、翻板、防坠落机构和伸缩滑道。将双向平衡阀增加至撑杆机构油路、提升滑车油路、支架油路和翻板油路中，主要是为了消除因负载变化而导致液压缸活塞以较大速度运动的现象，即保证能够将液压缸活塞的速度控制在一个范围内平稳变化，从而使钻具运送过程平稳性较好。节流阀调节支路流量为 1∶1∶1，使同侧的三个支架、三个翻板和三个防坠落挡销分别同步运动，从而保证钻具输送平稳进行。

钻杆输送装置液压系统基本结构简图如图 6.51 所示，液压系统原理如图 6.52 所示。

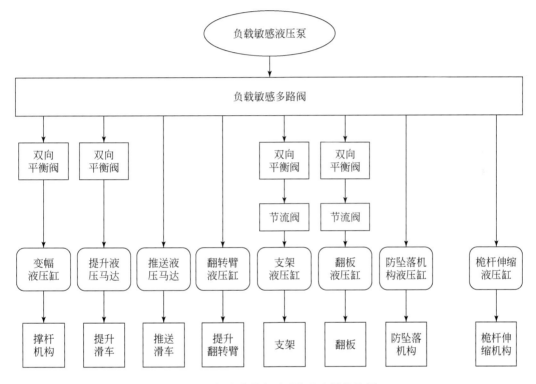

图 6.51 自动猫道液压系统基本结构简图

该液压系统主要由负载敏感泵、双向平衡阀、节流阀、液压缸、负载敏感多路阀、液压马达及其他附件组成。采用阀前补偿式的闭式负载敏感系统（close load sensing system），即由负载敏感泵和负载敏感多路阀组成，可以比较准确的控制多执行元件的运动过程。负载敏感多路阀中的梭阀将采集到的 LS 信号通过 LS 端口反馈给负载敏感泵中的流量控制阀和压力控制阀，此时液压泵迅速调整流量和压力，适应负载变化。

以钻具由地面运送到钻台面为例，说明钻具输送装置液压系统工作原理，钻具由钻台面运送到地面与之相反。

液压系统工作原理：柴油机带动负载敏感泵从油箱中吸取油液，液压油进入负载敏感多路阀。油液经双向平衡阀和节流阀，按 1∶1∶1 进入左侧钻杆支架油缸（假设使用左侧支架），将钻杆移到钻杆支架，支架液压缸伸出、抬起，钻杆沿支架曲面滚向猫道平台（钻杆滚向平台后支架缩回）；平台左侧翻板机构液压缸伸出，机构向内翻，辅助钻杆向平台滚动；对面一侧的顶出机构点动推出，待钻杆进入 V 形槽后，顶出机构落下，以便缓冲

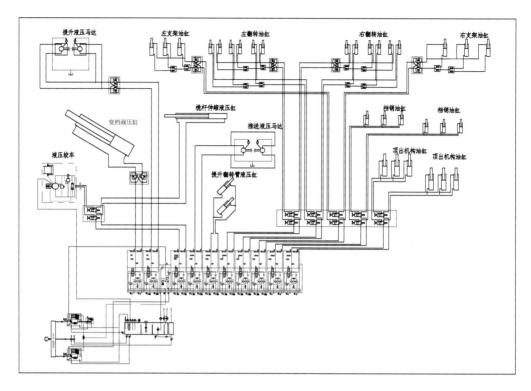

图 6.52　自动猫道液压系统原理图

钻杆滚动冲击,使钻杆顺利停靠 V 形槽道;此时翻板机构缩回,钻杆进入 V 形槽后推送滑车动作,顶住钻杆;防坠落挡板伸出;提升滑车翻转臂翻转,将举升滑道沿坡道上行;前部提升绞车同时转动,提升举升滑道,同时猫道后辅助支承油缸伸出,辅助提升举升滑道变幅油缸伸出;举升滑道到达上端点时,伸缩滑道伸出,同时推送滑车推动钻杆向井口方向移动,当钻杆通过伸缩滑道时,伸缩滑道再伸出。

二、主要液压元件参数确定

(一)液压系统工作压力确定

由表 6.12 可知,该液压系统属于中压等级一般系统,考虑到负载的作用,系统的工作压力初步选择为 25MPa。

表 6.12　不同设备工作压力

设备类型	压力范围/MPa	压力等级与说明
车辆、机床等	<7	低压,低噪声,可靠性较高
工程机械、工矿车辆 钻探设备、船舶机械	7~26	中压,一般系统

设备类型	压力范围/MPa	压力等级与说明
重型机械、挖掘机等	26～31.5	高压，快速变化，低成本
耐压试验机、航天飞机等	>31.5	超高压，重量轻，结构紧凑

（二）液压缸参数计算

液压缸是液压传动系统重要的执行元件之一，该系统液压缸采用的是活塞式液压缸。液压缸压力分级如表 6.13 所示，选择液压缸工作压力 $p = 16\text{MPa}$。

表 6.13　液压缸压力分级　　　　　　　　　　　（单位：MPa）

级别	低压	中压	中高压	高压	超高压
压力范围	0～2.5	2.5～8	8～16	16～32	>32

根据负载和工作压力确定液压缸内径 D：

$$F_{\max} = P \frac{\pi}{4} D^2 \tag{6.1}$$

式中，$F_{\max}$ 为作用在液压缸的最大负载，N；P 为液压缸工作压力，MPa；D 为液压缸内径，m。

1. 支架液压缸

由于回油阻力及内部摩擦阻力均很小，可忽略不计，因此以最大负载 $F_{\max}$ 作为外负载阻力进行计算。

钻具放入支架后，支架受力简化后如图 6.53 所示，支架质心 C 为 AE 的中心点，故有 $l_{AC} = \frac{1}{2} l_{AE}$。

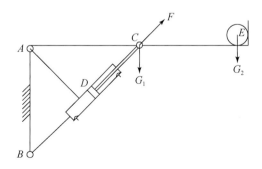

图 6.53　支架受力示意图

可得　　　　　　　　　　　　　$$F l_{AD} = G_1 l_{AC} + G_2 l_{AE} \tag{6.2}$$

式中，G_1 为支架重量，$G_1 = 1.75\text{kN}$；G_2 为钻具重量，$G_2 = 20\text{kN}$；l_{AD} 为液压缸到支点的距离，$l_{AD} = 384\text{mm}$；l_{AE} 为钻具中心到支点的距离，$l_{AE} = 1635\text{mm}$。

求得：$F = 88.89\text{kN}$。

2. 撑杆液压缸

撑杆液压缸与提升液压马达配合完成举升系统的举升过程，使举升滑道沿着坡道滑动，在此过程中撑杆液压缸承受着举升滑道 l_{AE} 主要载荷。运行一段时间后，举升滑道与水平面的夹角达到最大值 58°，简化后其受力如图 6.54 所示。根据钻具输送装置设计要求可知，举升滑道对撑杆机构铰接点最大作用力分量分别为 $F_{EX} = 2.3\text{kN}$，$F_{EY} = 67.9\text{kN}$。

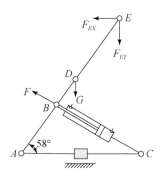

图 6.54　撑杆受力示意图

可以得到

$$Fl_{AB} + F_{EX}l_{AE}\sin58° = Gl_{AD}\cos58° + F_{EY}l_{AE}\cos58° \qquad (6.3)$$

式中，l_{AE} 为撑杆长度，$l_{AE} = 6995\text{mm}$；G 为撑杆重量，$G = 37\text{kN}$；

$$l_{AD} = \frac{1}{2}l_{AE} = 3497.5\text{mm}；\quad l_{AB} = \frac{1}{3}l_{AE} = 2331.7\text{mm}。$$

求得 $F = 131.51\text{kN}$。

3. 翻板液压缸

翻板液压缸主要承受钻杆重力，取最大钻杆重量 $F_{max} = 20\text{kN}$。

4. 提升翻转臂液压缸

提升翻转臂液压缸承受举升机构作用力，其负载最大作用力 $F_{max} = 51.31\text{kN}$。

由式（6.1）求得：

支架液压缸内径 $D = 84.11\text{mm}$；

撑杆机构液压缸内径 $D = 102.30\text{mm}$；

翻板液压缸内径 $D = 39.90\text{mm}$；

提升翻转臂液压缸内径 $D = 63.90\text{mm}$。

液压缸内径和活塞杆直径选取规则如表 6.14 所示。

表 6.14　液压缸内径和活塞杆直径参数表　　　　　　（单位：mm）

液压缸内径系列 （GB/T2348—1993）	8、10、12、16、20、25、32、40、50、63、80、（90）、100、（110）、125、（140）、160、（180）、200、（220）、250、（280）、320、（360）、400、（450）、500
活塞杆直径系列 （GB/T2348—1993）	4、5、6、8、10、12、14、16、18、20、22、25、28、32、36、40、45、50、56、63、70、80、90、100、110、125、140、160、180、200、220、250、280、320、360

注：括号内尺寸为非优先选用者。

液压缸内径与活塞杆直径满足如下关系：

$$\varphi = \frac{D^2}{D^2 - d^2} \tag{6.4}$$

式中，$\varphi = 2$，由式（6.4）得到：

支架液压缸活塞杆直径 $d = 59.48\text{mm}$；

撑杆机构液压缸活塞杆直径 $d = 72.34\text{mm}$；

翻板液压缸活塞杆直径 $d = 28.22\text{mm}$；

提升翻转臂液压缸活塞杆直径 $d = 45.19\text{mm}$。

由于计算过程中载荷取的最大值，实际工作载荷小于最大值，根据表 6.14 的规则选取各个液压缸内径和活塞杆直径可以适当小一些，具体如表 6.15 所示。

表 6.15 液压缸内径和活塞杆直径 （单位：mm）

类别	支架液压缸	撑杆机构液压缸	翻板液压缸	提升翻转臂液压缸
液压缸内径	80	100	40	63
活塞杆直径	56	70	28	45

（三）液压系统流量计算

全液压驱动液压传动平稳，能够实现无级调速。液压系统的流量决定着执行机构的速度，当执行元件的大小和运动形式决定之后，就可以利用速度求取所需流量。根据自动猫道设计要求，计算钻杆从地面运送到钻台面各个液压缸的流量。输送钻杆过程中支架运行平均速度 $\overline{v_1} = 73.35\text{mm/s}$，撑杆机构运动平均速度 $\overline{v_2} = 175.23\text{mm/s}$，翻板运行平均速度 $\overline{v_3} = 82.37\text{mm/s}$，提升臂收缩平均速度 $\overline{v_4} = 162.35\text{mm/s}$。

流量计算公式：

$$Q = \frac{\pi}{4} D^2 \cdot v \tag{6.5}$$

根据式（6.5）求得

支架液压缸流量 $Q_1 = \frac{\pi}{4} D^2 \overline{v_1} = \frac{\pi}{4} \times 80^2 \times 73.35 \times 60 \times 10^{-6} = 22.12\text{L/min}$；

撑杆机构液压缸流量 $Q_2 = \frac{\pi}{4} D^2 \overline{v_2} = \frac{\pi}{4} \times 100^2 \times 175.23 \times 60 \times 10^{-6} = 82.58\text{L/min}$；

翻板液压缸流量 $Q_3 = \frac{\pi}{4} D^2 \overline{v_3} = \frac{\pi}{4} \times 40^2 \times 82.37 \times 60 \times 10^{-6} = 6.22\text{L/min}$；

提升臂液压缸流量 $Q_4 = \frac{\pi}{4} D^2 \overline{v_4} = \frac{\pi}{4} \times 63^2 \times 162.35 \times 60 \times 10^{-6} = 30.37\text{L/min}$。

（四）液压系统发热温升计算

液压系统工作过程中所损失的能量转化为热能，会引起系统油液温度从低温逐渐升高。在这个过程中会使油液的性质发生变化，引起密封件老化加速，系统泄漏量增大；液压油温度过高,将加速水分蒸发,容易使液压元件产生腐蚀;液压油因氧化还原反应生成沉淀物质,会造成液压元件节流口发生堵塞现象,使液压系统出现故障。对于不同设备的液压系统,因工况条件不同,允许的最高温度也各不相同,其允许值如6.16所示。

表6.16 液压系统油液允许的温度 (单位:℃)

系统名称	正常工作温度	最高允许温度	油的温升
机床	30~55	50~70	≤30~35
金属粗加工机械	30~70	60~80	
机车车辆	40~60	70~80	
船舶	30~60	70~80	
工程机械	50~80	70~80	≤35~40

液压系统总发热功率:

$$H = P(1-\eta) \tag{6.6}$$

式中,P 为液压系统总功率,即液压泵电机实际输出功率,kW;η 为系统总效率。

液压系统产生的热量主要通过热辐射、热对流和热传导三种形式与周围环境完成热交换,散热面积的大小决定着液压系统散热的快慢。各个液压元件都有一个散热面积,将一定的热量与外界完成热交换,使系统油温在一定范围内变化,不会无限制的升高,而是稳定在某一温度值附近。

单位时间内散热面散热量 H_0 满足如下关系式:

$$H_0 = K_i A_i \Delta\tau \tag{6.7}$$

式中,K_i 为散热系数,通风条件很差时为8.5~9.32,通风条件良好时为15.13~17.46,风扇冷却时为23.3,循环水冷却时为110.5~147.6;A_i 为散热面积,m²;$\Delta\tau$ 为系统工作 t 小时后油液温升。

液压系统作为一个热力学系统,在到达热平衡状态之前,要经过发热升温过程和冷却降温过程。令 t_b 时刻温升达到 $\Delta\tau_b$,此时液压系统油液温度停止升高,由发热升温过程转变为冷却降温过程(Bowns et al.,1990)。$t_m = \dfrac{\sum C_i m_i}{\sum K_i A_i}$ 所对应的温升为 $\Delta\tau_{max}$,升温和降温的稳态值分别为 $\Delta\tau_{max}$ 和 0,系统温升满足如下计算关系式:

$$\begin{cases} \Delta\tau = \dfrac{H_0}{\sum K_i A_i}\left(1 - e^{-\frac{\sum K_i A_i}{\sum C_i m_i}t}\right) + \Delta\tau_0 e^{-\frac{\sum K_i A_i}{\sum C_i m_i}t} & (t \leqslant t_b) \\ \Delta\tau = \Delta\tau_b e^{-\frac{\sum K_i A_i}{\sum C_i m_i}(t-t_b)} & (t > t_b) \end{cases} \tag{6.8}$$

式中,C_i 为系统散热部分物质的比热;m_i 为系统散热部分物质的质量;$\Delta\tau_0$ 为初始时刻系统温升,一般取 $\Delta\tau_0 = 0$。

由式(6.8)可得系统温升随时间变化曲线如图6.55所示。

液压系统油液温度等于温升 $\Delta\tau$ 加上工作环境温度,其值不能超过油液的最高允许温度。如果超过该值,应立即采取降温措施,适当增加油箱散热面积或采用冷却器等方式来降温。

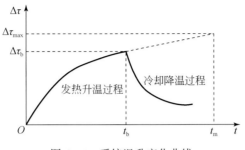

图 6.55　系统温升变化曲线

三、主要液压元件选型

（一）液压马达选型

根据提升滑车工作状况，需要选择较高工作效率、大扭矩、低转速的马达。伊顿（Enton）公司提供了一种 VIS（星型配流）液压马达，属于摆线液压马达的一种。与其他低速、大扭矩液压马达相比，该种马达尺寸和质量最小，具有较低的启动压力、运转平稳、较高的工作压力。星型配流马达已经在伐木设备、装载机和小型挖掘机使用时体现出性能较好和体积较小的优点。根据工况条件，采用对称布置的双液压马达，最终选择伊顿 VIS45 系列马达，结构如图 6.56 所示。

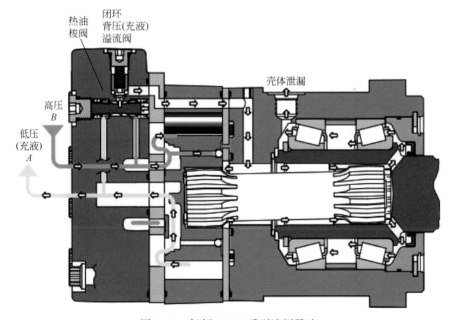

图 6.56　伊顿 VIS45 系列液压马达

提升滑车沿着坡道匀速运动，推送滑车沿着举升滑道匀速运动，链轮等效分度圆直径 $d = 183.26\text{mm}$，它们的运行速度均为 $v = 173\text{mm/s}$，链轮所受有效拉力均为 $F = 42.3\text{kN}$。

1. 液压马达负载转矩计算

负载转矩 M：$M = F\dfrac{d}{2}$　　　　　　　　　　　　　　　　　　　　　(6.9)

式中，F 为链轮所受有效拉力，$42.3 \times 10^3 N$；d 为链轮等效分度圆直径，$183.26 \times 10^{-3} m$。

代入数据，$M = F\dfrac{d}{2} = 42.3 \times \dfrac{183.26}{2} = 3875.95 N \cdot m$

因采用的是对称布置的双液压马达共同承受负载作用，故单个液压马达所承受的负载转矩为：$M_e = \dfrac{M}{2} = \dfrac{3875.95}{2} = 1937.98 N \cdot m$

马达转速可以由下式计算

$$n = \frac{60 \times 1000v}{zp}$$　　　　　　　　　　　(6.10)

式中，v 为链传动平均速度，$173 \times 10^{-3} m/s$；z 为链轮齿数，15；p 为链轮节距，38.1mm。

代入数据得：

$$n = \frac{60 \times 1000v}{zp} = \frac{60 \times 1000 \times 173 \times 10^{-3}}{15 \times 38.1} = 18.17 r/min$$

2. 马达排量

根据计算公式：

$$V_m = \frac{6.28 M_e}{\Delta p_m \eta_m}$$　　　　　　　　　　　(6.11)

式中，Δp_m 为马达进出口压差；η_m 为马达的机械效率，$\eta_m = 0.9$。

代入式（6.11），得到马达排量：$V_m = \dfrac{6.28 \times 1937.98}{15 \times 0.9} = 866 mL/r$

3. 马达最大流量计算

根据公式：

$$Q_{max} = V_m n_{max}$$　　　　　　　　　　　(6.12)

式中，n_{max} 为液压马达最高转速，r/min。

考虑到安全性，马达最高转速等于平均转速乘以安全系数1.5，则

$$n_{max} = 1.5n = 1.5 \times 18.17 = 27.26 r/min$$

由式（6.12）得到马达最大流量：

$$Q_{max} = 0.866 \times 23.63 = 20.46 L/min$$

根据计算所得马达排量 $V_m = 866 mL/r$，负载转矩 $M_e = 1937.98 N \cdot m$，马达最大流量 $Q_{max} = 20.46 L/min$ 等技术参数，选择马达型号为伊顿 VIS45-990，其主要参数如表6.17所示。

表 6.17　VIS45-990 液压马达主要技术参数

排量 /(cm³/r)	理论转速 /(r/min)		流量 /(L/min)		理论扭矩 /(N·m)		压力 /bar		
	连续	间歇	连续	间歇	连续	间歇	连续	间歇	峰值
990	172	191	170	189	4068	5068	258	322	379

（二）液压泵选型

轴向柱塞泵可以实现速度连续变化并且范围较大，斜盘式和斜轴式是两种常见形式的轴向柱塞泵。斜盘式可以通过泵轴将两泵（或三泵）串在一起，使传动结构变得简单（刘美林，2005）。斜盘式柱塞泵排量可以通过调节斜盘倾斜角度来进行控制。自动猫道最终选择萨奥–丹佛斯（SAUER-DANFOSS）90 系列负载敏感轴向斜盘式柱塞变量泵，结构如图 6.57 所示。

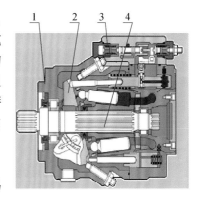

图 6.57　萨奥–丹佛斯 90 系列
负载敏感柱塞变量泵
1. 缸体；2. 斜盘；3. 柱塞；4. 传动轴

1. 流量计算

液压泵的流量等于各个执行元件（液压缸和液压马达）流量值之和，考虑到液压油泄漏造成系统流量损失，则泵的流量可由下式确定：

$$Q_p = K(\sum Q) \tag{6.13}$$

式中，K 为系统泄漏系数，一般取 1.1 ~ 1.3；$\sum Q$ 为液压执行元件流量之和。

提升滑车液压马达和推送滑车液压马达均采用双液压马达对称形式布置，因此液压马达的总流量等于 Q_{max} 的四倍；各个液压缸的流量已求得，其中支架液压缸和翻板机构液压缸均为同侧三个同时工作，提升翻转臂液压缸两个同时工作。将值代入式（6.13）求得液压泵的流量：

$$Q_p = K(3Q_1 + Q_2 + 3Q_3 + 2Q_4 + 4Q_{马达}) = 341.20 \text{L/min}$$

2. 泵的排量计算

根据公式：$V_p = \dfrac{1000Q_p}{n\eta_v} = \dfrac{1000 \times 341.20}{1500 \times 0.95} = 239.44 \text{mL/r}$

式中，n 为电机转速，r/min；η_v 为液压泵容积效率，$\eta_v = 0.95$。

根据计算所得液压泵流量 $Q_p = 341.20 \text{L/min}$，排量 $V_p = 239.44 \text{mL/r}$，选择液压泵型号为萨奥–丹佛斯 FRL090-250CLS，其主要技术参数如表 6.18 所示。

表 6.18　FRL090-250CLS 负载敏感变量泵主要技术参数

排量/（cm³/r）	理论流量/（L/min）	最大排量时扭矩/[（N·m）/bar]	转动惯量/（kg·m²）	重量/kg	主油口配置
250	575	3.97	0.0650	154	径向

（三）多路阀选型

多路阀组以若干个单联换向阀为主体，配合卸荷阀、顺序阀、减压阀等组合而成，并且还可以增加液压锁、调速阀、补偿阀等钻机常用阀，以满足多功能要求（仲维超等，2014）。选用比例换向多路阀组能够满足多个执行元件同时工作，实现多缸（液压马达）

按照   定规则组合动作和无级控制,并且不受负载影响,系统效率高,发热少。

选用萨奥–丹佛斯(SAUER-DANFOSS)PVG32 负载敏感多路阀,结构如图 6.58 所示。它是一种手动或电液控制的比例多路阀,具有较好的调速特性和节能性。阀组还包含减压阀、溢流阀和梭阀网络。负载敏感多路阀通常和负载敏感泵配合使用。负载敏感多路阀中的梭阀将采集到的 LS 信号通过 LS 端口反馈给负载敏感泵中的流量控制器和压力控制器,此时液压泵改变流量和压力,以适应液压系统需求。PVG32 负载敏感阀主要技术参数如表 6.19 所示。

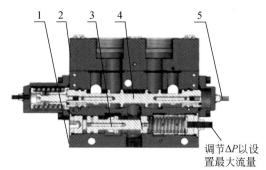

调节 ΔP 以设
置最大流量

图 6.58　萨奥–丹佛斯 PVG32 负载敏感多路阀
1. 阀体;2. 连接阀块;3. 控制阀芯;4. 主阀芯;5. 行程限制

表 6.19　PVG32 负载敏感多路阀主要技术参数

最大压力/bar			额定流量/(L/min)		阀芯行程/mm	
P 口	A/B 口	T 口	P 口	A/B 口	比例范围	浮动位置
350	350	40	230	100	±4.8	±8

注:P 口为压力油口;A/B 口为工作油口;T 为回油口。

(四)双向平衡阀选型

为了防止液压缸活塞因负载自重而高速下落,通常在液压回路上增加一个平衡阀,从而控制负载下降速度,使其平稳下落(周明嵩,2014)。双向平衡阀实现双向平衡状态不仅可以控制负载下降的速度,还可以控制负载上升时的速度,避免出现尖叫或抖动现象,平稳性和安全性较好。

双向平衡阀最终选择 SUN 公司 CB-CB-LHN-YGT 型双向平衡阀,提升滑车和撑杆机构配合动作,共同完成举升系统的起升过程,整个过程要求平稳运行,并且举升滑道需要较好的空间位姿。支架和翻板机构将钻具运送到举升滑道 V 型槽内,整个过程要求平稳缓慢进行,也需要对钻杆运行速度进行严格控制,以减小冲击力。CB-CB-LHN-YGT 双向平衡阀主要技术参数如表 6.20 所示。

表 6.20　CB-CB-LHN-YGT 双向平衡阀主要技术参数

最大负载压力/psi	流量/(L/min)	先导比	阀门尺寸/mm	安装孔直径/mm	防松螺母扭矩/(N·m)
3075	57	1.5:1	22.22	29.75	9.04~10.17

第四节　控制系统设计

为了提高控制系统的可靠性，同时设计手动控制系统和 PLC 自动控制系统。手动控制系统主要通过按钮、行程开关和继电器等对各个驱动马达实行控制；自动控制系统利用分布在自动猫道不同位置处的传感器对工作状态进行识别，并利用 PLC 对整个自动猫道的驱动系统进行自动控制。

一、电路控制系统设计

自动猫道的电路控制系统主要分为两部分：一部分是猫道控制台（控制硬件）；另一部分是猫道的控制程序（控制软件）。控制台是自动猫道所有命令的发出机构，液压站控制箱是自动猫道的中间执行机构。电路控制系统流程如图 6.59 所示，控制系统结构如图 6.60 所示。

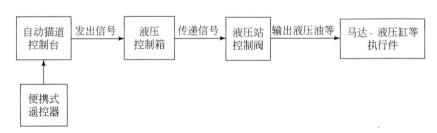

图 6.59　电路控制系统流程图

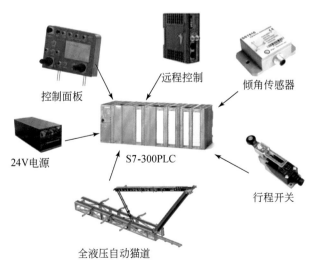

图 6.60　控制系统结构图

S7-300 控制器作为自动猫道控制系统的控制核心，实现数据采集、处理、逻辑控制和系统保护；人机交互界面 HMI 可以使用户自行设定各油缸的运行速度，并对采集数据进行实时监控，同时可动态演示猫道起升状态。

二、控制实现策略

控制系统主站 PLC 通过采集现场传感器压力、位移、油温、限位开关、按钮开/闭合等信号，利用 PLC 内部程序进行分析处理，控制液压系统电磁阀得电/失电，从而实现举升液压马达正/反转、提升机构液压马达正/反转、左/右侧支腿液压缸伸出/缩回、左/右侧翻板液压缸伸出/缩回、左/右侧顶出液压缸伸出/缩回、推送马达正/反转、左/右侧防坠落液压缸伸出/缩回、支撑液压缸伸出/缩回。通过工业监控设定触摸屏可输入举升滑道和推送滑板位移、系统油液压力/温度上下限和零位调整范围，工艺设定参数，机械限位有效/无效变更等信息，并显示自动猫道及液压系统运行参数。

举升滑道及推送滑板马达带有倍加福 SSI 旋转编码器，其信号接入数字液压轴控制器 Z-ME-KZ，通过 PLC 给 Z-ME-KZ 控制信号，可对举升及滑车马达的控制阀进行精准闭环控制，使举升滑道和滑板实现平稳运行，从而启动和停止时冲击小，定位精度高。

状态自检系统可在触摸屏上动态显示工作压力、油液温度、举升滑道和推送滑板位移，同时可显示猫道工作状态、故障状态、报警状态、电磁阀得电/失电状态，并显示故障原因，方便维修人员检查维修；在油箱上装有温度传感器检测油温，系统根据设定温度自动启动换热装置，当超过油温时，立即停机。为方便维护人员检修，在其操作权限下，各电磁阀设有强制得电和限位保护取消功能。

通过触摸屏可设定举升滑道和推送滑板位移等参数，在设备运行期间，能够直接在触摸屏设备上获取相关数据。当控制系统出现问题或液压执行元件无法停止工作时，按下急停按钮，使控制电源断电，以避免安全事故发生，确保人员及设备安全。当系统出现突然停电时，通过 SITOP 24V UPS 电源使控制系统继续工作，以记录主机所处状态，以便供电恢复后查询及选择其他动作或继续执行停电前动作。

各部分运行控制策略如下：

（1）支腿提升/下放，左、右、中位锁定，用三位转换开关控制。

（2）翻板机构、内翻、外翻、复位（双阀同时控制油缸缩回，延时 30s 而后断电），同样用三位转换开关控制。

（3）一侧支腿起升时（包含一侧翻板机构向内翻），对面一侧的顶出机构点动推出，待管具进入 V 形槽后，顶出机构落下，以便缓冲管具滚动冲击，使管具顺利停靠 V 形槽道。

（4）因顶出机构与支腿、翻板机构存在明确的动作逻辑关系，但在卸钻杆过程中，顶出机构是单独操作的，顶出机构有顶出和复位两个动作，根据液压系统原理，也需要在顶出和复位后将阀回到中位，顶出机构需要明确显示其状态，因此采用三位转换开关控制，配合两个指示灯，分别显示钻杆顶出和复位状态。

（5）钻具进入 V 形槽后推送滑车可以动作，推送滑车的动作是独立的，不受槽内有无钻具的限制，推送滑车用控制手柄（右）操作，有推送、回退和中位锁定三个状态。

（6）举升滑道可以单独操作，提升或降落，但举升滑道的动作是由两个执行器控制的，其一是提升滑车，其二是变幅油缸，控制阀也有两片，因此面板上设置提升滑车控制手柄（左）。

（7）推送滑车和举升滑道动作时防坠落挡板伸出，支腿、翻板、顶出机构动作时防坠落挡板必须缩回，这些动作用程序实现联动。此外，在面板上设置防坠落挡板控制三位转换开关，配以指示灯表示其状态。

（8）举升滑道中伸缩滑道需要采用三位转换开关控制，有伸缩滑道伸出、伸缩滑道缩回和中位三个状态。

（9）采用回转编码器测量举升滑道升降高度（采用行程开关确定起点、终点），并在触摸屏上显示，触摸屏最小10in。

（10）采用双轴倾角传感器测量举升滑道位姿（检测位姿，不允许角度小于50°），在触摸屏上显示。

（11）采用安装在挡销上的接近开关检测管具从支腿向内移动、是否已经滚入平台边缘，进而决定翻板机构可否向内翻转。面板上应该有接近开关发讯指示灯（支腿后侧挡销为活动联接）。

（12）面板上设置液压系统超压报警、举升滑道倾角过大报警、动作逻辑故障报警，设置液压泵电机急停开关，箱内布置蜂鸣器。

三、HMI 操作系统介绍

自动猫道控制系统采用本地/遥控两种工作模式。本地模式下有"手动/自动"两种选择。

为了方便监控和记录自动猫道系统的运行状态参数和故障状态，选用戴尔触摸屏作为自动猫道人机界面。

1. 主页面

HMI 主页面如图 6.61 所示。在 HMI 界面顶部实时显示压力、位移（角度）、速度、厂商 Logo 及时间信息。

"语言"按钮：与 HMI 初始页面上的"中文"按钮功能一样，可以选择相应语言。

"消音"按钮：用于消除蜂鸣器报警。

"退出"按钮：用于退出系统并切换到"初始页面"。

"通信"指示灯为红色时，表示 HMI 与 PLC 之间的通信发生故障，指示灯为绿色时表示两者通信正常。

"报警"指示灯为红色时，表示系统有故障发生，可切换到报警页面了解详情。若无报警，指示灯显示为绿色。

"运行模式"和"维修模式"按钮用于设置系统操作模式。

"运行模式"为正常操作模式，包括手动和自动 2 种操作模式；"维修模式"在系统故障需要维修时选择，如平移编码器故障时，"运行模式"下系统将停机，但为了继续

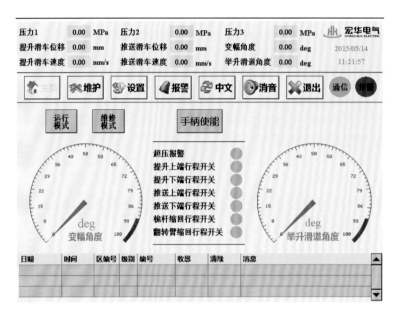

图 6.61　HMI 主页面

将机构收回，可在维修模式下，选择"屏蔽平移编码器"，然后就可以继续操作平移机构。

操作控制箱前，点击"手柄功能"按钮，手柄操作有效，否则不响应手柄操作。"变幅角度"和"举升滑动角度"2 个仪表盘直观地显示了响应的角度变化。

"超压报警"、"提升上端行程开关"、"提升下端行程开关"、"推送上端行程开关"、"推送下端行程开关"、"伸缩式滑道缩回行程开关"和"翻转臂缩回行程开关"7 个指示灯分别显示其运行状态。

2. 维护页面

点击"维护"按钮，进入维护页面，如图 6.62 所示。

编码器标定功能：点击"编码器标定功能"按钮后，才能对编码器进行标定。分别点击"标定提升滑车编码器"和"标定推送滑车编码器"，可分别对提升滑车和推送滑车机构的编码器进行零点标定。

传感器屏蔽功能：编码器、倾角传感器或压力传感器在故障或运行位置超过允许的范围时，对应机构将锁定无法动作，若要继续运行该机构，可在维护模式下，点击相应的按钮以屏蔽对应的传感器，然后回到主页面，按照运行模式的操作方法可继续动作。切记，当机构位置回到允许范围后，解除传感器屏蔽功能，否则，无法起到保护作用。

3. 参数设置页面

点击"设置"按钮，进入维护页面，如图 6.63 所示。根据实际运行情况或经验，设置系统运行参数，图中的值为默认值。系统无自动恢复默认参数功能，若要恢复默认值，请自行按照图 6.63 进行设置。设置的参数具有掉电保存功能，关机重启后上次设定的参数依然有效。

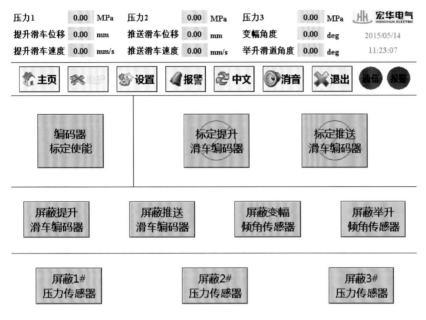

图 6.62　维护界面图

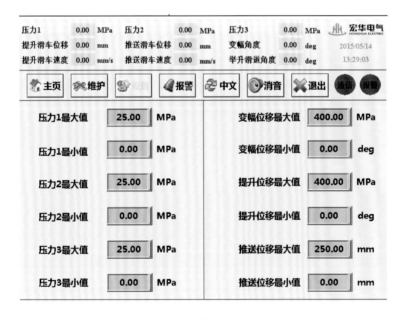

图 6.63　参数设置界面图

4. 报警页面

点击"报警"按钮，进入报警页面，如图 6.64 所示。页面显示报警信息，包括日期、时间、区编号、级别、编号、收悉、清除和消息。报警信息以红色背景显示，若其报警已消除，则显示为灰色背景。报警信息始终置于报警列表最前面，其后为历史报警信息。

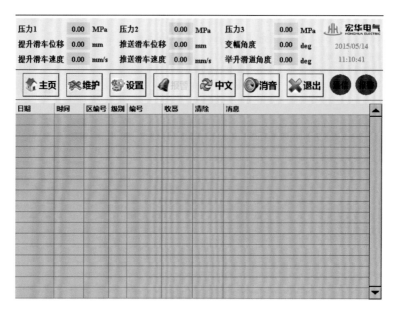

图 6.64　报警界面

第五节　液压系统仿真分析

在自动猫道中，液压驱动影响钻具输送过程中的平稳与安全可靠性，模拟液压驱动平移机构和举升机构的过程，分析流量和压力变化规律。

一、负载敏感泵建模与仿真分析

（一）负载敏感泵组成及工作原理

负载敏感泵主要由变量活塞缸、压力控制阀、流量控制阀等组成，其液压原理图如图6.65所示。节流阀4用于模拟控制信号，调节负载敏感泵的流量。

（二）负载敏感泵数学建模

根据负载敏感泵液压原理图，在不影响动态和静态特性的基础上，忽略泄漏、静摩擦等一些次要因素，对负载敏感泵各个液压元件进行简化处理，建立如图6.66所示的负载敏感泵结构简图。

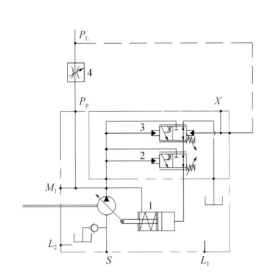

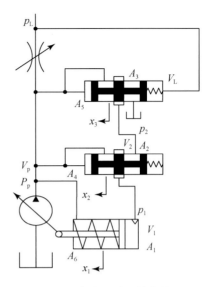

图 6.65　负载敏感泵液压原理图　　　　　图 6.66　负载敏感泵结构简图

1. 变量活塞缸；2. 压力控制阀；3. 流量控制阀；4. 节流阀

（1）根据牛顿第二定律得到流量控制阀的阀芯运动微分方程：

$$(P_L - P_p)A_5 + K_3(x_{30} + x_3) - \zeta_3 \dot{x}_3 = m_3 \ddot{x}_3 \qquad (6.14)$$

式中，P_L 为负载反馈压力，Pa；P_p 为泵出口压力，Pa；A_5 为流量控制阀左端无杆腔有效作用面积，m^2；K_3 为流量控制阀弹簧刚度，N/m；x_{30} 为流量控制阀弹簧初始拉伸量，m；x_3 为流量控制阀的阀芯位移，m；$\dot{x}_3$ 为流量控制阀的阀芯移动速度，m/s；$\ddot{x}_3$ 为流量控制阀的阀芯移动加速度，$\mathrm{m/s}^2$；m_3 为流量控制阀的阀芯等效质量，kg；ζ_3 为流量控制阀黏性阻尼系数，（N·s）/m。

（2）根据牛顿第二定律得到压力控制阀的阀芯运动微分方程：

$$(P_2 - P_p)A_4 + K_2(x_{20} + x_2) - \zeta_2 \dot{x}_2 = m_2 \ddot{x}_2 \qquad (6.15)$$

式中，P_2 为压力控制阀右端有杆腔压力，Pa；A_4 为压力控制阀左端无杆腔有效作用面积，m^2；K_2 为压力控制阀弹簧刚度，N/m；x_{20} 为压力控制阀弹簧初始拉伸量，m；x_2 为压力控制阀的阀芯位移，m；$\dot{x}_2$ 为压力控制阀的阀芯位移速度，m/s；$\ddot{x}_2$ 为压力控制阀的阀芯位移加速度，$\mathrm{m/s}^2$；m_2 为压力控制阀的阀芯等效质量，kg；ζ_2 为压力控制阀黏性阻尼系数，（N·s）/m。

（3）斜盘机构力矩平衡方程：

$$J_{pi}\ddot{\theta} = C_{p1}P_p + M_s - C_{p2}P_p\theta - \zeta_{pi}\dot{\theta} - h_d A_1 P_1 \qquad (6.16)$$

式中，J_{pi} 为斜盘机构有效转动惯量，kg·m^2；θ 为斜盘机构倾角，rad；C_{p1}，C_{p2} 为转矩压力角度系数，N·m/（Pa·rad）；M_s 为变量活塞缸弹簧预调力矩，N·m；ζ_{pi} 为阻尼系数有效值，N·m·s；h_d 为变量活塞缸到斜盘的距离，m；A_1 为变量活塞缸无杆腔有效作用面积，m^2；P_1 为变量活塞缸无杆腔压力，Pa。

（4）流量控制阀和压力控制阀的阀芯处于不同的工作位置时，斜盘机构动态微分方程有所不同：

当 x_1 增大时满足：

$$(P_1 A_1 + K_1 x_1 - P_p A_6) h_d = \frac{J_{pi} \ddot{x}_1}{h_d} \tag{6.17}$$

当 x_1 减小时满足：

$$(P_p A_6 - K_1 x_1 - P_1 A_1) h_d = \frac{J_{pi} \ddot{x}_1}{h_d} \tag{6.18}$$

式中，K_1 为变量活塞缸弹簧刚度，N/m；x_1 为变量活塞缸的活塞位移，m；A_6 为变量活塞缸有杆腔面积，mm^2。

（5）负载敏感泵有 4 个工作容腔，分别为 V_p，V_L，V_1，V_2，其压力方程分别为

$$\dot{P}_p = \frac{K_E}{V_p - A_4 x_2 - A_5 x_3} \left[\begin{array}{c} Q_p + A_4 \dot{x}_2 + A_5 \dot{x}_3 - C_{d2} A_{x2} \sqrt{\dfrac{2(P_p - P_1)}{\rho}} \\ - C_{d3} A_{x3} \sqrt{\dfrac{2(P_p - P_2)}{\rho}} - C_{d0} A_0 \sqrt{\dfrac{2(P_p - P_L)}{\rho}} \end{array} \right] \tag{6.19}$$

$$\dot{P}_L = \frac{K_E}{V_L + A_5 x_3} \left[C_{d0} A_0 \sqrt{\frac{2(P_p - P_L)}{\rho}} - A_5 \dot{x}_3 - Q_L \right] \tag{6.20}$$

$$\dot{P}_1 = \frac{K_E}{V_1 + A_1 x_1} \left[C_{d2} A_{x2} \sqrt{\frac{2(P_p - P_1)}{\rho}} - A_1 \dot{x}_1 - C_{d2} A_{x2} \sqrt{\frac{2(P_1 - P_2)}{\rho}} \right] \tag{6.21}$$

$$\dot{P}_2 = \frac{K_E}{V_2} \left[C_{d3} A_{x3} \sqrt{\frac{2(P_p - P_2)}{\rho}} + C_{d2} A_{x2} \sqrt{\frac{2(P_1 - P_2)}{\rho}} - C_{d3} A_{x3} \sqrt{\frac{2P_2}{\rho}} \right] \tag{6.22}$$

$$A_{x2} = \omega_2 x_2 \tag{6.23}$$

$$A_{x3} = \omega_3 x_3 \tag{6.24}$$

式中，C_{d0} 为节流阀流量系数；C_{d2} 为压力控制阀流量系数；C_{d3} 为流量控制阀流量系数；A_0 为节流阀通流面积，m^2；A_{x2} 为压力控制阀通流面积，m^2；A_{x3} 为流量控制阀通流面积，m^2；ω_2 为压力控制阀阀芯平均面积梯度，m；ω_3 为流量控制阀阀芯平均面积梯度，m；V_p，V_L，V_1，V_2 为容腔容积，mL；K_E 为油液有效体积弹性模量，MPa；ρ 为油液密度，kg/m^3；Q_p 为液压泵出口流量，mL/min；Q_L 为负载流量，mL/min。

（6）根据液体连续性规律得到系统流量方程为

$$Q_p - Q_L - Q_1 - Q_2 - Q_3 = \frac{V_1}{K_E} \dot{P}_1 + \frac{V_p}{K_E} \dot{P}_p + (A_4 - A_2) \dot{x}_2 + (A_5 - A_3) \dot{x}_3 \tag{6.25}$$

式中，Q_1 为变量活塞缸无杆腔流量，mL/min；Q_2 为压力控制阀与泵连接口流量，mL/min；Q_3 为流量控制阀与泵连接口流量，mL/min；A_2 为压力控制阀右端有杆腔有效作用面积，m^2；A_3 为流量控制阀右端有杆腔有效作用面积，m^2。

由以上各式知，当负载压力 P_L 增大时，通过负载敏感反馈回路使流量控制阀右端无杆腔压力增大，阀芯位移 x_3 增大；变量活塞缸无杆腔油液流出，活塞位移 x_1 减小，斜盘机构倾角 θ 变大，泵的流量和压力增大，适应负载变化的过程。当负载压力 P_L 减小时，通过负载敏感反馈回路使流量控制阀右端无杆腔压力减小，阀芯位移 x_3 减小；压力油进入变量活塞缸无杆腔，活塞位移 x_1 增大，斜盘机构倾角 θ 变小，泵的流量和压力变小，降

低能量损失。负载敏感泵根据负载变化情况，通过负载反馈回路，调整输出流量和压力，以满足负载需求。

（三）负载敏感泵仿真分析

图 6.67 是负载敏感泵仿真模型。在仿真过程中模拟负载选用可变节流阀。

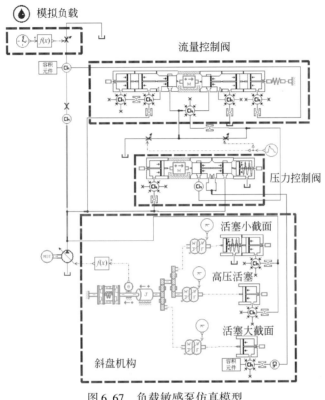

图 6.67 负载敏感泵仿真模型

可变节流阀控制信号如图 6.68 所示，节流阀的节流口逐渐减小，16s 时完全关闭；模拟负载逐渐变大，直至过载。在此过程中负载敏感泵斜盘倾角、出口压力、出口流量变化曲线如图 6.69 ~ 图 6.71 所示。

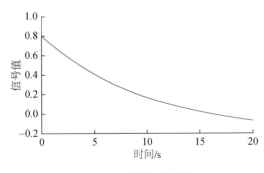

图 6.68 模拟负载曲线

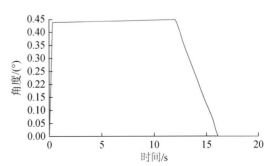

图 6.69 负载敏感泵斜盘倾角曲线

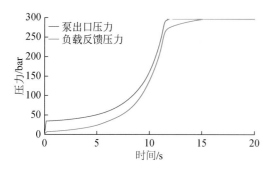

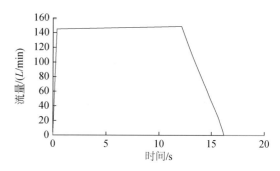

图6.70　负载敏感泵出口压力和负载反馈压力曲线　　　图6.71　负载敏感泵出口流量曲线

从图6.69中可以看出，工作起始阶段，负载敏感泵斜盘倾角迅速增大至0.43°，并基本保持不变；12~16s，斜盘倾角较快减小；16s时节流口完全关闭，斜盘倾角变为0，并保持至仿真结束。从图6.70可以看出，在工作起始阶段，泵的出口压力和负载反馈压力均逐渐增大，但二者的差值基本不变，约为23bar；12~20s，负载压力超过270bar，泵出口压力达到293bar后不再增加，进入高压等待状态。从图6.71可以看出，工作起始阶段，负载敏感泵出口流量迅速增大至145L/min，并保持这一流量基本不变至12s；12~16s，流量较快减小；16s时节流口完全关闭，流量变为0，并保持至仿真结束，这一变化过程与斜盘倾角的变化是对应的。

结合图6.69~图6.71可以看出：工作时，泵出口压力随着负载的变化而变化，二者差值一定，泵出口的流量保持稳定，不受负载变化的影响；当负载压力及泵口压力达到设定值，液压泵处于高压等待状态，此时流量较快减小至0，实际工作中只会有较小流量用于补充泄漏。

二、平移机构建模与液压仿真分析

（一）平移机构机械模型的建立

根据平移机构的结构模型和工作原理将其简化为如图6.72所示的平面机构模型，AD是支架初始处于水平位置；BC是支架液压缸，驱动支架AD绕着铰链A旋转，将钻具平送到举升滑道。在AMESim中利用平面机构库建立平移系统机械模型，如图6.73所示。

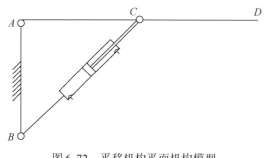

图6.72　平移机构平面机构模型

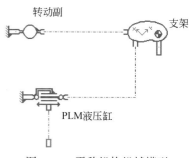

图6.73　平移机构机械模型

（二）平移机构液压仿真分析

根据自动猫道液压系统原理图和平移机构机械模型，建立如图 6.74 所示的平移机构液压仿真模型。

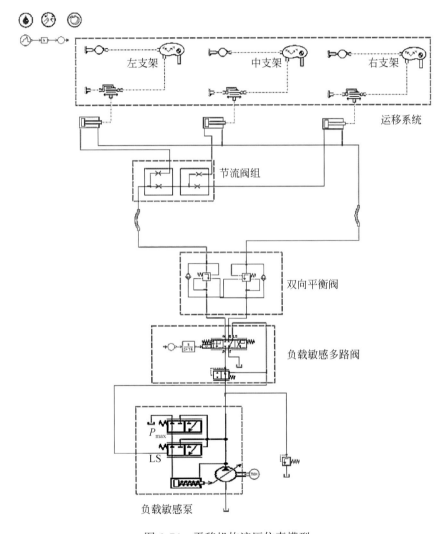

图 6.74 平移机构液压仿真模型

图 6.75 为支架旋转角度曲线，图 6.76 为支架旋转角速度曲线。

图 6.77 为支架液压缸作用力曲线图，支架在整个运动过程中，液压缸对其作用力变化较小，基本稳定在 6.2kN 左右，变化幅度较小，有利于钻具的平稳运行，0.5s、5s 和 7s 由于负载敏感多路阀的换向会有较小幅度的波动，10.35s 时由于液压缸缩回到行程终点，作用力有较大幅度的波动。

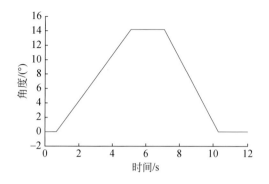

图 6.75　支架旋转角度曲线

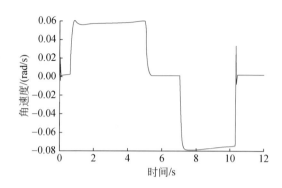

图 6.76　支架旋转角速度曲线

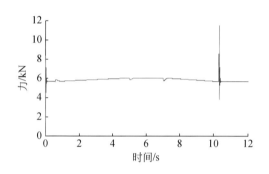

图 6.77　支架液压缸作用力曲线

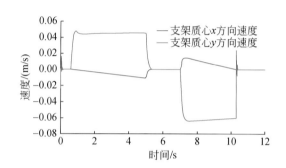

图 6.78　支架质心 xy 方向速度曲线

在较小角度范围内，$\sin\theta = \theta$、$\cos\theta = 1$，质心在 xy 方向的速度满足如下关系式。

$$v_x = \omega R\sin\omega t = \omega^2 Rt \qquad (6.26)$$

$$v_y = \omega R\cos\omega t = \omega R \qquad (6.27)$$

式中，v_x 为质心速度在 x 方向的分量，m/s；v_y 为质心速度在 y 方向的分量，m/s；ω 为支架旋转角速度，rad/s；R 为质心旋转半径，取 $R = \dfrac{l_{AD}}{2}$。

因此，支架质心 x 方向做匀加速运动，y 方向做匀速运动，其速度变化曲线如图 6.78 所示。

平移机构液压系统流量变化曲线和压力变化曲线分别如图 6.79 和图 6.80 所示，液压泵根据负载对流量的需求，通过反馈回路自动进行调节，以满足负载工作需求；正常工作情况下，泵出口压力随油缸压力变化而变化，泵出口压力始终比油缸压力高出一固定值。在 5 ~ 7s 内，由于负载敏感多路阀处于中位工作机能，负载敏感泵处于高压切断状态，流量迅速减小到零，压力突变为压力切断阀初始设定压力值 293bar；10.35 ~ 12s 内，由于液压缸运动到行程终点，使负载敏感泵处于高压切断状态。

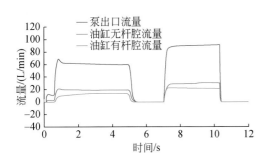

图 6.79 平移液压系统流量变化曲线

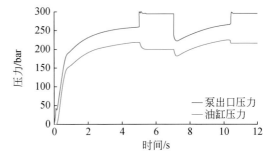

图 6.80 平移液压系统压力变化曲线

三、举升机构建模与液压仿真分析

（一）举升机构机械模型建立

根据举升机构的结构模型和工作原理将其简化为如图 6.81 所示的平面机构模型，E 是提升滑车，沿着倾斜角为 130° 的坡道移动；DE 是举升滑道，其初始倾斜角为 0.97°；AD 是撑杆机构，其初始倾斜角为 13.7°；BC 是撑杆液压缸，AC 是平移滑车，沿着平台面移动。在 AMESim 中利用平面机构库建立举升机构机械模型，如图 6.82 所示。

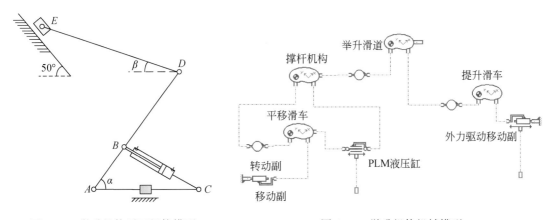

图 6.81 举升机构平面机构模型

图 6.82 举升机构机械模型

（二）举升机构液压仿真分析

根据自动猫道液压系统原理图和举升机构机械模型，建立如图 6.83 所示的举升机构液压仿真模型。

平移机构将钻杆运送到举升滑道 V 形槽后，撑杆液压缸和提升液压马达开始动作，完成举升过程，举升机构运动至行程终点后，夹持机构提取钻具。

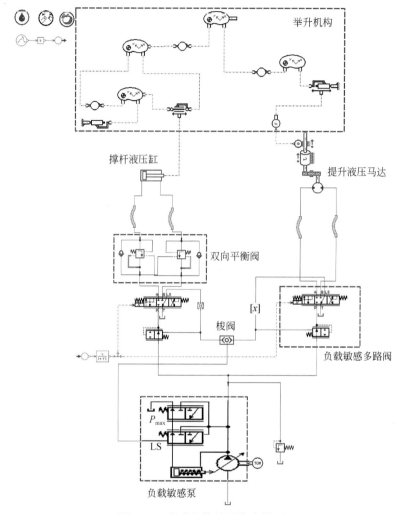

图 6.83　举升机构液压仿真模型

　　提升液压马达通过链传动驱动提升滑车沿着坡道作直线移动，在液压系统开始工作时马达力矩有一定幅度的波动，随后在举升机构运行过程中，液压马达力矩稳定在 15.73kN·m，如图 6.84 所示。

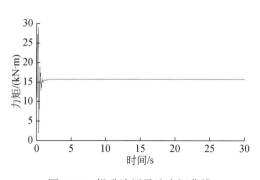

图 6.84　提升液压马达力矩曲线

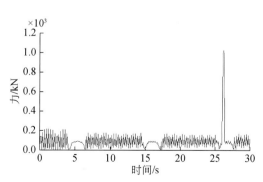

图 6.85　撑杆液压缸作用力曲线

举升机构运行过程中，由于撑杆倾角在58°附近波动，从而使撑杆液压缸对撑杆的作用力在100kN附近较小范围内波动；在26.2s时，举升机构运行到行程终点，此时液压缸作用力有一突变，随后变化幅值较小，如图6.85所示。撑杆液压缸和提升液压马达配合动作，保证整个举升过程平稳进行，符合设计要求。

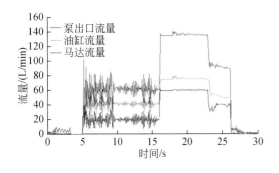

图6.86　举升液压系统流量变化曲线

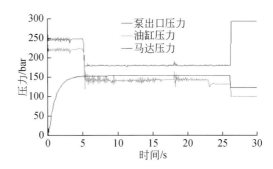

图6.87　举升液压系统压力变化曲线

图6.86和图6.87分别是系统流量变化曲线和压力变化曲线，液压泵提供的流量始终与负载所需求流量相适应，这一自动调节过程通过负载反馈回路完成。泵出口压力始终与系统负载压力最大值的差值保持为一个定值，约为26bar。26.2s时，举升系统运行到行程终点，此时负载敏感泵处于高压切断状态，泵出口流量迅速减小到零，其出口压力则快速升至压力切断阀初始设定压力293bar，此时撑杆液压缸和提升液压马达处于保压状态，压力分别保持在99.65bar和122.53bar。

第六节　运动学仿真分析

机构的运动学分析是研究机械动力性能的必要前提，通过机构的运动分析，可以获得机构的运动特性与动力性能相关参数。图解法与数学解析法是运动学分析的主要方法。

一、机构运动学分析

本书运用解析法对自动猫道机构进行分析，考虑主要工作过程是变角机构完成对举升滑道一定的角度翻转以后，变角机构充当固定连接杆件，一端固定在提升滑车上，另外一端与举升滑道铰接，起到传递动力与承载的作用，提升机构向举升滑道提供牵引动力。自动猫道的机构运动学分析是指：从提升滑车沿着坡道开始爬行，一直到提升滑车到达坡道的预定位置，最后提升滑车停止运行为止，这一段时间内相关部件之间的运动关系的分析。

（一）机构运动模型

自动猫道中支撑机构和举升滑道分别简化为连杆 AB 与连杆 BC 模型，两者之间以铰接副连接；平台浮动滑车简化为滑块 AH 模型，沿着平台轨道做平移运动；钻杆平台简化为固定的水平滑道模型；缓冲助力液压缸简化为长度可以变化的连杆 EH 模型；提升滑车简化为滑块 D 模型，以坡道为导轨做直线运动；坡道简化为具有一定坡度的固定滑道模型；当提升滑车开始沿着坡道运动时，变角机构相当于一个固定的连接杆件 CQ，一端固定在提升滑车一点上，另外一端与举升滑道的前端铰接。在简化的猫道机构运动简图基础上建立机构运动学分析示意图，如图 6.88 所示。

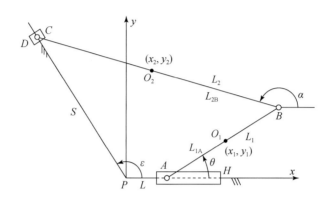

图 6.88　自动猫道机构运动学分析示意图

自动猫道机构运动学示意图中的符号说明：S 为连杆 BC 铰链点 C 沿着坡度为 $\varepsilon = 130°$ 方向以点 P 为参考点的位移量；L 为点 A 到参考点 P 的水平位移量，它是一个变量；L_1 为连杆 AB 两个铰链点 A、B 之间的距离，已知量，$L_1 = 7.0\text{m}$；L_{1A} 为连杆 AB 中的质心点 O_1 到铰链点 A 的距离，已知量，$L_{1A} = 3.42\text{m}$；O_1 为连杆 AB 的质心点；(x_1, y_1) 为连杆 AB 的质心坐标；θ 为连杆 AB 的角位移，它是一个输入变量，为已知量；α 为连杆 BC 的角位移，它是一个未知量；L_2 为连杆 BC 两个铰链点 B、C 之间的距离，已知量，$L_2 = 17.15\text{m}$；L_{2B} 为连杆 BC 中的质心点 O_2 到铰链点 B 的距离，已知量，$L_{2B} = 7.93\text{m}$；O_2 为连杆 BC 的质心；(x_2, y_2) 为连杆 BC 的质心坐标。

（二）建立猫道机构的位移方程式

建立机构的矢量方程：

$$PA + AB + BC = PC \tag{6.28}$$

将矢量方程式转化为解析式：

$$\begin{cases} L + L_1\cos\theta + L_2\cos\alpha = S\cos\varepsilon \\ L_1\sin\theta + L_2\sin\alpha = S\sin\varepsilon \end{cases} \tag{6.29}$$

根据机构的运动情况，连杆 BC 的角位移 θ 应该在 $(0.5\pi, \pi)$ 之内，由式（6.29）可以推导出它的大小。

$$\sin\alpha = \frac{S\sin\varepsilon - L_1\sin\theta}{L_2} \tag{6.30}$$

由式（6.29）还可以推导出 L 的大小：

$$L = S\cos\varepsilon - L_1\cos\theta - L_2\cos\alpha \tag{6.31}$$

点 A 的坐标为

$$\begin{cases} x_A = S\cos\varepsilon - L_1\cos\theta - L_2\cos\alpha \\ y_A = 0 \end{cases} \tag{6.32}$$

连杆 AB 的质心坐标

$$\begin{cases} x_1 = x_A + L_{1A}\cos\theta \\ y_1 = L_{1A}\sin\theta \end{cases} \tag{6.33}$$

点 B 的坐标为

$$\begin{cases} x_B = x_A + L_1\cos\theta \\ y_B = L_1\sin\theta \end{cases} \tag{6.34}$$

连杆 BC 的质心坐标为

$$\begin{cases} x_2 = x_B + L_{2B}\cos\alpha \\ y_2 = y_B + L_{2B}\sin\alpha \end{cases} \tag{6.35}$$

点 C 的坐标为

$$\begin{cases} x_C = S\cos\varepsilon = x_B + L_2\cos\alpha \\ y_C = S\sin\varepsilon = y_B + L_2\sin\alpha \end{cases} \tag{6.36}$$

（三）建立速度方程式

对式（6.30）求一阶导数，得到连杆 BC 的角速度为

$$\dot{\alpha} = \frac{\dot{S}\sin\varepsilon - \dot{\theta} L_1\cos\theta}{L_2\cos\alpha} \tag{6.37}$$

对式（6.32）求一阶导数，得点 A 的速度为

$$\begin{cases} \dot{x}_A = \dot{S}\cos\varepsilon + \dot{\theta}L_1\sin\theta + \dot{\alpha}L_2\sin\alpha \\ \dot{y}_A = 0 \end{cases} \tag{6.38}$$

对式（6.33）求一阶导数，得连杆 AB 的质心速度为

$$\begin{cases} \dot{x}_1 = \dot{x}_A - \dot{\theta}L_{1A}\sin\theta \\ \dot{y}_1 = \dot{\theta}L_{1A}\cos\theta \end{cases} \tag{6.39}$$

对式（6.34）求一阶导数，得点 B 的速度为

$$\begin{cases} \dot{x}_B = \dot{x}_A - \dot{\theta}L_1\sin\theta \\ \dot{y}_B = \dot{\theta}L_1\cos\theta \end{cases} \tag{6.40}$$

对式（6.35）求一阶导数，得连杆 BC 的质心速度为

$$\begin{cases} \dot{x}_2 = \dot{x}_B - \dot{\alpha} L_{2B} \sin\alpha \\ \dot{y}_2 = \dot{\alpha} L_{2B} \cos\alpha \end{cases} \tag{6.41}$$

对式 (6.36) 求一阶导数, 得点 C 的速度为

$$\begin{cases} \dot{x}_C = \dot{S} \cos\varepsilon \\ \dot{y}_C = \dot{S} \sin\varepsilon \end{cases} \tag{6.42}$$

(四) 建立加速度方程式

对式 (6.37) 求二阶导数, 得连杆 BC 的角加速度为

$$\ddot{\alpha} = \frac{\ddot{S} \sin\varepsilon - \ddot{\theta} L_1 \cos\theta + \dot{\theta}^2 L_1 \sin\theta + \dot{\alpha}^2 L_2 \sin\alpha}{L_2 \cos\alpha} \tag{6.43}$$

对式 (6.38) 求二阶导数, 得点 A 的加速度为

$$\begin{cases} \ddot{x}_A = \ddot{S} \cos\varepsilon + \dot{\theta}^2 L_1 \cos\theta + \ddot{\theta} L_1 \sin\theta + \dot{\alpha}^2 L_2 \cos\alpha + \ddot{\alpha} L_2 \sin\alpha \\ \ddot{y}_A = 0 \end{cases} \tag{6.44}$$

对式 (6.39) 求二阶导数, 得连杆 AB 质心的加速度为

$$\begin{cases} \ddot{x}_1 = \ddot{x}_A - L_{1A}(\dot{\theta}^2 \cos\theta + \ddot{\theta} \sin\theta) \\ \ddot{y}_1 = - L_{1A}(\dot{\theta}^2 \sin\theta - \ddot{\theta} \cos\theta) \end{cases} \tag{6.45}$$

对式 (6.40) 求二阶导数, 得点 B 的加速度为

$$\begin{cases} \ddot{x}_B = \ddot{x}_A - L_1(\dot{\theta}^2 \cos\theta + \ddot{\theta} \sin\theta) \\ \ddot{y}_B = - L_1(\dot{\theta}^2 \sin\theta - \ddot{\theta} \cos\theta) \end{cases} \tag{6.46}$$

对式 (6.41) 求二阶导数, 得连杆 BC 的质心加速度为

$$\begin{cases} \ddot{x}_2 = \ddot{x}_B - L_{2B}(\dot{\alpha}^2 \cos\alpha + \ddot{\alpha} \sin\alpha) \\ \ddot{y}_2 = \ddot{y}_B - L_{2B}(\dot{\alpha}^2 \sin\alpha - \ddot{\alpha} \cos\alpha) \end{cases} \tag{6.47}$$

对式 (6.42) 求二阶导数, 得点 C 的加速度为

$$\begin{cases} \ddot{x}_C = \ddot{S} \cos\varepsilon \\ \ddot{y}_C = \ddot{S} \sin\varepsilon \end{cases} \tag{6.48}$$

以上方程式是对猫道机构运动学分析的结果, 这些方程式为以后的猫道机构的动力学分析奠定了相应的基础。

二、仿真模型的建立

对自动猫道系统建立了抽象化的机械模型, 为了能更有效的检验设计参数的合理性,

寻求与实际情况接近的参数，运用 ADAMS 软件对全液压自动猫道的运动进行仿真分析，为自动猫道的参数分析与优化提供相应的参考。自动猫道运动学仿真模型见图 6.89。

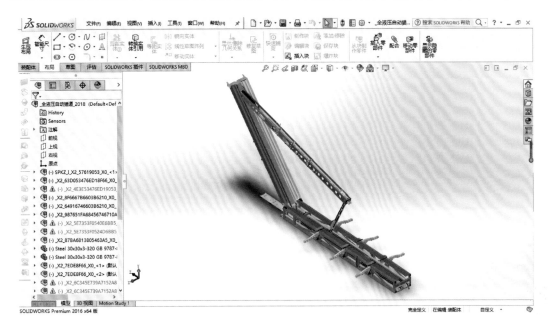

图 6.89　自动猫道运动学仿真模型

三、运动学仿真结果分析

（一）平移机构运动学仿真分析

平移机构中钻杆沿 X、Y 方向的位移变化曲线如图 6.90 和图 6.91 所示。

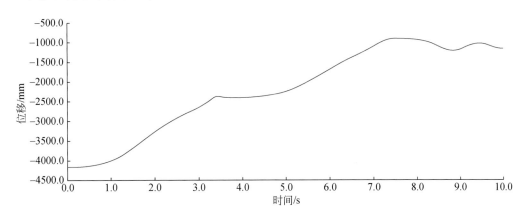

图 6.90　钻杆 X 方向位移变化

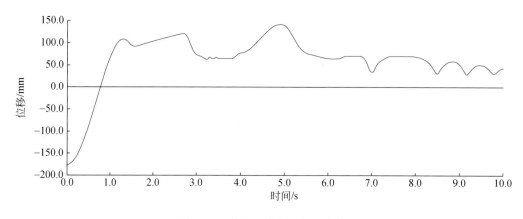

图6.91　钻杆 *Y* 方向的位移变化

图6.92为钻杆总的方向位移变化曲线，由仿真曲线可知钻杆运动的轨迹较平稳。

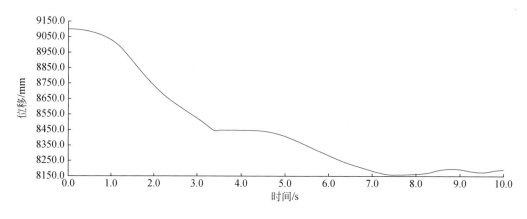

图6.92　钻杆总方向位移变化

钻杆在平移机构中，通过控制速度的变化来改变控制策略，钻杆速度变化曲线如图6.93和图6.94所示。

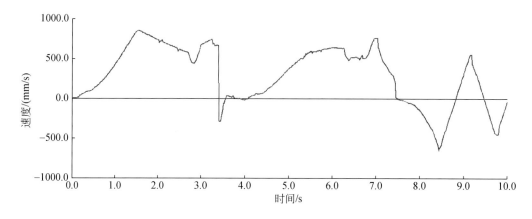

图6.93　钻杆 *X* 方向速度变化

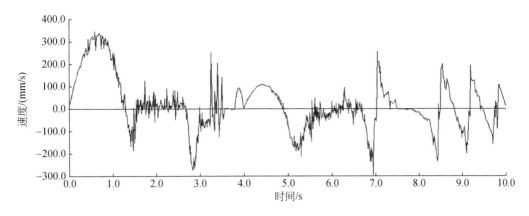

图 6.94 钻杆 Y 方向的速度变化

由图 6.95 可知，钻杆的速度变化趋于稳定，0～1.5s 内速度明显增大，随后在 1.5～3.8s 内发生波动，随着翻板机构的抬起动作，钻杆滚入举升滑道内，最后在举升滑道内往复滚动，并在摩擦力的作用下速度并逐渐减小，最后稳定在举升滑道内的 V 形槽内。

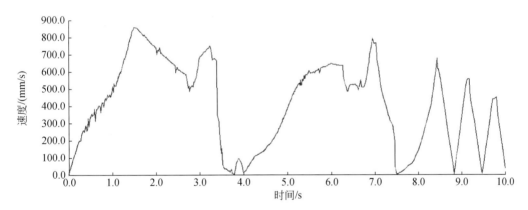

图 6.95 钻杆总方向速度变化

（二）提升滑车仿真分析

1. 提升滑车运行速度分析

提升滑车沿坡道运行速度曲线如图 6.96 所示，提升滑车速度总的变化趋势与理论的速度变化趋相一致，速度能够比较平稳的达到理论要求的平均值，在驱动链转速恒定时，提升滑车的平均运行速度维持在 0.17m/s，符合设计要求。

2. 变角机构活塞杆作用力分析

为了保持整个提升机构的受力分布均匀，变角机构采用的是双对称布置形式。双翻转液压缸活塞杆轴向受力变化如图 6.97 所示。

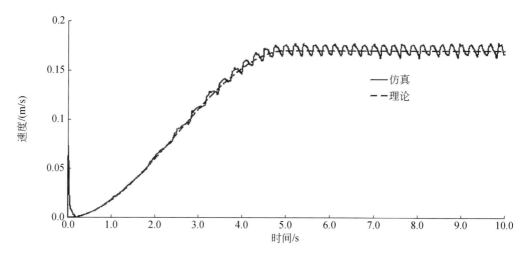

图 6.96　提升滑车的沿坡道运行速度曲线

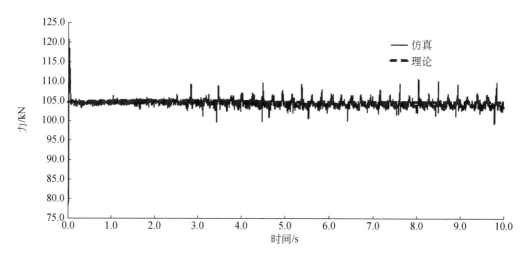

图 6.97　翻转液压缸活塞杆轴向受力曲线

从图 6.97 中可以看出，双翻转液压缸活塞杆稳定在 104kN 左右，每一个活塞杆的轴向力是 52kN，这与理论分析的最大平均值 51.31kN 非常接近，单个活塞杆的受力在 52kN 上下浮动，浮动数值量比较小，这与提升滑车运行速度曲线的不光滑性有密切的关系。

（三）举升机构仿真分析

1. 举升滑道的速度仿真

举升滑道向上举升的速度曲线如图 6.98 所示，举升滑道举升的速度曲线并没有突变，每段都比较平滑，给举升滑道在空间运动时很多的调整时间，可以准确而又快速地达到井口，符合当初的设计标准。

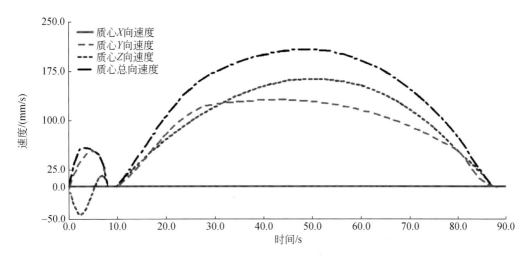

图 6.98 举升滑道质心运动速度曲线

2. 车架平移机构的速度仿真分析

选择 Wheel_ frame 的 CM 点为研究点，作速度仿真，可以获得车架的质心运动速度曲线如图 6.99 所示。车架在 X 方向有微小的侧向运动。但是由于车架拥有特殊结构设计的滚轮，铰接的轴承拥有侧向调隙的作用，大大地减小了举升系统的侧向运动，确保其一直在 Z-Y 平面运动。

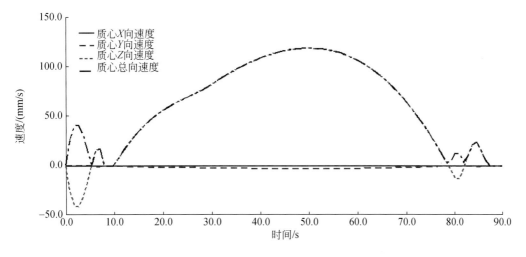

图 6.99 车架的质心运动速度曲线

（四）猫道总体运移仿真

仿真从钻杆上平移机构开始，至送入井口为止，仿真时间为 120s，如图 6.100 所示。通过仿真分析，可以看出在钻杆运移过程中，钻杆的位置及速度变化情况。钻杆的运移速度经过最初较大的起伏后，符合举升机构的起升规律，在最后10s，钻杆被送到井口，速度起伏较大，也与实际情况较为符合。

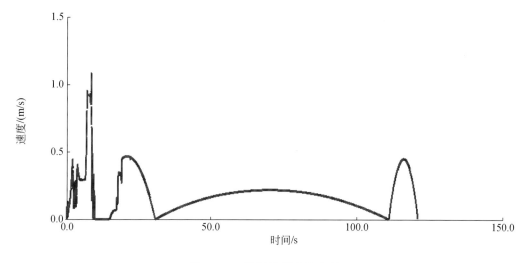

图6.100　钻杆总的平移速度

第七节　动力学仿真分析

一、动力学模型

根据动力学特性，将自动猫道举升机构工作过程分为四个阶段。第一阶段，提升滑车翻转臂翻转，向上抬起举升机构，提升滑车沿坡道向上滑动；第二阶段，撑杆起升向前滑行，同时支撑液压缸活塞杆伸出，辅助调整举升机构起升位姿；第三阶段，提升滑车沿坡道上升至顶端，撑杆继续起升，液压缸活塞杆继续伸出，调整起升角度；第四阶段，举升机构的伸缩滑道伸出，推送滑车将钻杆推至井口。动力学分析过程如图6.101所示。

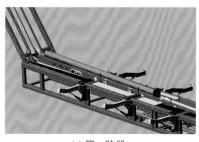

(a) 第一阶段

(b) 第二阶段

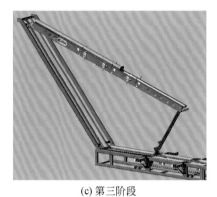 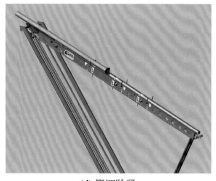

(c) 第三阶段　　　　　　　　　　(d) 第四阶段

图 6.101　自动猫道运动状态示意图

二、动力学分析

(一) 动力学相关原理

自动猫道在举升过程中，主要零部件运动时的中心面位于同一平面，可以将猫道机构运动过程简化为平面问题进行分析，并考虑各部件惯性力，通过达朗贝尔原理建立动力学方程。

根据质点系达朗贝尔原理，在质点系运动的任一瞬间，作用于每一质点上的主动力 F_i、约束力 F_{Ni} 和该质点的惯性力 $F_i^* = -ma$ 在形式上构成一平移力系。

矢量平衡方程如下：

$$F_i + F_{Ni} + F_i^* = 0 \tag{6.49}$$

根据静力学空间任意力系的平衡条件，有：

$$\sum F_i + \sum F_{Ni} + \sum F_i^* = 0 \tag{6.50}$$

$$\sum M_0(F_i) + \sum M_0(F_{Ni}) + \sum M_0(F_i^*) = 0 \tag{6.51}$$

(二) 自动猫道受力分析

传统的以质心为矩心杆件动力学方程中，每一个铰链点受到的约束力都都会分解为 x 与 y 两个方向的矢量 Fx 与 Fy。依据平衡原理，以一个杆件为研究对象可以列出含有 4 个未知量的 3 个线性方程，所有铰接点的未知力都会在以质心点为矩心的力矩方程中，所以只能够采用矩阵方程求解。采用动力学方程序列求解法求解猫道机构各个构件的受力，为了减少力矩方程中的未知力的数量，可以采用在两个相邻杆件之一的铰链点上，以切线和法线方向设置铰链点的受力，以另外一个铰链点为矩心，用该铰链点的力矩平衡方程求解切线力，而在另一杆件也必须以铰链点为矩心，可求解出其法线力。根据上述分析可以画出猫道机构受力分析图，如图6.102所示。

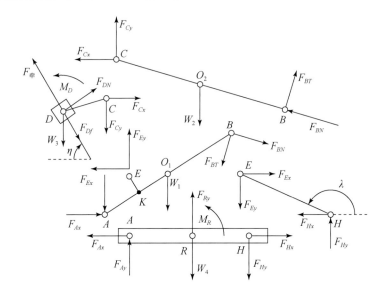

图6.102 猫道机构受力分析图

（1）分析滑块 AH 的受力情况，动力学平衡方程为

$$\sum F_x = - F_{Ax} + F_{Hx} - m_4 \ddot{x}_A = 0 \tag{6.52}$$

$$\sum F_y = F_{Ay} + F_{Ry} - W_4 - F_{Hy} - m_4 \ddot{y}_A = 0 \tag{6.53}$$

$$\sum M_A = (F_{Ry} - W_4) |AR| + M_R - F_{Hy} |AH| = 0 \tag{6.54}$$

（2）分析 EH 杆受力情况，为了降低其计算的复杂程度，将 KH 杆简化为二力杆，因此该杆件的动力学方程为

$$\sum F_x = - F_{Hx} + F_{Ex} = 0 \tag{6.55}$$

$$\sum F_y = - F_{Ey} + F_{Hy} = 0 \tag{6.56}$$

$$\sum M_E = - F_{Hx} L_6 \sin\lambda - F_{Ky} L_6 \cos\lambda = 0 \tag{6.57}$$

（3）分析连杆 AB 受力情况，动力学方程为

$$\sum F_x = F_{Ax} - F_{Ex} + F_{BT} \cos(\alpha + 0.5\pi) + F_{BN} \cos(\alpha + \pi) - m_1 \ddot{x}_1 = 0 \tag{6.58}$$

$$\sum F_y = - F_{Ay} + F_{Ey} + F_{BT} \sin(\alpha + 0.5\pi) + F_{BN} \sin(\alpha + \pi) - W_1 - m_1 \ddot{y}_1 = 0 \tag{6.59}$$

$$\sum M_A = F_{Ex} |AE| \sin\psi + F_{Ey} |AE| \cos\psi - (W_1 + m_1 \ddot{y}_A)(x_1 - x_A)$$
$$+ m_1 \ddot{x}_A (y_1 - y_A) + F_{BT} L_1 \cos(\alpha - \theta) - F_{BN} L_1 \sin(\alpha - \theta) - J_{1A} \ddot{\theta} = 0 \tag{6.60}$$

式中，J_{1A} 为以 A 点为矩心的杆件 AB 的转动惯量。

（4）分析杆件 BC 的受力情况，动力学平衡方程为

$$\sum F_x = F_{BN} \cos\alpha + F_{BT} \sin\alpha - F_{Cx} - m_2 \ddot{x}_2 = 0 \tag{6.61}$$

$$\sum F_y = F_{BN} \sin\alpha - F_{BT} \cos\alpha + F_{Cy} - m_2 \ddot{y}_2 = 0 \tag{6.62}$$

$$\sum M_C = F_{BT}L_2 - (W_2 + m_2\ddot{y}_C)(x_2 - x_C) + m_2\ddot{x}_C(y_2 - y_C) - J_{2C}\ddot{\alpha} = 0 \qquad (6.63)$$

式中，J_{2C}为以 C 点为矩心的杆件 BC 的转动惯量。

（5）分析滑块 D 的受力情况，动力学方程为

$$\sum F_x = F_{Cx} + F_{Df}\cos\eta + F_{DN}\sin\eta - F\cos\eta - m_3\ddot{x}_C = 0 \qquad (6.64)$$

$$\sum F_y = - F_{Cy} - F_{Df}\sin\eta + F_{DN}\cos\eta + F\sin\eta - W_3 - m_3\ddot{y}_C = 0 \qquad (6.65)$$

$$\sum M_D = - F_{Cx}(y_C - y_D) - F_{Dy}(x_C - y_D) + M_D = 0 \qquad (6.66)$$

$$F_{Df} = \mu F_{DN}$$

式中，μ 为滑块 D 与坡道之间的摩擦系数，取 μ 为 0.3；$\eta = \pi - \varepsilon$。

（三）动力学方程求解

（1）由式（6.63）可以推出法线力 F_{BT} 的表达式：

$$F_{BT} = \frac{(W_2 + m_2\ddot{y}_C)(x_2 - x_C) - m_2\ddot{x}_C(y_2 - y_C) + J_{2C}\ddot{\alpha}}{L_2} \qquad (6.67)$$

（2）由式（6.52）、式（6.55）、式（6.58）可以推导出切线力 F_{BN} 的表达式：

$$F_{BN} = \frac{-(m_4\ddot{x}_A + m_1\ddot{x}_1 + F_{BT}\sin\alpha)}{\cos\alpha} \qquad (6.68)$$

（3）由式（6.61）与式（6.62）可以推出 F_{Cx} 与 F_{Cy} 的表达式：

$$F_{Cx} = F_{BN}\cos\alpha + F_{BT}\sin\alpha - m_2\ddot{x}_2 \qquad (6.69)$$

$$F_{Cy} = - F_{BN}\sin\alpha + F_{BT}\cos\alpha + W_2 + m_2\ddot{y}_2 \qquad (6.70)$$

（4）由式（6.64）、式（6.65）与式（6.67）可以推导出作用在提升滑车的最小有效牵引力 F 的表达式：

$$F = (\sin\eta + \mu\cos\eta)(W_3 + m_3\ddot{y}_D + F_{Cy}) - (\cos\eta - \mu\sin\eta)(m_3\ddot{x}_D - F_{Cx}) \qquad (6.71)$$

三、动力学仿真分析

（一）动力学仿真模型

将自动猫道模型导入 ADAMS，动力学仿真模型如图 6.103 所示。

（二）动力学仿真结果分析

根据运动学仿真可以看出，当提升滑车匀速运行时，提升滑车的受力与举升滑道的受力变化比较小，在启动与制动过程中，各部件的受力变化比较大。考虑到链条与链轮的碰撞力计算需要占用计算机相当大的资源，运算数据量很大。在综合考虑各个方面的情况下，提升机构的仿真设定时间是 10s，分两个阶段：一个阶段是提升机构 5s 的启动过程，

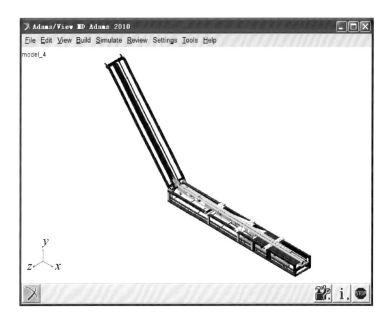

图 6.103　自动猫道动力学仿真模型

从速度为 0 慢慢地过渡到理论上的正常速度；另一个阶段是提升机构匀速运行 5s。通过分析这个阶段仿真数据的变化趋势，就可以推断提升机构运行时举升滑道在整个运行过程是否稳定。提升机构沿着坡道向上运行时，分析举升滑道沿着坡道运行的稳定性，以及将牵引力传递给举升滑道的连接构件的受力是否满足要求。

1. 举升滑道前端作用力分析

翻转臂与举升滑道之间采用铰接副 5 来连接，铰接副 5 作用在举升滑道的 X 轴方向作用力与 Y 轴作用力如图 6.104 与图 6.105 所示。

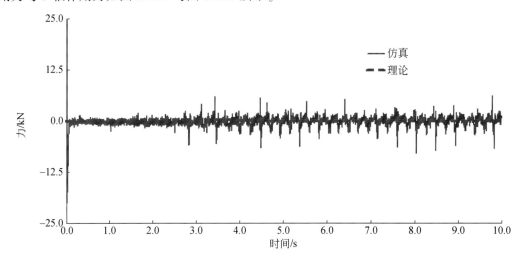

图 6.104　铰接副 5 上 X 轴方向作用力

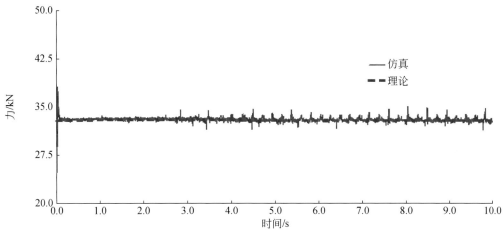

图 6.105　铰接副 5 上 Y 轴方向作用力

举升滑道的前端有两个连接销轴与一对翻转臂连接，所以每一个翻转臂对举升滑道的作用力为图中受力数值的一半。从图 6.105 受力曲线可以看出，举升滑道前端所受的牵引力的 X 轴方向的数值比较小，数值在 0 处上下浮动，浮动数值范围小，在某些时间点处的数值发生突变，这主要因为提升滑车运行速度在这些时间点处发生了微小的突变。从总体情况来看，举升滑道前端沿着 X 轴方向运行比较平稳，对提升滑车产生的水平冲击载荷小。如图 6.106 所示，举升滑道 Y 轴的受力平均值在 32.6kN，总体趋势是载荷在平均值上下微小浮动。在运行的一些时间点上，力的数值发生微小突变，这些力的突变会对长时间处于低速、重载工作环境下提升机构的动力传递的构件造成一定的损害。因此，从构件的工作可靠性与安全性的角度考虑，构件应该具备能够承受突变载荷的相对强度与刚度特性。

2. 变角机构活塞杆作用力分析

提升机构中的变角机构主要由翻转臂与翻转液压缸构成，为了保持整个提升机构的受力分布均匀，变角机构采用的是双对称布置形式。

双翻转液压缸活塞杆轴向受力变化如图 6.106 所示。

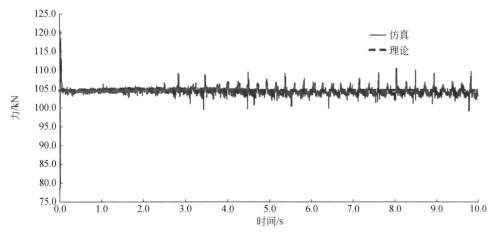

图 6.106　翻转液压缸活塞杆轴向受力曲线

从图6.105中可以看出，双翻转液压缸活塞杆轴向受力平均值为105kN，故每一个活塞的轴向力的平均值是52.5kN，这与理论分析的最大平均值51.31kN非常的接近，单个活塞杆的受力在52kN上下浮动，浮动数值量比较小，这与提升滑车运行速度曲线的非光滑性有密切的关系。考虑到翻转液压缸在提升系统中固定翻转臂，保持动力传输的稳定性作用，以及提升滑车沿着坡道运行速度曲线的非光滑性，翻转液压缸必须设置相应的缓冲装置，以降低举升滑道运行时对提升滑车产生的冲击载荷。

3. 链条振动幅值分析

驱动链轮与链条滚子啮合过程中，由于这种"爬绳式"链传动方式的特殊性，约束链条横向振动不能采用静态托板。提升滑车在运行时，它的前后一定距离之间的链条没有托板约束的链条。在驱动链轮与链条啮合冲击作用力，以及链条张力作用下，这一段链条横向振动需要做一定的分析。图6.107与图6.108分别是距离驱动链轮0.26m与1.20m处的链节的横向振动位移变化图。

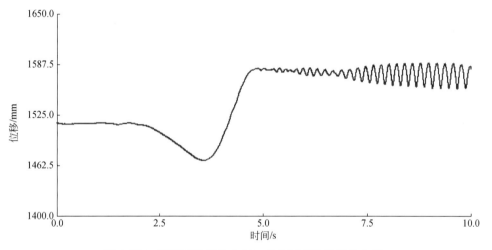

图6.107　距离驱动链轮0.26m处的链节位置变化曲线

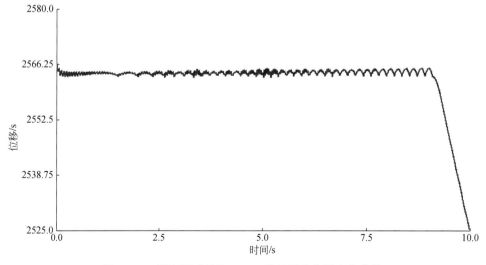

图6.108　距离驱动链轮1.20m处的链节位置变化曲线

　　离驱动链轮远的链节振动幅值变化平稳，离驱动链轮近的链节振动幅值变化剧烈。图6.107 中曲线表明，随着驱动链轮的转动，链节在链条悬垂拉力与坡道下端链条静态张紧机构弹簧作用力的作用下，链节的振动变化比较平稳，变化幅值趋于稳定。图6.108 中曲线表明，在0～9.5s 链节与链轮没有啮合，此段链条承受张力的平均值是42kN，链节的振动幅值平均值是2.5mm，振动幅值较小，符合设计的要求。

参 考 文 献

高建强.2014. 全液压自动猫道提升系统研究. 吉林大学硕士学位论文

靳恩朝.2017. 自动猫道举升机构位姿控制研究. 吉林大学硕士学位论文

康思杰.2017. 基于刚柔耦合模型的钻具自动输送装置动态特性研究. 吉林大学硕士学位论文

李艳娇，于萍，高建强，等.2015. 新型自动猫道提升系统动力学分析. 石油矿场机械，44（5）：1～5

刘美林.2005. 变频驱动液压复合控制系统的研究. 中南大学硕士学位论文

孙友宏，张春鹏，王清岩，等.2013. 一种液压伸缩式滑道. 中国专利，201320339341.2

谭志松，于萍，张春鹏，等.2015. 全液压自动猫道举升系统运动学分析. 石油矿场机械，44（7）：24～27

谭志松.2016. 钻具输送装置液压系统研究. 吉林大学硕士学位论文

王红伟，孙友宏，王清岩，等.2013. 动力猫道提升助力装置. 中国专利，201220690240.5

王杰，钱利勤，陈新龙，等.2016. 自动猫道起升系统动力学模型与分析. 工程设计学报，23（5）：437～443

王澎涛.2015. 钻杆自动输送装置动态特性仿真研究. 吉林大学硕士学位论文

杨立东，陆洋，徐晓波，等.2015. 自动化管具处理系统的研究与应用. 石油机械，43（10）：22～24

张春鹏.2014. 全液压自动猫道举升系统研究. 吉林大学硕士学位论文

张春鹏，孙友宏，王清岩，等.2013. 全液压钻具自动出槽装置. 中国专利，201220734054.7

张鹏.2014. 全液压自动猫道钻杆运移系统研究. 吉林大学硕士学位论文

赵淑兰，李文彪，聂永晋，等.2010. 动力猫道技术国内外现状和发展趋势. 石油矿场机械，39（2）：13～15

仲维超，王必旺，赵瑞学，等.2014. 换向阀、负载敏感多路阀以及负载敏感液压系统. 中国专利 ZL201410411715.6

周明嵩.2014. 一种新型大流量双向平衡阀. 中国专利. ZL201420728100.1

Bowns D E，Yang H，Bowns D E，et al. 1990. Temperature rise in hydraulic systems. Proceedings of the Institution of Mechanical Engineers Part A Journal of Power & Energy，204（21）：77～86

Qi S F. 2014. Design of automated catwalks machine control system for offshore drilling platform. Applied Mechanics and Materials，Vols：568～570

Yu P. Jin E C. 2016. Design of the hydraulic system for the rise-fall device in power catwalk. Material Emgineering and Application，11：477～482

Zaher H M，Megahed S M. 2014. Joints flexibility effect on the dynamic performance of robots. Robotica，25（2）：1～22

第七章 钻机整机集成与配套

"地壳一号"万米钻机整机系统集成与配套总的原则是"选择先进的成熟的石油装备技术、配套标准的可靠的石油装备产品、满足万米深部科学钻探取心要求"。同时要求钻机主机与全液压顶驱系统集成使用,实现顶部驱动钻柱高速回转钻进功能,满足硬岩地层金刚石取心钻头钻进的工艺要求;与自动摆排管系统、自动猫道和自动拧卸系统等集成使用,实现自动处理井口钻柱功能,达到降低钻工劳动强度、提高钻探工作效率和钻工安全的目的。经与钻机制造厂家一起研究,最终确定的配套系统主要包括以大功率绞车为核心的起升系统、以转盘和顶驱为核心的旋转系统、以高压泥浆泵组为核心的泥浆循环系统、以六级净化装置为主的固控系统、以柴油机和工业电网为供电形式的动力系统,以及自动送钻和交流变频调功率的电控系统等。

第一节 技术要求和技术参数

一、技术要求与技术规范

(一)技术要求

(1)钻机整机集成与配套还需依据"性能先进、工作可靠、移运方便、运行经济、满足 HSE 要求"的原则,整机性能达到国际同类钻机先进水平,满足万米深部大陆科学钻探取心工艺施工要求。

(2)钻机整机集成依据并优于 GB/T23505—2009《石油钻机和修井机》标准及相关标准进行设计和制造,主要部件(井架、底座、绞车、天车、游车、大钩、水龙头、转盘、泥浆泵等相关部件)符合 API 规范,并打 API 标记。

(3)钻机整机配套采用具有国内外先进水平的、经实践证明可靠的技术与设备。

(4)钻机整机能在环境温度–29～55℃,湿度≤90%的条件下正常工作。

(5)钻机整机布局合理,总体布局要充分考虑人员安全、消防、井控、材料供给,以及安装拆卸、使用维护方便,确保与液压顶驱等配套装置良好结合。

(6)采用模块化设计,所有模块必须适合铁路、公路运输,不超限。

(7)所有液、气管线和电缆等布局合理、走向规范,管线及接头安全可靠,液、气系统必须采用石油行业规范元件。

(8)井场电气控制系统符合 IEEE 及 IEC 相关技术标准。

(9)钻机配套的所有仪表为公英制;设备及配套件铭牌为中英文对照;产品有吊装标

记识和安全标记识。

（10）钻机液压、气动系统的所有管路及接头连接密封可靠，充分考虑热胀冷缩的环境因素影响，确保无外泄，球阀选用高压不锈钢产品。

（二）技术规范

钻机的设计、制造、装配、检测及试验主要遵循的技术规范如下：

（1）API Spec Q1《质量纲要规范》；

（2）GB/T23505—2009《石油钻机和修井机》；

（3）API Spec 4F《钻井和修井井架、底座规范》；

（4）API Spec 8C《钻井和开采提升设备规范》；

（5）API Spec 7K《钻井与修井设备规范》；

（6）API Spec 7F《油田链条和链轮规范》；

（7）API Spec 9A 9B《钢丝绳规范》；

（8）SY/T 5307《石油设备焊接件通用技术条件》；

（9）AWS D1.1《钢结构手册》第八版 美国钢结构学会；

（10）SY/T6276–19ISO/CD14690《石油天然气工业、健康、安全与环境管理体系》；

（11）IEC60079–0—2007《爆炸性气体环境电气设备一般要求》；

（12）IEC60079–14—2007《爆炸性气体环境电气装置设计、选择和安装要求》；

（13）IEC44–81/API RP500《石油设施电气设备的区域分类推荐作法》；

（14）API Spec 16D《钻井井控设备控制系统规范》；

（15）SY/T5958《井场布置原则和技术要求》；

（16）SY/T5957《井场电气安装技术要求》；

（17）SY5308《石油钻采机械产品用涂漆通用技术条件》；

（18）API Spec 7《旋转钻机设备规范》；

（19）API Spec D10《旋转钻机设备选用一般原则》；

（20）SY/T5225—2005《石油天然气钻井、开发、储运防火防爆安全生产技术规程》；

（21）SY/T5466—2004《钻前工程及井场布置技术要求》；

（22）GB4720—84《电控设备 第一部分：低压电器电控设备》；

（23）GB3797—89《电控设备 第二部分：装有电子器件的电控设备》；

其他相关 API、IEC、IEEE 以及国家、行业标准、HSE 要求的有关条款。

二、钻机技术参数

（一）钻机基本参数

1. 钻机主参数

钻机主参数主要指额定井深、最大起重量、钻机总功率，其中以额定井深作为钻机主参数。

钻井深度能最直接反映钻机的钻井能力和主要性能，对其他参数有决定性作用，是钻机设计和选用的主要技术依据。

2. 起升系统参数

起升系统参数包含额定钻柱重量、游动系统最大绳数、滚筒钢绳最大拉力、钢丝绳直径、大钩起升速度和挡数、绞车额定功率。

3. 旋转系统参数

旋转系统参数有转盘开口直径、转盘转速和挡数、转盘工作扭矩、转盘额定功率等。

4. 循环系统参数

循环系统参数包括最大泵压、泵组最小和最大排量、泵的台数和泵组额定功率。

(二)"地壳一号"万米钻机技术参数

最大钻深能力	10000m（4 1/2″钻杆）
最大静钩载	6750kN
绳系	7×8，顺穿
钻井钢丝绳直径	ϕ45mm
绞车额定输入功率	1600kW×2
绞车挡数	两挡无级调速
绞车提升钩速	0～1.2m/s，最大提升钩速1.2m/s
转盘开口直径	ϕ1257.3mm（49 1/2″）
钻井泵额定功率×台数	1176kW（1600HP）×3
井架型式	K型
井架总高度	60m
底座型式	弹弓式
底座台面高度/净空高	12m/10m
钻台面积	13.78m×11.5m
主发电机组型号/厂家	1000GF8/中油济柴
主发电机组功率×台数	1070kW×3
辅助发电机组型号/厂家	YGV-505//VOLVO
辅助发电机组功率×台数	400kW×1
钻井液管汇通径/额定压力	ϕ102mm/52MPa
泥浆罐有效容积	480m³
电传方式	AC-VFD-AC
绞车主电机功率/台数	1600kW/2
转盘电机功率/台数	800kW/1
泥浆泵电机功率/台数	1200kW/3
绞车辅助驱动电机/台数	45kW/2（采用进口ABB交流变频电机）
装机容量	5000kVA

井场面积　　　　　　　　　　130m×130m

设备总重　　　　　　　　　　约1500t

转盘动力可与液压顶驱动力交替使用（600~800kW）。

供气系统：储气罐容量 $2×3m^3+3m^3$，最高工作压力1.0MPa。

逆变调速柜：6+2台，采用一对一控制，额定输出电压0~600V，效率不低于97%。

第二节　整机集成技术方案

钻机总体技术方案主要包括钻机的传动方案和总平面布置及立面布置方案。

一、钻机总体结构

钻机总体结构设计包括钻机技术方案、参数设计与选择，安装、设备操作和控制，井口工具及钻具排放，泥浆循环和净化系统，动力源系统，井控和固控系统，钻机动力驱动和控制，以及各个系统、设备、工具、环境检测等部分。

（一）总体设计内容

1. 钻机总体方案设计

钻机总体方案设计要统一考虑钻机集成结构和设备的安装、动力及控制。对钻机的绞车、井架、天车、游车、顶驱、转盘、大小鼠洞、各种操作钳、钻杆排放装置、动力源及驱动、各个管汇阀门，以及设备的控制、检测、维护等进行整体一体化设计。

2. 设备驱动方式选择

钻机设备驱动方式有电驱动和液压驱动，根据使用环境和驱动方式的不同，选择使用动力驱动方式，然后再选择动力传递方式。

3. 钻机总体控制设计

钻机总体控制设计包括工作状态和非工作状态设计，按照钻机安装工艺和钻井工艺，对钻机所有控制点进行程序号化设计，使用可视和参数修改的计算机处理界面，使钻机控制和操作方便容易，钻机工作安全可靠。

4. 钻机总体检测设计

钻机总体检测设计包括设备自身性能检测、钻机工作时各模块连接参数检测、整个钻机工作环境气体检测、钻机泥浆配比和容量损失检测、钻井参数及环境参数检测等设计，检测与控制同步，检测与安全维护和预防同步。

（二）钻机总体结构组成

"地壳一号"万米钻机由起升系统、旋转系统、循环系统、气动控制系统、动力及电传动系统、司钻控制系统、固控系统、配套自动化系统和辅助系统等九大系统组成。"地壳一号"万米钻机的主机组成如图7.1所示。

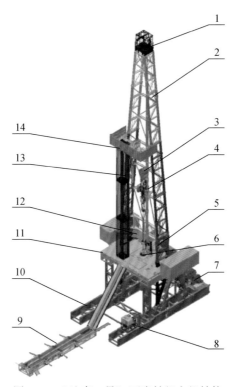

图 7.1 "地壳一号" 万米钻机主机结构

1. 天车；2. 井架；3. 游车；4. 顶驱；5. 自动拧卸装置；6. 转盘；7. 绞车；8. 综合液压站；
9. 自动猫道；10. 底座；11. 钻井平台；12. 司钻房；13. 自动排管机；14. 二层台

1. 起升系统

钻机起升系统担负着起下钻具、下套管、控制钻压及钻头给进等功能。主要包括绞车、天车、游动滑车、大钩、钢丝绳、井架、二层台和基座等。在起下钻过程中，通过多级动滑轮和定滑轮的转化，把绞车的转动转化为游车的上下往复运动。绞车是起升系统的核心，是钻机三大工作机构之一。

2. 旋转系统

钻机旋转系统主要功能是提供足够的转矩和转速，实现钻头和钻具旋转钻进。旋转系统主要由转盘、顶驱、水龙头、方钻杆、钻杆柱、钻铤、取心管和钻头组成。钻机旋转系统工作时，电动机经齿轮箱传动带动转盘，转盘通过方钻杆带动钻杆柱，从而实现钻头旋转钻进；如采用顶驱代替转盘作为驱动机构，可取消方钻杆，由顶驱直接驱动钻杆柱和钻头旋转。转盘和顶驱是旋转系统的核心，是钻机三大工作机构之一。

3. 循环系统

循环系统又称泥浆系统。为保证钻井的正常进行，必须配备钻井流体循环系统，用于冷却钻头、清洗井底、携带岩屑、稳定井壁，即钻井流体从地面通过钻柱到达钻头，然后从钻头周围上返，经过井壁或套管与钻柱间的环形空间返回地面；当采用井下动力钻具钻进时，循环系统提供高压钻井液，驱动井下钻具带动钻头破碎岩石。循环系统主要由泥浆泵机组、地面高压管汇，钻井液净化设备、钻井液调配装置、测试系统及其他配套装置组成。泥浆泵是循环系统的核心，是钻机的三大工作机构之一。

4. 气动控制系统

钻机的控制方式种类很多，但应用最广泛的方式是气动控制，尤其是以柴油机作为动力的钻机，几乎全部采用以气动控制为主的方式。气动控制系统包括供气设备、执行元件、控制元件、辅助元件等。气动控制是利用压缩空气作为传递动力或信号的工作介质，配合气动控制元件，与机械、液压、电气、电子（包括 PLC 控制器和微电脑）等构成控制回路，来实现所需的动作控制。

5. 动力及电传动系统

动力与电传动系统关系到钻机的总体布置和主要性能。动力系统是为整套机组提供能量的设备，一般指柴油机、交流、直流电动机及供电、保护、控制设备等，为工作机（转盘、绞车、泥浆泵等）提供所需的动力和运动；传动系统将动力机与工作机联系起来，将动力和运动传递并分配给各工作机构。钻机中常用的传动方式有机械传动、液力传动、液压传动、电传动等形式，"地壳一号"钻机采用电传动方式。

6. 司钻控制系统

司钻控制系统的功能是指挥、控制各部件协调工作，主要包括：司钻房模块、各种控制装置、各种钻井仪表、监控系统和通信系统。司钻房模块用于实现对整个钻机电气、气控和液压部分的控制。通过操作台上的旋钮和触摸屏，可以完成绞车、泥浆泵、顶驱、转盘的主电机的远程起动、停止和转速给定，以及钻台上液压猫头、水龙头、液压站电机和盘刹控制阀等辅助设备的操作。在司钻房还能实时显示和监控钻井数据及各个变频电机的运行状态，显示系统中发生的故障并提供相应的解决建议。通过司钻房模块实现对钻机操作和监控的功能，同时对钻机绞车、水龙头、转盘刹车和离合器等设备提供气路控制。

7. 固控系统

固控系统起着储存和调配钻井液、控制钻井液中的固相含量、保持和维护钻井液优良性能的作用。固控系统由循环罐、备用泥浆罐、补给（灌浆）泥浆罐、配药加重泵、剪切泵，以及完备的泥浆净化设备、合理的流程走向、各种功能的设备、管线及相应的安全防护装置等构成。固控系统能够满足施工时对泥浆性能的要求，完成钻井液的配制、加重、添加化学药剂等工艺性能，检测发现井涌、井漏等事故，并通过改善钻井液性能积极处理和预防事故，起钻时向井筒补给钻井液，达到提高钻井效率和保证井下安全目的。

8. 配套自动化系统

配套自动化系统可实现钻具自动运移、拧卸和排放，并对钻具进行自动给进。主要包括自动钻具输送系统（自动猫道）、自动拧卸钻具系统（铁钻工）、自动摆排钻柱系统和自动送钻系统。

9. 辅助系统

辅助系统包括配备供气设备、辅助发电设备、井口防喷设备、钻鼠洞设备和辅助起重设备，以及适应寒冷地带钻井作业的保温设备。

二、钻机驱动与传动方式

驱动设备与传动系统是钻机两大组成部分，直接影响着钻机性能和整体结构。合理选用驱动方式和传动方式，是保证钻机满足钻井工艺要求，实现快速钻井，取得良好效益的重要工作。

（一）驱动方式

钻机驱动设备也称动力机组，提供各工作机组需要的动力和运动。

1. 驱动方案分析

绞车、转盘和泥浆泵是钻机的三大主要工作机构。目前，三大工作机构驱动方式有单独驱动、统一驱动和分组驱动（李继志和陈荣振，2001）。

（1）单独驱动

对各工作机构单独选择功率大小不同的动力机。该传动方式简单、效率高、安装方便，但功率利用率低，各动力机不能互济。

（2）统一驱动

由统一的动力机组对三大工作机构驱动。动力机组中的各动力机可并车调剂工作机构对功率的不同需求，动力机功率利用率高，某台动力机出现故障时可动力互济；但传动系统较复杂，传动路线长、效率低、安装不方便。

（3）分组驱动

将绞车、转盘和泥浆泵分为两组动力机分别驱动。该传动方式功率利用率比单独驱动高，传动系统比统一驱动稍简单。

2. 各工作机构对驱动特性要求

（1）绞车

根据绞车的实际工作特点，要求驱动设备均匀变速，速度调节范围：$R = 5 \sim 10$；要具有短期过载能力，以克服启动动载、振动冲击和轻度卡钻等问题。要求实现恒功率调节无级变速的柔性驱动。

（2）转盘

转盘转速时快时慢，转矩时大时小。因此，转盘要求驱动设备的速度调节范围 $R = 4 \sim 8$。

（3）泥浆泵

泥浆泵一般都工作在额定冲次附近，因此负载波动幅度比较小，要求转速调节的范围不大，$R = 1.3 \sim 1.5$；但允许短期过载，以克服可能出现的憋泵状况。

3. 驱动与传动方式比较

钻机的驱动方式有四种：柴油机通过耦合器、变矩器、齿轮、万向轴、链条等不同组合的驱动工作机构的机械驱动；以电动机为动力驱动工作机构的电驱动；以液压缸和液压马达为动力驱动工作机构的液压驱动；由机械驱动和电动机分别驱动工作机构的混合驱动。

相对其他方式，电驱动具有驱动方式简单、传动效率高、控制性能好、使用维护方便等优点得到广泛应用。电驱动方式分为交流驱动、交流变频驱动、直流驱动和可控硅整流驱动等四种方式。电驱动方式的技术经济特性比较见表 7.1（宿官礼，2003）。

表 7.1　电驱动方式特性比较

驱动方式		AC-AC （交流）	AC-DC-AC （交流变频）	DC-DC （直流）	AC-SCR-DC （可控硅整流）
机械特性		硬	较软 （人为特性）	硬（并激） 软（串激）	硬（并激） 软（串激）
过载系数		1.6~2.8	1.6~2.8	1.6~2.5	1.6~2.5
调速范围		不可调	>5.0	2.5~5.0	2.5~5.0
变速机构		机械挡位多， 有级变速	无级变速	机械挡位少， 无级变速	机械挡位少， 无级变速
与机械 传动比较	传动效率	高8%~12%	高8%~15%	高10%~15%	高8%~12%
	初期成本	相当	高30%~40%	相当	高20%~30%
	燃料消耗	省5%~10%	省10%~15%	省5%~10%	省5%~10%
	维修费用	低	低	较低	较低
	环保性	好	好	好	好

4. 驱动方式选择

依据"经济、高效、适用、可靠"的配置原则，进行钻机驱动和传动方式的选择。通过比较，电驱动方式优点突出，为钻机驱动与传动的首选。如表 7.1 所比较可知，在 4 种电驱动方式中，交流变频电驱动具有过载系数大、无级调速范围广、传动效率高、节能环保等优势，对于"地壳一号"万米钻机的绞车、转盘和泥浆泵三大工作机构均选择交流变频电机驱动方式。

（二）传动系统

传动系统是将动力机和各工作机联系起来，将动力和运动传递并分配给各工作机。传动系统设备主要由减速箱、离合器、传动带、并车和倒车机构等组成。根据能量传递的方式不同，分为机械传动、液压传动及电传动。

1. 机械传动

机械传动是由轴和不同的传动件（齿轮、联轴器、带轮等）组成的传动装置，它将发动机的运动和能量传递给钻机的执行机构，例如，由柴油机通过万向轴、皮带或链条直接驱动转盘/绞车、泥浆泵。当钻机执行机构上的负荷改变时，它既不能自动调节扭矩也不能调节转速。

2. 液压传动

液压驱动钻机过载能力力强，调速范围较宽，传动平稳柔和，效率较高，结构紧凑，搬迁方便。但初期成本较高，维修工作量大，费用高，特别是国产液压元件质量不稳定。

3. 电传动

钻机电传动系统按其驱动电机类型分为直流传动和交流传动两大系统，目前发展为SCR传动系统和交流变频传动系统。SCR电传动系统是柴油机驱动交流发电机，发电机发出的交流电通过SCR整流装置，将交流电变换为可控的直流电控制直流电动机，由直流电动机驱动绞车、转盘及泥浆泵等；交流变频传动系统是柴油机驱动交流发电机，发电机发出的交流电通过变频装置，将交流电变换为可大范围调整频率的交流电，控制交流变频电动机，驱动绞车、转盘及钻井泵等。

该传动方式的钻机较机械传动钻机有如下优点：传动简单、效率高；无级变速、简化绞车结构、钻井作业效率高；动力机工作于载荷特性工况，可使之处于经济工作区，燃料消耗低；安装方便，易实现高钻台结构；控制调节方便，具有自诊断保护系统，便于实现钻井自动化，易满足HSE要求。电传动方式将钻机的整体技术水平大大提高，为国外钻机普遍采用，在国内也广泛被用户和制造厂家接受。

三、钻机总体布置

钻机总体布置方案设计包括钻机平面布置设计和立面设计。平面布置时要考虑立面布置的特点，立面布置完成后反过来要修改平面布置。钻机平面布置主要取决于驱动和传动方案，立面布置取决于底座的高度和结构。

"地壳一号"万米钻机平面布置如图7.2所示，分为钻台区、动力区、泵房区、固控区、供油供水区和营房区等六大部分。

（1）钻台区：有井架、底座、天车、游车、大钩和安装于钻台上的转盘传动装置及转盘、司钻控制室、钻工房及钻井作业所需的各种钻台机具，以及安装于底座水柜上的绞车等组成。

（2）动力区：有发电气源房和电控房。发电气源房安装后形成一个彼此联通为一个整体的发电、供气区，电控房布置在发电房靠泥浆泵的一侧。

（3）泵房区：有2台3NB-1600F泥浆泵组和1台3NB-1600HL泥浆泵组。

（4）固控区：有固控系统的泥浆罐和泥浆处理设备等。

（5）供油供水区：有各种油罐和水罐（用户自备）等。

（6）营房区：有钻工居住区、测录井和地质组人员居住区。

钻机各工作区域之间由电缆管线槽连接，各种油、水、气主管线和电缆都布置在管线电缆槽内。钻井液管汇包括立管及地面管汇。钻台前布置有猫道、钻杆架，右侧布置倒绳机。

钻机的立面布置如图7.3所示，钻机传动布置如图7.4所示，钻机基础布置如图7.5所示。钻机组装后，占地面积约120m×90m（不包括工具房和生活营房等）。

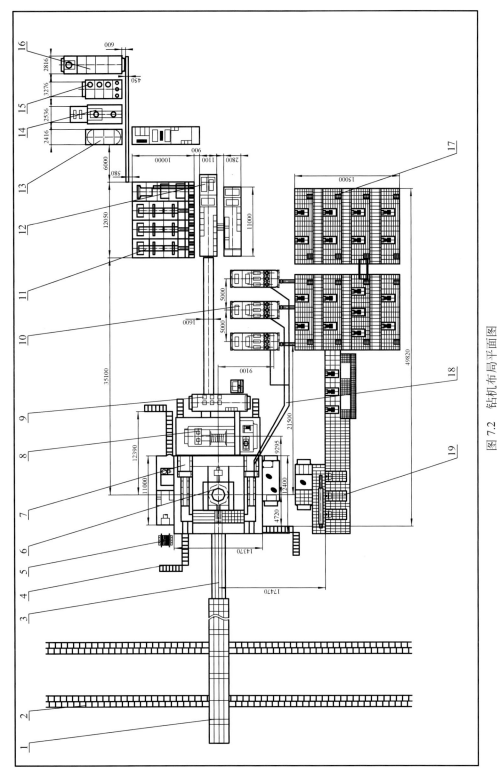

图 7.2　钻机布局平面图

1.猫道；2.管排架；3.房边槽；4.旋转梯；5.倒绳机；6.ZP495转盘；7.综合液压站；8.绞车；9.观摩房；10.3NB-1600F泥浆泵组；11.发电气源房；12.电传系统；13.20m³+5m³高架罐；14.30m³+5m³油罐；15.15m³三品油罐；16.50m³油罐；17.100m³套装水罐；18.高压管汇；19.固控系统；

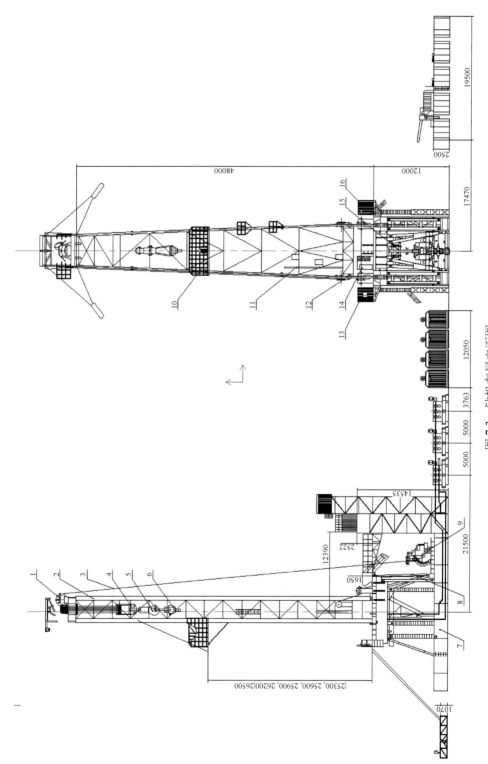

图 7.3　钻机布局立面图

1.天车；2.井架；3.钢丝绳；4.游车；5.大钩；6.水龙头；7.底座；8.支柱；9.绞车；10.二层台；11.液压套管扶正机；12.死绳固定器；13.钻工房；14.司钻控制室；15.防喷器吊装系统；16.工具房

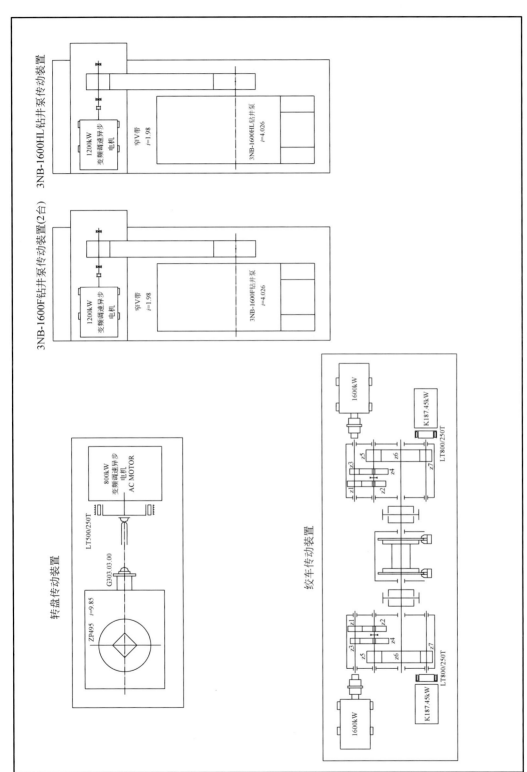

图 7.4　钻机传动系统图

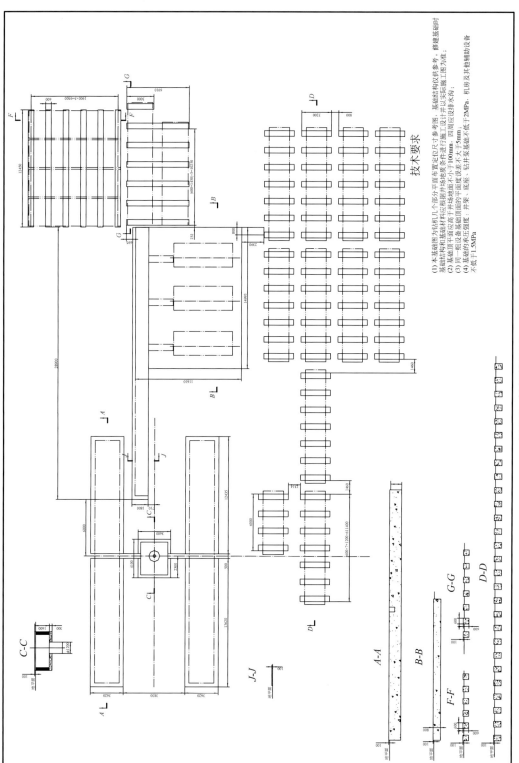

技术要求

(1) 本基础图几个部分为钻机几个部分布置平面定位尺寸参考图，基础结构仅供参考，修建基础时基础结构和基础材料应根据井场地质条件进行施工设计并以实际施工图为准；
(2) 基础顶平面应高于井场地面不小于100mm，四周应设排水沟；
(3) 同一组设备基础顶面的平面度误差不大于5mm；
(4) 基础的承压强度：井架、底座、钻井泵基础不低于2MPa，机房及其他辅助设备不低于1.5MPa

图 7.5 钻机基础图

第三节 起升系统

钻机起升系统主要由井架、底座、天车、游车、大钩、水龙头、钢丝绳、绞车等组成。绞车在第三章已介绍，钢丝绳在第一、三章介绍过，这里不再介绍。

一、井架

1. 功能

井架安装在旋升式底座上，用于安放天车，悬挂游动系统，排放立根和下套管，进行正常钻井作业、起下钻柱、处理井下事故等作业，是钻机的主要承载结构件，必须具有足够的承载能力、足够的强度、刚度和整体稳定性。

2. 技术参数

采用 JJ675/48-K 井架，主要技术参数如表 7.2 所示。

表 7.2 井架主要参数

井架型式	K 形	
总高度	60m	
最大钩载（14 绳）	6750kN	
有效高度（钻台面至天车梁底面）	48m	
顶部开档（正面/侧面）	2.5m/2.3m	
底部开档	10m	
二层台高度	24.5m/25.5m/26.5m	
近似重量	176t	
抗风能力	无钩载，无立根	47.8m/s
	无钩载，满立根	36m/s
起放	16.5m/s	
排放能力	5″钻杆 10000m	
结构安全等级	SSL E2/U2	
配套天车	TC675-1 天车	
配套底座	DZ675/12-S2 底座	

3. 井架基本组成

井架主要由以下六部分组成。

（1）井架主体：由型钢、横拉、斜拉筋组成的空间桁架。井架共分为六段十二大件，各段间采用面接触，加耳板、销子连接。井架结构模型见图 7.6。

（2）大车台：安放天车及天车架。天车架是供安装、维修天车时起吊天车用。天车台上有检修天车的过道，周围有护栏。

（3）二层台：由操作台和指梁组成，是起下钻作业时井架工工作场所。二层台结构强度、刚度满足加装排管系统要求，在二层台四面设挡风墙。二层台靠井眼侧设气动绞车挡绳辊。配二层台逃生装置，在二层台上设钻工系安全链的位置，该位置高于井架工操作位置。二层台配一台1t的风动绞车及气路管线，绞车中间布置，带远程控制装置，用于辅助排放钻铤（最大12″，两角有固定支柱），风动绞车的安装柱为旋转式。配旋转大钳和钻杆旋扣器平衡重，供在起下钻时悬挂测井滑轮和滑轮组。

（4）立管平台：是装拆水龙带的操作台，也供上井架人员短暂休息用。

图7.6　井架模型

（5）工作梯：井架工上下井架的通道。设两套攀爬安全装置，一套逃生装置；配置B型钳平衡重、钻杆旋扣器及钻铤钳悬挂器，井架双侧配笼梯，笼梯与井架采用销子耳板连接，配有双登梯助力机构及两套防坠落装置。

（6）附件①死绳固定器安装在井架左大腿内侧，安装高度能满足在钻台面上倒钻井大绳的要求，井架上附件（螺母、灯具和销子等）有防坠落安全链，天车及井架上辅助滑轮设安全链，满足HSE的要求；②配供井架起放用的缓冲装置（含2个缓冲油缸、1个控制操作箱和管线等）；③井架配游车悬吊绳，满足装顶驱倒大绳时吊住游车。

4. 井架安装及调节

（1）井架安装应遵循先下后上，先主体后附件的顺序。

（2）人字架可采用地面组装、整体起吊就位，或先将人字架卧装，平放在低支架上，再整体翻转就位（图7.7）。

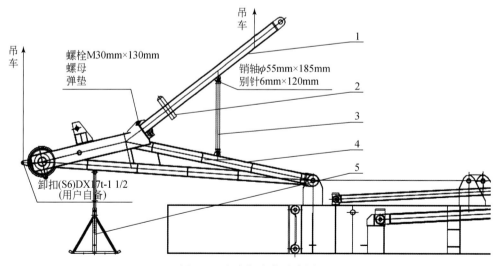

图7.7　人字架安装示意图

1. 前腿；2 液压缸；3. 连接架；4. 后腿；5. 低支架（2）

（3）井架结构及井架安装如图7.8～图7.12所示。

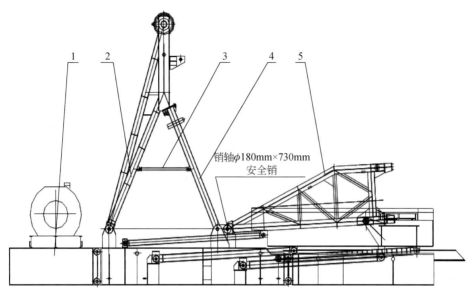

销轴φ180mm×730mm
安全销

图 7.8　井架 I 段安装图

1. 底座；2. 后腿；3. 连接架；4. 前腿；5. 井架左右 I 段

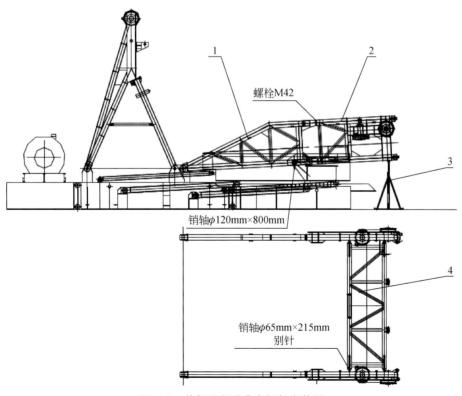

螺栓M42

销轴φ120mm×800mm

销轴φ65mm×215mm
别针

图 7.9　井架 II 段及背扇钢架安装图

1. 井架左右 I 段；2. 井架左右 II 段；3. 低支架（3）；4. 背扇钢架

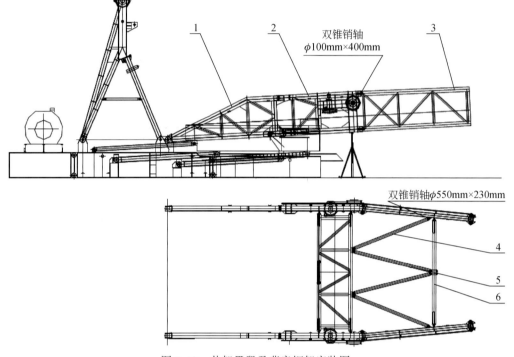

图 7.10　井架Ⅲ段及背扇钢架安装图

1. 井架左右Ⅰ段；2. 井架左右Ⅱ段；3. 井架左右Ⅲ段；4. 斜撑杆（八）；5. 斜撑杆（七）；6. 钢架（六）

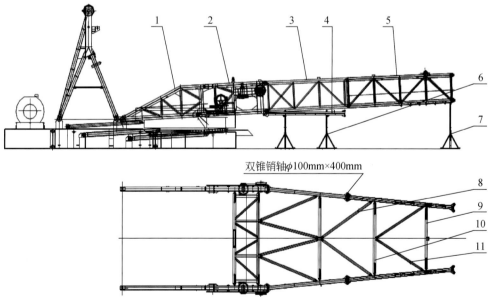

图 7.11　井架Ⅳ段及背扇钢架安装图

1. 井架左右Ⅰ段；2. 井架左右Ⅱ段；3. 井架左右Ⅲ段；4. 上段坡道；5. 井架左右Ⅳ段；6. 低支架（1）；
7. 低支架（2）；8. 斜撑杆（六）；9. 钢架（四）；10. 钢架（五）；11. 斜撑杆（五）

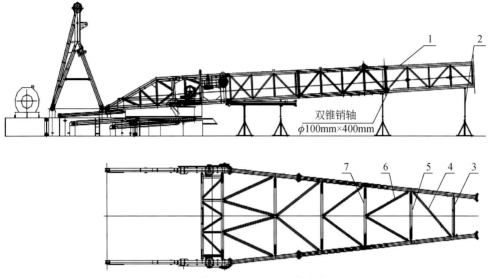

图 7.12　井架Ⅴ段及背扇钢架安装图

1. 井架左右Ⅴ段；2. 低支架（3）；3. 钢架（二）；4. 斜撑杆（三）；5. 钢架（三）；6. 斜撑杆（四）；7. 钢架（四）

　　（4）起升大绳、平衡架和游车连接，游动系统钢丝绳穿绳见图 7.13，起升大绳穿绳见图 7.14；起升大绳、平衡架和游车连接见图 7.15。

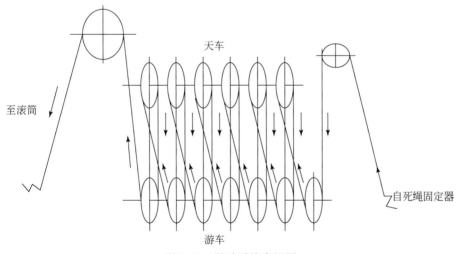

图 7.13　游动系统穿绳图

二、底座

（一）功能

底座是"地壳一号"万米钻机的重要部件之一，用来布置、支承和固定井架、绞车、

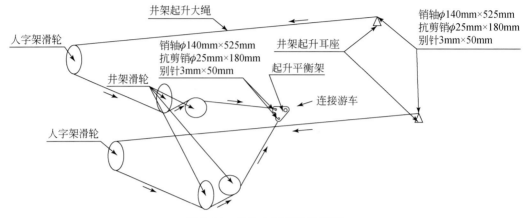

图 7.14 起升大绳穿绳示意图

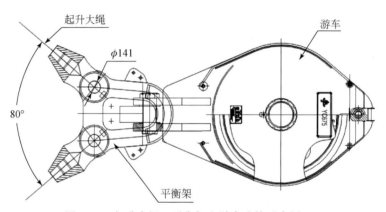

图 7.15 起升大绳、平衡架和游车连接示意图

转盘等, 并承受自重及钻具负荷, 堆放钻杆立根和必要的钻井工具, 为钻工提供必要的操作场地。

(二) 技术参数

钻台高度: 12m/39.4ft。

转盘梁底面至地面净高: 10m/32.8ft。

最大额定静钩载: 6750kN/1500000lb。

最大额定转盘静负荷: 6750kN/1500000lb。

最大额定立根载荷: 3600kN/800000lb。

最大额定静钩载和最大额定立根载荷的组合载荷: 10350kN (2300000lb)。

立根盒容量: 340 柱 5″钻杆, 2 柱 9″钻铤, 6 柱 8″钻铤。

滚筒轴中心线与井眼中心距离: 9.3m/30.5ft。

（三）结构特点

底座采用低位安装、平行四边形结构与井架一起整体起升。所有台面设备均可在起升低位（4.087m）安装。用钻机绞车自身动力将底座顶层钻台部分（包括井架和台面设备）整体起升到12m高的工作位置。底座结构能承受井架最大负荷与立根负荷及最大风载。

转盘梁最大负荷6750kN，可与额定立根负荷3600kN联合作用。

底座按模块化设计。各部件之间均采用销子、耳板连接，使安装拆卸方便、连接可靠。铁路和公路运输时，底座可拆成小块；也可在油田内大块搬运，或整体平移打丛式井。底座结构见图7.16。

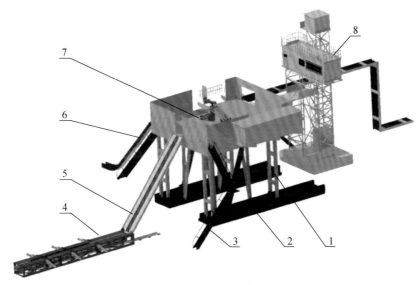

图 7.16　底座结构模型图

1. 立柱；2. 基座；3. 旋转梯；4. 自动猫道；5. 坡道；6. 逃生装置；7. 钻井平台；8. 观摩房

（四）主要结构

本底座主要包括底层、中层、顶层、台面及挡风墙、观摩房支架等。

（1）底层主要包括左前基座、左中间基座、左后基座、右前基座、右中间基座、右后基座、前拉架和后拉架等，如图7.17所示。

（2）中层主要包括前立柱、前斜立柱、后斜立柱、后立柱和斜撑等，如图7.18所示。

（3）顶层主要包括与纵向井眼中心线对称的左上座、右上座、左右上座之间的立根盒梁、电机梁、转盘梁，以及防喷器导轨装置等，如图7.19、图7.20所示。

（4）台面主要包括坡道、逃生滑道、旋转梯、钻工房支架、左铺台、右铺台、铺板、左右上座两侧和后场端部的飘台、台面挡风墙等，如图7.21～图7.28所示。

（5）观摩房主要包括观摩房支架及到底座台面的走台、观摩房电梯地面入口处的梯子等。

（五）安装底座

安装前底座下面应有坚实的基础，底座主要受力的立柱和斜撑下面必须和基础贴实。底座安装按如下顺序进行：第一步先安装底座底层，如图7.17所示；第二步安装底

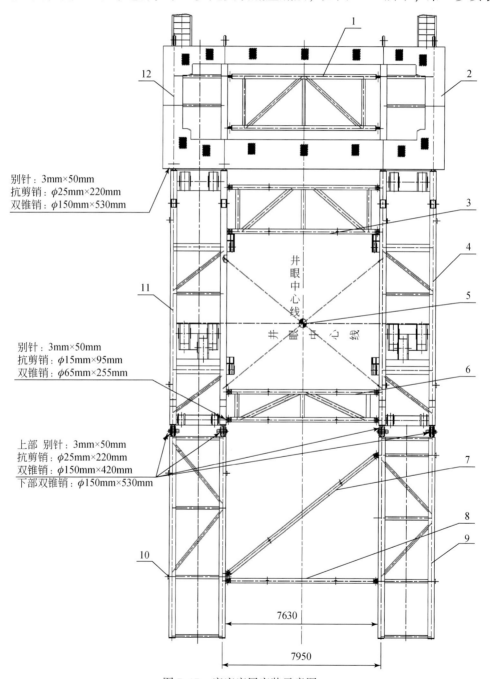

别针：3mm×50mm
抗剪销：ϕ25mm×220mm
双锥销：ϕ150mm×530mm

别针：3mm×50mm
抗剪销：ϕ15mm×95mm
双锥销：ϕ65mm×255mm

上部 别针：3mm×50mm
抗剪销：ϕ25mm×220mm
双锥销：ϕ150mm×420mm
下部双锥销：ϕ150mm×530mm

井眼中心线

井盘中心线

7630

7950

图7.17　底座底层安装示意图

1. 绞车底拉架；2. 右后基座；3. 后拉架；4. 右中间基座；5. 钻孔；6. 前拉架；7. 斜拉杆；
8. 前拉杆；9. 右前基座；10. 左前基座；11. 左中间基座；12. 左后基座

座中层，如图 7.18 所示；第三步安装底座顶层，见图 7.19；第四步安装防喷器导轨，如图 7.20 所示；第五步安装钻台面，如图 7.21 和图 7.22 所示；第六步安装左右铺台，如图 7.23 所示；第七步安装钻工房，如图 7.24 所示；第八步安装坡道，如图 7.25 所示；第九步安装逃生滑道，如图 7.26 所示；第十步安装飘台，如图 7.27、图 7.28 所示。

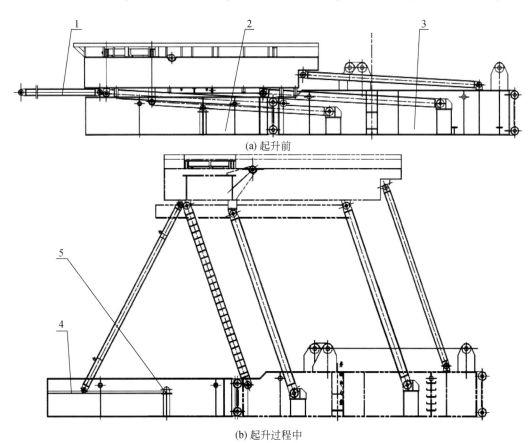

(a) 起升前

(b) 起升过程中

图 7.18　底座中层安装示意图

1. 斜撑；2. 右前基座；3. 右中间基座；4. 斜撑滑道；5. 斜撑连接耳板

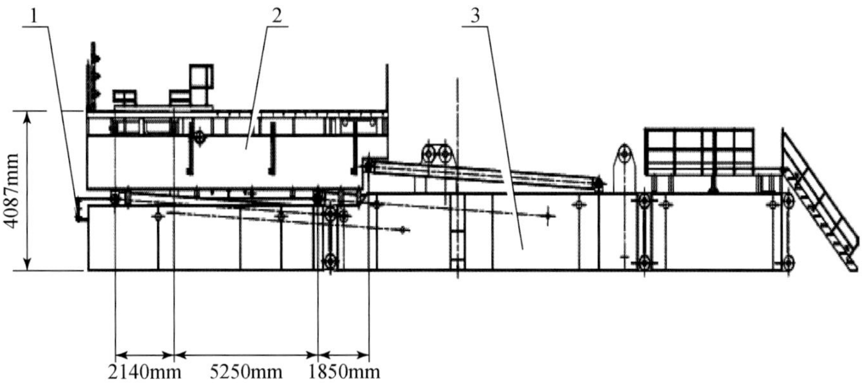

图 7.19　底座顶层安装示意图（立面）

1. 防喷器导轨；2. 左上座；3. 底座

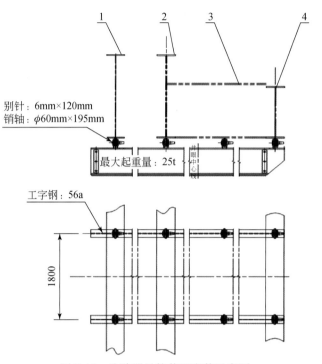

图 7.20 防喷器导轨装置安装示意图

1. 立根盒前梁；2. 立根盒后梁；3. 转盘梁；4. 电机梁

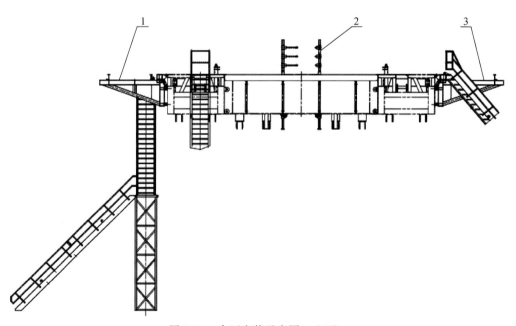

图 7.21 台面安装示意图（立面）

1. 钻工房支架；2. 大门立柱；3. 工具房支架

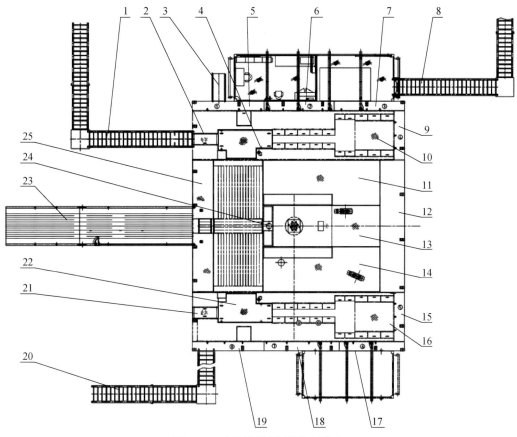

图 7.22　台面安装示意图（平面）

1、8、20. 旋转梯；2、21. 翻板；3. 逃生通道；4. 铺板六；5. 飘台一；6. 飘台二；7. 飘台三；
9. 飘台四；10、16. 连接架；11. 左铺台；12 铺板一；13、22. 铺板二；14. 右铺台；15. 飘台五；17. 飘台六；
18. 飘台七；19. 飘台八；23. 坡道；24. 铺板四；25. 铺板三

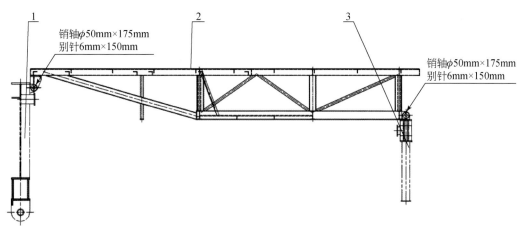

图 7.23　左辅台（右辅台）安装示意图

1. 立根盒梁；2. 左辅台；3. 电机梁

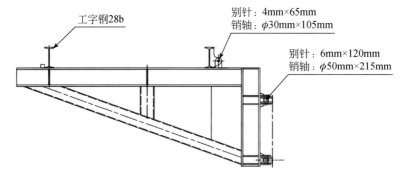

图 7.24   钻工房支架安装示意图

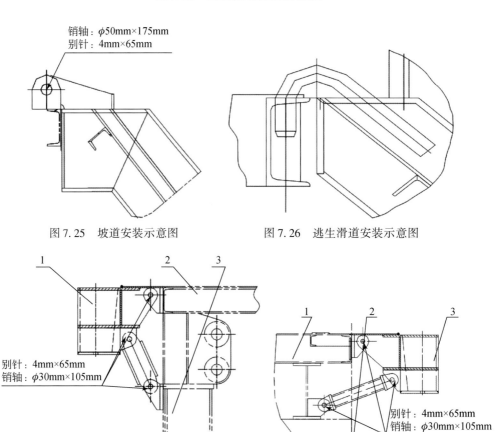

图 7.25   坡道安装示意图   图 7.26   逃生滑道安装示意图

图 7.27   左右上座外侧飘台安装示意图   图 7.28   连接架后侧飘台安装示意图

1. 飘台；2. 左（右）上座铺台；3. 左（右）上座外侧箱型梁   1. 连接架；2. 左（右）上座后场端部；3. 飘台

三、天车

1. 功能

天车是钻机起升系统滑轮组成的固定部分，它和起升系统的游动部分一起，通过绞车来完成钻井起下钻杆和下套管作业。

2. 技术参数

最大钩载：6750kN；

滑轮数：7+1；

主滑轮外径：ϕ1727mm；

导向滑轮外径：ϕ1981mm；

钢丝绳直径：ϕ45mm；

外型尺寸（长×宽×高）：4283mm×3359mm×3875mm；

理论质量：13083kg。

3. 结构特点

天车由天车架、轴承座、天车轴、主滑轮、快绳滑轮、辅助滑轮、缓冲装置、绳架、护罩、梯子及栏杆等组成。天车结构如图7.29所示，天车架为焊接结构。

天车上的快绳从井架后部引入快绳滑轮，天车与游车的穿绳采用顺穿方式。滑轮外缘均装有挡绳架，主滑轮总成配有护罩。

轴承和滑轮槽按API spec 8C第4版规范设计，最大提升绳系为7×8绳系，钢丝绳直径为ϕ45mm。每个主滑轮和快绳滑轮与轴之间装有一个双列圆锥滚子轴承，每一个轴承都有一个独自的润滑油道，保证轴承润滑充分。各滑轮轴承在使用前及工作期间应加注NLGI2合锂基合成润滑脂，每周一次。为了方便天车滑轮的润滑，在天车走道侧面设有一个集润滑装置，通过该装置上的油杯来统一加注润滑脂。

天车和井架之间采用定位销和螺栓联接。天车下部悬挂有2个辅助滑轮，用于载人绞车悬绳，每个滑轮的负荷为50kN。天车上装有桁架结构式滑轮起重架，修理天车时用于吊装滑轮，最大起重量为50kN。天车上还配有两个备用的5kN起重滑轮。天车架下面用螺栓连接一个顶驱悬挂耳座，可方便与顶驱导轨相连，以满足顶驱装置安装的需要。天车架下面有枕木缓冲装置，用来防止游车直接碰撞天车架。

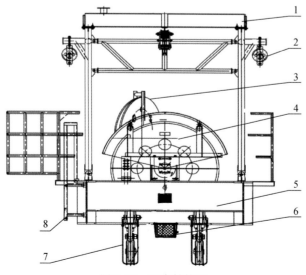

图7.29　天车结构图

1. 旗杆座；2. 起重滑轮；3. 快绳滑轮；4. 滑轮组；5. 天车架；6. 缓冲装置；7. 辅助滑轮；8. 梯子

4. 天车安装

天车的安装是在井架横卧在井场的情况下进行的。吊装时用起重机通过卸扣吊挂天车梁上吊耳,严禁在地面上拖拉。为了保证天车工作正常,在安装时应使天车的井眼中心和井架的井眼中心对正,天车架底面与井架的井眼中心线垂直。首先将天车吊到井架顶部,使天车底板与井架顶板先靠 2 个直径为 φ30 的定位销定位,然后用 12 个 M30 螺栓(8.8 级)紧固,用开槽螺母和开口销锁紧。天车主体安装好后再安装其他附属零部件。安装完毕后应仔细检查有无漏装件,有无错装件,螺母是否拧紧,安全销是否装好等。

四、游车

1. 功能

游车是钻机的起升设备之一,其主要用途是悬吊钻柱。游车可满足在操作温度不低于 -45℃ 时正常工作,能与符合 API 规范的相同(或相当)级别的大钩配套使用,并为相应级别的钻机配套。

2. 技术参数

最大钩载 kN:6750;

滑轮数:7;

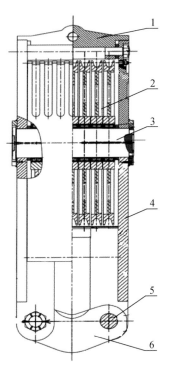

图 7.30 游车结构图
1. 上横梁;2 滑轮;3. 轮滑轴;
4. 侧板组;5. 提环销;6. 提环

滑轮外径:1727mm;

钢丝绳直径:45mm;

质量:13180kg。

3. 结构特点

游车结构如图 7.30 所示,主要由上横梁、滑轮、滑轮轴、侧板组、提环、提环销等零部件组成。滑轮用双列圆锥滚子轴承安装在滑轮轴上,每个轴承都有单独的润滑通道,通过安装在滑轮轴两端的油杯分别进行润滑。轴承两端的防尘圈起防尘作用,防尘圈在相配的滑轮轮毂上四处铆牢。滑轮轮槽均符合 API Spec 8C 第 4 版规范,为最大限度地抵抗磨损,在滑轮轮槽的表面区域进行了硬化处理。

侧板组上部用横梁轴与上横梁连接。提环被两个提环销牢固地连接在两侧板组的下部。提环销的一端用开槽螺母及开口销固定。当摘挂大钩时,可以拆掉游车上的任何一个或两个提环销。

五、大钩

1. 功能

大钩是钻机的起升设备,是钻机八大组件之一。在钻井过程中用于完成起落钻杆、钻具、下套管、解卡等工作。

大钩强度的高低是反映起升设备承载能力的重要指标。

2. 技术参数

最大静负荷：6750kN；

设计使用温度：−45～60℃；

主钩口直径：ϕ228mm；

副钩口直径：ϕ152mm；

弹簧工作行程：200mm；

弹簧负荷：①工作行程开始时为33572N；②工作行程终了时为61965N；③主钩口开口尺寸：240mm；④钩身旋转半径：585mm。

3. 结构特点

大钩结构如图 7.31 所示，大钩主要由吊环、吊环销、吊环座、筒体、安全销体、钩身和弹簧等组成。大钩的钩身、吊环、吊环座是由特种合金钢制造而成。下筒体、钩杆是由合金锻钢制成，所以大钩有较高的承载能力。

筒体内装有内、外弹簧，能使立根松扣后向上弹起。筒体上部装有安全定位装置。当提升空吊卡时，定位装置可以阻止钩身的转动。当悬挂有钻杆柱时，定位装置不起定位作用。钩身就可以任意转动。大钩的制动装置可在八个均匀的任一位置把钩身锁住。

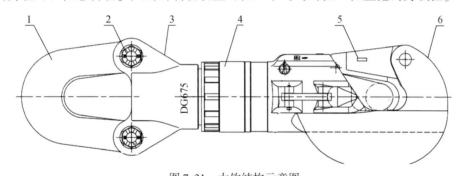

图 7.31　大钩结构示意图

1. 吊环；2. 吊环销；3. 吊环座；4. 筒体；5. 安全销体；6. 钩身

六、水龙头

1. 功能

水龙头主要功能有悬挂钻杆柱、提升部件（不旋转）与旋转钻具之间的过渡联接、高压泥浆输入钻具的通道、旋扣功能、在钻井作业过程中用于接单根或旋开方钻杆。

2. 技术参数

最大静负荷：6750kN；

最高转速 300r/min；

最高工作压力：52MPa；

中心管内径：102mm；

接头螺纹：①和中心管接为 REG（正规）8 5/8″左旋；②和方钻杆接为 REG（正规）

6 5/8″左旋；

　　鹅颈管接头与水龙带联接管线螺纹：4″-8 牙/in（API Spec 5B）；

　　风动马达型号：FMS-20 型。①额定转速：2800r/min；②功率：14.7kW；

　　③额定气压：0.6MPa；④空气消耗量（自由空气）：17m³/min；⑤进气管线：1 1/2″；

　　额定旋扣转速：91.7r/min；最大旋扣扭矩：3000N·m；水龙头外形尺寸（长×宽×高）：3649mm×1450mm×1162mm；

　　水龙头总重（包括空气管线）：6300kg；

　　使用环境：最低温度为-45℃。

3. 结构特点

　　水龙头结构如图7.32所示，主要由旋转部分、固定部分、承转部分、密封部分和旋扣部分组成。旋转部分由中心管和接头组成。固定部分由外壳、上盖、下盖、鹅颈管、提环和提环销六部分组成。承转部分由主轴承、防跳（扶正）轴承和下扶正轴承组成。密封部分由盘根装置和上、下弹簧密封圈组成。旋扣部分由风动马达和传动系统（齿轮、单向式气控摩擦离合器）等组成。

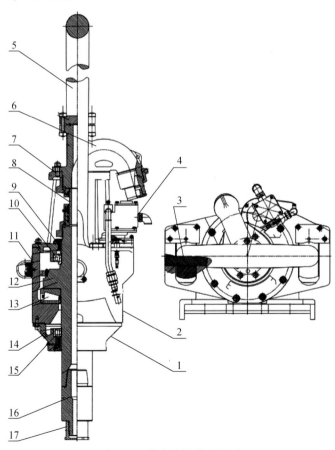

图 7.32　水龙头结构示意图

1. 油杯；2. 外壳；3. 提环销；4. 风动马达及传动系统；5. 提环；6. 鹅颈管；7. 上盖；8. 盘根装置；9. 弹簧密封圈；
10. 防跳轴承；11. 缓冲器；12. 中心管；13. 主轴承；14. 下盖；15. 下扶正轴承；16. 接头；17. 护丝

中心管通过轴承和上、下盖安装在外壳内，中心管下端与钻杆接头连接，上端与盘根装置相连。提环用提环销与外壳连接，并挂在大钩上。鹅颈管安装在上盖的顶部，外端连接水龙带。为了使高压泥浆从鹅颈管流到中心管，且确保密封不漏，其间安装有盘根装置。气马达安装在上盖上，经气控摩擦离合器和齿轮减速后带动中心管旋转，从而实现其旋扣功能。

第四节 旋 转 系 统

一、转盘

（一）功能

自从顶部驱动系统在石油钻井行业中广泛应用之后，转盘在钻进工况下的功用全部由顶驱取代，转盘不再承担驱动钻具旋转钻进的功用。但是除去钻进之外的工况，转盘目前还在发挥着不可替代的作用，如在起下钻杆或下套管时悬持管柱，承托井中全部钻杆柱或套管柱重量，以及其他辅助工作。

转盘在钻井过程中主要完成以下工作（李继志和陈荣振，2001）：

（1）转动井中钻具，传递足够大的扭矩和必要的转速。

（2）在涡轮钻井时承受钻柱上的反作用力矩。

（3）在起下钻杆或下套管时悬持管柱，承托井中全部钻杆柱或套管柱重量。

（4）完成卸钻头和卸扣、处理事故时倒扣和造扣等辅助工作。

转盘的工作条件十分恶劣，如环境不清洁、泥浆飞溅、油水污蚀、井中钻杆柱的阵跳、冲击振动相当严重等，这对转盘的性能都提出了更高要求。

（二）技术参数

通孔直径：1257.3mm；

最大静负荷：7250kN；

最大工作扭矩：36500N·m；

最高转速：220r/min；

电机功率：800kW；

齿轮传动比：9.85；

外形尺寸（长×宽×高）：3693mm×2314mm×857mm；

质量：6698kg。

（三）结构特点

转盘结构如图7.33所示，主要由刮泥板、转台装置、补心衬套、主补心装置、补心装置、传动轴总成、输入轴总成、万向轴连接盘、铸焊底座、锁紧装置、上盖等零部件组成。

转台的通孔用于通过钻具和套管柱。为了旋转钻杆柱，在转台上部有两个凹槽，主补心装置上部的两个凸出部分放在凹槽内。转台装置座在主副组合轴承上，通过轴承的中圈把它支承在底座上。组合轴承的中圈上部起主轴承的作用，它承受钻杆柱和套管柱的全部负荷，中圈下部起副轴承的作用，它通过下座圈安装在钻台的下部，用来承受来自井底的向上跳动。转盘由交流变频电机经过万向轴驱动，另设置有惯性刹车。电机、减速箱和润滑装置安装在电机梁上，安装、运输方便。

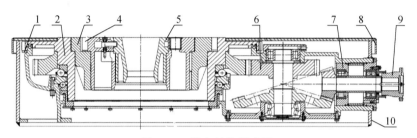

图 7.33　转盘结构示意图

1. 刮泥板；2. 转台装置；3. 补心衬套；4. 主补心装置；5. 补心装置；6. 传动轴总成；
7. 输入轴总成；8. 上盖；9. 万向轴联接盘；10. 底座

（四）转盘安装

输入轴总成和传动轴总成在装配时，轴承的装配面、轴及轴承套的配合面必须清洗干净，并涂以一层清洁的润滑油。靠小锥齿轮端的滚子轴承内圈在油槽中加热装配，温度应在 65～95℃。小锥齿轮在油槽中加热装配，温度应在 260～300℃范围内。

转台装置在装配时，大齿圈在油槽中加热装配，温度在 150～200℃范围内，其端面必须紧贴在转台的台肩面上，其不贴合度不大于 0.1mm。主副组合轴承上座圈在油槽中加热装配时，温度在 150～175℃范围内，其端面必须紧贴在转台的台肩面上，其不贴合度不大于 0.05mm。

转盘在装配时，输入轴总成在装入转盘底座前，轴承套与转盘底座的配合面必须清洗干净，并涂一层清洁的润滑油。输入轴总成在装入转盘底座后，为了确定输入轴总成的轴向位置，用轴承套法兰上的垫片使得小锥齿轮的小端端面到传动轴中心的距离符合打印在小锥齿轮端面上的尺寸要求。

二、转盘传动装置

（一）转盘驱动方式

转盘传动装置与转盘配套，用以驱动转盘正、反转和快速制动，从而实现钻头的旋转钻进、划眼扩孔及处理井下事故等。

我国 20 世纪 90 年代后期研制的 5000m、7000m 钻机，转盘驱动系统和绞车通过各种传动部件连接，由绞车经过滚筒链条或万向轴来驱动转盘，导致转盘和绞车的转速互相影响，不能任意调节，现场作业时不能灵活地适应各种复杂工况。后来，转盘独立驱动的形式解决了转盘、绞车的转速相互制约的矛盾，转盘的转速、扭矩可以任意调节，能更好地满足钻进工艺的要求，同时提高了钻进的速度和处理事故的能力。目前，新型钻机中大多采用转盘独立驱动的形式。

转盘独立驱动的形式有如下三种（薛青等，2006）。

1. 齿轮减速箱通过万向节驱动

如图 7.34 所示，由电机带动 1 台二挡齿轮减速箱通过万向节驱动转盘，配有单气胎离合器惯性刹车。优点是满足转盘的各种钻井工艺要求，若用减速器的低速挡，转盘可获得更大扭矩来满足处理事故需求，或者可选择较小容量电机满足转盘最大工作扭矩的要求；从结构上看，电机的吸风口远离井口，符合安全要求；缺点是纵向安装尺寸大，需要足够大的安装空间。

2. 链条箱驱动转盘

如图 7.35 所示，由电机通过 1 个一挡链条箱驱动转盘，配有双气胎离合器惯性刹车。优点是钻台前后方向的安装尺寸缩短，适合绞车在钻台上的钻机，造价便宜。缺点是需较大电机容量来满足转盘扭矩的需要，电机的吸风口离井口太近，必须做导风通道，将吸风口引向远离井口处。

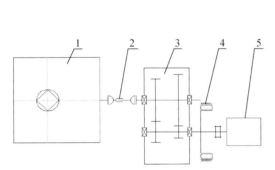 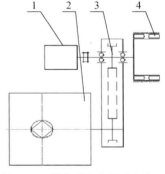

图 7.34 转盘独立电驱动方案一　　　　　图 7.35 转盘独立电驱动方案二
1. 转盘；2. 万向节；3. 二挡齿轮减速箱；4. 惯性刹车；5. 电机　　1. 电机；2. 转盘；3. 链条减速箱；4. 惯性刹车

3. 万向节直接驱动转盘

如图 7.36 所示，由电机直接通过万向节驱动转盘，配有带双气胎离合器惯性刹车。优点是这种方案与方案一比较少了二挡减速箱，造价便宜，安装方便，转盘传动装置的安装尺寸缩小。缺点是需要更大电机容量来满足转盘扭矩的需要，万向节的倾斜角度增大，缩短了万向节的使用寿命。

三种形式的转盘独立驱动装置与转盘梁设计成一个整体模块，搬家移运无需拆卸。比较来说，方案一功能完善，既能满足各种钻井工艺要求，又能满足处理井下事故的要求。方案二和方案三在油田改造旧钻机时，因造价便宜、安装方便，使用较多，但功能有一定的局限性，能满足正常的钻井作业要求，因其无法达到较大扭矩，故在处理事故时能力不足。

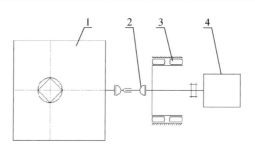

图 7.36　转盘独立电驱动方案三
1. 转盘；2. 万向节；3. 惯性刹车；4. 电机

根据上述驱动方式分析比较，这里转盘驱动方式采用方案一，二挡齿轮减速箱改为一挡，采用交流变频电机驱动，实现转盘单独无级调速。

（二）技术参数

挡数：一挡无级调速；
惯性刹车离合器：LT500/250T 通风式气胎离合器；
主电机型号：HTB03；
主电机额定功率/电压：800kW/600V；
配套转盘传动比（内置减速箱）：$i=9.85$；
转盘转速：$0 \sim 180$r/min；
转盘最大工作扭矩：101475N·m；
转盘最大短时扭矩：152212N·m；
转盘驱动装置重量（不含转盘）：3500kg；
安装运输重量（含电机梁）：9164kg。

（三）结构特点

转盘驱动装置主要由主电机、惯性刹车装置和万向轴及润滑系统等组成。由 1 台 800kW 变频电机通过万向轴，直接将动力输入转盘内置锥齿轮减速箱，驱动转盘。通过设置在电机输出轴上的惯性刹车装置来制动转盘。通过调节主电机转速，实现转盘转速在 $0 \sim 180$r/min 范围内的任意调节。

（四）安装

主电机、惯性刹车、万向轴等组成的转盘驱动装置主体在厂内已经安装在钻机底座的电机梁上，随电机梁一体化安装运输，正常情况下，不要随意拆开。

安装好电机梁后，安装转盘万向轴，要求万向轴两端法兰面应平行，不平行度允差为 0.50mm，连接螺栓预紧力矩为 710N·m，连接主电机和油泵电机的电缆，连接电子油压表与司钻控制室之间的信号电缆，连接气胎离合器的控制气路和主气路，向注油箱加油。

第五节 泥浆循环与固控系统

泥浆循环与固控系统的功能是在钻井施工过程中将清洁泥浆从泥浆罐泵入井内，再将从井口返出的带有钻屑的泥浆逐级净化，去除有害固相，并对泥浆的成分、黏度、比重等进行再次配比，使其达到可再循环利用的性能。泥浆循环和固控系统主要包括泥浆泵、振动筛、除气器、除砂器、除泥器、离心机等泥浆处理设备，与其相配合使用有搅拌器、供浆砂泵、配浆漏斗等辅助设备，以及各类泥浆罐和联接管线等。

一、总体技术要求

"地壳一号"万米钻机的泥浆循环与固控系统总的技术要求是能够满足10000m取心钻井工艺的需要，设计和制造依据"先进、可靠、安全、环保、经济、实用"的原则。

（1）固控系统要求符合 SY/T6276、ISO/CD14690《石油天然气工业健康安全环保与环境管理体系》，工艺流程和设备符合 API13C 及相关的标准和规范。

（2）焊接件执行标准 SY5305《石油钻井机械产品用焊接通用技术条件》。

（3）设备安装符合 SY/T6223—2005《钻井液净化设备配套、安装、使用维护标准》。

（4）铸钢件执行标准 SY5305《石油钻采机械产品用碳素钢和普通合金铸件通用技术条件》。

（5）涂漆工艺执行标准 SY5308《石油钻采机械产品涂漆通用技术条件》。

（6）系统所有管汇及阀件、法兰等全部按照 GB/T9112—2000（国标公制）PN1.0 设计。

（7）系统内置管线，罐面用喷涂不同颜色的钢带制作流程标识。

（8）混合泵和混合漏斗的混合能力满足钻井工艺要求。

（9）固控系统所有橡胶件（蝶阀、由壬、清砂门等密封件）采用耐油橡胶，各个部分之间的连接形式为快速连接方式，罐间管线连接采用锤击由壬及无缝钢管，既要求有可靠的密封，又要求安装拆卸快速方便。

（10）优化模块设计，减少运输车次，提高整套系统的移运性和机动性。

（11）罐底部设拖撬点，罐体底座带拖撬，所有泥浆罐能满足公路和铁路运输要求，罐体结构能满足自背车运输要求，底座双面喷砂，防腐处理。

（12）电缆铺设在罐体外部，电缆槽结实耐用，电缆槽采用3mm厚的钢板，内部骨架结构，电缆槽大小满足固控系统配电的要求，各罐电缆槽整齐均一，电缆槽内电缆排列整齐规范。

（13）在防爆、防渗漏、防腐（油漆）、耐高温、防寒等方面具有很高的适应性，方便检查与维护保养。

（14）固控系统所有电气设备及电路符合防爆要求，每个罐具有独立的接地保护措施，电缆需采用相应的防护。

（15）传感器仪表、电气设备、照明设施的布局和安装要整体考虑。

（16）所有罐区都要有人行安全保护设施。

（17）固控系统在环境温度-29~55℃，湿度≤90%（+20°）的条件下正常工作。

（18）固控系统钻井液罐内配置加热管线，提供低温环境使用保温结构方案。

（19）电气设备安装符合 API 及相关的防爆标准。

（20）固控系统设备布局符合 HSE 标准规范。

二、系统工艺流程及原理

循环与固控系统布局如图 7.37 所示，整套系统设计要满足如下功能：能完成钻井液安全循环和钻井液的筛分-除气-除沙-除泥-中、高速离心机分离实现六级净化。

系统设备包括 3 台泥浆泵、4 台振动筛、1 台真空除气器、1 台除砂清洁器、1 台除泥清洁器、1 台中速离心机、1 台高速离心机、2 台药品搅拌器、22 台泥浆搅拌器、3 台砂泵、2 台配药加重泵、1 台剪切泵和 2 台计量（补给）泵等设备。泥浆罐包括 6 个循环罐、4 个备用泥浆罐、1 个计量（灌浆）泥浆罐和 1 个药品搅拌罐。

1. 泥浆泵吸入流程

3 台泥浆泵通过泥浆吸入管汇可吸入 2 号罐（吸入罐Ⅱ）、3 号罐（吸入罐Ⅲ）、4 号罐（吸入罐Ⅰ）、5 号罐（混浆罐）、储备罐Ⅰ、储备罐Ⅱ、储备罐Ⅲ、储备罐Ⅳ的泥浆。

2. 泥浆净化流程

井口出来的泥浆通过分流箱可分别或同时输送到 4 台振动筛，经过振动筛处理后进入Ⅴ罐沉砂仓（也可不经过沉砂仓沉淀，通过分流槽流入泥浆渡槽或除气仓内），从沉砂仓流出的泥浆经过泥浆渡槽进入Ⅴ罐的除气仓，真空除气器除气后的泥浆进入 1 号罐（中间罐）的除砂仓，除砂砂泵吸入除砂仓的泥浆输送到除砂清洁器，除砂清洁器处理后的泥浆进入除泥仓，除泥砂泵吸入除泥仓的泥浆输送到除泥清洁器，除泥清洁器处理后的泥浆进入 1 号罐中速离心机仓，中速离心机处理后的泥浆流入 2 号罐高速离心机仓，高速离心机处理后的泥浆通过渡槽进入储备罐，供泥浆泵吸入或加重剪切等处理。

各泥浆罐内的泥浆槽上均设有插板，用户可根据不同工况开启或关闭插板。让泥浆流入以上各罐的隔仓内。

3. 泥浆配制及加重流程

泥浆的配制和加重由泥浆加重系统完成，系统由加重泵、混合漏斗、吸入和排出管汇组成。加重泵和漏斗安装在 5 号罐后部，配备双吸双排两套加重管线，两台加重泵分别通过吸入管汇可抽 2 号罐、3 号罐、4 号罐、5 号罐、储备罐 1、储备罐 2、储备罐 3、储备罐 4 的泥浆，加重后由排出管汇将泥浆送至以上各罐中。

4. 剪切混合流程

系统配备剪切系统能使高分子聚合物（或黏土）迅速水解，系统由剪切泵、混料漏斗、吸入和排出管线组成。剪切泵和漏斗安装在 5 号罐后端，剪切泵从 5 号罐所分隔出的剪切仓内吸入泥浆，可进行反复剪切混合，剪切混合后的泥浆利用加重排出管线输送至 2 号罐、3 号罐、4 号罐、5 号罐、储备罐 1、储备罐 2、储备罐 3、储备罐 4 和药品罐。

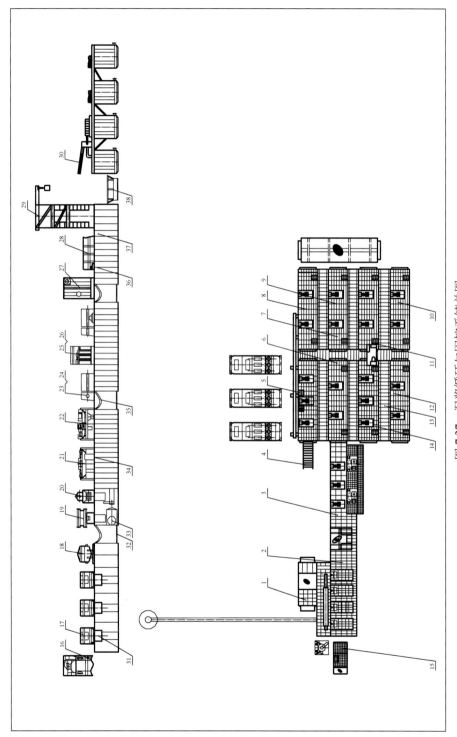

图 7.37　泥浆循环与固控系统总图

1.补给罐；2.Ｖ罐；3.中间罐；4.树子；5.吸入罐Ⅰ；6.吸入罐Ⅱ；7.吸入罐Ⅲ；8.混浆罐；9.系统管汇标识；10.储备罐Ⅳ；11.储备罐Ⅱ；12.储备罐Ⅲ；13.罐间管汇总成；14.储备罐Ⅰ；15.药品搅拌罐；16.液气分离器；17.振动筛；18.除气器；19.除砂清洁器；20.除泥清洁器；21.中速离心机；22.高速离心机；23.护栏总成；24.蝶阀操作杆；25.搅拌器NJ-5.5；26.药品罐；27.泥浆实验室；28.搅拌器NJ15D；29.吊机；30.中速离心器NJ15D；31.振动筛排砂槽总成；32.定位装置；33.清洁器排砂槽清洁槽；34.离心机排砂槽；35.系统供水管汇；36.标牌总成；37.加热管汇；38.泥浆材料对方台

5. 泥浆灌浆流程

系统设计单独计量罐（补给罐），两台计量泵装在计量罐底撬，两台计量泵并联（互为备用），分别从两个计量仓吸取泥浆，经排出管线输送到井口。在起钻时可向井筒内输送泥浆。计量罐需要泥浆时，可用加重泵通过泥浆枪管线加泥浆。为使计量仓内泥浆减少损失，计量泵向井筒注满泥浆时，溢流的泥浆可以通过溢流管、分流箱、返回管线（6″）流回计量仓。

6. 泥浆加药流程

2 号罐上放有 2.5m³ 的药品罐，将需要添加的化学添加剂在罐内配制好后流入渡槽，流入钻井工艺要求的罐仓。

7. 小循环及清水管线流程

各泥浆罐罐面靠近井口一侧的为低压小循环管线，供泥浆枪使用；外侧为清水管线，供冲洗设备和补充水使用。泥浆枪工作压力为 1.0MPa，可以冲刺罐底泥浆和沉砂，利于搅拌器的工作，使罐内泥浆混合均匀。在 V 罐端管线上分别提供 3″清水和 3″泥浆接口，用于向固井车供泥浆和清水。两条管线的罐间采用锤击式由壬连接。

三、主要设备

"地壳一号" 所用泥浆循环系统由 3NB-1600F 泥浆泵组、3NB-1600HL 泥浆泵组、钻井液循环管汇等组成，固控系统由各种循环罐、泥浆净化设备等组成。

（一）泥浆泵

1. 功能

在钻井行业中，泥浆泵作为钻机的八大部件之一，在钻井过程中起着不可或缺的作用，被誉为钻机的"心脏"，钻井泥浆泵性能的好坏对钻井速度和成本有直接影响。

泥浆泵工作时向井底输送高压钻井液，以便清洗井底的岩屑，冷却润滑钻头，并将岩屑携带返回地面。

当采用井下动力钻具进行钻进的时候，可使用泥浆泵产生高压钻井液传递能量，推动井下动力钻具进行井下钻进。而如果采用喷射式钻头，也可以利用泥浆泵产生的高压钻井液由钻头水眼喷射出高速冲洗液破碎岩层，提高钻井速度。

有时还用泥浆泵进行配水泥浆和注水泥作业，还可以用来处理井下事故，如解卡时向井内泵入原油或解卡剂、纠斜时打水泥塞等。

2. 技术参数

3NB-1600F 泥浆泵组主要由一台交流变频电机，一台 3NB-1600F 泥浆泵及传动装置组成，其传动方式为：电机通过传动轴带动皮带驱动泥浆泵工作。组成及技术参数如表 7.3。

表 7.3　泥浆泵组成及技术参数

序号	名称	技术规范
1	泥浆泵组	总重：39913kg 主要外形尺寸（长×宽×高）7500mm×3428mm×3107mm
2	皮带传动	皮带型号 25J（4）−8500 传动比 1.981∶1 小皮带轮有效直径 600mm 大皮带轮有效直径 1190mm
3	泥浆	型号：3NB-1600F 重量 26100kg 额定功率 1193kW 额定冲数 120 冲/min 冲程长度 304.8mm（12″） 齿轮形式：人字齿 齿轮速比 4.206∶1 最大缸套直径：180mm 阀腔尺寸：API 7″
4	交流变频电机	型号：YJ31E2X1 额定功率：1200kW 额定转速 1000r/min
5	齿轮油泵	型号：KCB-55 排量：55L/min 额定压力：0.33MPa 额定转速：1500r/min
6	润滑系统用电机	型号：YB2 100L1-4 380V 50Hz B3 IP55 额定功率：2.2kW 额定转速：1420r/min
7	喷淋泵	型号：32PL 额定功率：2.2kW
8	喷淋泵用电机	型号：YB2 112M-4W 380V 50Hz B3 IP55 额定功率：2.2kW 额定转速：1750r/min

3. 结构特点

钻井泵的总体结构如图 7.38 所示。主要由动力端和液力端两大部分组成。动力端包括：机架总成、传动轴总成、曲轴总成、十字头总成等；液力端包括：液缸总成、阀总成、缸套、活塞总成、吸入管路、排出管路、排出弯管总成、空气包、安全阀、喷淋装置、排除滤网总成、防震压力表等。

泥浆泵配有小吊车和一套专用工具，供日常维修之用。

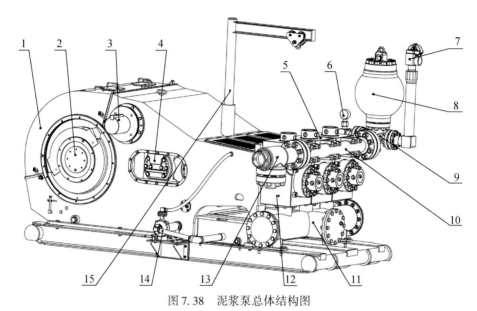

图 7.38 泥浆泵总体结构图

1. 机架总成；2. 曲轴总成；3. 传动轴总成；4. 十字头总成；5. 阀总成；6. 防震压力表；7. 安全阀；8. 空气包；9. 排出弯管总成；10. 排出管路；11. 吸入管路；12. 液缸总成；13. 排出滤网总成；14. 喷淋装置；15. 小吊车

（二）振动筛

1. 功能

钻井液振动筛是钻井液固相控制系统中处理井口返出钻井液的高效筛分设备。振动筛采用长（短）激振电机，应用两台不同惯性力的激振电机互反向旋转的激振原理使筛箱产生平动椭圆或直线振动，钻井液与小于筛孔的固体颗粒透过筛网，大于筛孔的固体颗粒筛分排出筛外。

2. 振动筛技术参数

电机功率：2×1.8kW（2.5Hp）。

筛网面积：3mm×1053mm×695mm。

筛网规格：40～200 目。

筛箱调节角度：-1°～5°。

电机转速：1500r/min。

外形尺寸：2821mm×1825mm×1500mm。

质量：1750kg。

3. 结构特点

（1）振动筛采用双电机自同步原理设计而成，筛箱做平动椭圆运动；采用进口马丁（MARTIN）长型激振电机，工作可靠，无故障运转时间长。

（2）筛网采用平板筛网或波浪形筛网，筛箱装夹三张筛网；可以组合使用平板筛网和波浪筛网，最大限度地发挥筛网的寿命，根据泥浆性能变化可选用40～200 目筛网。

（3）筛箱的倾角可调节（-1°～5°）。调节采用液压调节机构，简单易行，结构新颖，可保证筛箱两边调节一致。

（4）筛表面处理采用喷丸处理工艺，使用海洋船舶用漆，具有良好的防腐性能。

振动筛结构如图7.39所示（肖明生和李世国，2012）。

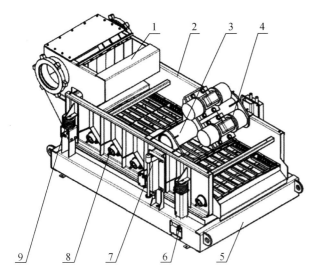

(a) 振动筛结构示意图　　　　　　　　　　　(b) 实物外形图

图7.39　振动筛结构图

1. 渡槽；2 筛箱；3. 支撑梁；4. 激振电机；5. 底座；6. 液压缸；7. 手摇泵；8 筛网张紧装置；9 弹簧

（三）真空除气器

1. 功能和工作原理

真空除气器是一种用于处理气侵钻井液的专用设备，适用于各类泥浆净化系统的配套。对于恢复泥浆的密度、稳定泥浆性能、降低钻井成本有很重要的作用。

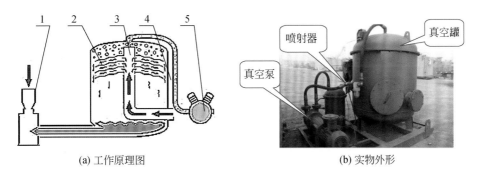

(a) 工作原理图　　　　　　　　　　　(b) 实物外形

图7.40　真空除气器

1. 喷射器；2. 伞形板；3. 吸入管；4. 真空罐；5. 真空泵

如图 7.40 所示，真空式除气器利用真空泵和喷射器的抽吸作用，在真空罐内造成负压区，泥浆在大气压的作用下，通过吸入管进入罐上部，沿伞形板形成薄层四周均匀流下，在负压的作用下，侵入泥浆中的气泡上浮破碎，气体逸出，通过真空泵的抽吸被排往安全地带。泥浆则从罐底部由喷射器的抽吸作用排到固控系统的循环罐内。

2. 技术参数

排气能力：$3.83m^3/min$。

工作真空度：$0.02 \sim 0.04MPa$。

真空泵功率：5.5kW。

真空泵转速：1440r/min。

外形尺寸：2485mm×1500mm×2030mm。

3. 结构特点

真空除气器具有如下六个特点。

（1）真空泵组机泵同轴式直联设计，节省空间，易于安装。

（2）泵运行平稳，噪声可低至62dB。

（3）水环式真空泵在工作过程中，始终处于等温状态下，适用易燃易爆的气体抽吸，安全性能可靠。

（4）伞板面积大，泥浆薄层沿伞板波状流下，泥浆中的气泡破碎彻底，除气效果较好。

（5）液面高度浮球自动控制，不会使钻井液流入真空泵。

（6）汽水分离器的作用，不会造成水与气同时排出，使排气管始终畅通。

（四）除砂清洁器

1. 功能和工作原理

除砂清洁器是用于钻井液固相控制系统中的一种二级净化设备。由井筒内返出的带有大量钻屑的钻井液，首先经过了钻井液振动筛的处理，分离出颗粒较粗的固相钻屑，再通过除砂清洁器除去泥浆中的较细颗粒，使更清洁的钻井液进入第三级分离设备——除泥清洁器。

钻井液中不仅含有需要排除出去的有害固相，还含有比较贵重的有益固相添加剂材料。在处理过程中，旋流器组的底流物落在下面的细网目振动筛上，经细筛网处理后，大于网孔基本尺寸的钻屑被除掉，小于网孔基本尺寸的固相颗粒通过筛网回收到泥浆循环系统。

除砂清洁器是钻井液除砂旋流器与钻井液细网目振动筛的组合体，主要由除砂旋流器、振动筛箱、供液砂泵、集砂槽、进液管、出液管等组成。除砂旋流器是根据颗粒离心沉降和密度差的原理设计的（图7.41）。钻井液通过供液砂泵在一定的压力和流速的冲击下，沿旋流器内壁切线方向螺旋进入，产生强烈的三维椭圆型强旋转剪切湍流运动，较重的颗粒在离心力和重力的作用下将沿旋流器内壁螺旋下沉，从底流口排出，较细颗粒随旋流液体螺旋上升，从溢流口进入溢流管后排入泥浆罐中进行下一级净化处理。

2. 技术参数

技术参数如表7.4所示。

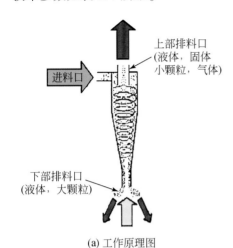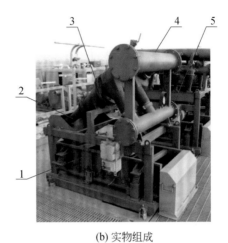

(a) 工作原理图　　　　　　　　　　　(b) 实物组成

图7.41　除砂清洁器

1. 振动筛箱；2. 集砂槽；3. 旋流器；4. 出液管；5. 进液管

表7.4　除砂清洁器组成及技术参数

序号	名称	技术参数
1	除砂旋流器	旋流器直径：250mm 旋流器数量：套 进液管汇直径：DN150 出液管汇直径：DN200 工作压力：0.2~0.4MPa 工作排量：200m³/h 分离粒度：$D=40~100\mu m$
2	振动筛	激振电机型号：XVM-A 16-4 激振电机功率：0.75kW 激振转速：1460rpm 额定电压：380V 额定频率：50Hz 额定电流：1.91A 电机轴承润滑脂：3号锂基脂 激振力：16000N 振幅：3mm 抛掷指数：7.1g 筛网规格：1600mm×600mm

续表

序号	名称	技术参数
3	供液砂泵	型号：SB6″×8″J-121/2″ 排量：200m³/h 扬程：36m 电机功率：55kW 型号：SB6″×8″J-12″ 排量：200m³/h 扬程：33m 电机功率：45kW

3. 结构特点

（1）整体结构紧凑、布局合理、处理量大。

（2）旋流器体积小，倾斜安装，卡箍连接，拆卸安装便捷。

（3）振动筛筛箱升角可调，根据钻井液在筛面流长分布，在 0~3°范围内合理调节筛箱升角，可以最大限度地回收钻井液。

（4）清洁器进液管、溢流管外接管线可沿其轴线旋转角度，以便现场任意安装。

（5）适用性广。对加重泥浆和非加重泥浆都适用。

（五）除泥清洁器

1. 功能

除泥清洁器是用于钻井液固相控制系统中的一种三级净化设备。由井筒内返出的带有大量钻屑的钻井液，经过振动筛、除砂清洁器两级净化处理后，泥浆中不仅存在着大量细微的有害固相泥砂，还含有比较贵重的有益固相添加剂材料。

除泥清洁器分离出泥浆中的有害固相微粒，其分离出占固相含量的60%以上的 15~44μm 的固相颗粒，回收有益固相添加剂材料是钻井液净化过程中一个至关重要的环节。

除泥清洁器是钻井液除泥旋流器与钻井液细网目振动筛的组合体。除泥旋流器是根据颗粒离心沉降和密度差的原理设计的，工作原理与除砂旋流器相同。

2. 技术参数

除泥清洁器是由除泥旋流器、供液砂泵和振动筛等组成，技术参数如表7.5所示。

表7.5　除泥清洁器组成及技术参数

序号	名称	技术参数
1	除泥旋流器	旋流器直径：100mm 旋流器数量：10 套 进液管汇直径：DN150 出液管汇直径：DN200 工作压力：0.2~0.4MPa 工作排量：200m³/h 分离粒度：$D = 10~44μm$

续表

序号	名称	技术参数
2	供液砂泵	排量：200m³/h 扬程：36m 电机功率：55kW
3	振动筛	激振电机型号：XVM-A 16-4 激振电机功率：0.75kW 激振转速：1460rpm 额定电压：380V 额定频率：50Hz 额定电流：1.91 A 激振力：16000N 振幅：3mm 筛网规格：1600mm×600mm

3. 结构特点

除泥清洁器结构如图 7.42 所示，基本特点与除砂清洁器相同。

图 7.42　除泥清洁器
1. 旋流器；2. 出液管；3. 进液管；4. 振动电机；5. 振动筛箱

（六）离心机

1. 功能

钻井液固相分离用离心机应用于钻井液固控系统，采用中速和高速两种离心机，进行钻井液的固液分离，去除泥浆中的岩屑等有害细小固相颗粒，或回收重晶石等贵重加重材料，节约泥浆成本。

2. 技术参数

离心机技术参数如表 7.6 所示。

表7.6　离心机技术参数

技术参数	单位	工频 LW355×1257-N	三变频 LW355×1257BP-N	双变频 LW355×1257BP-N
转鼓直段内径	mm	355		
转鼓工作长度	mm	1257		
转鼓最高转速	r/min	4000（清水）		
转鼓工作转速	r/min	2800，3000	最高3400可调（推荐1600~3200）	
工作转速分离因数(G)		1780~1550	≤22%	
推料器差转速	r/min	40	≤60（可调）	
最大处理量	m³/h	30	0~36（清水48）	
主电机	额定功率	kW	30	
	额定转速	r/min	1470	
辅电机	额定功率	kW	7.5	
	额定转速	r/min	970	
单螺杆供料泵				
型号		XG070B02ZF（带无极变速器）	XG070—0.6（变频调速）	
转速	r/min	196~366	137~408	
流量	m³/h	9.2~18.4	6.2~20.7	
压力	MPa	0.6	0.6	
电机功率	kW	7.5	7.5	

3. 结构特点

离心机工作原理如图7.43所示。驱动形式分为工频驱动和变频驱动：工频驱动的转鼓速度是固定的，只有通过更换传动皮带轮才能改变转速；变频驱动的离心机可以实现大范围无级调速，并能显示转速、工作电流等参数。

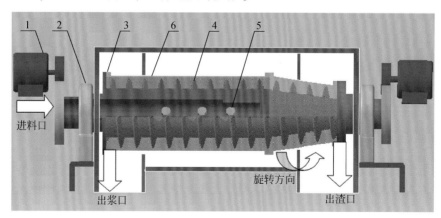

进料口　　　出浆口　　　旋转方向　　　出渣口

图7.43　离心机结构原理

1. 电机及传动系统；2. 轴承；3. 溢流板；4. 螺旋推料器；5. 溢流孔；6. 转鼓

离心机工作时，钻井液从泥浆进料管被连续送入，从进料口进入转鼓内，转鼓高速旋转，螺旋推料器在差速器作用下，以一个略小于转鼓的转速旋转，转鼓与螺旋推料器构成了一副具有一定差转速、同向高速旋转的分离-输送机构。

当在比重力大几百或上千倍的离心力作用下，转鼓内形成一环形液池，由于固相与液相之间存在密度差，较重的固相颗粒沉降到转鼓内壁形成沉渣，在螺旋叶片与转鼓的相对运动下，沉渣被推送到转鼓的小端从排渣孔排出。内环被澄清的液相则通过螺旋形通道经溢流孔排出，从而实现固-液相连续分离的生产过程。

四、泥浆罐

泥浆罐是固控设备中不可缺少的一个重要设备，它的主要作用是储存钻井液泥浆和供给处理过的钻井液泥浆，它主要和泥浆搅拌器、泥浆枪还有砂泵配合，把钻井产生的泥浆经过净化处理储存在泥浆罐中。

（一）技术要求

（1）泥浆罐底座以 H 型钢 300mm×300mm 为主梁，底座结构满足油田自背车拖装的结构要求。

（2）罐体侧板用 6mm 钢板压制成瓦棱形结构，罐体斜底板为 8mm 的钢板，中间隔板及泥浆导流槽均为 6mm。向清砂门方向倾斜，清砂门采用 10″蝶阀。

（3）罐面及罐边加宽走道为防滑锯齿形镀锌钢格板，栅隔板高度 40mm，栅格板为专业厂生产。罐面栏杆采用 50mm×50mm×3mm 方钢管制作，栏杆高度 1100mm，挡脚板高度 150mm。泥浆罐顶框采用 150mm×150mm×8mm 的无缝方钢管和槽钢等制作。

（4）罐面设备布置力求操作、维护、运输、安装方便，罐面有足够强度梁支撑罐面设备，固定可靠。

（5）上罐梯子采用槽钢做主体，踏板水平（采用冲孔防滑踏板），两侧设栏杆。

（6）罐内隔仓设有人孔及爬梯（650mm×650mm 的方孔）。各罐内的管线布置合理，罐内所有泥浆搅拌器叶轮周围设计挡泥板。

（7）振动筛、除砂清洁器、除泥清洁器、离心机均设有排砂槽和挡泥板，排砂槽将泥砂排到罐外。

（8）泥浆泵、砂泵、加重泵和剪切泵等的吸入管线内置，采用丝杆手轮式底部阀控制。罐间管汇连接采用锤击式由壬连接。

（9）各泥浆罐清水管线用于向罐内补充清水和清洗罐面及设备，每个罐仓设置 2″进水口。每个罐面设置 2 个 1/2″清洁接口。1 号罐离心机处罐面设置 1-1/2″接口，用于离心机清洁。管线采用不锈钢球阀控制。每个泥浆罐配套 1 根清洁胶管。

（10）加重及剪切混料漏斗都安装在 5 号罐后端的加重平台上。

（11）罐与罐之间配有安装定位装置。

（二）v 罐（锥形罐）

1. 技术尺寸

（1）罐体尺寸（长×宽×高）：12000mm×3040mm×2500mm。

（2）有效容积：37m³。

2. 特点

（1）V 罐分隔为锥形沉砂仓和除气仓。

（2）罐面前后两侧和前端头设计飘台，1 个落地梯子和 2 个内置梯子。

（3）振动筛的泥浆分流箱 1 个，4 套振动筛排砂槽、挡泥板。

（4）沉砂仓内设有分流槽，振动筛处理后的泥浆可不经沉砂仓直接流入泥浆渡槽内。

（5）罐面前端预留液气分离器管汇接口。

（6）配套泥浆处理设备：4 台振动筛、1 台真空除气器、3 台 15kW 搅拌器、1 只固定式三喷嘴泥浆枪。

（三）1 号罐（中间罐）

1. 技术尺寸

（1）罐体尺寸（长×宽×高）：12000mm×3040mm×2500mm。

（2）有效容积：37m³。

2. 特点

（1）1 号罐分隔为除砂仓、除泥仓和中速离心机仓。

（2）罐内设有渡槽砂泵吸入管，罐面安装 2 台离心机、除砂清洁器 1 台、除泥清洁器 1 台。

（3）配套泥浆处理设备：除砂清洁器 1 台、除泥清洁器 1 台、除砂器供液泵 1 台、除泥器供液泵 1 台、离心机 2 台、离心机供液泵 2 台、3 台 15kW 搅拌器、3 只固定式三喷嘴泥浆枪。

（四）2 号罐（吸入罐Ⅱ）

1. 技术尺寸

（1）罐体尺寸（长×宽×高）：12000mm×3040mm×2500mm。

（2）有效容积：52m³。

2. 特点

（1）罐内设有泥浆泵吸入管线、加重泵吸入管线、罐间连通管线、混合漏斗排出管线（DN150）。

（2）配套设备：1 套 2.5m³药品罐（含 5.5kW 搅拌器 1 台）、3 台 15kW 搅拌器、3 只固定式三喷嘴泥浆枪。

（五）3 号罐（吸入罐Ⅲ）

1. 技术尺寸

（1）罐体尺寸（长×宽×高）：12000mm×3040mm×2500mm。

（2）有效容积：52m³。

2. 特点

（1）3 号罐分隔为吸入仓和加重仓。

（2）罐内设有泥浆泵吸入管线、加重泵吸入管线、罐间连通管线、混合漏斗排出管线（DN150）。

（3）配套设备：2 台 15kW 搅拌器、4 只固定式三喷嘴泥浆枪。

（六）4 号罐（吸入罐Ⅰ）

1. 技术尺寸

（1）罐体尺寸（长×宽×高）：12000mm×3040mm×2500mm。

（2）有效容积：52m³。

2. 特点

（1）4 号罐分隔为离心机仓和吸入仓。

（2）罐内设有泥浆泵吸入管线、加重泵吸入管线、罐间连通管线、混合漏斗排出管线（DN150）。

（3）配套设备：3 台 15kW 搅拌器、3 只固定式三喷嘴泥浆枪、1 个落地梯子。

（七）5 号罐（混浆罐）

1. 技术尺寸

（1）罐体尺寸（长×宽×高）：12000mm×3040mm×2500mm。

（2）有效容积：37m³。

2. 特点

（1）5 号罐分隔为加重仓和剪切仓。

（2）罐内设泥浆泵吸入、加重、剪切泵吸入管线、罐间连通管线、混合漏斗排出管线（DN150）。

（3）配套设备：2 台 15kW 搅拌器、2 只固定式三喷嘴泥浆枪、2t 吊机、1 个落地梯子。

（4）5 号罐后端底撬安装 2 台混浆泵和 1 台剪切泵，其上设有混浆操作台，装有 3 台混合漏斗（其中 1 台混浆漏斗为旋流式，其余 2 台为射流式）。

（八）储备罐

1. 技术尺寸

（1）罐体尺寸（长×宽×高）：12000mm×3040mm×2500mm。

（2）有效容积：$52m^3×4$。

2. 特点

（1）储备罐为1个仓。

（2）罐内设有泥浆泵吸入管线、加重泵吸入管线、罐间连通管线、混合漏斗排出管线（DN150）。

（3）配套设备：2台15kW搅拌器、3只固定式三喷嘴泥浆枪。

（九）计量罐（补给罐）

1. 技术尺寸

（1）罐体尺寸（长×宽×高）：6200mm×3040mm×2500mm。

（2）总容积：$16m^3$（8×2）+$2.5m^3$。

2. 特点

（1）计量罐有3个仓，计量泵吸入管（DN100）、计量泵排出管（DN50）和回浆管（DN80），配3套超声波液位仪和3套浮球式机械液位仪。

（2）配套设备：2台计量泵、2只固定式泥浆枪、2个内置梯子和1个外置梯子。

（十）药品搅拌罐

1. 技术尺寸

（1）罐体尺寸（长×宽×高）：6200mm×3040mm×2500mm。

（2）总容积：$6m^3$。

2. 特点

（1）罐面用钢格板铺设，设置人孔加药口和爬梯，药液排出管线2″。

（2）配套设备：1台离心泵、1台搅拌器（NJ-5.5）、1个内置梯子。

（3）安装在V形罐端头，输液管与罐面药品罐连接，向药品罐输送液体药品。

第六节　动力及供气系统

钻机的动力系统是为钻机三大工作机组及其他辅助机组提供动力，一般为柴油机及供油设备，或交流、直流电动机及供电、保护、控制设备。

一套钻机的动力系统，由多台柴油发电机组组成，每台柴油发电机组又由柴油机、发电机及其控制系统组成。

柴油发电机组是以柴油为主燃料的一种发电设备，以柴油发动机为原动力带动发电机（即电球）发电，把动能转换成电能和热能的机械设备。

"地壳一号"万米钻机设计有两种动力供给模式：一种是柴油发电机组；另一种为工业电网供电。如现场具备工业电网供电条件，可优先选用工业电网，柴油发电机组作为工业电网停电时配用，两种模式可快速转换。如不具备工业电网条件，可正常使用柴油发电机组。根据钻机的技术参数可知，钻机的设计总消耗功率为5000kW，考虑各工作机构不同时工作，选择3台1000kW的柴油发电机，组成发电机组给钻机供电。

一、动力系统

（一）技术要求

（1）基本要求。1000GF8柴油发电机组，以AC-VFD-AC方式，作为钻机动力。能满足交流变频电动钻机的传动要求，适应钻机的工作参数、负荷特性和钻井工艺要求，符合安全操作规程。机组能适应野外各种恶劣自然环境，如沙漠、盐碱、风沙、高寒、高温等。

（2）引用标准。GB/T 2820《往复式内燃机驱动的交流发电机组》。

（3）环境参数。柴油发电机组在下列环境条件下可靠运行，能输出额定功率：

①环境温度：-30~50℃；

②海拔高度：≤1000m；

③空气相对湿度：≤90%。

（4）安全保护装置。油压低、超速停车保护，空气进动/手动/电控紧急停车。具有油压低、超速、油温高、水温高、排温高、水位低报警等功能。

（5）启动方式为气马达启动。气启动马达型号为ST699B，气源压力为600~1000kPa；气启动预供油泵，机组在冷机状态下环境温度为5℃时可顺利启动；环境温度在-30℃时，发电机组在油水预热装置辅助下，要预热30min到1h，再启动。

（6）发电机安装防冷凝加热装置（AC220V，0.4kW），电源由需方提供。

（7）柴油发电机组质量可靠，各密封点不允许渗漏。

（8）机组与发电房采用三点支撑连接方式。

（二）主要技术参数

发电机组由济柴与国际知名柴油机设计公司AVL联合研制生产的B4012C系列柴油机和按西门子技术生产的1FC2型发电机等组成。主要技术参数如表7.7所示。

表7.7 柴油机组主要技术参数

序号	名称	技术参数
1	机组	机组型号：1000GF8 额定功率：1000kW 额定频率：50Hz 额定电压：600V 额定电流：1375A 功率因数：0.7（滞后） 额定转速：1000r/min 调速方式：电液/自动 调压方式：AVR自动 启动方式：气马达 冷却方式：闭式冷却 操作方式：远程电控 重量：19000kg 外形尺寸：6250mm×2252mm×2739mm
2	柴油机	型号：BL12V190ZL1-2（B4012C系列） 额定功率：1100kW 额定转速：1000r/min 缸数及排列：12缸，60°，"V"形 型式：四冲程，水冷，涡轮增压，中冷却器、直喷 气缸直径×活塞行程：190mm×255mm 燃油耗率：≤205g/（kW·h） 机油消耗率：≤1g/（kW·h） 最低工作转速：600r/min 排气温度：<650℃ 排放标准：符合JB8891—1999 烟度：<1.0FSU 噪声：<115dBA 冷却方式：风扇散热器、闭式冷却 调速方式：电液调速器（WOODWARD UG-Actutor） 稳态调速率：0~5%可调 曲轴转向：面向输出端为逆时针方向 调速控制器类型：WOODWARD 2301D或2301A（0~200mA，24V）
3	发电机	型号：1FC2 564-6LA92 型式：无刷三相同步发电机 额定容量：1500kVA 额定电压：600V 额定频率：50Hz 功率因数：0.7（滞后） 额定转速：1000r/min 出线方式：三相三线制

续表

序号	名称	技术参数
3	发电机	防护等级：IP23 励磁方式：无刷自励 绝缘等级：H 级 冷却方式：IC01 空气冷却 调压方式：自动调压（巴斯勒 DECS-100 型 AVR） 电压调节反应时间：≤ 0.02s 线电压波形畸变率：≤ 5% 空载电压调整范围：≥ 90%～110% 额定励磁电流：空载 1.2Adc，1500kVA 时 4.5Adc。 额定励磁电压：空载 13Vdc，1500kVA 时 50Vdc。 10 秒额定强励：电压 135Vdc，电流 15Adc。（在额定输入下）

（三）机组安装方式

1. 机组结构

机组主要由柴油机、发电机、控制箱（屏）、散热系统、排气系统、滤清器、底座等组件组成钢性整体。结构如图 7.44 所示。

图 7.44　柴油机组结构示意图

1. 底座；2 控制屏；3. 发电机；4. 滤清器；5. 柴油机；6. 排气系统；7. 散热系统

2. 机组安装

柴油机、风扇传动耦合器、发电机总成安装在公共底盘上，公共底盘通过三点支撑安装在发电房底座上，散热器直接安装在发电房底座上。三点支撑安装可以不受底座结构变形的影响，从而使所有装置保持正确的相对位置和对准要求，并可以防止发动机机体的变形。机组和散热器接口尺寸满足机组与散热器连接要求。发电房底座应有足够强度，保证机组平稳正常工作。

（四）技术特点

1000GF8 发电机是根据电动钻机对动力的特殊要求，针对钻井现场的实际情况专门设计的一款发电机，为保证电动钻机用柴油机高可靠性，机组设计大量采用国际先进成熟的零部件结构，对影响柴油机可靠性的关键零件如机体、曲轴、连杆等进行有限元分析，主要运动件选用国际知名公司的产品，确保机组工作可靠。

主要技术特点如下：

（1）主重要零件关键项：采用高精度的 2/3 公差控制，提高关键项点配合加工精度，以提高发动机可靠性及使用寿命。

（2）活塞、活塞环、缸套：为提高发动机经济性、降低燃油耗、机油耗和提高可靠性，活塞、活塞环、缸套选用世界顶尖的制造商 MALLE 产品，并对活塞顶燃烧室形状进行优化设计，新设计的活塞采用钢顶铝裙结构，两道气环、一道油环的密封方式，通过有效控制密封环弹力和活塞与缸套之间间隙，选择合适材料成分，有效地减少了摩擦损失功。

（3）轴瓦：与国际著名轴瓦制造商 MIBA 合作，采用新型耐磨性强的轴瓦材料，提高硬颗粒容纳性，具有高的耐磨损能力和更高的抗气穴能力。

（4）气门弹簧：采用进口弹簧，选用了高性能的欧洲标准的材料 VDSICR（1.7102）–5.5 EN10270–2，提高发动机的可靠性。

（5）起动马达：针对钻探井队经常搬家，柴油机气源管路经常拆卸，导致管路容易脏的问题，设计选用进口继气器，增加过滤器，设计新型管路固定。

（6）润滑油清洁度：润滑油是发动机的生命血液，干净的润滑油是提高发动机可靠性和使用寿命的有效保障。为了提高离心滤过效率，有效延长润滑油换油周期，与德国曼·胡默尔公司合作，采用该公司的离心滤清器产品。设计采用垂直安装方式，有效的过滤炭黑颗粒，减少轴瓦磨损，延长润滑油使用寿命。对机体、曲轴油孔加工毛刺进行特殊处理，保证各油道的清洁度。

（7）各缸工作均匀性：为保障发动机各缸工作均匀，经过参考多种类似结构柴油机，将推动齿条运动由螺钉端面接触改为关节轴承结构，这就避免由于齿条和推动螺钉端面接触造成的磨损问题。

（8）柴油机性能稳定：为保证柴油机性能稳定，喷油器和喷油器体整体供货，保证雾化和喷油量的准确性和长期工作可靠性。

（9）密封性：对齿条密封结构重新设计，齿条下端增加回油槽，护套装在壳体里，采用 0.3mm 的唇接触。在电磁阀前加过滤器，适当调整电磁阀配合间隙。对排气系统连接采用卡箍式密封设计和金属密封垫片的密封措施，润滑管路、冷却水管路、燃油管路密封垫片设计为新型复合橡胶材料。

（10）适应性：根据电动钻机用发电机组经常移动的工作特点，机组底座与发电房底座采用三点支撑方式，保证机组工作平稳性。

（11）机组采用耦合器减速箱驱动风扇，取消皮带传动驱动风扇，结构紧凑，工作可靠。

（12）设计分体闭式散热器、风冷燃油冷却方式，可适应不同地区的环境温度。

（13）为能够在沙漠地区使用，设计沙漠滤清器，保证进气滤清精度。

二、供气系统

钻机气动控制是利用压缩空气作为传递动力或信号的工作介质，配合气动控制系统的主要气动元件，与机械、液压、电气、电子（包括 PLC 控制器和微电脑）等部分或全部综合构成的控制回路，来实现所需的动作控制。

（一）用途

钻机气控系统的主要用途有：

（1）动力机组的启动、停车；

（2）转盘刹车离合器的刹车、自动送钻离合器的挂合、摘离；

（3）游车上碰下砸电气保护，水龙头正、反转控制等。

（二）组成

气控系统主要由以下几部分组成（图 7.45）。

图 7.45　气控系统

（1）气源系统：空压机及气源处理装置；

（2）控制元件：包括各种阀件、传感器；

（3）气路辅件：包括各种供气管线和连接阀件；

（4）执行机构：包括气离合器、气动绞车、水龙头气动马达等。

（三）技术参数

系统最高工作压力：1MPa；

额定工作压为：0.8MPa；

最低工作压力：0.65MPa；

工作介质：经过干燥、过滤的压缩空气。

（四）气控系统工作流程

首先确认发电气源房、井架、底座、绞车、司钻控制室等部件是否安装到位。其次根据气控系统流程图和钻机气路安装图、底座和井架气路安装图等用胶管对应将各部分连接起来。连接胶管的顺序应遵循先地面设备，后钻台设备；先主气路，后控制气路，其连接顺序参照图7.46。

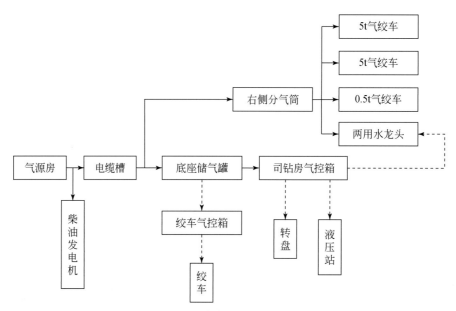

图7.46　气控系统安装流程

第七节　电控系统

钻机电控系统由交流控制装置（GEN 柜）、直流控制装置（SCR 柜）、司钻控制台、PLC 系统、交流电动机控制中心（MCC）及电磁刹车控制器等主要部分组成。

一、技术要求

（1）钻机电控系统优先采用具有国内外先进水平的、经实践证明可靠的技术与设备。

（2）钻机电控系统能在环境温度-29～55℃，湿度≤90%的条件下正常工作。

（3）钻机电控系统布局合理，要充分考虑人员安全、消防、井控、材料供给，以及安装拆卸和使用维护方便。

（4）采用模块化设计，所有模块必须适合铁路、公路运输，不超限。

（5）所有电缆等布局合理、走向规范、管线及接头安全可靠。

（6）电气传动系统符合IEEE及IEC相关技术标准，接插件采用原装进口产品。

（7）钻机配套的所有仪表为公英制，设备及配套件铭牌为中英文对照。

（8）钻机电控系统的设计、制造、装配、检测及试验必须满足下列标准最新版本的有关条款：① API SPEC Q1《质量纲要规范》；②GB/T23505—2009《石油钻机和修井机》；③SY/T6276－19ISO/CD14690《石油天然气工业、健康、安全与环境管理体系》；④IEC60079-0—2007《爆炸性气体环境电气设备一般要求》；⑤IEC60079-14—2007《爆炸性气体环境电气装置设计、选择和安装要求》；⑥IEC44-81/API　RP500《石油设施电气设备的区域分类推荐作法》；⑦API SPEC 16D《钻井井控设备控制系统规范》；⑧SY/T5958《井场布置原则和技术要求》；⑨SY/T5957《井场电气安装技术要求》；⑩SY5308《石油钻采机械产品用涂漆通用技术条件》；⑪SY/T5225—2005《石油天然气钻井、开发、储运防火防爆安全生产技术规程》；⑫GB4720—84《电控设备第一部分：低压电器电控设备》；⑬GB3797—89《电控设备第二部分：装有电子器件的电控设备》。⑭相关API、IEC、IEEE，以及国家、行业标准、HSE要求的有关条款。

二、主要技术参数与主要控制指标

1. 主要技术参数

主发电机组额定功率×台数：1000GF8-1070kW×3/中油济柴；

辅助发电机组功率×台数：400kW×1/VOLVO；

高压电网接口最大功率：5000kVA；

电传方式：AC-VFD-AC；

绞车电机功率/台数：1600kW/2；

转盘电机功率/台数：800kW/1；

泥浆泵电机功率/台数：1200kW/3；

绞车辅助驱动电机/台数：45kW/2，（采用进口ABB交流变频电机）；

转盘动力可与液压顶驱动力交替使用（600～800kW）；

逆变调速柜：6+2台，采用一对一控制；

额定输出电压：0～600V；

效率：不低于97%；

井场配电容量：1600kVA。

2. 主要控制指标

主要控制指标如表7.8所示。

表 7.8　柴油机主要控制指标

（1）柴油机转速控制	
频率稳态调整率：0~5%	频率波动率：0.5%
频率动态调整率：5%	频率稳定时间：3s（控制在1s）
（2）发电机电压控制	
电压稳态调整率：0~2.5%	电压波动率：0.5%
电压动态调整率：10%	电压稳定时间：1.5s
（3）负荷分配均衡度	
有功功率：小于±5%	无功功率：小于±10%
（4）发电机保护值	
逆功率跳闸保护：7%	
过电压跳闸保护：690V	欠电压跳闸保护：530V
过频率跳闸保护：54Hz	欠频率跳闸保护：46Hz
（5）交流VFD输入/输出	
交流输入电压：600V 3~50Hz	
交流输出电压：0~600V、0~300Hz	
（6）交流VFD保护	
堵转保护、欠载保护、电机缺相保护、接地故障/电流不平衡保护、电压保护、过电压保护、超温保护、过流保护、短路保护、制动系统过载保护、操作程序互锁保护、电机温度过热保护	

三、主要部件及技术要求

（一）发电机组

主要组成及技术参数如表7.9所示。发电机及发电机房见图7.47。

表 7.9　发电机组主要技术参数

序号	名称	技术参数
1	主发电机组	主柴油发电机组台数：3台 柴油机型号：济柴1000GF8 柴油机功率：1070kW 柴油机转速：1000r/min 发电机电压、频率、功率因数：600V、50Hz、0.7

续表

序号	名称	技术参数
2	辅助发电机组	发电机组台数：1 台 发电机型号：VOLVO YGV-505 发电机功率：400kW 发电机转速：1500r/min 发电机电压、频率、功率因数：400V、50Hz、0.8

图 7.47　发电机及发电机房

（二）观摩房

为便于观察现场施工情况，并不妨碍现场施工，设置观摩房。由于观摩房远离进口，根据 API 要求，无需防爆。房内布局合理，装有空调和电暖气，所有电缆槽排列整齐，插接口布局合理。观摩房设置一套司钻控制台，司钻台采用不锈钢制作，当主司钻室允许使能开关合上后，观摩房司钻台能够进行钻井作业，如图 7.48 所示。

图 7.48　防爆电梯与观摩房

（三）游车防碰自动控制系统

在钻井过程中，绞车系统极为重要，一方面它关系到钻井作业的正常进行，同时也关系到钻井工人和设备的安全，操作不当或违规操作都会造成严重的事故。绞车系统通过钢丝绳、定滑轮组（天车）、动滑轮组（游车）完成井架起升、钻具下放、提升等工作，但这些工作都必须限定在一定的游车行程内，否则超过行程将导致游车冲撞天车或砸向钻台。因此游车防碰系统在钻井过程中显得极为重要。

在绞车滚筒轴安装一只绝对值编码器，由 PLC 采集编码器信号，精确计算出当前游车的位置，并与设定的防止上碰下砸位置进行比较。当游车到达预警位置，将通过数控程序，发出预警指令信号，控制主电机，保持安全速度；当游车到达限定位置，再发出急停指令信号，通过电磁阀驱动盘刹进行驻刹。

（四）视频系统

视频系统在井场实时监视中占有重要的地位，视频系统及视频终端显示设备就好比是司钻的眼睛，司钻在司钻房操作时通过视频系统实时观察井场重要区域和场所，以决定准确的具体操作或向下传达命令。

视频系统包括显示屏和控制系统，4 通道 4 画面对钻台、振动筛、泵房、滚筒进行监测，备用 4 通道 4 画面以供扩展。视频控制器放于司钻房内，司钻房司钻椅安装一套控制系统、一套显示器；观摩房司钻台设置一套从站，包括一套控制系统、一套显示器。按照 API 标准满足各区域的防爆要求。

（五）通信系统

要求使用简单，安装和维修方便，通话效果好。

采用 10 点扩音对讲系统，包括司钻房、VFD 房、振动筛、钻台、二层台、泵房、工具房、观摩房等。按照 API 标准满足各区域的防爆要求。

（六）气体探测系统

气体探测系统有 4 点 H_2S、4 点可燃气体 HONEYWELL 探测系统，包括振动筛 2 点、钻台和井口。按照 API 标准满足各区域的防爆要求。

（七）井电系统

井电系统提供发电机控制屏以后所有井场电器设备（不含井场营房及生活营房）的供

电线路及接线盒、电缆槽等，以及机房、泵房、循环系统、钻台及井架等系统的照明。按照 API 区域划分满足各区域的防爆要求，防爆设备遵守 IEC60079 标准。

要求：额定电压 380/220V（三相四线制），额定频率 50Hz。

钻台区：包括钻台配电箱、移动接插件、防爆泛光灯、防爆荧光灯、防爆航空灯、接线盒等设备，提供钻台照明、井架照明、钻台动力等。

泥浆罐区：防爆配电箱、移动接插件、磁力启动器、防爆操作柱、防爆泛光灯、防爆荧光灯、接线盒，为补给罐、振动筛罐、中间罐、吸入罐、储备罐、混浆罐等罐提供动力及照明。

防爆箱、接插件、磁力启动器、防爆操作柱、防爆泛光灯、防爆荧光灯、防爆航空灯、接线盒等采用国产优质器件。

四、交流变频（VFD）房

VFD 房用于接收来自发电的 AC600V、50Hz 的电能，通过传动及控制系统提供给钻机主驱动系统；并通过变压器转化为 AC400V、50Hz 的电能，为钻机控制中心提供 AC220V 照明、DC24V 控制电。

数量 2 台，主要技术参数如下。

尺寸：13000mm×2800mm×3100mm；

输入电压：600V/400V，50Hz；

输出电压：600V/220V，50Hz；控制电源 DC24V；

钻机主驱动：600V，50Hz；

使用温度：−29～50℃；

相对湿度：不高于 90%；

VFD 房布置如图 7.49 所示。

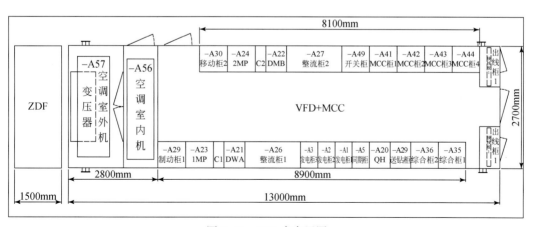

图 7.49　VFD 房布置图

（一）VFD 房体

房体满足铁路及公路运输，不超过二级超限要求。外表为白色并按防腐要求涂漆，两门对开，全钢人字顶结构，底座、骨架、外墙及起吊装置等焊为一体，具有足够强度，墙内装有绝热保温、防火的发泡材料，拖撬式底座便于整体吊装，具有防沙、防震、防水和保温等功能，适合油田恶劣工况。主要由除司钻台以外的电控装置、工业冷气机、冷热气体循环系统，以及房内照明系统、报警系统、接地装置和输入输出接线单元等构成。

（二）电传动系统

电传动系统主要功能是把 600VAC 交流电源经过整流系统转化成直流，再由 ABB 逆变单元把整流出来的直流电逆变为频率和电压可控的交流电源去驱动交流变频电机。

电传动变频系统包括 2 个整流柜、6 个逆变柜、4 个逆变柜辅柜、2 个制动斩波柜和制动电阻。

1 个整流柜由 1 个辅助控制柜和 1 个整流模块柜组成。辅助控制柜内装有 DSSB 主控制板、控制变压器及辅助控制回路，整流模块内安装有 3 个二极管整流 D4 模块。

逆变柜包括转盘、绞车 A、绞车 B、泥浆泵 1、泥浆泵 2、泥浆泵 3 变频柜。每个逆变柜内包括刀熔隔离开关、刀熔控制板、预充电回路、R8i 逆变模块及其他辅件。

辅柜内包括主控板 RDCU、光纤分配模块 APBU、编码器适配器 RTAC（仅绞车和转盘主控板上有）、开关电源等。其中辅助柜 1 控制绞车 A，辅助柜 2 控制泥浆泵 1 和转盘，辅助柜 3 控制泥浆泵 2 和泥浆泵 3，辅助柜 4 控制绞车 B。

1 个斩波柜内部包括 4 组斩波器及控制回路，每组斩波器制动功率 400kW。

制动电阻内部由 6 组电阻组成。每组电阻 2.3Ω，长时制动功率 100kW。

系统特点：

（1）电传动系统采用直接转矩控制；变频系统采用两段独立共用直流母线方式；能耗制动；钻进采用数控变频自动送钻；采用全数字化控制系统；绞车零转速输出最大转矩。

（2）绞车变频调速系统采用速度闭环控制方式，确保系统能产生高起动转矩并改善起动和低速时的转矩动态响应，实现绞车在零转速输出额定转矩（悬停功能）。

（3）系统采用优化设计、合理布局，使得操作简便、可靠；采用实时监控，对出现的故障及时进行指示、报警和保护；在内部器件的安排上，采用快速拆卸及安装的模块化特殊结构，以减少维修时间，降低系统停概率。

电传动系统单线图如图 7.50 所示。

（三）发电机控制柜

功能：对所指定的柴油发电机组实现闭环调节、运行操作及测量保护等功能，实现系统间的网络通信和数字监控；柴油机的控制选用 WOODWARD 调速器以精确控制柴油机的

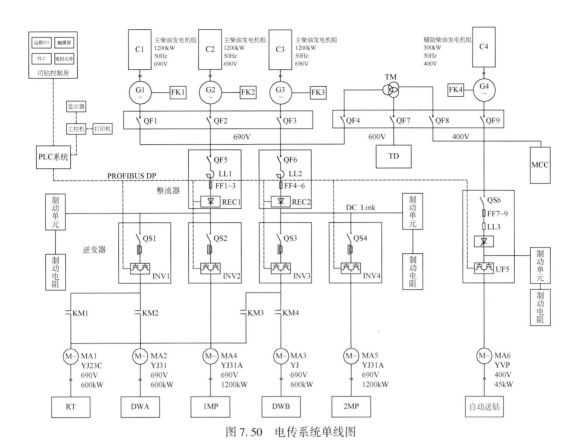

图 7.50 电传系统单线图

转速，从而保证发电机输出 50Hz 的恒定频率和交流发电机有功功率的均衡分配；发电机的励磁控制采用电压/电流双闭环 PI 调节，并通过无功均衡电路确保发电机输出电压的稳定和各发电机间无功电流的均衡分配；测量电路实时准确无误地测量发电机的正常运行参数和检测事故状态下的超越变量，并通过接口电路送微机处理。

数量 3 台，尺寸 500mm×600mm×2200mm，型号 GEN-2000-01，额定电压 600V，额定电流 2000A。采用数字控制技术，控制参数适合济柴 1000GF8 柴油发电机组。

（四）同期/顶驱馈电柜

同期柜采用了 WOODWARD 的 SPM-A 同步模块，实现发电机同期并车控制。同步模块将待并车的发电频率、相位角与带载发电机频率、相位角进行比较，进行频率和相位调节，在频率同步的情况下输出同步合闸指令，达到安全并车的目的。

柜内还安装了控制变压器、DC24V 蓄电池、继电器 KA、600V 接地故障检测、接线端子等设备进行信号采集和控制。

同期柜数量 1 台，尺寸 500mm×600mm×2200mm，型号 SYN-1250-01，额定电压600V，额定电流 1250A。

同步系统：通过自动化系统实现发电与并网的逻辑控制和总线通信，采用数字控制的同期控制器，能够实现机组的准同步并网和解列。

接地检测网络：提供1套接地检测网络，对600V交流母线的接地状态进行检测和指示。

功率限制单元：功率限制系统检测每台柴油发电机组的有功功率（kW）和总功率（kVA）。如果其中哪一个参数超过了其限定值，PLC将自动调节负载的功率，使得每台发电机的负载保持在其限定值以内，一直到变频器输出侧的负载达到其限定值为止。功率限制时进行声光报警。

顶驱馈电单元：数量1台，型号MT12H1，额定电流1250A，电流整定范围500~1250A，分断能力（600V）65kA，包括断路器及其附件1套，为顶驱系统提供1路600V、1250A电源接口。

（五）整流柜

数量2台，尺寸1800mm×600mm×2200mm，型号ACS800-307-3630-7，厂家ABB，额定功率3361kW，效率≥97%，海拔<2000m（2000~4000m降容使用），工作温度−40~70℃，相对湿度<85%。系统选用6脉波整流单元，将交流母排上的600V交流电转换成810V直流电，输出到公共直流母排上，为逆变系统提供电源。

（六）逆变器

1. 技术参数

逆变器共6台，其中绞车用2台，转盘用1台，泥浆泵用3台，具体技术参数见表7.10。

表 7.10　逆变器技术参数

序号	名称	技术参数
1	绞车逆变器	数量：2台 尺寸：800mm×600mm×2200mm 型号：ACS800-107-2320-7 厂家：ABB 输出频率：0~300Hz 开关频率：2kHz 额定功率：1900kW 额定电流：1866A 最大电流：2792A 效率：98% 海拔：<1000m（1000~4000m降容使用） 工作温度：−40~70℃ 相对湿度：5%~95%

序号	名称	技术参数
2	转盘逆变器	数量：1 台 尺寸：600mm×600mm×2200mm 型号：ACS800-107-1160-7 厂家：ABB 输出频率：0～300Hz 开关频率：2kHz 额定功率：900kW 额定电流：953A 最大电流：1425A 效率：98% 海拔：<1000m（1000～4000m 降容使用） 工作温度：-40～70℃ 相对湿度：5%～95%
3	泥浆泵逆变器	数量：3 台 尺寸：800mm×600mm×2200mm 型号：ACS800-107-1740-7 厂家：ABB 输出频率：0～300Hz 开关频率：2kHz 额定功率：1400kW 额定电流：1414A 最大电流：2116A 效率：98% 海拔：<1000m（1000～4000m 降容使用） 工作温度：-40～70℃ 相对湿度：5%～95%

2. 绞车逆变器

绞车电机具有悬停和主电机自动送钻功能，双电机运行时速度同步，并保证绞车最大钩载下放时具有良好的制动特性，绞车的运行速度始终在功率限制下的速度保护范围之内，并按照自动化系统计算的实际位置减速和停车；半自动控制时具有功率限制下的钩速最优参数设置功能；具有钻时（ROP）控制、恒压（WOB）钻进、恒泵压和恒扭矩四种自动送钻方式。

3. 转盘逆变器

转盘的控制采用有速度传感器的直接转矩控制方案。PLC 经总线采集到转盘电机的运行参数，计算出转盘转速、转矩，并在触摸屏上显示。PLC 通过编程可设定转盘转矩，控制电机的运行参数，使转矩动态工作在设定范围。

4. 泥浆泵逆变器

泥浆泵的控制采用无速度传感器的直接转矩控制方案。PLC 通过采集泥浆泵电机的电压、电流、频率，计算并在触摸屏上显示泵冲（参考值）和电机电流。

（七）联络柜

数量：1台；
尺寸：600mm×600mm×2200mm；
型号：OETL；
厂家：ABB；
额定电流：3200A；
提供一台OETL隔离开关对直流母排进行分断，方便再进行检修。

（八）斩波柜

在下钻作业中，游车系统的悬重通过滚筒拖动主电机反转，使主电机处于发电状态。在下钻过程中，游车系统下放的势能转化为滚筒的动能，该动能通过主电机转化为电能，电能通过变频器的制动单元及制动电阻转化为热能散发，使钻具以设定的速度平稳安全地下放。主电机在0r/min转速时能输出额定扭矩，实现钻具的悬停。

同时绞车能够实现自动送钻的功能，控制精度满足钻井要求。

能耗制动技术的应用使盘式刹车仅作为游车系统的安全驻车和紧急制动使用，并实现了绞车刹车系统的自动控制，可避免因误操作引起的溜、顿钻，可使操作平稳、安全、可靠。能耗制动系统用于绞车、转盘制动控制。

斩波柜技术参数如下。
数量：2台；
尺寸：1200mm×600mm×2200mm；
型号：ACS800-607-2400-7；
厂家：ABB；
制动电压：1127V；
额定功率：6×100kW；
最大功率：6×400kW；

（九）送钻柜

自动送钻系统通过采集悬重信号并进一步计算出钻压，通过闭环控制确保钻压恒定或钻进速度恒定，实现自动送钻功能。具有钻时（ROP）控制和恒压（WOB）钻进、恒泵压、恒扭矩四种自动送钻方式，控制精度，满足甲方要求。由2台400V、55kW ABB公司变频调速柜控制。

数量：2台；

尺寸：500mm×600mm×2200mm；

型号：ACS800-01-0100-3；

厂家：ABB；

输入电压：380V；

输入频率：50Hz；

额定重载功率：55kW；

额定电流：166A；

最大电流：202A；

额定制动功率：25kW；

最大制动功率：100kW。

（十）制动电阻

1. 绞车制动电阻

数量：2台；

阻值：6×2.3Ω；

额定功率：6×100kW；

最大功率：6×400kW（工作模式）；

斩波系统配合使用的制动电阻。

2. 送钻制动电阻

数量：2台；

阻值：1×4Ω；

额定功率：25kW；

最大功率：100kW（工作模式）。

（十一）开关柜

开关柜共有4台，其中开关柜1安装了1台1250A断路器，从600VAC母线提供动力变压器的输入电源，另外安装1台3200A断路器为整流柜1提供600VAC电源。

开关柜2安装了1台2500A断路器，从动力变压器二次侧接入400VAC电源，另外安装有一台800A断路器，作为辅助发电机进线断路器。

开关柜3安装了2台2500A断路器，为工业电网进线断路器。

开关柜4安装了1台3200A断路器，为整流柜1提供600VAC电源。

具体参数见表7.11。

表 7.11　开关柜技术参数

序号	名称	技术参数
1	开关柜 1	尺寸：800mm×600mm×2200mm 型号：SW-3200/1600-06 额定电压：600V 配置 DSU1 进线断路器，动力变压器 T1 的初级断路器及其附件 断路器：①型号，MT32H1；②数量，1 台；③额定电流，3200A；④电流整定范围，1280~3200A；⑤分断能力，65kA 初级断路器：①型号，MT16H1；②数量，1 台；③额定电流，1600A；④电流整定范围，640~1600A；⑤分断能力，65kA
2	开关柜 2	尺寸：800mm×600mm×2200mm 型号：SW-2500/800-04 额定电压：400V 额定电流：2500A 配置动力变压器 T1 的次级断路器及其附件 次级断路器：①型号，MT25N2；②数量，1 台；③额定电流，2500A；④电流整定范围，1000~2500A；⑤分断能力，50kA 辅助发电机进线回路：包括断路器及其附件 1 套，为系统提供 1 路 400V、400kW 辅助发电机电源接口 型号：NS800N 数量：1 台 额定电压：400V 额定电流：800A 电流整定范围：320~800A 分断能力：50kA
3	开关柜 3	尺寸：800mm×600mm×2200mm 型号：SW-2*2500-06 额定电压：600V 额定电流：5000A 提供 2 台 2500A 断路器作为 600V 网电接口，接线位置位于 VFD 房天窗 断路器：①型号，MT25H1；②额定电流，2500A；③电流整定范围，1000~2500A；④分断能力，65kA
4	开关柜 4	尺寸：800mm×600mm×2200mm 型号：SW-3200-06 额定电压：600V 配置 DSU2 进线断路器及其附件 断路器：①型号，MT32H1；②数量，1 台；③额定电流，3200A；④电流整定范围，1280~3200A；⑤分断能力，65kA

（十二）PLC 柜

PLC 控制柜数量 2 台，尺寸 800mm×600mm×2200mm，型号 PLC-90DB-01。

控制柜内安装有包括西门子 SIEMENS 公司生产的 S7-300 系列模块，AB 公司的6181P-15TPXP 工控机，ABB 的 NPBA-12 网络适配器，UPS 持续电源、自动开关及继电器、端子等，保证了系统的控制与 VFD 房内各低压电气设备的配电。

使用西门子 S7-300 系列产品，控制系统的设计采用双 S7-300 PLC 冷备份手动切换方案。PLC 用于司钻台与电气控制房的通信及电气控制逻辑的实现，PLC 主站通过PROFIBUS 总线网络连接至变频器及司钻操作台。

系统配备一台工控机（IPC），安装在 VFD 房内，IPC 通过数据采集单元采集信号，经过 PLC 计算、处理，IPC 显示屏上以数字或图表形式显示钻井参数，IPC 可打印或向外输出记录，采用硬盘存储钻机参数，最少可存储 90 天。

（十三）MCC 柜

数量 5 台，尺寸 800mm×600mm×2200mm，型号 MCC-400-04，额定电压 400V。400V电机控制中心（TN-S 制式），采用 4 台 GCS 型抽屉柜，配置足够数量和容量的交流电动机起动供电回路，并按需备用控制和供电回路。30kW（含 30kW）以上容量的交流电机采用集中控制，两地操作，起动装置放在电控房内，在电机旁设控制按钮。30kW 以下交流电机及照明分区供电，就近控制，电源控制开关设在电控房内。分区供电区域为钻台区、固控区、泵房区、油水罐区。断路器、接触器和热继电器采用施耐德产品。

（十四）照明柜

数量 1 台，尺寸 300mm×600mm×2200mm，型号 LT-400-04，额定电压 400V。设置 1面 400V/230V 辅助配电盘供电。辅助配电盘提供照明和相关辅助用电。断路器等均采用施耐德产品。

（十五）变压器

变压器作用是将主柴油发电机站提供的 600V 电源转换为 400V，为 MCC 供电单元、VFD 照明及控制单元提供电源。

数量：1 台；

额定容量：1600kVA；

高、低压额定电压：600V/400V；

联结组别：Dyn11；

相数：3 相；

额定频率：50Hz；

副边绕组的短路阻抗比：6%～8%；

绝缘等级：F 级；

防护等级：IP00；

温升限值：100K；

冷却方式：自然冷却。

（十六）空调

数量2台，功率65kW，型号TWE240/TTA240。每个VFD房提供1台65kW特灵工业分体式空调，确保房内温度控制在17~27℃，空调安装空间要能满足维修方便要求。

（十七）出线柜

数量2台，为所有进出VFD房的电气设备提供连接，电流200A以上采用接线端子连接，200A以下采用进口插件连接。动力回路选用APPLETON插件，控制回路选用AERO插件。

五、司钻房模块

司钻房模块用于实现整个钻机电气、气控和液压部分的控制（图7.51）。通过钻台上的旋钮和触摸屏，可以完成绞车、泥浆泵、顶驱、转盘的主电机的远程启动、停止及转速给定，以及钻台上液压猫头、水龙头、液压站电机、盘刹控制阀等辅助设备的操作。

图7.51　司钻房

司钻房内能实时显示和监控钻井数据以及各个变频电机的运行状态，显示系统中发生的故障，并提供相应的解决建议。

司钻房模块实现了钻机操作和监控的功能，同时对钻机绞车、水龙头、转盘刹车、离合器等设备提供气路控制。

司钻房模块主要技术参数如下。

主要尺寸：长×宽×高：3300mm×2600mm×2955mm；

输入电压：400V，50Hz；

辅助控制电源：24Vdc、12Vdc；

司钻房内用电设备：400V/230V，50Hz；

使用温度：−29～50℃；

相对湿度：不大于90%。

（一）司钻房房体

司钻房骨架采用碳钢制造，表面为不锈钢，框架设计满足司钻对钻台和井架的清楚观察。窗口为10+10mm钢化玻璃，房顶设置防护网。司钻操作台外壳采用3mm不锈钢制造。司钻房满足API区域划分2区防爆标准。司钻房内电控柜和左右操作台等满足防爆要求。

房内压力表、气控开关和电气仪表的布设满足钻井作业要求。悬重和立管压力显示采用模拟表盘和数字显示组合方式，方便司钻观察。房内布局合理，仪表盘和仪表柜全部采用不锈钢制作，装有防爆空调和防爆电暖气。所有司钻房电缆槽排列整齐，防爆插接口布局合理。门锁采用防火门锁，司钻房加装气动雨刮器，预留液压顶驱、自动排管系统相关的电气、机械、液压接口。

（二）司钻房内电气设备组成

主要由显示屏、顶驱操作箱、气控元件、操作椅和加热器等部分组成。

1. 电控柜

电控柜主要设备采用施耐德产品。安装PLC系统从站，与VFD1房主站进行通信，保障钻机电气控制逻辑的实现。PLC通过PROFIBUS总线网络连接，采用西门子PLC系统。

2. 司钻台

司钻台包括司钻操作控制、仪表数据处理及显示单元等，根据需要提供电控装置和电气元件，安装在正压控制台内（图7.52）。司钻为坐式操作，司钻右手控制盘刹手柄，左手控制绞车手柄。房内仪表按配套钻井参数仪设计。操作椅两侧设触摸屏，在触摸屏上设置转盘、绞车、泥浆泵参数及自动送钻参数。监视屏单独支撑，布置在司钻视野内。触摸屏控制器件采用西门子产品。

3. 司钻房PLC柜

PLC控制柜中ET200模块用于建立司钻房远程从站与VFD房CPU主站之间的通信连接；采集液压站、司钻房、悬重等模拟量信号。

4. 触摸屏

2块24V触摸屏对变频电机和其他辅助设备进行操作，钻井及设备运行参数显示、报警及故障诊断。

5. 仪表操作台

仪表操作台装有泵压表、大钳扭矩表、指重表、钻井参数仪、雨刮器控制器、视频显

图 7.52　司钻台

示器和顶驱操作箱。司钻可以根据操作台上仪表指示，清楚地了解钻井参数，以便对井下情况作出正确的判断。

6. 气控柜

1 台气控柜为司钻房的局部正压防爆提供气源，保障司钻房能够在 2 区防爆环境中工作。主要设备采用 FESTO 产品。

7. 出线柜

1 台出线柜位于电控柜下部，装有动力插件、控制插件、气路穿板接头盒液压管线接口，为所有进出司钻房的电气设备提供连接，采用 AMPHENOL 进口防爆插件。

8. 防爆空调

调节司钻房内温度，制冷量 4500W，电压 220V，50Hz。

（三）DBS 钻机人机界面操作系统（DBS HMI 标准）

安装于司钻控制房内，对现场的大部分设备进行远程控制，完成钻井作业。操作者可以在 HMI 上进行绞车和泥浆泵电机的启、停、调速控制和自动送钻控制等。触摸屏上还可以显示悬重、钻压、钻速、泥浆返回流量、泥浆泵冲次、立管压力、转盘转速、转盘扭矩、大钩速度、游车高度和猫头拉力等参数。

采用西门子的 MP370 触摸屏。

主要参数：12.1″TFT 显示，256 色，提供 800×600 像素；

防护等级：前面板 IP65，后面板 IP20。

主界面如图 7.53 所示，钻进模式如图 7.54 所示。

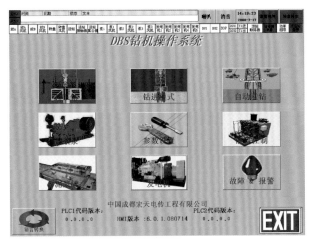

图 7.53　主界面

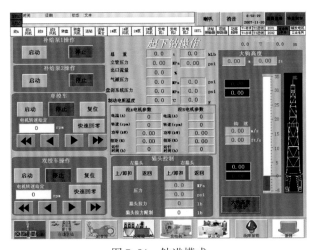

图 7.54　钻进模式

参 考 文 献

李继志，陈荣振 . 2001. 石油钻采机械概论 . 东营：石油大学出版社

宿官礼 . 2003. 更新改造钻机驱动与传动方式浅析 . 石油机械，31（9）：68 ~ 70

肖明生，李世国 . 2012. 钻井液振动筛 . ZL201020188959. X

薛青，张仑，姚俊哲，等 . 2006. 转盘独立电驱动方案及优越性 . 石油矿场机械，35（3）：114 ~ 115

姚春冬 . 1994. 石油钻采机械 . 北京：石油工业出版社

周光 . 2018. 钻机安装及钻井生产现场高处落物风险的预防措施 . 生产质量，8：24 ~ 25

Lothar Wohlgemuth，InnovaRig . 2007. The new scientific land drilling facility. Scientific Drilling，9：68 ~ 69

第八章 钻机"松科二井"应用

第一节 概 述

"松辽盆地国际大陆科学钻探工程"，简称"松科二井"是由中国地质调查局和国际大陆科学钻探组织（ICDP）联合资助的一项科学钻探工程。其科学目标主要包括：获取松辽盆地中深部地层沉积记录，填补完整的、连续的白垩纪陆相沉积记录世界空白；研究距今6500万年至1.4亿年间白垩纪地球温室气候和环境变化的时间隧道；建立起建设"百年大庆"和基础地质服务的"金柱子"；为预测我国未来环境–气候变化、拓展陆相油气勘探领域和资源量提供新的科学依据。其工程目标是验证"地壳一号"万米大陆科学钻探装备的钻探能力和深部大陆科学钻探取心钻探工艺水平，提高我国深部大陆科学钻探工程项目组织和管理水平[①]。

"松科二井"工程由中国地质科学院勘探技术研究所总负责，中国地质大学（北京）作为首席科学家单位主要负责科学目标的实现，吉林大学作为总装备师和总地质师单位主要负责"地壳一号"万米钻机的维护保养、使用指导和地质编录，四川宏华集团钻井队负责组织施工。工程自2014年4月13日开钻至2018年5月16日完钻，历时4年多，设计井深6400m，完钻井深7018m，实际井深7108.88m。连续取心井段为2840～7108.88m，加上上部局部取心，累计取心进尺4279.73m，获得岩心4136.59m，取心率高达96.66%。"松科二井"成为亚洲国家实施的最深大陆科学钻探井，也是国际大陆科学钻探计划自1996年成立以来实施的最深钻探井[②]。

"地壳一号"万米钻机在"松科二井"经历了最低温度达零下37℃，5个严冬的低温考验，累计工作1163天，无故障时间利用率达97.63%。共完成全面钻进、取心钻进、通井钻进和大直径扩孔钻进的施工任务，累计钻进进尺9843.67m，全面钻进最高日进尺265m，最快机械钻速达28.8m/h（二开ϕ216，H576～841m），分别创造了最高日进尺和最快钻速的国内记录。整个施工过程中钻机总体运行平稳、性能良好，有力地保障了"松科二井"的顺利进行，设备的先进性和可靠性得到充分的考验。

---

① 王成善，王汉巧，任延广. 等.2008. 松科2井工作方案（讨论稿）PPT. 大庆。
② 高楠、孟含琪.7018米！记住这个数字，它创造了一项亚洲纪录。新华社新媒体，2018.06.03。

一、井区自然条件

1. 地理环境

"松科二井"位于黑龙江省安达市南来乡六撮房村东南约250m，北7.6km为南来乡，北19km为安达市，北东10.8km为羊草镇，东南11.2km为安民乡，南6.1km为大有乡，西南7.8km为升平镇。该区村屯较多，较近的为南约0.8km的陈殿元村，南西约1.0km的马架屯，北东1.6km的温家屯，北西2.2km的三井子。南西约0.6km为安达市与肇东市地区界线。本区地处松嫩平原，地势平坦，区内无山岭河流，无沼泡。该井500m范围内无油水井，南约680m为宋深3井。井场地理位置如图8.1所示。

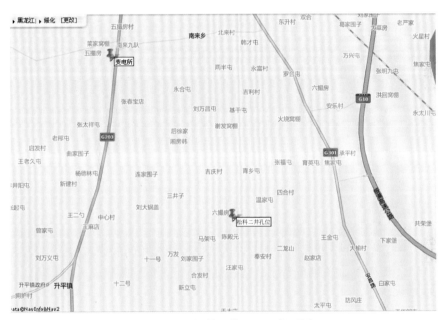

图8.1　"松科二井"地理位置图

2. 交通、通信

该井附近交通发达，位于203国道和301国道之间，西距203国道5.5km，东距301国道6.2km，东距G10绥满高速入口7.6km，东距齐哈铁路曹家站12km，有村村通公路通往周围乡镇、村屯，机耕路纵横交错，交通便利。联通、移动网络均覆盖该区。

3. 气候

该井区气候与大庆市相似，大庆市地处北温带大陆性季风气候区，受蒙古内陆冷空气和海洋暖流季风的影响，总的特点是：冬季寒冷有雪、春秋季风多、全年无霜期较短。年平均气温4.2℃，最冷月平均气温−18.5℃，极端最低气温−39.2℃；最热月平均气温23.3℃，极端最高气温39.8℃，年均无霜期143天，年均风速3.8m/s，年大于6级风日数为30天（韩英，2005），近5年来最大风为9级烈风，最大风速达22.2m/s；年降水量427.5mm，年蒸发量1635mm；年日照时数为2726h，年太阳总辐射量491.4kJ/cm²。安达地区年平均风速为3.9m/s，年平均气温3.2℃，年降水量平均419.7mm。早春季节有扬沙和沙尘暴现象。

二、钻孔设计技术要求

（1）钻孔设计深度：6400m，其中：①孔深0～2840m全面钻进；②孔深2840～6400m连续取心钻进。

（2）取心直径：不小于ϕ100mm（国际标准）。

（3）岩心采取率：不小于95%。

（4）最小钻孔直径：ϕ156mm（测井要求）。

（5）孔斜：0～1500≤3.0°；1500～2000≤4.5°；2000～3000≤5.0°；3000～4000≤7.0°；4000～6400≤9.0°。

（6）协助完成录井、测井和各种井内实验和试验工作。

第二节　区域构造与地层

一、构造

1. 区域构造背景

"松科二井"位于徐家围子断陷带宋站鼻状构造上，受区域性近南北向和北东向深大断裂的控制，松辽盆地北部形成了近南北向的断凹、断隆相间的区域构造格局。徐家围子断陷位于中部徐家围子–北安断陷带上，为松辽盆地北部深层规模较大的断陷。

2. 构造基本特征

徐家围子断陷近南北向展布，南北向长95km，中部最宽处有60km，面积4300km²。断陷为西断东超型箕状断陷，西部为断阶带，中部为深凹带，东部为斜坡带，西侧与古中央隆起带结合部为一大型的基底断裂面，该断裂面高差达3～5km，宽6～13km。断陷向东逐步抬升进入肇东–朝阳沟隆起带（瞿雪姣，2015）。

宋站鼻状构造是一个早期形成，长期发育的由北东向南西方向倾没的鼻状构造，西部与汪家屯构造相邻，宋站鼻状构造在T_5反射层上不明显，该构造在T_4和T_3层上面积明显扩大。

二、地层

1. 地质分层[①]

该井的地层分层如表8.1所示。

---

① 松辽盆地大陆科学钻探2号井（松科2井）钻井子工程设计（钻井、固井、井控部分），2013。

表 8.1 "松科二井"地层分层表

地层					油层	设计分层		地层产状		故障提示
界	系	统	组	段		底界深度/m	厚度/m	倾向/(°)	倾角/(°)	
新生界	古近系和新近系		第四系			20				防漏防塌
			泰康组							
			大安组							
			依安组							
中生界	白垩系	上白垩统	明水组	二段		130	110			
				一段		245	115			
			四方台组			435	190			
		下白垩统	嫩江组	五段		615	180			防斜
				四段	黑帝庙	805	190			
				三段		950	145			
				二段		1140	190			防卡
				一段	萨尔图	1245	105			
			姚家组	二、三段		1315	75			
				一段	葡萄花	1365	50	P顶253	P顶2.5	
			青山口组	二、三段	高台子	1610	245			
				一段		1680	70			
			泉头组	四段	扶余	1765	85			
				三段	杨大城子	2110	345			
				二段		2375	265			防喷防漏防卡防掉钻具
				一段		2530	155	204	4.5	
			登娄库组	四段		2675	145			
				三段		2840	165			
				二段		2965	125	202	4.9	
				一段						
			营城组		兴城	3320	355	195	14.2	
			沙河子组			5670	2350			
	侏罗系	上侏罗统	火石岭组			6240	570			
		下侏罗统	洮南组							
			白城组							
元古界			基岩			∨	360			
断点位置及断距					从地震资料看，预计本井将于泉二段顶、沙河子组上部（约3480m）、基底（约6400m）钻遇断层					

注：由于受断层影响，在 T_2、T_5 层上地层产状无法提供。

2. 地层序列及岩性

该井上部分段取心,从 2840m 登娄库组三段开始连续取心至终孔。中深部开始自上而下揭示的地层有泉头组二、一段,登娄库组四、三、二段,营城组,沙河子组,火石岭组和基底,预测该井中深部地层岩性分别如下。

(1)泉二段:暗紫红、暗紫色泥岩与紫灰、灰色泥质粉砂岩、粉砂岩呈不等厚互层。

(2)泉一段:暗紫色泥岩、粉砂质泥岩夹紫灰色泥质粉砂岩、粉砂岩薄层。与下伏地层呈不整合接触。

(3)登四段:暗紫色泥岩与紫灰、灰色粉砂岩,灰白色粉细砂岩呈不等厚互层,顶底部砂岩以薄层状为主,中部砂岩较厚。

(4)登三段:主要岩性为暗紫色泥岩与灰、灰白色粉砂岩、粉细砂岩、细砂岩呈不等厚互层。

(5)登二段:暗紫色泥岩与灰色粉砂岩、灰白色细砂岩呈不等厚互层。与下伏地层呈不整合接触。

(6)营城组:上部为绿灰色粗砂岩、砾岩、砂砾岩,紫色、杂色凝灰岩夹薄层砾岩,厚层杂色、灰色砾岩夹薄层紫色泥岩;下部为巨厚层紫色凝灰岩,厚层绿色、灰色凝灰岩夹灰色安山玄武岩。与下伏地层呈不整合接触。

(7)沙河子组:黑色泥岩夹黑色煤线,夹薄层灰色细砂岩、深灰色粉砂岩、泥质粉砂岩;底部为灰色砂砾岩、粗砂岩与灰黑色泥岩呈不等厚互层。与下伏地层呈不整合接触。

(8)火石岭组:绿灰、灰绿色英安岩、安山岩,黑色安山岩,灰色凝灰岩、泥岩。与下伏地层呈不整合接触。

(9)基底:灰、灰紫色动力变质岩。

3. 标准层

嫩江组二段底部、青山口组底部黑褐色油页岩为松辽盆地区域标准层。

4. 其他特殊情况

本区缺失古近系、新近系、登娄库组一段、下侏罗统洮南组和白城组。

三、生储盖条件

1. 烃源岩

徐家围子断陷主要有火石岭组一段、沙河子组、营二段等三套烃源岩,包括湖相泥岩和煤层,有机碳含量比较高,均已达高成熟-过成熟阶段,空间分布不均衡。整个断陷沙河子组湖相泥岩分布较广,厚度一般大于 400m,厚度最大部位在杏山、肇州和宋站南部等三个地区,受 NNW 向控陷断层控制,最厚达 1000m。泥岩有机碳值大多超过 1.0%,是深层泥质烃源岩中最高的,煤层有机碳平均为 29%。营二段仅分布于榆树林西及宋站地区的向斜内,最厚达 1200m,向东和西两侧上超到营一段顶面和宋西控陷断层上,预测烃源岩最大厚度可达 600m。

宋站地区紧邻徐家围子主要生气区,可聚集侧向运移来的天然气,同时,本区沙河子组暗色泥岩和煤层也比较发育，也可聚集垂向运移来的天然气。经沉积相研究及钻探证实，徐家围子断陷规模大、生烃层位多，营城组、沙河子组、火石岭组均为重要的烃源岩层，暗色泥岩发育，还有较厚的煤层，这些富含有机质的沉积地层为良好的烃源岩。

2. 储集层

该区深层天然气勘探发现，深层致密砂岩、砂砾岩、火山岩、花岗岩及变质岩风化壳等五大类储层中火山岩和砾岩为重要储层。宋站地区火山岩和砾岩储层都有发育。

地震和钻井揭示，宋站地区火山岩主要发育在西侧，层位为营城组三段，多口钻井均钻遇厚度较大的火山岩，储层岩石类型多样，既有熔岩类储层，也有火山碎屑岩储层。储集空间主要为各种类型的孔隙与各种成因的裂缝构成，组合类型多样。该区宋深1井钻遇了422m火山岩，上部岩性主要为灰白色流纹岩，下部为玄武粗安岩；宋深2井钻遇了311m火山岩，岩性主要为安山岩；宋深3井钻遇了130.2m的火山岩，岩性主要为凝灰岩、流纹岩和安山岩；宋深101井钻遇了360m火山岩，岩性主要为流纹岩和闪长玢岩。砾岩储层在宋站地区分布变化比较大，东部宋深4井营城组钻遇厚度较大的砾岩层，气测显示良好；南部宋深3井见厚度较大的砾岩层。

3. 盖层（封堵层）

嫩江组暗色泥岩厚度大，质纯，封闭性较好，是中浅层油层的良好盖层。泉一、二段河流相沉积层序，发育河流体系砂岩储层，但河流沉积体系中，特别是泉二段泥岩约占地层总厚度的60%以上，形成深层天然气藏的区域性盖层。登二段为拗陷湖盆发育的鼎盛时期，密集段较为发育，形成深层另一套重要的区域性盖层。

4. 生储盖层组合分析

徐家围子断陷深层沉积演化总的规律是以扇三角洲–湖泊体系为主过渡到以河流、河流三角洲–湖泊体系为主。沉积特征决定了生、储、盖的发育特征。断陷期火石岭组与营城组处于断陷盆地形成初期和末期，断陷湖盆水体较浅，密集段泥岩相对不发育，主要形成砂岩、砂砾岩和火山岩等储层。沙河子组处于盆地演化的中期，为断陷盆地发育的鼎盛时期，密集段较为发育，形成断陷期烃源岩和局部盖层，在盆地边缘扇三角洲沉积区及深湖湖底扇沉积区则发育储层。登一段和登三、四段处于拗陷盆地形成初期和末期，湖盆水体较浅，沉降速率低，密集段泥岩相对不发育，主要发育碎屑岩储层。登二段为拗陷湖盆发育的鼎盛时期，密集段较为发育，形成深层重要的盖层。泉一、二段河流相沉积层序，发育河流体系砂岩储层，但河流沉积体系中，特别是泉二段泥岩约占地层总厚度的60%以上，形成深层天然气藏的盖层。

勘探结果已表明，深层天然气分布主要受生气断陷的控制。徐家围子断陷规模大、生烃层位多，营城组、沙河子组、火石岭组均为重要的烃源岩层，暗色泥岩发育，还有较厚的煤层，评价为较好的烃源岩。登娄库组二段可能具有一定的生烃潜力。该断陷计算资源量最大，已成为目前深层勘探成果最好的断陷。徐家围子东部斜坡区紧邻徐家围子生气断陷，火山岩、砂砾岩储层发育，自西向东隆升的区域构造格局有利于天然气向斜坡较高部位运移聚集，是断陷内较有利的勘探区带。

四、邻井地层压力和温度

1. 地层三项压力预测

依据区块内资料，利用模拟软件进行地层三项压力预测。根据邻井营城组地层压力系数平均值为1.06，预计该层段地层压力为30.81~34.50MPa，如果钻遇气柱高度较大，压力可能增大；根据邻井营城组破裂压力系数平均值为1.8，预计该层段破裂压力为53.4~59.8MPa。沙河子组地层压力系数平均值为0.97，预计该层段地层压力32.56~53.92MPa，如果钻遇气柱高度较大，压力可能增大；根据邻井沙河子组破裂压力系数平均值1.9，预计该层段破裂压力为63.1~107.7MPa。

由于该区储层主要为火山岩，相互连通性较差，因而地层压力变化会比较复杂，也可能出现复杂情况。预测地层压力系数与将来实测压力系数可能存在较大偏差。

2. 邻井实测温度

参考邻井测试的地温表，以最近的宋深3井为主要测算依据，营城组3816.0m处实测温度为144.0℃，折算地温梯度为3.77℃/100m，由于该井附近地温梯度在松辽盆地较低，预测该井4000m以下地温梯度最低为3.77℃/100m；根据本区邻井4000m以下测温结果所做的温度剖面显示，预测该井4000m以下的地温梯度最高为3.9℃/100m。

综上，推测该井4000m以下地温梯度在3.7~3.9℃/100m，6400m井底温度变化范围为：$T_{min}=144+[(6400-3816)/100]\times3.7=240℃$；$T_{max}=144+[(6400-3816)/100]\times3.9=244.7℃$。

第三节 钻井工程设计

"松科二井"设计井深6400m（实际完井深度7108.88m），这里先按照6400m设计井深来进行井深结构设计、钻具组合设计和钻井参数设计。

一、井身质量要求

1. 井斜和水平位移要求

井斜要求根据钻孔设计技术要求，列于表8.2中，水平位移要求见表8.3。

表8.2 井斜允许范围

井深/m	井斜/(°)	井斜测量间距/m
0~1500	≤3.0	
1500~2000	≤4.5	
2000~3000	≤5.0	25
3000~4000	≤7.0	
4000~6400	≤9.0	

表 8.3　水平位移范围

井深/m	全角变化率	水平位移/m	井径扩大率/%
0 ~ 1000	≤ 1°00′	≤ 30.0	≤ 20
1000 ~ 2000	≤ 1°15′	≤ 50.0	
2000 ~ 3000	≤ 2°00′	≤ 80.0	≤ 15
3000 ~ 4000	≤ 2°15′	≤ 120.0	
4000 ~ 5000	≤ 2°30′	≤ 140.0	≤ 10
5000 ~ 6400	≤ 3°00′	≤ 140.0	

2. 钻井质量控制要求

（1）要求执行大庆石油管理局 Q/CNPC-DQ 0001—2007《大庆油田钻井工程质量要求》的相关要求。

（2）松辽盆地的岩性以泥岩、砂岩和砾岩为主，地层疏散，容易井塌和井漏，钻井中需防斜。

（3）整个层段中油气层较多，钻井中需做好井控工作，预防井喷事故。

（4）钻进中将遇到三个较大断层，分别位于 2110m 泉二段顶、3480m 沙河子组和 6400m 基底，施工中要别注意防漏和防卡。

（5）营城组可能含有火山岩、砾岩，地层研磨性强，可钻性差，要防止钻头掉齿和崩齿等事故发生。

（6）该井设计井深 6400m，井底温度最高将达 240℃，钻进中高温容易使钻井工具、钻井液、固井水泥的性能变化，引起井内复杂情况出现。

（7）在钻进过程中需特别注意防斜、防漏、防卡、防塌和防断钻具等。

二、井身结构设计

1. 设计原则

井身结构设计的主要任务是确定套管的下入层次、下入深度、水泥浆返深、水泥环厚度及钻头尺寸。设计质量关系到科学钻探井能否安全、优质、高效和经济钻达目的层。选择井身结构的客观依据是地层岩性特征、地层压力和地层破裂压力。主观条件是钻头和钻井工艺技术水平等。井身结构设计应满足以下主要原则：

（1）避免产生井漏、井塌和卡钻等井下复杂情况和事故；

（2）当未知层出现漏和塌等复杂情况必须下套管封固时，要留有足够的空间保证下面取心钻井的正常进行；

（3）当实际地层压力超过预测值发生溢流时，在一定范围内，应具有处理溢流的能力。

2. 套管设计

套管是井深结构的主要因素。套管主要有导管、表套、技套和尾套。

（1）导管：其作用是在开孔时将钻井液从井内引导到地面上来，这一层管柱的长度变化较大，在坚硬的岩层中为10~20m，该井根据地质设计和邻井资料导管深度达20m。

（2）表套：其作用主要是防护浅水层受污染，封隔浅层流砂、砾石层及浅层油气。同时，用来安装井口防喷装置，是井口设备（套管头）的唯一支撑件，也是悬挂依次下入的各层套管。表套下入深度视地层情况而定，该井拟穿过四方台组中厚190m左右的疏松层，再向下钻进约20m，约下入表套450m深，固井时水泥浆返至地表。

（3）技套：一是用来隔离坍塌地层及高压水层，防止井径扩大，减少阻卡及键槽的发生，以便继续钻进；二是用来分隔不同的压力层系，以建立正常的钻井液循环。它也为井控设备的安装、防喷、防漏及悬挂尾管提供了条件。

（4）尾管：尾管是一种不延伸到井口的套管柱，它的优点是下入长度短和费用低。在深井钻井中，尾管另一个突出的优点是，在继续钻进时可以使用异径钻具，在顶部的大直径钻具比同一直径的钻具具有更高的抗拉伸强度，在尾管内的小直径钻具具有更高的抗内压力的能力；尾管的缺点是固井施工困难，尾管的顶部通常要进行抗内压试验，以保证密封件。尾管与上层套管重叠段长度取150~200m。该井如果四开打不到设计深度，将采用尾管固井，然后进行五开钻进；五开结束，终孔也采用尾管。

3. 地质必封点确定

根据地质情况，首先确定钻井必封点，然后根据钻探目标确定终孔直径，最后由下而上进行井身结构设计。

（1）该井地层中，四方台组以上为疏松地层，要防漏和防塌。该层位在245~455m，要考虑必封点。

（2）该井在泉头组二段顶部2110m左右将钻遇断层，在上述层位要防漏和防斜，要考虑必封点。

（3）营城组底部到沙河子组上部将钻遇断层，同时近平衡段脆性火山岩因破碎易落碎块，疏松的凝灰质岩和泥岩，遇水易膨胀，特别要注意防斜和防卡，要考虑必封点，在3480m。

（4）沙河子组下部有砾岩，极有可能含气，且井壁极易坍塌，需考虑必封点，在4400~4500m。

（5）火石岭组上部为灰色凝灰岩和泥岩，容易缩径，且该地层极有可能储藏有丰富油气，要考虑必封点，在5900~6000m。

4. 井身结构方案

该井井深结构设计如图8.2所示，导孔采用ϕ900mm全面钻头开孔，深度20m，下ϕ720mm的导管；一开采用ϕ660.4mm全面钻头钻进450m，下入ϕ508mm的表层导管；二开采用ϕ444.5mm全面钻头钻进2840m，下入ϕ339.7mm技术套管到2838m；三开采用ϕ311.2mm取心钻头钻进4500m，下入ϕ244.5mm技术套管到4498m；四开采用ϕ215.9mm取心钻头钻到5800m，下入ϕ177.8mm尾管，尾管深度从4350~5798m；五开采用ϕ150mm取心钻头钻进到设计井深6400m，下入ϕ127mm的尾管，下入深度为5650~6398m。井身结构设计[1]说明见表8.4。

---

① 松辽盆地大陆科学钻探2号井（松科2井）钻井子工程设计（钻井、固井、井控部分），2013。

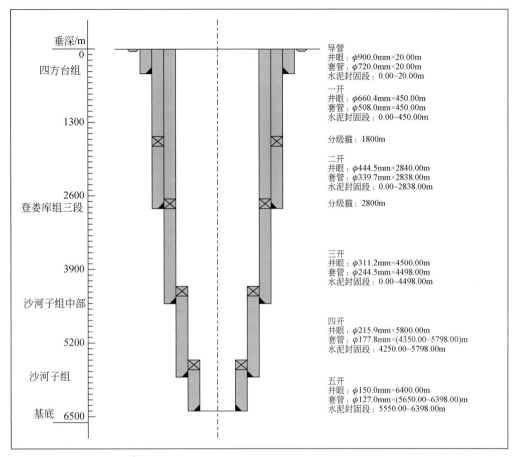

图 8.2 井深结构示意图

表 8.4 井身结构设计数据表

开钻次序	钻头尺寸×井深 /（mm×m）	套管尺寸×下深 /（mm×m）	套管下入地层层位	环空水泥浆返深/m	备注
一开	φ660.4×450	φ508.0×450	四方台组	地面～300	插入式固井
二开	φ444.5×2840	φ339.7×2838	登二段	地面～2840 (1.5g/cm³)	双胶塞固井
三开	φ311.2×4500	φ244.5×4498	沙河子组	4498 (1.6g/cm³)	钻深及套管下入视现场情况而定
四开	φ215.9×5800	φ177.8× (4350～5798)	火石岭组	4250～5798 (1.8g/cm³)	
五开	φ150×6400	φ127× (5650～6398)	基底	5650～6398 (1.8g/cm³)	

注：三开、四开钻深及套管下入深度要视钻进情况而定，表中为预设深度。

三、钻具组合设计

根据井深结构设计，该井所用钻具组合主要包括全面钻进钻具组合和常规取心钻进钻具组合两种，每个组合可分别采用塔式钻具和钟摆钻具两种形式。

（一）一开钻具组合

一开设计井眼直径 ϕ660.4mm，钻井深度 0～450m，其钻具组合外形如图8.3所示，技术数据如表8.5所示。

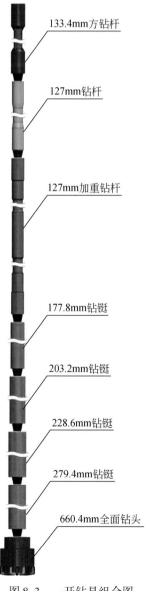

图8.3 一开钻具组合图

表 8.5 一开钻具组合技术数据

名称	数量/根	外径/mm	内径/mm	推荐长度/m	单位重量/（N/m）	段重/kN	累重/kN
方钻杆	1	133.4	82.6	9	1008.9	9.08	487.2
5″钻杆	30	127	108.6	267	290	77.43	478.12
5″加重钻杆	4	127	76.2	36	719	25.88	400.69
7″钻铤	4	177.8	71.4	36	1599.36	57.58	374.81
8″钻铤	5	203.2	71.4	45	2186.5	98.39	317.23
9″钻铤	4	228.6	76.2	36	2806.6	101.04	218.84
11″钻铤	3	279.4	76.2	27	4365.9	117.8	117.8
全面钻头	1	660.4		0.5			

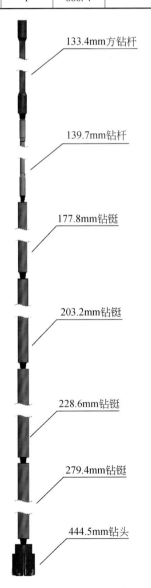

图 8.4 二开钻具组合图（塔式钻具）

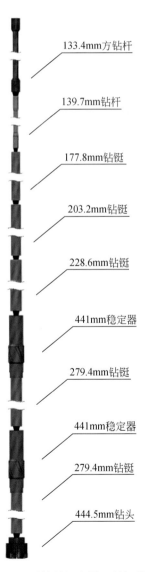

图 8.5 二开钻具组合图（钟摆钻具）

（二）二开钻具组合

二开井眼直径 ϕ444.5mm，设计井深为 450～2840m，由于该井段要注意防斜，故设计了塔式钻具组合和钟摆式钻具组合 2 种形式，分别如图 8.4 和图 8.5 所示，技术数据分别见表 8.6 和表 8.7。

表 8.6　二开钻具组合技术数据（塔式钻具）

名称	数量/根	外径/mm	内径/mm	推荐长度/m	单位重量/(N/m)	段重/kN	累重/kN
方钻杆	1	133.4	82.6	9	1008.9	9.08	1468.84
5 1/2″钻杆	291	139.7	118.6	2620	360.15	943.6	1459.76
7″钻铤	6	177.8	71.4	54	1599.36	86.37	516.16
8″钻铤	12	203.2	71.4	108	2186.5	236.14	429.80
9″钻铤	3	228.6	76.2	27	2806.6	75.78	193.66
11″钻铤	3	279.4	76.2	27	4365.9	117.88	117.88
钻头	1	444.5		0.5			

表 8.7　二开钻具组合技术数据（钟摆钻具）

名称	数量/根	外径/mm	内径/mm	推荐长度/m	单位重量/(N/m)	段重/kN	累重/kN
方钻杆	1	133.4	82.6	9	1008.9	9.08	1533.28
5 1/2″钻杆	291	139.7	118.6	2620	360.15	943.6	1524.2
7″钻铤	6	177.8	71.4	54	1599.36	86.37	580.6
8″钻铤	9	203.2	71.4	81	2186.5	177.10	494.24
9″钻铤	6	228.6	76.2	54	2806.6	151.55	317.14
11″钻铤	1	279.4	76.2	9	4365.9	39.29	165.59
稳定器	1	441	71.4	1.5	2806.6	4.21	126.30
11″钻铤	1	279.4	76.2	9	4365.9	39.29	122.09
稳定器	1	441	76.2	1.5	2806.6	4.21	82.80
11″钻铤	2	279.4	76.2	18	4365.9	78.59	78.59
钻头	1	444.5		0.5			

（三）三开钻具组合

采用常规的 ϕ311.2mm 取心钻头进行连续取心钻进，钻进深度 4500m，其钻具组合技术数据如表 8.8 所示。

表8.8 三开取心钻具组合

名称	数量/根	外径/mm	内径/mm	推荐长度/m	单位重量/（N/m）	段重/kN	累重/kN
顶驱	1			4.6			
5 1/2″钻杆	453	139.7	118.6	4313	360.15	1553.33	1815.89
7″钻铤	6	177.8	71.4	54	1599.36	86.37	262.56
8″钻铤	4	203.2	71.4	36	2186.5	78.71	176.19
扶正器	1	308mm	71.4	1.7		3.72	97.48
8″钻铤	1	203.2	71.4	9	2186.5	19.68	93.76
螺杆马达	1	204		8.7		15	52.33
取心筒	3	298	224	24.81	1488.2	36.93	37.33
取心钻头	1	311.2	216	0.36/0.45		0.4	0.4

（四）四开钻具组合

采用常规的 ϕ215.9mm 取心钻头进行取心钻进，钻进深度 5800m，其钻具组合技术数据如表 8.9 所示。

表8.9 四开钻具组合技术数据

名称	数量/根	外径/mm	内径/mm	推荐长度/m	单位重量/（N/m）	段重/kN	累重/kN
顶驱	1			4.6	备注：配上、下旋塞		
5 1/2″钻杆	629	139.7	118.6	5661	360.15	2038.8	2236.53
7″钻铤	11	177.8	71.4	99	1599.36	158.34	197.73
螺杆马达	1	172		8.7		12.1	39.39
取心筒	4	194	130	32.26	836.6	26.99	27.29
取心钻头	1	215.9	124	0.4		0.3	0.30

（五）五开钻具组合

采用常规的 ϕ150mm 取心钻头钻进，直到设计井深 6400m，其钻具组合技术数据如表 8.10 所示。

表8.10 五开取心钻具组合技术数据

名称	数量/根	外径/mm	内径/mm	推荐长度/m	单位重量/（N/m）	段重/kN	累重/kN
顶驱	1			4.6	备注：配上、下旋塞		
5 1/2″钻杆	507	139.7	118.6	3830.37	360.15	1643.36	2247.31

续表

名称	数量/根	外径/mm	内径/mm	推荐长度/m	单位重量/(N/m)	段重/kN	累重/kN
3 1/2″钻杆	83	88.9	70.2	2391.59	198.1	473.77	495.54
5″钻铤	15	127	57.2	137.23	790	108.41	603.95
取心筒	4	140	98	42.31	510.8	21.61	21.76
取心钻头	1	152.4	92	0.32		0.15	0.15

四、钻井参数设计

各开钻井参数设计如表 8.11 所示。

表 8.11　钻井参数设计

开钻次序	井段/m	进尺/m	层位	钻头		钻井参数			钻井液
				直径/mm	类型	钻压/kN	转速/(r/min)	排量/(L/s)	密度/(g/cm³)
一开	0~450	450	第四系—四方台组	660.4	skw121	30~80	50	55~65	1.05~1.15
二开	450~2840	2390	四方台组—登二段	444.5	三牙轮 M1955	50~120	50~80	55~65	1.05~1.30
					CKS606	320~400	50~80	55~65	
三开	2840~4500	1660	登二段—沙河子	311.2取心	PDC	100~150	15~30	40~50	1.15~1.30
					孕镶金刚石	80~120	15~30	30~35	
四开	4500~5800	1300	沙河子—火石岭	215.9取心	PDC	70~100	15~30	20~30	1.10~1.25
					孕镶金刚石	50~100	15~30	20~30	
五开	5800~6400	600	火石岭—基地	152取心	PDC	50~100	60~100	3~5	1.20~1.45
					孕镶金刚石	30~60	60~100	3~5	

五、井控设计

各开次的井口装置要严格按标准规范安装，保证四通出口高度始终不变。防喷器、四通、套管头、节流管汇、压井管汇、防喷管线和阀门的各连接法兰的密封垫环槽、密封垫环要清洁干净，并涂润滑脂安装。各部位的连接螺栓要齐全并对称均匀扭紧，螺栓两端露头长度一致，法兰间隙要均匀。该井处于冬季施工地区，要做好闸阀和管线等井控设备的防冻保温工作，采用的防喷器累计上井使用时间不能超过 7 年。

（一）一开井口装置

一开井口装置如图 8.6 所示，主要由导管和园井组成。

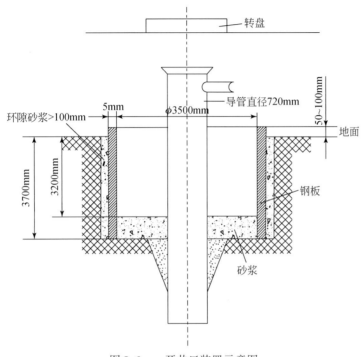

图 8.6　一开井口装置示意图

（1）圆井挖深 3700mm，圆井净深 3200mm，其底部灌砂浆厚 500mm，并找平，圆井内径 φ3500mm。

（2）圆井材质，采用 5mm 的钢板焊制，其内壁采用角钢 60mm×60mm 四周加固，并焊有进出圆井的工作扶梯。

（3）圆井周围环隙不小于 100mm，并灌砂浆固化。

（4）圆井中心与转盘中心偏差小于 150mm，圆井的同轴度小于 20mm，圆井顶部在地面上 50～100mm 范围内。

（5）导管直径 φ720mm，下入深度 20000mm，导管周围灌注砂浆固化，导管中心与转盘中心偏差小于 30mm，倾斜度小于 0.5°。

（6）圆井不允许用红砖砌成，也不允许制成方形，圆井应具有防塌能力，其强度应满足后期完井作业的要求。

（二）二开及以下井口装置

1. 防喷器选择

防喷器压力等级的选用原则上应与相应井段中的最高地层压力相匹配，同时综合考虑套管最小抗内压强度的80%、套管鞋破裂压力、地层流体性质等因素。

1）二开防喷器

该井技术套管下深2838m，套管鞋处最大破裂压力最大为8.1MPa；套管抗内压强度15MPa；二开设计井深为2840m，根据邻井地层平均压力系数为1.06，最高地层压力系数为1.16，裸眼段最高地层压力为32.9MPa，故二开防喷器最大压力设计为35MPa，选择型号为为2FZ35-35MPa的双闸板防喷器。二开井口装置如图8.7所示。

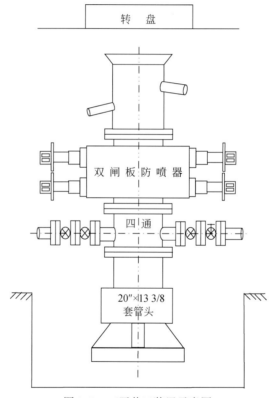

图8.7　二开井口装置示意图

2）三开和四开防喷器

三开和四开防喷器可选用同一结构的防喷器，三开设计井深4500m，四开设计井深为5800m，以四开井深为选择依据，最高地层压力系数按1.16计算，四开裸眼段最高地层压力为67.28MPa，故防喷器最大压力选择70MPa，井口装置如图8.8所示，选用FH35-35MPa环形防喷器和2FZ35-70MPa的双闸板防喷器组合。

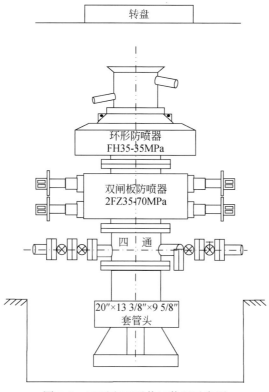

图 8.8 三开和四开井口装置示意图

3）五开防喷器

五开设计井深 6400m，按最大地层压力系数 1.16 计算，五开裸眼段最高地层压力为 74.24MPa，故选择最大压力为 105MPa 防喷器足以满足钻井安全，选用 FH35-70MPa 环形防喷器、FZ35-105MPa 单闸板防喷器和 2FZ35-105MPa 的双闸板防喷器组合，五开井口装置组合如图 8.9 所示。

2. 防喷器组安装要求

（1）防喷器底法兰套管短节上下连接不得偏扣、不得电焊，密封应满足试压要求。

（2）防喷器主体安装平整，天车、转盘、井口中心的最大偏差不能超过 10mm。

（3）防喷器组用 16mm 钢丝绳正反花篮螺栓四角绷紧固定，钢丝绳不能妨碍其他操作。

（4）防溢管与顶盖的密封用密封垫环或专用橡胶圈，防喷器上部安装挡泥伞。

（5）具有手动锁紧机构的闸板防喷器应装齐手动操作杆，操作手轮原则上接到井架底座外，手轮端应支撑牢固，其中心与锁紧轴之间的夹角不大于 30°。挂牌标明开、关方向和到底的圈数及闸板类型。

（6）双闸板防喷器采用上半封闸板，下全封闸板。

3. 套管头的安装

（1）套管头的安装应符合 SY/T5127 的规定，应保证四通与防喷管线在各次开钻中的位置不变。

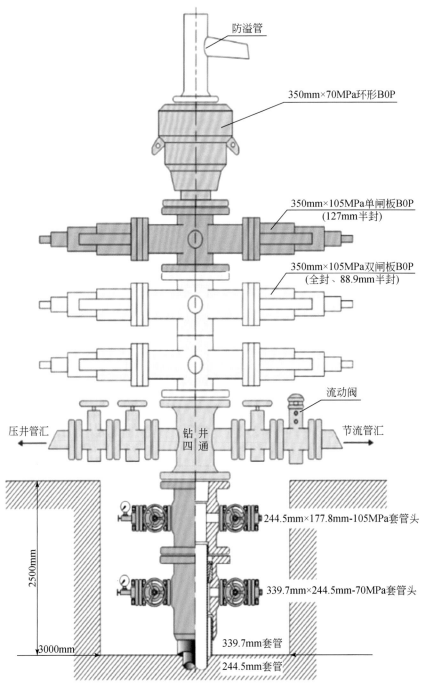

防溢管

350mm×70MPa环形BOP

350mm×105MPa单闸板BOP
(127mm半封)

350mm×105MPa双闸板BOP
(全封、88.9mm半封)

流动阀

压井管汇   钻井四通   节流管汇

244.5mm×177.8mm-105MPa套管头

339.7mm×244.5mm-70MPa套管头

2500mm

3000mm

339.7mm套管

244.5mm套管

图 8.9　五开井口组合装置结构示意图

（2）下套管前，准确计算联顶节长度，保证技术套管头顶面高出地面的高度在
0.25~0.3m。

（3）把套管头吊平、摆正下放，下放时注意套管头的密封部位，以免损坏。下放到位
后校正出口方位及水平度。

（4）对套管头进行注塑、试压，试压压力为套管抗内压强度的80%与套管头额定工作压力二者中的最小值，稳压30min，压降不大于0.5MPa。

（三）节流与压井管汇

1. 节流管汇与压井管汇设计

节流管汇及压井管汇联接如图8.10~图8.14所示。

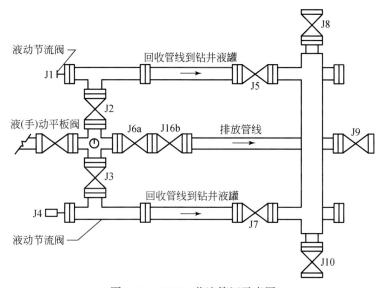

图8.10　21MPa节流管汇示意图

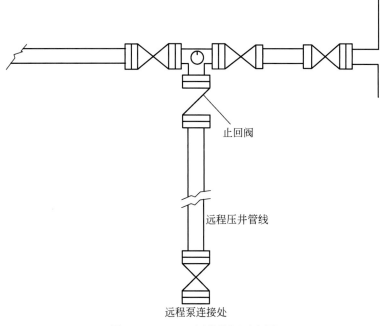

图8.11　21MPa压井管汇示意图

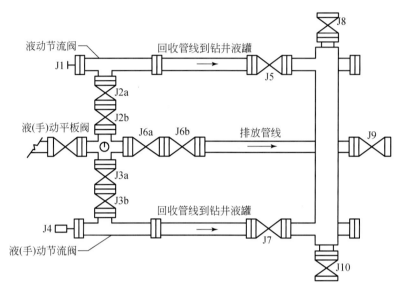

图 8.12　70MPa 节流管汇示意图

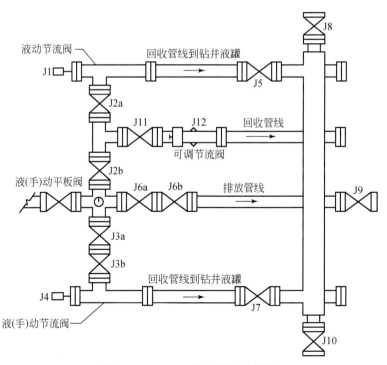

图 8.13　105MPa 节流管汇示意图

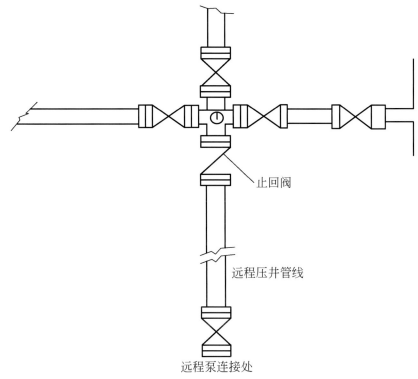

止回阀

远程压井管线

远程泵连接处

图 8.14 70MPa、105MPa 压井管汇示意图

2. 井控管汇安装要求

（1）防喷管线应使用经探伤检验合格的专用管材，通径不小于 78mm，采用焊接法兰连接或螺纹法兰连接，不允许现场焊接。

（2）安装完毕的节流管汇、压井管汇、防喷管线和钻井四通应达到平直，不允许防喷管线拐弯。

（3）压井管汇接两条压井管线，一条与远程泵连接，配有单向阀，末端有 $\phi52mm$ 高压油壬（公头）；另一条也配有单向阀，用外径 $\phi73mm$ 的油管与钻井泵高压管线连接，在地面管汇处有球阀。

（4）节流管汇、压井管汇、钻井四通两侧的每个闸阀要按照标准编号挂牌，并处于标准的开关状态，节流阀开度 1/3 ~ 1/2。

（5）节流管汇的钻井液回收管线使用经探伤检验合格、通径不小于 $\phi78mm$ 的专用管线，出口处必须固定牢，进入 1 号罐。拐弯角度不小于 120°，不得在井场焊接，螺纹连接余扣不大于一扣。

（6）节流管汇和压井管汇各接一条放喷管线。放喷管线用法兰连接的通径不小于 $\phi78mm$ 的专用管线或使用 $\phi127mm$ 钻杆，并且外螺纹向外，放喷管线长度距井口不小于 75m，出口保持平直，距各种设施不小于 50m。

（7）放喷管线要平直，螺纹连接紧固牢靠，不得焊接。如遇特殊情况，管线需要转弯时，要用铸（锻）钢弯头连接，其角度不小于120°。放喷管线每隔10～15m、转弯处用水泥基墩地角螺栓或地锚固定，其中距放喷口0.5～2.0m必须有双基墩。地脚螺栓直径不小于ϕ20mm，埋入长度不小于0.5m。放喷管线需要悬空安装时，悬空处要支撑固定，支撑点间距控制在10m之内。对于活动基墩，必须有不小于1/3高度埋入地下。

（8）放喷口前应挖放喷坑。主放喷坑为3m（宽）×5m（长）×1.5m（深）或体积不小于15m³的回收罐，副放喷坑规格为2m（宽）×3m（长）×1.5m（深）或体积不小于6m³的回收罐，挖取的土堆放在放喷坑前方，形成土墙。

（9）在放喷口处有固定或人工点火装置，人工点火点在出口上风方向不小于15m。

（四）控制装置

（1）远程控制台安装在面对井架大门左侧，即司钻工作位置后面便于操作的地方，距井口不少于25m，距放喷管线或压井管线应有2m以上距离，并在周围留有宽度不少于2m的人行通道，周围10m内不得堆放易燃、易爆、腐蚀物品。

（2）远程控制台总气源应与司钻控制台气源分开连接，并配置气源排水分离器。严禁强行弯曲和压折气管束。

（3）远程控制台电源应从配电板总开关处直接引出，并用单独的开关控制，不得与照明或其他用电器线路串接。

（4）连接井口部位井控设备的液压管线用外敷防火花材料的高压耐火隔热软管。管排架与防喷管线、放喷管线、压井管线的距离不少于1m，车辆跨越处应装过桥盖板；不允许在管排架上堆放杂物和以其作为电焊接地线或在其上进行焊割作业。条件允许时全部使用高压耐火隔热软管。

（5）节流控制箱安装在钻台的右侧，操作节流控制箱的同时能观察到液动节流阀。需要标明控制对象的控制闸阀挂牌。

（五）井控主要措施

（1）钻井过程中钻井队要认真做好地层孔隙压力监测，绘制预测地层孔隙压力曲线、监测地层孔隙压力曲线、设计钻井液密度曲线和实际钻井液密度曲线四条曲线，并贴于井场值班房墙上。

（2）施工方在施工过程中因地质情况或施工条件出现较大变化时，应及时对钻井作业进行风险识别和评价，制定出安全技术保障措施，并提出修改设计的请求，按程序审批后方可实施。

（3）从一开钻进开始，井队负责人必须24h值班，负责井控工作在内的所有钻井施工管理。值班负责人要佩戴明显标志，填写值班记录（包含在交接班记录内）。

（4）严格执行钻开油气层前的准备和检查验收制度，在进入油气层前50～100m，按照下部钻井的设计最高钻井液密度值，对裸眼地层进行承压能力检验。

（5）最大允许关井套压值为防喷器额定工作压力、地层破裂压力决定的允许关井套压值、套管抗内压强度的 80%，三者中的最小值。

（6）钻井液性能符合钻井设计要求，特别是钻井液密度必须在设计范围内。起钻前充分循环井内钻井液，使其性能稳定，进出口密度差不超过 $0.02g/cm^3$。

（7）钻进时司钻注意观察泵压、钻速等变化，发现异常立即停止钻进，继续循环钻井液观察后效。

（8）起钻过程中，要严格控制起钻速度，钻头在油气层中和油气层顶部以上 300m 井段内，起钻用 I 挡或起钻速度不超过 0.5m/s，预防抽吸引起井喷。起钻中严格按规定及时向井内灌满钻井液，并作好记录和校核，及时发现异常情况；起钻完应及时下钻，检修设备时必须保持井内有一定数量的钻具，并观察出口管钻井液返出情况，严禁在空井情况下进行设备检修。

（9）空井作业时间（如电测、井壁取心等）原则上不能超过 24h，或根据坐岗观察和钻井工程设计要求的空井时间，否则必须下钻通井。

（10）钻开油气层后，每次起钻前钻井液密度达到设计上限，都要进行一次 250～350m 的短起下钻，计算气体上窜速度，循环钻井液观察后效，正常后才可起钻。

（11）钻进中发生井漏应将钻具提离井底，以便关井观察。采取定时和定量反灌钻井液措施，保持井内液柱压力与地层压力平衡，防止发生溢流，其后采取相应措施处理井漏。

（12）需泡油、混油或调整钻井液密度时，应确保井筒液柱压力不小于裸眼段中的最高地层孔隙压力。

（13）完井下套管建立循环前，必须在套管内灌满钻井液。

（14）固井作业时不得拆除防喷器，应配套微变径闸板、换与套管直径相匹配的闸板或在钻台配备套管螺纹和防喷钻杆相匹配的接头。固井全过程保证井内压力平衡，尤其防止水泥浆候凝期间因失重造成井内压力平衡的破坏，甚至井喷。

（15）中途测试和先期完成井，在进行作业前观察一个作业期时间；起、下钻杆应在井口装置符合安装和试压要求的前提下进行。

（16）认真做好井控记录，严格执行井控九项管理制度，本设计未提及部分按《大庆油田井控技术管理实施细则》执行。

（六）其他井控要求

其他井控要求主要包括除气设备安装要求、钻具内防喷工具要求、井控装置试压要求、井控监测仪器及钻井液处理装置要求、井控培训要求、井控演习要求、坐岗要求、加重钻井液储备和加重料要求、低泵速试验要求，以及现场防火、防爆及防硫化氢安全措施要求等，应严格按照井控的相关操作规程、规定和要求执行。

第四节 钻 前 工 程

一、土地征用

土地征用包括现场指挥部办公生活用地、井队人员办公生活用地和井场用地。根据计算，"松科二井"拟占地面积为 27000m²，其中：井场占地 16900m²、现场指挥部占地 8100m²、井队生活区占地 2000m²，具体区域如图 8.15 所示。

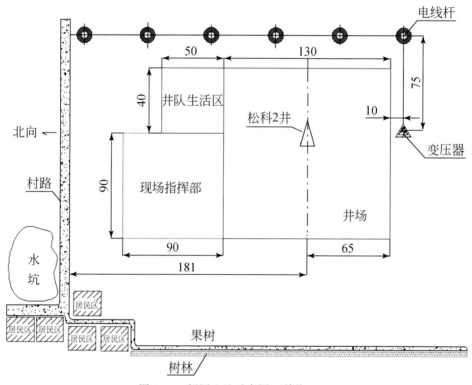

图 8.15 征用土地示意图（单位：m）

二、岩土工程勘察

为查明场地工程地质条件，为钻机基础设计提供依据，对"松科二井"场地进行了前期岩土工程勘察，主要得到以下结论及建议。

1. 地基评价

Ⅰ层耕地土松散；Ⅱ层粉质黏土硬可塑，局部硬塑–坚硬，具中等压塑性，局部高压缩；Ⅲ层粉砂中密。

2. 建议采用的地基基础方案

根据场地工程地质条件及井场钻机的特点，建议采用天然地基，持力层可选Ⅱ层粉质黏土。基坑在施工和使用期间严禁浸水。

3. 其他

场地稳定，未见灾害性地质现象，工程地质条件适宜用于井场修建。

地层统计如表8.12所示，土工试验参数如表8.13所示，工程地质剖面图如图8.16所示。

表8.12　地层统计表

地层编号	岩土名称	项次	层厚/m	层顶高程/m	层底高程/m	层顶深度/m	层底深度/m
①	耕土	统计个数	4	4	4	4	4
		最大值	0.40	0.00	−0.30	0.00	0.40
		最小值	0.30	0.00	−0.40	0.00	0.30
		平均值	0.32	0.00	−0.32	0.00	0.32
		推荐值	0.32	0.00	−0.32	0.00	0.32
		变异系数	0.154	0.000	−0.154	0.000	0.154
②	粉质黏土	统计个数	5	5	5	5	5
		最大值	4.05	−0.30	−2.00	4.60	0.40
		最小值	3.00	−4.60	−4.60	0.10	0.10
		平均值	3.52	−2.45	−3.05	2.45	0.25
		推荐值	3.52	−2.45	−3.05	2.45	0.25
		变异系数	0.000	−0.125	−0.125	0.020	0.300
③	粉砂	统计个数	4	4	4	4	4
		最大值	0.53	−3.80	−4.60	4.10	4.60
		最小值	0.94	−4.10	−4.60	3.60	4.60
		平均值	0.72	−3.88	−4.60	3.80	4.60
		推荐值	0.72	−3.88	−4.60	3.80	4.60
		变异系数	0.200	−0.025	−0.300	0.000	0.000

注：工程名称：松科二井东孔前期勘察；工程编号：L2011-66。

表 8.13　土工试验综合参数表

孔号及土号	试样深度/m	天然含水量ω/%	土粒比重 G_s	天然孔隙比 e	质量密度ρ/(g/cm³)	孔隙度 n/%	饱和度 S_r/%	干密度 ρ_d/(g/cm³)	饱和密度 ρ_{sat}/(g/cm³)	液限 ω_L/%	塑限 ω_P/%	液性指数 I_L	塑性指数 I_P	压缩系数 a 0.1~0.2/(1/MPa)	压缩模量 E_s 0.1~0.2/(1/MPa)	颗粒组成百分数 ≥0.075/%	颗粒组成百分数 <0.075/%	室内定名
Zk2-1	2.10~2.30	18.0	2.72	0.573	2.04	36.4	85.4	1.73	2.09	40.6	24.1	-0.37	16.5	0.211	7.46			粉质黏土
Zk2-2	4.30~4.50															58.5	41.5	粉砂
Zk2-3	7.00~7.20	17.6	2.71	0.586	2.01	36.9	81.5	1.71	2.08	28.1	17.4	0.02	10.7	0.232	6.85			粉质黏土
Zk3-1	2.20~2.40	22.0	2.72	0.702	1.95	41.2	85.3	1.60	2.01	35.1	20.3	0.11	14.8	0.408	4.17			粉质黏土
Zk3-2	4.30~4.50															62.5	37.5	粉砂
Zk3-3	6.10~6.30	24.8	2.72	0.940	1.75	48.4	71.8	1.40	1.89	34.9	19.4	0.35	15.5	0.551	3.52			粉质黏土
Zk3-4	8.20~8.40	24.1	2.72	0.767	1.91	43.4	85.4	1.54	1.97	35.2	20.3	0.26	14.9	0.463	3.85			粉质黏土

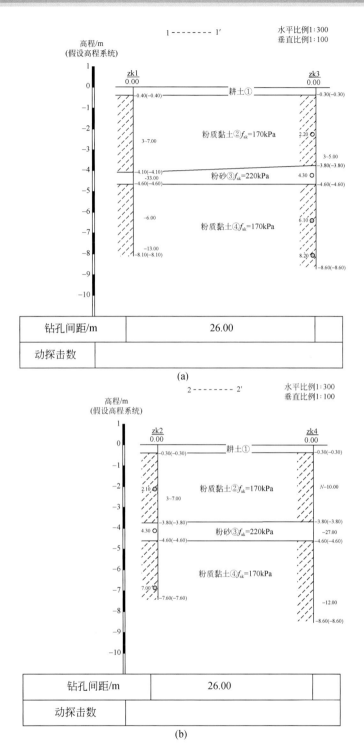

图 8.16　工程地质剖面图

三、井场总体设计

根据 SY-T5466-2004《钻前工程及井场布置技术要求》，"松科二井"现场共分为三个区域，井场共分为井场工作区、现场指挥部和井队生活区三部分。其总体布置如图 8.17 所示，实际井场各工作区位置和面积与该设计有所调整。

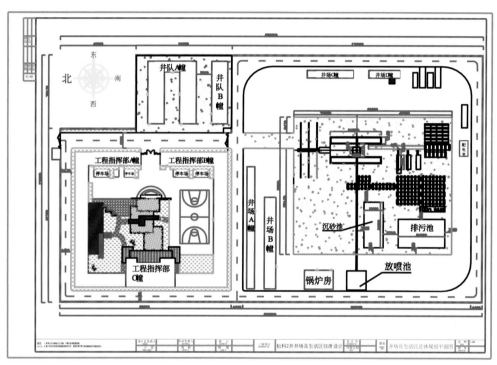

图 8.17 井场总体布置图

四、输变电设施设计

输变电工程主要包括架设一条 10kV 的专用线至井场，提供井场施工动力及办公生活等照明用电。根据 SY/T 5466—2004《钻前工程及井场布置技术要求》，高压线距井口 75m，电线杆高 10m，转角杆高 12m，并设置张力线。

变压器参数：10kV 变为 600V，单台输出功率 2500kVA，2 套 5000kVA。

五、井场工程设计

(一) 设计依据及技术要求

1. 设计依据
所执行的主要标准和规范，但不限于以下标准和规范。

（1）Q/SH 0163—2008《钻前工程施工技术要求》；

（2）SY/T 5466—2004《钻前工程及井场布置技术要求》；

（3）SY/T 6199—2004《钻井设施基础规范》；

（4）SY/T 5972—2009《钻机基础选型》；

（5）SY 4210—2009《石油天然气建设工程施工质量验收规范道路工程》；

（6）AQ 2012—2007《石油天然气安全规程》；

（7）SY/T 6426—2005《钻井井控技术规范》；

（8）SY/T 6629—2005《陆上钻井作业环境保护推荐作法》；

（9）JTG D30—2004《公路路基设计规范》；

（10）JTG D60—2004《公路桥涵设计通用规范》；

（11）GB 50007—2002《建筑地基基础设计规范》；

（12）JGJ/T 55—2000《普通混凝土配合比设计规范》。

2．技术要求

1）钻机基础施工技术要求

（1）各基础必须建在抗压强度不小于150kPa的地层上；

（2）各种原材料必须具备产品合格证和质量保证书方可使用。水泥应选用大于42.5R级的普通硅酸盐水泥；所有基础垫层混凝土标号C10，基础混凝土标号C30；砌筑砂浆标号为M5以上；

（3）回填土采用分层压实，每层虚土不大于30cm，压实系数不小于0.93。

2）井场道路建设要求

（1）基本能满足钻井设备、运输车辆安全运输要求；

（2）路面应满足最大荷载80t；

（3）道路路基宽度不小于4m，车道宽度不小于3.5m，并设置错车道；

（4）转弯半径不小于15m；

（5）路肩标高低于外侧地面标高时应设置排水边沟。

（二）工程施工设计

1．道路设计

该井场有乡村土路通向井场边，需重新修建村外到井场的道路，来满足运输设备的需求。井场道路的设计以方便车辆有利通行为原则，并设置会车道，对于通向井场的主干道设定路面宽度为8m，拐弯处需要加宽2m，边坡比为1∶1.25。

2．井场硬化设计

1）井场平整

井场原为玉米地，田埂为南北走向，地垄北侧紧邻乡村公路，四周较空旷，无明显障碍物，距离东侧203国道约8km；井场平整前取表土0.3m厚堆放至井场外以便复耕使用，表土取好后利用挖土机进行平场，预计平场面积约为井场面积的1/3，然后利用压路机分层碾压密实和平整。

2）场地硬化

（1）硬化区域如图 8.18 所示，硬化前填方区回填土需分层碾压密实，硬化采用碎石或废砖头等铺垫，并碾压密实和平整；

（2）泥浆车道（45m×3.5m）普通砖或碎石硬化后浇注 0.2m 厚 C30 砼，防止压垮污水池。

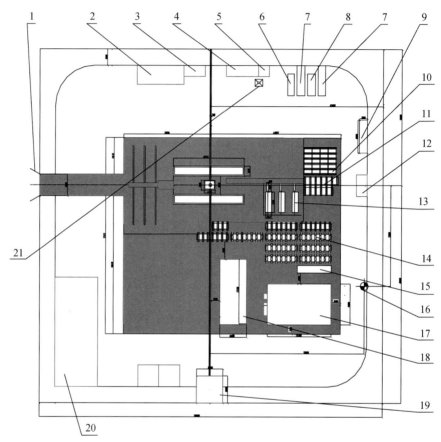

图 8.18　井场硬化区域

1. 大门；2. 岩心库；3. 井控室；4. 材料室；5. 消防室；6. 高架罐；7. 油罐；8. 三品油罐；9. 泥浆材料室；
10. 发电机房；11. 电传动系统；12. 配电室；13. 泥浆泵房；14. 泥浆罐；15. 100m³ 水罐；16. 水井；
17. 排污池；18. 沉砂池；19. 放喷池；20. 办公用房；21. 消防砂

3. 设备基础设计

1）总体要求

（1）严格按照钻机基础图纸要求进行施工，所有设备基础均采用 C30 混凝土基础，基础图纸厚度尺寸与设计不一致时，按设计执行；

（2）钻机基础厚度 2400mm，基础面高出井场面 200mm；

（3）油罐基础厚为 1000mm，基础面高出井场面 500mm；

（4）泥浆泵、泥浆循环罐基础厚为 800mm，基础面高出井场面 100mm；

（5）电传动系统、发电机及水罐基础厚为 600mm，基础面高出井场面 100mm；

（6）油罐、水罐、发电房等设备距井口不小于 30m，油罐距发电房距离不小于 20m；

（7）电缆放置于高于地平面 100mm 的混凝土凸台上，基础的顶平面应高于井场地面不小于 100mm，四周应设排水沟；

（8）主基础地基承压力不小于 200kPa，其他基础不小于 150kPa，如地基承载力未达设计要求需进行特殊处理；

（9）因施工区冻土层很厚，混凝土基础的基地应埋入地下冻结线以下 250mm；

（10）所有基础设计未考虑地基处理和超深情况，如现场实际施工需要进行处理，增加工作量应及时上报业主方批准。

钻机设备基础剖面如图 8.19 所示。

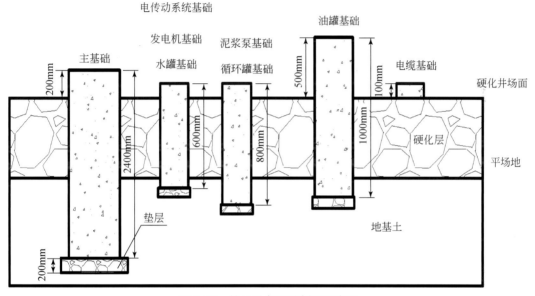

图 8.19　钻机设备基础剖面示意图

2）基础开挖

（1）当井场达到"三通一平"的条件后，施工方应提前 24h 书面或口头通知甲方，组织相关单位、部门现场放线验收签字，施工方并应做好放线记录；

（2）施工方根据指定的井位及钻机基础设计图和征地红线图，测放钻机基础四大角的定位轴线，然后施放循环系统及泵房等附属设备基础，同时根据现场的实际情况调整测放集污池的位置。经设计方等单位检查复核，确认签证后方可进行基础挖方；

（3）基础挖至设计深度 100~200mm 时，必须进行人工拣底，以防扰动基础持力层，然后将基础线引入坑底，槽帮钉好水平控制桩；

（4）为便于后期井场复耕，所有基础挖土均转运至场外就近堆放。

3）混凝土工程

（1）混凝土垫层强度等级为 C10，基础混凝土强度等级为 C30；

（2）砂（卵）石含泥、块不得超标，卵（碎）石应级配良好，搅拌时严格按配合比称量，以保证混凝土达到强度和耐久性等方面要求；

（3）经设计方及施工方验收合格后才能进行混凝土浇筑；若地基强度未达设计要求或

存在不良地基，由设计单位补充设计地基处理方案；

（4）基础模板采用砖模，且砖模不占用混凝土尺寸；

（5）浇筑混凝土时先浇注 100mm 厚强度为 C10 的混凝土垫层封底，然后利用模板采用分层浇注，分层厚度 50cm，混凝土连续浇注，振动棒插入下一层混凝土深度不小于 10cm，振动棒应按顺序插入，平面插入间距约 500mm，插入混凝土时采用快入慢拔；

（6）混凝土浇筑完成后，施工方应按《混凝土结构工程施工质量验收规范》要求取试压块进行强度分析。

4. 降排水（污）措施

1）临时降排水措施

（1）基坑开挖完毕后，为防止施工期间地表水、地下水流（渗）入基坑，降低持力层的承载力或引起边坡坍塌，于基坑周边修建临时排水沟，解决地表水的渗入问题；

（2）当基坑内渗水时，于基坑四周做导流明沟和集水坑，集中明排。

2）长期排水及排污措施

（1）在井场、钻台下、机房下、泵房下均设有通向排污池的排水沟。预计排水沟长 415m，具体的尺寸如图 8.20 所示，沟渠修筑如图 8.21 所示；

（2）排水沟周围应及早填土，要求均匀回填，分层夯实；

（3）主基础、循环系统基础、发电机基础、油罐基础打地坪，四周采用砖砌封闭。

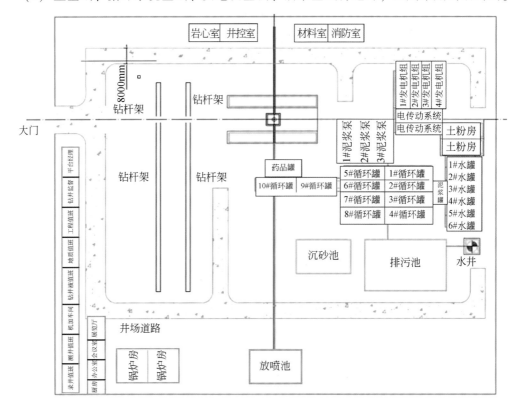

图 8.20　井场内道路及排水沟示意图

图中粗实红线部分为排水沟

5. 方井、排污池及沉砂池设计

1）基坑开挖要求

（1）根据结构物尺寸等将轴线控制桩、平面设计位置、基坑开挖边线等准确定位在地面上，并经业主方确认后，采用挖掘机开挖基坑，人工修坡捡底（放坡根据场地实际调整）；

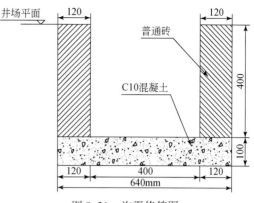

图8.21 沟渠修筑图

（2）若基坑出现明显渗水现象，为便于地表水和地下水的疏导，采用基坑明排，若遇地下水位高、水量丰富，池体可能被地下水破坏时，按环境保护第10条措施处理；

（3）为防止超挖和扰动持力层，当土方开挖至设计高度以上100~200mm左右，应根据高程水准测量结果改由人工进行修坡捡底，并且用打夯机将地基夯打密实，至设计规定的标高；

（4）要求坑底地基承载力≥设计标准，如开挖坑槽遇到流沙和淤泥等，应及时上报并进行处理。

2）回填土及其他要求

（1）集污池土建施工完毕，其周围应及早填土，要求均匀回填，分层夯实，并达到设计规定的≥90%压实度要求，池顶覆土夯实不宜过重；

（2）回填土不能使用淤泥、垃圾、腐植土等土料，必须采用合格的黏土或砂性土等进行回填；

（3）砖砌块墙面应保持湿润、清洁、平整和坚实；

（4）施工温度应控制在5℃以上，40℃以下，否则要采取保温或降温措施，雨天施工时要做好防雨措施。

3）方井设计

（1）方井净尺寸为4.1m（长）×3.6m（宽）×1.6m（深），砌筑墙厚为370mm，混凝土打底300mm，内表面抹砂浆20mm，四周填C10混凝土作防窜浆处理，如图8.22所示；

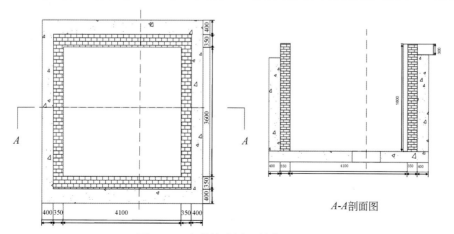

图8.22 方井构造图（单位：mm）

（2）如因施工工艺或遇特殊地质条件等可能造成负面质量影响，应按特殊处理方案处理。

4）排污池和沉砂池的设计

（1）排污池砌筑前需挖出规格长 24m×宽 15m×深 2m（净空）的坑一个，利于排出钻井液的污水，便于废液的储存，具体见图 8.23；

（2）排污池和沉砂池均与循环系统边沿之间用厚 100mm 强度 C10 混凝土浇注，防止污染地下；

（3）排污池和沉砂池均在邻泥浆车道及循环系统一侧各建一面 370mm 的砖体挡墙，砖体挡墙与井场面平齐，两池的另两侧建 240mm 厚的挡墙；

（4）排污池及沉砂池底部铺设防水材料。

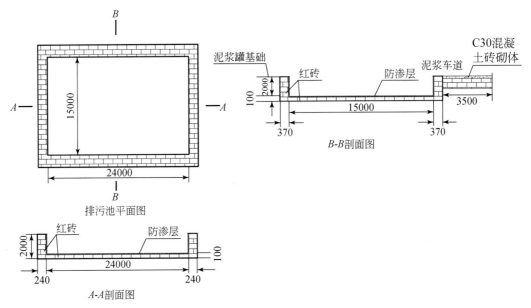

图 8.23 排污池设计图（单位：mm）

排污池四周均用红砖围砌，池内用加入防渗材料的砂浆抹面

沉砂池的设计长 16m×宽 10m×深 2m 的大坑，将钻井液中的沉淀物排放到其中，其余要求同排污池，如图 8.24 所示。

5）放喷池及防火墙设计

放喷池根据现场实际情况摆放，采用半埋式，点火口距井眼距离≥75m，距民房距离≥50m，放喷池埋深 0.4m。

（1）主放喷池净尺寸 10m×10m×1.2m，净容积 100m³，池内污水顶面离池顶为 200mm，如图 8.25 所示；

（2）放喷池底部及四周铺设复合防水卷材（聚乙烯丙纶复合卷材）作防渗漏处理。

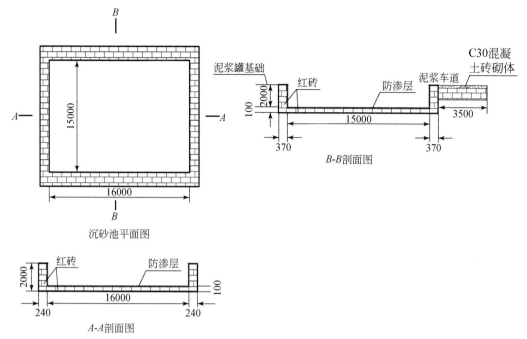

图 8.24 沉砂池设计图（单位：mm）

沉沙池四周均用红砖围砌，池内用加入防渗材料的砂浆抹面

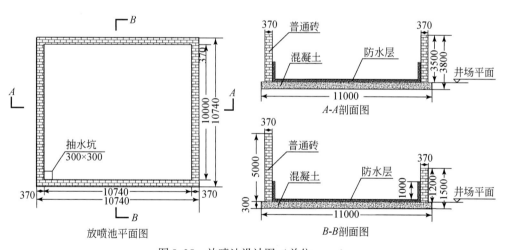

图 8.25 放喷池设计图（单位：mm）

六、钻机运输

为确保"地壳一号"万米钻机顺利从加工制造厂所在地四川广汉到达黑龙江省安达市"松科二井"现场，钻机的远程投送和运输保障工作非常重要。成立了运输组织机构，并预先进行了路线踏勘，制订了详细的运输方案。

（一）运输组织结构

运输项目组织结构如图8.26所示，各部分主要工作职能如下。

（1）运输总指挥：总体负责项目的策划执行；批准和布置本组织机构大纲的实施工作；批准运输程序和运输方案。

（2）副总指挥：监督指导各部门执行大纲的工作情况；负责全面的运输组织和协调工作。

（3）发运总负责与客户监督：按照运输方案组织安排各部门工作；对包装、吊装、运输、安全的技术方面负责；审核运输程序及其他内部文件。

（4）包装负责：制订包装方案，设计包装图纸及包装清单；检查现场包装工具、材料数量及质量；指挥现场包装作业。

（5）商务协调：负责与内部相关部门及运输公司现场负责人员对口工作，保证全面履行商务合同；负责商务合同的编制及有关增补合同的编制工作。

（6）后勤保障：保障项目执行过程中的各种资源和物资配备。

（7）安全负责：负责项目执行中的各项安全工作。

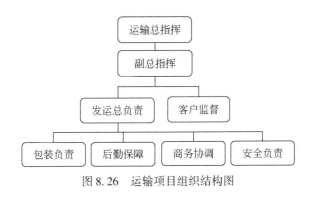

图8.26　运输项目组织结构图

（二）运输方案策划

运输路线踏勘主要包括：运输路线的路面状况、天气情况及沿途超高、超宽、超重限度、收费站收费标准和适合的集结地点等内容。

钻机共计80余件包装件，6000余立方米，1500余吨，单件最大尺寸长13m，高3.6m，宽3.7m，单件最大重量50t。运输路线途经11个省（市），130余个市（县）城市，3500余千米，运输采用60余辆六轴拖挂车辆。

以设备清单为基础，根据运输起讫点沿途实地踏勘数据，钻机设备超限件多，其中，结构件长度超过10m的33件，宽度超过3.5m的3件，高度超过3.5m的2件，单重30t以上的5件。选用运输车辆大多数为17.5m六轴拖挂，车身全长21.5m，车板全长17.5m，车板宽度为3m，车板有1m与1.2m两类，货车重量为19~23t。

全程运输起讫点沿途过境收费站 10 余个，其中陕西宁强收费站超限限制标准最高，车货总限制为 22m×3.5m×4.5m，总重量不能超过 55t；沿途桥梁 48 座，其中三门峡段危桥限重 50t；沿途天桥 58 座，最低高度限制 4.5m。另外，大广高速承德至内蒙古赤峰段未开通，国道及其他道路运输限制较高速路更为严重。

第五节　钻机安装与调试

一、钻机安装顺序

钻机主机安装顺序如图 8.27 所示，在保证安全和场地允许的情况下，其他辅助设施可以交叉安装。

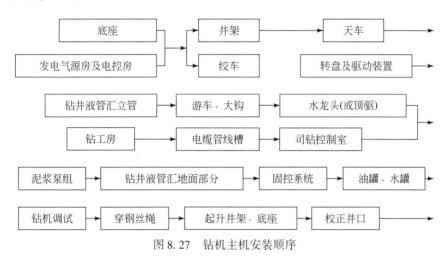

图 8.27　钻机主机安装顺序

二、钻机部件安装

根据钻机平面图，以井口中心为基准，在井场基础平面上放样，划出各区域安装基准线。

1. 安装底座

如图 8.28 所示，以井口中心线和钻台区划线为基准，摆放底座底层左、右基座，并将左、右基座连成一体（包括后场基座两水柜间绞车梁）；安装中层各立柱和拉杆；最后安装顶层上转盘梁、立根盒梁、铺台、底层基座上人字架，以及其余辅助部分。

2. 安装发电机房及电控房

如图 8.29 所示，按钻机平面图及放样划线位置摆放 VFD 房和高压配电房，并依次摆放各发电机房；要求 VFD 房与 1 号发电房垂直摆放，且前边沿对齐；连接各机组的供油管线、供气管线，以及气源系统各设备之间的连接管线。

(a) 划线，安装左、右基底座   (b) 安装左、右基座拉杆

图 8.28　安装底座

(a) 吊放发电机房、VFD房和MCC房   (b) 管线连接

图 8.29　安装发电机房及电控房

3. 安装绞车

钻机出厂前绞车已进行过组装调试，并在底座相应位置有定位螺栓。如图 8.30 所示，将绞车吊装在钻机底座后场的绞车梁上，按相应孔眼位置就位，紧固与绞车梁连接的螺栓。

图 8.30　安装绞车

4. 安装转盘及驱动装置

转盘驱动装置（除万向轴外）在厂内已经整体安装在底座的电机梁上，并按运输模块包装运输。现场安装时，转盘驱动装置随电机梁一同安装，安装过程如图 8.31 所示。

(a) 吊装转盘电机梁　　　　　　　　　(b) 安装转盘及驱动装置

图 8.31　安装转盘及驱动装置

5. 安装井架

安装前应对井架构件进行外观检查，对有变形或损伤的部位应修复或更换，转动各导绳滑轮，应灵活无卡阻。井架安装遵循先下后上，先主体后附件的顺序。如图 8.32 所示，交替移动支架，装好井架主体及附件后，再利用高支架将井架支起，安装二层平台（包括 1t 气动绞车）。

图 8.32　井架安装

6. 安装钻井液管汇立管

在井架低位时，将钻井液管汇立管安装到井架上，由壬连接密封可靠，如图 8.33 所示。

7. 安装天车

如图 8.34 所示，天车与井架采用螺栓连接，天车附件，如辅助滑轮、起重架及登梯助力器等应安装齐全。

图 8.33　安装钻井液管汇立管

图 8.34　安装天车

8. 安装倒绳机

倒绳机按平面图所示位置摆放，倒绳器结构如图 8.35 所示。

图 8.35　安装倒绳机

9. 安装游车、大钩

穿好起升大绳、钻井绳，游车安装如图 8.36 所示，大钩安装如图 8.37 所示。

图 8.36　安装游车

图 8.37　安装大钩

10. 安装司钻控制室

将司钻控制室（司钻房）吊装到钻台面上，按编号标记连接气、液、电各系统线路。司钻房如图 8.38 所示。

11. 安装电缆管线槽

按钻机平面图和电缆管线槽总图，分别安装底座主电缆槽、泵组及固控电缆槽。连接各系统管线，按电气系统用户手册安装电缆电线。主线槽和 VFD 房线槽铺设安装如图 8.39 所示。

12. 安装泥浆泵组

按钻机平面图放样划线位置安装泥浆泵组，泥浆泵上安全阀的卸压管线必须回流到泥浆罐。泥浆泵组及管线安装如图 8.40 所示。

图 8.38　安装司钻房控制室

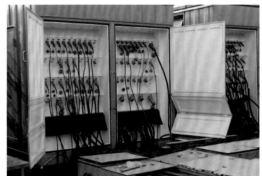

图 8.39　安装主线槽和 VFD 房线槽铺设

图 8.40　安装泥浆泵组及管线

13. 安装钻井液节流和压井管汇地面部分

按钻井液节流和压井管汇用户手册安装地面管汇，并与立管部分和泥浆泵排出管连接，如图 8.41 所示。

图 8.41　安装钻井液节流和压井管汇地面部分

14. 安装固控系统

如图 8.42 所示，按钻机平面图放样划线位置安装固控系统各泥浆罐，按固控系统用户手册安装各罐内及罐面设备，连接各罐之间的联通管线及泥浆泵吸入管线。

图 8.42　安装固控系统

15. 安装电控系统

按井场标准化电气系统接线图安装电气系统；按钻井仪表用户手册要求安装各钻井仪表；按监视系统及通信系统说明书安装监控和通信系统。

三、钻机总装调试及运行检验

（一）钻机基础水平找正及安装检测

表 8.14 为钻机基础水平找正及安装检测表。

表 8.14 钻机基础水平找正及安装检测表

序号	检测项目	技术要求	检测结果
1	左右基座基础平面水平高度允差	≤5mm	3mm
2	转盘梁上水平面水平度检测	≤2mm	2mm
3	天车中心与井口中心垂直度误差	≤φ20mm	φ8mm
4	井架人字架前后大腿安装座左右开档距测量	±3mm	2mm
5	绞车滚筒轴心线距井口中心距	9295±3mm	9298mm
6	绞车滚筒中点距井口偏移量	±3mm	右偏3mm
7	井口中心至1#发电房近边距离	35100±50mm	35110mm
8	井口中心至1#泥浆泵吸入管汇中心纵向距离	21500±50mm	21520mm
9	井口中心到振动筛罐近边横向距	17470±50mm	17480mm
10	1#泵中心与2#泵中心间距离	5000±50mm	5010mm
11	井口中心至观摩房边缘纵向距离	12390±50mm	12380mm

(二) 井架底座起升检验

(1) 检测标准：最大稳定钩载不大于2600kN，底座后下端跷起量不大于150mm。

(2) 检测结论①起升井架过程中应力平稳安全，井架和底座各受力部位无焊缝开裂现象，起升绳系及转动铰接处无卡阻现象。②井架起升最大拉力实测为2560kN。③底座左右基座后端翘高实测左134mm，右150mm；底座后方的翘高在井架起升完后完全恢复，属于弹性变形。④井架底座起升检验符合技术要求。

(三) 转盘及传动装置检测

(1) 检测标准：测量轴承位置外壳最高温度不超过90℃，温升不超过45℃，测量转盘内油温不超过70℃。

(2) 检测过程：启动转盘驱动电机，逐渐加速至1773rpm空负荷运转，共2h5min。

(3) 检测结论①转盘及其传动装置运转正常；惯性刹车准确可靠；速度调节灵活准确；②各密封处无滴、漏、渗现象；③输入轴轴承实测最高温度为56.9℃，转盘内油温为39℃，环境温度为19℃，各部件温升正常。

(四) 泥浆泵检测

(1) 检测标准：轴承处外壳最高温度不超过90℃，各轴承的温升不超过45℃。

(2) 检测过程：单泵负荷试验1#泵和2#泵分别运行2h，最高功率达到泵额定功率的85%。

(3) 检测结论：①电机温度最高达到27℃；轴承最高温度出现在主动轴左轴承，最高温度为 43℃。(环境温度 12℃);②电机温度最高达到 28℃;轴承最高温度出现在主动轴右轴承,最高温度为 39.7℃。(环境温度 12℃);③泥浆泵运转平稳,无异常声响及振动,温升正常;④泥浆泵负载检测符合技术要求。

（五）绞车运转检测

（1）检测标准:各轴承位置的最高温度不超过 90℃,温升不超过 45℃。油温最高不超过 70℃,油压在 0.1~0.3MPa。

（2）检测过程:启动油泵电机,保证润滑油路畅通及油压、油温正常,启动绞车主电机,逐渐加速至最大钩速时的电机转速。

（3）检测结论①电机空转无异常声响,调速灵活、准确。电动油泵无异常响声,润滑油路压力为 0.26MPa;②齿轮减速箱空运转无异常声响及振动,无滴、漏、渗现象、换挡灵活;轴承实测最高温度为 50.9℃,最高温升为 31.9℃;绞车内油温为 40℃,环境温度为 19℃;③绞车运转检测符合技术要求。

（六）液压系统检测

（1）检测标准:确保液压系统所有设备运转正常,保护及控制功能正常。

（2）检测过程:首先确保液压系统各管线连接无误,各部件装配完整。①机具泵及盘刹泵运转试验:液压站运转 2h,检测电机最高温度为 36℃,泵最高温度为 55℃,散热风机最高温度为 36℃;②电磁阀控制试验:操作机具上控制旋钮,液压站内各液控阀件工作正常。操作司钻房内控制手柄及按钮,液压站内各液控阀工作正常。

（3）检测结论:液压系统工作正常,各部件运转平稳,无异常噪声和震动,各部件温升正常,管线及部件无泄漏。液压系统检测符合技术要求。

（七）气源系统检测

（1）检测标准:确保气源系统所有设备运转正常,保护及控制功能正常。

（2）检测过程:①空压机自动启停性能测试正常,1#空压机自动启机压力为 0.8MPa,自动停机压力为 0.93MPa;2#空压机自动启机压力为 0.78MPa,自动停机压力为 0.95MPa;符合调试大纲要求;②干燥器工作正常;③冷启动机工作正常,25min 充气压力达到 0.85MPa;④气源房气路进行密封性检测,1MPa 时 15min 内压降为 0.1MPa,符合规定的 15min 内压降≤0.15MPa 的技术要求。

（3）检测结论:气源系统密封性良好,各部件运转正常,所有的气阀、电磁阀安装正确,工作正常。气源系统检测符合技术要求。

（八）固控系统检测

（1）系统管路密封性能检测:①整套系统安装完成后进行密封性试验,各罐连接管线，各阀门、各底部阀没有渗漏现象；②清水管线水压试验，试验压力 0.5MPa，保压 15min，没有渗漏现象。

（2）固控设备通电运转试验：

振动筛、除气器、除砂器、除泥器、离心机、搅拌器、灌注泵、混浆泵、补给泵分别进行通电试运转。所有电机接地正确，绝缘测试合格，各配套设备安装可靠固定，定位装置正确。运转正常，无振动，无异响，无漏油现象。

（3）检测结论：固控系统管路密封性能良好，各部件运转正常。

（九）井场标准化供配电系统检查与验收

各接插件连接安全可靠，满足防爆要求，符合 API RP500《石油设施电力装置场所分类推荐作法》等有关技术标准要求。

各区域通电后，各部分电机、照明灯具、各防爆炸分线箱和各防爆控制箱正常工作。

（十）电控系统试验

1. 司钻控制与操作功能检验

具有绞车电机 A、AB、B 切换及速度给定功能；具有转盘、轿车正反转操作速度给定控制功能；具有对转盘扭矩限制功能；具有对三台泥浆泵进行泵冲给定功能；轿车离合器操作正常。

2. 电控系统保护功能检验

过卷阀起作用时，绞车能实现紧急刹车；系统断电时，盘刹能实现紧急刹车；各交流变频电机的检修开关插销拔下，且开关弹出则电机可以启动并运行，插上则电机不能启动；MCC 房主变压器断路器与辅助发电机进线断路器能实现互锁；绞车、转盘、泥浆泵主电机与各自风机、油泵具有顺序启动保护功能；具有主电机与送钻电机互锁功能；具有发电机组过压、欠压、过频、欠频、逆功和功率限制的保护功能。

3. 司钻控制室检验

各触摸屏、显示屏界面布局合理，切换正常，触摸控制灵敏可靠，各控制参数给定方便准确。

（十一）HSE 检查

电机选用防爆型产品；钻台面铺板为防滑花纹板；各旋转部位加护罩；二层台设逃生装置；钻台栏杆采用插销固定，并设踢脚板；房体内装有空调，改善了工作环境；增设视讯系统和各种保护功能；配置凳梯助力器和逃生滑道；司钻控制室和电控房配有灭火器。

第六节 钻机钻进试验

一、整机钻进试验

"地壳一号"万米钻机在"松科二井"现场钻进试验的主要时间节点如下：2013年10月20日"地壳一号"万米钻机到达"松科二井"现场；2013年10月21日~11月17日完成"地壳一号"万米钻机地上部件的现场安装、组装和总装；2014年4月13日"地壳一号"万米钻机正式开钻；2018年5月16日"松科二井"结束完钻。钻机在现场组装后的照片如图8.43所示。

图8.43 "地壳一号"钻机在"松科二井"现场

（一）钻进情况

一开：井深450m，采用ϕ660mm钻头+9″钻铤＊2根+ϕ443螺旋扶正器+9″钻铤+8″钻铤+7″钻铤+5″钻杆+ϕ133方钻杆。时间：2014年4月13~20日。

二开：井深2840m（取心井段：1073.91~1148.01m、1182.74~1256.01m，共取心160m），采用ϕ444.5mm三牙轮钻头+ϕ443扶正器+9″钻铤+8″钻铤+7″钻铤+5 1/2″钻杆。时间：2014年5月1日~10月15日。

三开：井深4542.24m，ϕ311.2mm取心钻头+ϕ204mm螺杆+8″钻铤+ϕ308mm螺旋扶正器+8″钻铤+7″钻铤+5 1/2″钻杆，取心进尺1717.19m，取心收获率98.2%。时间：2015年4月15日~2016年2月9日。

四开：井深 5911.1m，采用 ϕ215.9mm 取心钻头 + ϕ194mm 取心筒 + ϕ172mm 螺杆 + ϕ7″钻铤+ϕ5 1/2″钻杆，全程取心，取心进尺 1386.86m，收获率 95.00%。时间：2016 年 3 月 31 日 ~ 11 月 7 日。

五开：井深 7108.88m，采用 ϕ152.4mm 取心钻头+ϕ5″钻铤+3 1/2″钻杆+ϕ5 1/2″钻杆，全程取心，取心进尺 1107.78m，收获率 96.66%。时间：2017 年 7 月 18 日 ~ 2018 年 5 月 16 日。

（二）井身质量

"松科二井"各开次井段完成后经测井得到的井身质量情况见表 8.15，二开井径扩大率最大达 16.4%，最小井径扩率在一开为 3.64%；最大井斜在五开达 15.72°，最小井斜在一开为 0.68°。

表 8.15　井身质量情况

项目内容		井眼/井深	平均井径/mm	平均井径扩大率/%	最大井斜/(°)
一开	设计	660.06mm/450m	660.6	≤20	≤1
	实际	660.6mm/427.49m	663	3.64	0.68
二开	设计	444.5mm/2840m	444.5	≤15	≤5
	实际	444.5mm/2806.20m	517.5	16.4	2.79
三开	设计	311.2mm/4500m	311.2	≤15	≤10
	实际	311.15mm/4526.37m	336.3	8.08	2.48
四开	设计	215.9mm/5800m	25.9	≤10	≤11
	实际	216mm/5910.29m	231.1	7.0	6.51
五开	设计	150mm/6400m	150	≤10	≤11.4
	实际	152mm/7108.88m	164.8	8.43	15.72

二、自动送钻钻进试验

自动送钻系统随"地壳一号"钻机在"送科二井"进行了全井使用，经历了多种环境和钻井工况的考验。为了验证小电机自动送钻系统的控制精度，取其中某一个井段的试验情况进行分析。

（一）试验井深和地层

钻井深度：5054.89 ~ 5067.67m，位于四开阶段。

地层层位：沙河子组。

钻进方法：采用 ϕ215.9mm 孕镶金刚石取心钻头进行连续取心钻进，具体钻具组合如

表 8.16 所示。

钻进工艺：恒钻压 55kN，转盘转速 15rpm，泵量 22.42L/s。

钻进时间：2016 年 6 月 4 日 8:00 时至 6 月 5 日 8:00 时。

钻进结果：本日进尺：16.5m，机械钻速：0.74m/h。

表 8.16 5054.89~5067.67m 井段取心钻具组合

名称	规格/mm	扣型	数量	长度/m
孕镶金刚石钻头	215.9	NC50N	1	0.4
取心筒	194	NC50N	1	32.33
螺杆	172	NC50	1	8.72
钻铤	177.8	NC50	3 2/3 柱	100.17
转换接头		NC50 * DS60	1	0.54
钻杆	139.7	DS60	4 2/3 柱	133.36
滤子接头		DS60	1	0.41
钻杆	139.7	DS60	40 1/3 柱	1151.93
回压凡尔		DS60	1	0.5
钻杆	139.7	DS60	127 1/3 柱	3635.66
短钻杆	139.7	DS60	1	6.02
方保接头		NC56 * DS60	1	0.59
下旋塞		NC56	1	0.43
合计				5071.06

(二) 小电机自动送钻组成

小电机自动送钻系统硬件部分主要由死绳端传感器、小电机内置编码器、交流变频控制绞车和司钻操作屏组成。

如图 8.44 所示，通过死绳传感器采集钢丝绳张力数据，送入控制器进行运算和处理；再通过绞车送钻小电机内置编码器控制小电机转速（图 8.45），实现对绞车的精确放绳（图 8.46）；钢丝绳带动游车系统控制大钩下放的速度，实现恒钻压送钻。如图 8.47 所示，司钻操作屏位于司钻房中，由按钮、手柄和触摸屏等组成，通过操作屏实现对控制数据的输入和修正。

图 8.44　死绳端传感器

图 8.45　送钻小电机

图 8.46　绞车送钻系统

图 8.47　司钻房操作台

（三）自动送钻工作流程

自动送钻采用了如图 8.48 所示的自动送钻工作流程。

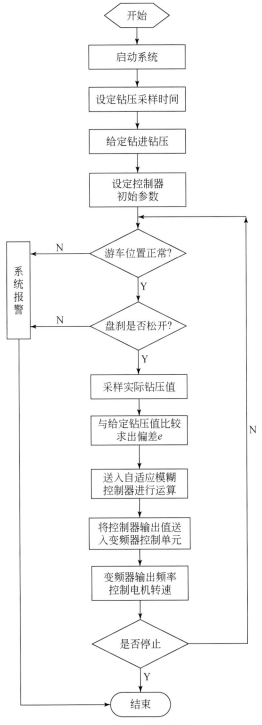

图 8.48 自动送钻操作流程

（四）试验数据及结果分析

工作过程：在操作系统里输入给定钻压值，通过死绳端压力传感器实测钻压，结果送入自适应模糊 PID 调节器，与给定钻压值比较，进行运算、处理，并输出信号，通过切换，控制小电机的转速，进而达到调整钻压和控制机械钻速的目的。

设定钻头上钻压为 55kN，取一段时间的试验数据，变化曲线如图 8.49 所示，有个别点钻压较大，但总的钻压上下波动不超过±3kN，在金刚石取心钻头钻压±5kN 允许波动范围内。证明小电机自动送钻和自适应模糊控制能够具有很高的控制精度。

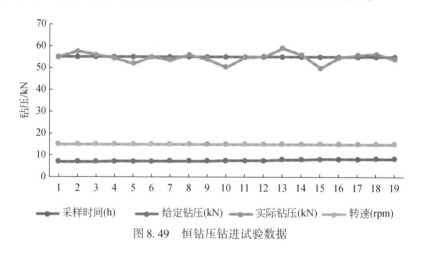

图 8.49 恒钻压钻进试验数据

三、全液压顶驱钻进试验

（一）第一阶段试验（取心）

钻井深度：3212.33 ~ 3228.83m，位于三开阶段。

地层层位：营城子组。

钻进方法：采用 ϕ311.2mm 孕镶金刚石取心钻头进行连续取心钻进，具体钻具组合如表 8.17 所示。

钻进工艺：恒钻压 70kN，顶驱转速 15rpm，泵量 30L/s。

钻进时间：2015 年 8 月 2 日 8:00 时至 8 月 5 日 8:00 时。

钻进结果：本日进尺：16.5m，机械钻速：1.27m/h。

本次试验是顶驱首次在现场试验，也是"松科二井"第一次使用双筒取心钻具，成功钻取了 16.5m 岩心，为开钻以来最长的岩心。顶驱使用照片如图 8.50 所示，取得的长岩心如图 8.51 所示。

表 8.17 3212.33 ~ 3228.83m 井段取心钻具组合

名称	规格/mm	扣型	数量	长度/m
金刚石取心钻头	311.2	NC56N	1	0.4
取心筒	311.2	NC56N	1	18.23
螺杆	204	NC56*NC56	1	8.53
钻铤	203.2	NC56	1/3 柱	7.5
扶正器	308	NC56	1	1.7
钻铤	203.2	NC56	1 1/3 柱	36.03
转换接头		NC50*NC56	1	0.5
钻铤	177.8	NC50	1 柱	27.4
转换接头		DS60*NC50	1	0.54
钻杆	139.7	DS60	109⅔柱	3132.30

图 8.50 顶驱现场钻进试验

图 8.51 顶驱钻进取得的岩心

（二）第二阶段试验（扫孔）

钻井深度：6769.77～7108.88m，位于五开阶段。

地层层位：固结水泥。

钻进方法：采用φ152mm磨鞋扫孔，具体钻具组合如表8.18所示。

钻进工艺：钻压70kN，顶驱转速50rpm，泵量9.42L/s。

钻进时间：2018年4月17～19日，连续作业54h；5月10～11日，连续作业28h。

试验结果：进尺339.11m，钻进时间82h，平均机械钻速为4.14m/h。

起下钻次数：5个回次，总计下钻约31000m，起钻约31000m。

处理泥浆：总计处理泥浆约3690m³，未发现顶驱冲管浸漏，最高工作压力达到18.9MPa。

表8.18　6769.77～7108.88m井段顶驱试验钻具组合

名称	规格	扣型	数量	长度/m
磨鞋	φ152	NC26	1	0.30
钻挺	88.9	NC26	4 1/3 柱	118.97
钻杆	60	NC26	43 柱	1218.12
转换接头		NC26 * NC38	1	0.32
钻杆	88.9	NC38	104 柱	2996.54
转换接头		NC38 * NC50	1	0.51
转换接头		NC50 * DS60	1	0.54
钻杆	139.7	DS60	1 柱	28.57
回压凡尔		DS60	1	0.5
钻杆	139.7	DS60	75 柱	2143.07
转换接头		DS60 * 521	1	0.48
钻杆	139.7	521 * 520	20 柱	575.03
合计				7082.95

处理井底事故：进行钻具打捞作业，顺利打捞出井底掉落的1200m钻具。

液压顶驱在井深6769.77～6991.51m不间断连续工作54h，扫塞钻进221.74m，考验了顶驱深井连续作业性能。通过以上的现场试验验证了顶驱作业的安全、高效和可靠等性能。同时取得了宝贵的顶驱钻井作业数据，通过实际数据与液压顶驱理论设计数据进行对比，实际数据与理论设计数据相近，符合设计要求，符合液压顶驱的设计理念。

第七节 钻机维护保养

一、钻机现场管理

（1）监督井场操作人员严格按照"地壳一号"钻机用户手册及相关安全操作规范使用钻机。

（2）制订钻机常规使用与维护技术规程，指导和处理钻机的常规使用与维护。

（3）跟踪和掌握工程施工的人员、材料、设备和机具等资源的配置及使用情况，根据实际情况，对备品配件进行及时、必要和合理的调整，切实保证费用做到合理开支。

（4）做好钻机维护保养准备工作。

（5）每天按要求巡回检查设备，督促小班人员做好钻机维护保养的各项工作。

（6）负责钻机冬防保温工作措施的制定和落实。

（7）编制并及时填写"地壳一号"钻机相关报表。

二、钻机维护保养

根据钻机的技术状况和运行时间，分为周期性维护和阶段性维护两种。

周期性维护分为班维护、周维护和月维护。班维护作业项目包括调整、润滑、紧固、清洁和防腐等常规作业内容；周维护作业项目包括班维护作业项目；月维护作业项目包括周维护作业项目。

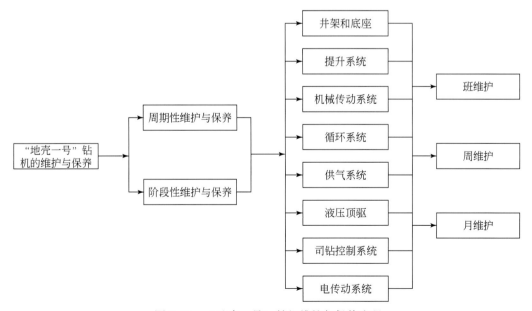

图 8.52 "地壳一号"钻机维护与保养流程

　　阶段性维护主要指对钻机主要部件的维护,被维护部件经技术检测后判定其性能不能满足钻井作业要求时,应及时维修或更换部件。

　　"地壳一号"钻机维护与保养流程如图8.52所示。

　　在"松科二井"施工过程中,对"地壳一号"钻机的提升系统、旋转系统、循环系统、动力系统、发电机组、钻机控制系统、钻井液净化及处理系统、仪器仪表和井口机械等设备进行维护与保养共使用配件13459件,主要保养工作量如表8.19所示。

表8.19 "地壳一号"钻机保养主要实物工作量

主要部件名称	使用部位	要求保养周期	实际保养周期	标准加注量	实际加注量	使用配件数量
JC90DB绞车	脂润滑部位:滚筒轴支承、轴承、联轴器	运行150h	运行140~158h	0.2kg	0.15~0.0.18kg	30
	油润滑部位:齿轮减速箱(左、右)、轴承	油位低于油标线时加注	换冬季齿轮用油	280L	280L	
JJ675/48-K井架、DZ675/12-S底座	各滑轮滑动轴承	每次起升和下放井架、底座时	无起升和下放井架、底座	0.2kg	无	0
	各销轴、耳孔	每次井架、底座安装和拆卸时	井架、底座无安装和拆卸			
TC675天车	天车轴承	每周一次	每周一次	0.5kg	0.4~0.5kg	2
YC675游车	游车轴承	每周一次	每周一次	0.5kg	0.4~0.5kg	0
DG675大钩	大钩提环销、中心轴销、止推轴承	每运行72h	每运行70~76h	0.2kg	0.15~0.2kg	0
SL675水龙头	机油池	每班	每班	0.2kg	0.15~0.2kg	68
	提环销、冲管盘根、支架油封	运行72h	运行70~72h	0.2kg	0.15~0.2kg	
	旋扣器	每年加注一次	无	0.2kg	无	
ZP495转盘	主油池	每月更换一次	每月更换一次	350L	350L	30
	水平轴油封、制动块	每周一次	每周一次	0.8kg	0.8kg	
3NB-1600F泥浆泵1#	机油池	每班检查油面并适当补充	换冬季用油,保证油位高度	379L	380L	244
3NB-1600F泥浆泵2#	机油池	每班检查油面并适当补充	换冬季用油,保证油位高度	379L	380L	258
3NB-1600H泥浆泵	机油池	每班检查油面并适当补充	换冬季用油,保证油位高度	379L	380L	197
综合液压站	油箱	每工作6个月更换液压油、同时清洗油箱及吸入管	更换冬季液压油、清洗油箱及吸入管	1000L	1000L	22
空气压缩机	油气分离桶	按压缩机使用说明书	按压缩机说明书使用		运行完好	5

主要部件名称	使用部位	要求保养周期	实际保养周期	标准加注量	实际加注量	使用配件数量
发电机组	柴油发动机	按柴油发电机组使用说明书	按柴油发电机组说明书使用		运行完好	3
	脂润滑点	按柴油发电机组使用说明书	按柴油发电机组说明书使用		运行完好	
全液压顶驱	润滑冷却	按照使用说明书	按照使用说明书		完好	24
铁钻工	脂润滑	按照使用说明书	按照使用说明书		完好	2
自动猫道	脂润滑	按照使用说明书	按照使用说明书		完好	8
自动排管机	脂润滑	按照使用说明书	按照使用说明书		完好	5
其他系统或部件	无润滑点	按照使用说明书	按照使用说明书		运行完好	10188
合计用量						11086

三、典型事故处理

(一) 事故管理制度

1. 设备事故的等级划分
按设备损失费用划分为如下五种。
(1) 小事故：直接经济损失在 0.1 万元以内的。
(2) 一般事故：直接经济损失在 0.1 万 ~2 万元以内的（含 0.1 万元）。
(3) 大型事故：直接经济损失在 2 万 ~10 万元以内的（含 2 万元）。
(4) 重大事故：直接经济损失在 10 万 ~30 万元以内的（含 10 万元）。
(5) 特大事故：直接经济损失在 30 万元以上的。

2. 事故范围
主要包括设备技术责任事故、机械事故、自然事故、责任事故和其他事故。

3. 设备事故的鉴定和处理
凡设备事故发生后，不论情节轻重或事故的大小，都必须严肃对待，及时予以鉴定，事故责任者必须如实反映情况，及时保护好现场。

发生事故后要及时组织处理，不论大小均应认真处理，做到"四不放过"：事故原因未查清不放过、责任人员未处理不放过、整改措施未落实不放过、有关人员未受到教育不放过。

4. 设备事故申报程序
发生事故必须立即采取措施，第一时间上报项目部设备管理办公室，并保护好设备现场。严格填写设备事故报表，配合设备管理人员进行调查，在调查中不得欺骗、隐瞒和包庇。

以书面形式上报设备事故的经过和原因，并进行初步分析，做出初步处理意见，要求当事人写出书面检查，上报项目部设备管理办公室。

（二）典型事故及处理

1. 井内通道阻碍

事故类型：下钻、提钻遇阻、测井下放仪器遇阻、通井困难、憋泵、转盘憋停和钻头水眼堵住等。表8.20为2014年4~10月事故频率统计。

表8.20　井内通道阻碍频率表

月份	4	5	6	7	8	9	10
次数	3	1	2	10	4	2	10

事故原因：井内通道阻碍的发生，多数是因为泥浆切力大或者泥皮厚，井内通道有大的掉块或缩径，部分层位井段坍塌，排屑不充分，洗井不彻底等原因造成的。

事故解决：开泵循环或停泵后上提下放、反复来回划眼、慢速开动转盘等。

2014年7月11日，下钻至1323m和1467m分别遇阻，同时在划眼时出现憋泵现象，泵压憋至8~10MPa（正常泵压4MPa），开泵循环上提有40t遇阻，下放也有40t遇阻，同一位置划眼多次，现象依旧。分析原因：姚家组底部及青山口上部坍塌；钻井施工周期太长，该地区裸眼井段的坍塌周期一般为1.0~1.5个月；加上测井的破坏和通井中途循环的破坏，施工中采取的保护措施不好。

2. 设备刺漏

事故类型：冲管、各类型密封圈、除砂器、旋流器、空气包、缸套等刺漏。

事故频率：经常。

事故原因：泥浆净化不充分，含砂量太高。

事故解决：循环系统采用6级净化仍然存在泥浆含砂量过高的问题，可针对除砂器、除泥器和旋流器等净化装置的规格做更好的规划使用，在不同层位使用不同规格的净化装置。对净化完的泥浆可进行较长时间的沉淀分离后再重新注入井内。

2014年6月23日，冲管刺漏、转盘风机的电机损坏，被迫起钻组织停工，等待配件更换；起钻后发现牙轮钻头水眼掉一个，导致钻头报废。

3. 钻具掉落

事故类型：钻头、转换接头、钻铤、扶正器、钻杆和震击器等掉落井内。

事故频率：偶尔。

事故原因：钻杆和钻铤质量问题，被腐蚀严重仍然正常使用，最终导致了钻具的掉落；钻井液净化不彻底。

事故解决：及时探伤，更换不能下井的钻具；完善净化系统。

2014年9月21日，起钻至$\phi 9''$钻铤2/3柱处与扶正器连接处，$\phi 442$扶正器与$\phi 9''$钻铤2/3柱处断开，如图8.53所示，不见扶正器及以下部分的钻具，断在井内钻具包括$\phi 444.5$mm三牙轮钻头1只、730×730转换接头1只、$\phi 9''$钻铤1/3柱和$\phi 442$扶正器1只，共12.4m。

第一次打捞：2014年9月22日02:00，组装公锥等打捞工具；10:30，接方钻杆，探鱼头，做造扣准备，循环冲洗鱼顶，开始尝试造扣，泵冲80次，泵压3.79～8.55MPa，未成功；11:00，造扣成功，钻压加至6t，扭矩由4000N·m增至20000N·m，悬重由120t上升至122t，增加接近2t；11:20，开泵冲洗，泵压由2.5MPa上升至8.7MPa，释放扭矩；19:00，起钻检查打捞效果，起钻至井口，未见打捞工具打捞出断落在井里的钻具，出井后打捞使用的公锥如图8.54所示，显示造扣未成功的痕迹。

图8.53 钻铤断裂处

图8.54 第一次打捞使用的公锥

第二次打捞：2014年9月23日03:00，卸打捞公锥，甩φ203震击器，甩钻杆，组装打捞筒；04:00，下钻；11:30，接方钻杆，开泵循环，探到鱼顶2745.19m，多次下压至最大14t，上提悬重120t无变化，打捞失败，打捞筒中的卡瓦和引鞋分别如图8.55和图8.56所示。

第三次打捞：2014年9月23～24日。

23日19:00，组合打捞工具，包括接φ8″钻铤，φ203震击器（结构见图8.57），5提节。24日02:52，方入1m时，开始缓慢探鱼头对扣，至方入3m时，下压至2t，多次缓慢造扣，再经过多次缓慢上提悬重为116t，经过对比分析大致认为对扣成功；07:00，起钻完，至井口公锥以下未见落鱼，打捞失败。

图8.55 打捞筒中的卡瓦

图8.56 打捞筒引鞋

第四次打捞：2014年9月24~25日。24日14:10，组合打捞工具；16:50，接方钻杆，循环钻井液，指重表加油校正。25日00:00，缓慢放入方钻杆，当方入1.92m时，探鱼顶位置2745.19m，泵冲0~40次，泵压0~3.10MPa，扭矩变化如10—11—12—7kN·m，多次分析表明造扣成功可能性不大；07:00，起钻完，至井口公锥以下未见落鱼，打捞失败。

第五次打捞：2014年9月25~26日。25日11:20，组合打捞工具；19:00，方入8.9m时鱼头位置顶部，开泵，泵冲加至120次，冲洗鱼头十分钟；探鱼头，下放钻压由2—4—6t，开泵由10—20—30—50—60冲时，泵压由2—1.24—1.6—2.07MPa，钻压由4t下降至2t，上提使钻压归零，悬重为112t，当方入为9.69m时再上提钻具，悬重由116—117—118t，当悬重为116t时起钻，喷浆，经过分析打捞落鱼失败。26日07:00，起钻完至井口，打捞筒以下未见落鱼，打捞失败。

第六次打捞：2014 年 9 月 26 ~ 27 日。26 日 12：20，组合打捞工具；19：00，下钻至鱼顶上部位置 2740.4m（鱼顶位置为 2747.91m）；23：26，启动 1#泥浆泵冲洗鱼顶位置，此时憋泵，无法冲洗鱼顶位置（泵压已达 25MPa 仍未通），方钻杆多次缓慢探入鱼顶，都未成功，直到方入 7.8m 时，都未探入鱼顶内，此次打捞落鱼几乎失败，最后又探鱼顶准确位置，也失败。27 日 07：00，起钻完至井口公锥以下未见落鱼，打捞失败。

第七次打捞：2014 年 9 月 27 ~ 28 日。27 日 11：10，组合打捞工具；19：00，冲洗鱼头，打捞落鱼，从鱼头上部方入 7.68m 开始，缓慢反复套鱼头直到方入为 9.48m，都未套住鱼头，此次打捞落鱼失败。28 日 07：00，起钻完至井口，打捞筒以下未见落鱼，打捞失败。

第八次打捞：2014 年 9 月 29 日 ~ 10 月 1 日。9 月 29 日 21：00，切割打磨引鞋；21：52，接 φ203 震击器、φ8″钻铤一柱和接转换接头；9 月 30 日 13：50，冲洗鱼顶，开始下压，方入 13 ~ 15.2m，下压 0 ~ 18t，泵压 4.35MPa，套上鱼顶，悬重上提 116 ~ 200t；19：00，套上鱼顶，上下滑动钻具，上提最大 240t；循环泥浆，等待解卡，上下活动，泵冲 100 次，泵压 4.46MPa；20：52，循环泥浆，上下活动，泵冲 140 次，泵压 7.2MPa，井内钻具提出井口 5m 左右；22：40，上下活动，悬重最大不超过 240t，如此反复，从井内倒出 6 根单根。10 月 1 日 06：07，起钻至井口，落鱼段钻具提出井口；07：00，清理打捞出来的扶正器上的泥块。打捞终于成功。

"松科二井"钻井时间长达 4 年，遭遇井下事故多达 20 多起，初略统计过，光是井下复杂情况造成时间损失就达 150 多天，本井主要以钻具落井为主。

钻进过程中随时会遇到各种问题，每种问题处理方法不一样，需要根据现场情况进行分析、制订方案，并提出解决办法。

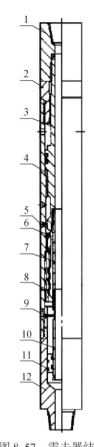

图 8.57 震击器结构
1. 上接头；2. 冲击接头；
3. 心轴；4. 中间体；
5. 油堵；6. 调节环；
7. 摩擦心轴；8. 摩擦卡瓦；
9. 弹性挡圈；10. 冲管；
11. 浮子；12. 下接头

四、冬季施工特殊要求

（1）钻井设备、锅炉、机泵房、井架围布等防冻保温设施必须齐全好用，设备运转正常，泥浆泵空气包、保险凡尔、循环系统用毛毡、电热带或玻璃丝布包好，油管线必须安装电热带，所有电加热设备使用灵敏度较高的漏电开关控制电源，地面管汇安装要有坡度，并焊上防冻钻井液丝堵，方可开钻。

（2）各种操作必须平稳和轻拿轻放，防止碰撞造成金属工具和设备的脆裂；钻具及井下工具水眼不通时用蒸气刺通，禁止用火烧专用管材螺纹部位。

（3）配备酒精过滤气路防冻装置，并按规定对气瓶定时放水和活动气路开关，刹车系统和防碰天车必须灵活好用，确保万无一失。

（4）起钻前必须卸开水龙带，控净钻井液，以防灌肠；确保泥浆伞好用，严防封井器上冻结钻井液。

（5）钻井仪表电缆线、信号线及液压管线，安装中布线合理防止刮碰；防止钻井液结块而拉断信号线和液压管线。

（6）禁止用蒸气冲洗显示表、防止玻璃炸裂和机芯内水珠结冰造成仪表失灵；指重表的传压介质为 45 号变压器油，特别寒冷时可以注工业酒精。

（7）泥浆泵开泵前要认真预热，并穿好安全销子，开泵时必须先试开泵。

（8）启动除砂器、除泥器和离心机前，用蒸气将砂泵、液路管线和阀门预热；固控设备使用完毕，用蒸气将筛网和液路清洗干净。

（9）要及时清除锥型罐下的钻屑，保证锥型罐排液口放关自如。

（10）做好钻井液储备系统的保温工作和钻井液材料储备工作，储备量要足够配制 $30m^3$ 以上的钻井液。

（11）固井施工前，必须保证气路畅通，防止冻坏气路、立管闸门、替泥浆闸门、供泥浆闸门及闸门组各闸门，泵保险凡尔和泵压表等用蒸汽预热，灵活好用。

（12）固井施工在白天进行，采用 50℃ 以上的热水固井，隔离液保温防冻。

（13）固井时，钻台上备有 2 根 5～20m 的蒸汽管线，场地泵房各一根 10m 的蒸汽管线，保证固井施工期间正常供气。

（14）未提及的部分按施工单位制定的"冬季安全施工措施"的要求执行。

参 考 文 献

韩英 . 2005. 大庆地区气候变化与气象服务 . 大庆社会科学，3：52

瞿雪姣 . 2015. 松辽盆地白垩系大陆科学钻探松科 2 井关键地质问题研究 . 吉林大学硕士学位论文

祝大伟 . 2018. "地壳一号"万米钻机成功首秀完钻井深创出新纪录 . 人民日报，2018-6-4